W0263503

Teubner Studienbücher

Physik

Becher/Böhm/Joos: **Eichtheorien der starken
und elektroschwachen Wechselwirkung**
2. Aufl. 395 Seiten. DM 34,–

Bourne/Kendall: **Vektoranalysis**
227 Seiten. DM 22,80

Daniel: **Beschleuniger**
215 Seiten. DM 25,80

Großer: **Einführung in die Teilchenoptik**
155 Seiten. DM 21,80

Großmann: **Mathematischer Einführungskurs für die Physik**
4. Aufl. 288 Seiten. DM 29,80

Heinloth: **Energie**
Physikalische Grundlagen ihrer Gewinnung, Umwandlung und Nutzung.
451 Seiten. DM 36,–

Kamke/Krämer: **Physikalische Grundlagen der Maßeinheiten**
Mit einem Anhang über Fehlerrechnung. 218 Seiten. DM 19,80

Kleinknecht: **Detektoren für Teilchenstrahlung**
216 Seiten. DM 26,80

Kneubühl: **Repetitorium der Physik**
2. Aufl. 544 Seiten. DM 42,–

Lautz: **Elektromagnetische Felder**
2. Aufl. 184 Seiten. DM 28,–

Lindner: **Drehimpulse in der Quantenmechanik**
208 Seiten. DM 26,80

Lohrmann: **Einführung in die Elementarteilchenphysik**
148 Seiten. DM 24,80

Lohrmann: **Hochenergiephysik**
2. Aufl. 248 Seiten. DM 29,80

Mayer-Kuckuk: **Atomphysik**
Eine Einführung. 2. Aufl. 233 Seiten. DM 29,80

Mayer-Kuckuk: **Kernphysik**
Eine Einführung. 4. Aufl. 349 Seiten. DM 32,–

Neuert: **Atomare Stoßprozesse**
208 Seiten. DM 26,80

Raeder u. a.: **Kontrollierte Kernfusion**
Grundlagen ihrer Nutzung zur Energieversorgung. 408 Seiten. DM 36,–

Rohe: **Elektronik für Physiker**
Eine Einführung in analoge Grundschaltungen.
2. Aufl. 248 Seiten. DM 25,80

Walcher: **Praktikum der Physik**
4. Aufl. 408 Seiten. DM 29,–

Wegener: **Physik für Hochschulanfänger**
Teil 1: 269 Seiten. DM 23.80
Teil 2: 282 Seiten. DM 23,80

Wiesemann: **Einführung in die Gaselektronik**
Grundlagen der Elektrizitätsleitung in Gasen
282 Seiten. DM 28,–

Preisänderungen vorbehalten

Drehimpulse
in der Quantenmechanik

Von Dr. phil. nat. Albrecht Lindner
Professor an der Universität Hamburg

Mit 11 Bildern

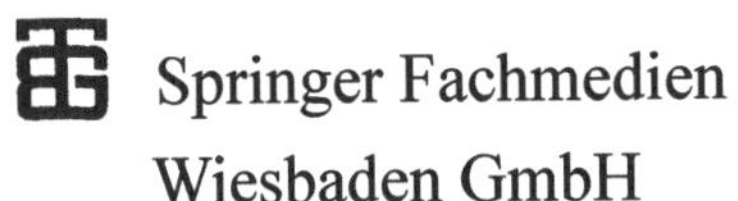

Springer Fachmedien
Wiesbaden GmbH

Prof. Dr. phil. nat. Albrecht Lindner

Geboren 1935 in Hamburg. Studium in Freiburg/Br. mit exp. Diplomarbeit bei Th. Schmidt. Anschließend bei G. Süßmann in Hamburg und Frankfurt/M., 1962 Promotion. Während der Assistentenzeit ein Jahr am Niels-Bohr-Institut in Kopenhagen. 1967 Wechsel nach Hamburg, 1969 Habilitation. Seit 1971 Prof. für theor. Physik.

CIP-Kurztitelaufnahme der Deutschen Bibliothek

Lindner, Albrecht:
Drehimpulse in der Quantenmechanik / von
Albrecht Lindner. — Stutgart : Teubner, 1984.
  (Teubner-Studienbücher : Physik)

ISBN 978-3-519-03061-4   ISBN 978-3-663-07807-4 (eBook)
DOI 10.1007/978-3-663-07807-4

Umschlaggestaltung: W. Koch, Sindelfingen

Wer die Dinge von allen Seiten möchte sehen,
der wird sie gerne einmal drehen.

VORWORT

Das Drehverhalten gehört zu den grundlegenden Eigenschaften aller Gegenstände. Es ist deshalb günstig, die Drehsymmetrie möglichst allgemein auszunutzen: Wir nehmen dazu entweder drehinvariante Größen – z.B. Skalarprodukte, reduzierte Matrixelemente – oder Größen, die nur von den Dreheigenschaften abhängen – z.B. Kugel- oder Kreiselfunktionen. Ihre Eigenschaften und Verwendungsmöglichkeiten sollen im folgenden vorgeführt werden. Damit verschaffen wir uns ein vielseitiges Werkzeug – vergleichbar mit der Vektor- und Tensorrechnung in der klassischen Physik.

Auch für die klassische Physik sind die folgenden Betrachtungen nützlich – z.B. bewähren sich in der Elektrodynamik die Kugel- und Vektorkugelfunktionen. Trotzdem ist der Hinweis auf die Quantenmechanik im Titel berechtigt, weil ihre Verfahren die Beweise vereinfachen, die Indizes der Kugelfunktionen so mit Drehimpulsquantenzahlen verknüpft werden können und es in der Quantentheorie noch weitere Begriffe und Anwendungsgebiete gibt.

In der klassischen Mechanik legt man den Drehimpuls durch $\vec{r} \times \vec{p}$ fest. Um lästige Faktoren $\hbar$ zu vermeiden, wird im folgenden die dimensionslose Größe

$$\vec{L} \equiv \frac{\vec{R} \times \vec{P}}{\hbar}$$

als (Bahn-)Drehimpuls eingeführt. Dies hat außerdem den Vorteil, daß die Vertauschgesetze für Drehimpulse, Isospins und Quasispins gleich lauten – und aus den Vertauschgesetzen allein folgen die Eigenwerte (Kap. 2), das Kopplungs- und Umkopplungsverhalten (Kap. 3 und 4) und die Matrixelemente irreduzibler Tensoren (Kap. 5).

Die Reihenfolge der Kapitel ist allerdings nicht immer zwingend. Insbesondere könnten die beiden Kapitel 6 und 7 (Kreisel- und Kugelfunktionen) auch miteinander vertauscht werden: Auf die Ergebnisse des jeweils anderen muß so oder so zurückgegriffen werden – bei der hier gewählten Reihenfolge etwas seltener. Außerdem schließt Kap. 8 (Korrelationsfunktionen) unmittelbar an Kap. 7 an. Beide sind ohne Kap. 5 verständlich, das aber in Kap. 6 gebraucht wird. Außerdem gehören die Kap. 2 bis 5 zusammen, weil sie die entscheidenden Begriffe einführen, die auch für den Iso- und Quasispin gebraucht werden.

Auch die beiden letzten Kapitel (Anwendungen in der Streutheorie und auf Vielteilchensysteme) sind voneinander unabhängig. Das Kapitel davor (Systeme mit besonderen Dreheigenschaften) ist aber insbesondere für das vorletzte wichtig – und das letzte ließe sich noch sehr erweitern. Wir beschränken uns nämlich auf Fermionensysteme und jj-Kopplung. In der Kernphysik wäre u.U. auch noch der Isospin anzugeben. Außerdem werden höchstens drei Teilchen und Löcher neben abgeschlossenen Schalen betrachtet. Sicherlich ist aber auch das Gebotene schon hilfreich.

Bei den Kopplungskoeffizienten wird die Regge-Symmetrie stark betont, die sechsmal mehr Koeffizienten miteinander verknüpft als früher angenommen. Dies kommt nicht nur den Rekursionsformeln und dem Berechnungsverfahren zugute, sondern verkürzt (Abschn. 4.13) auch ganz wesentlich die Berechnung der $6j$-Symbole. (Der alte Beweis von RACAH ist umständlich – weshalb er in den meisten Lehrbüchern nicht nachvollzogen wird und bei BIEDENHARN & LOUCK vier Seiten einnimmt.)

Leider werden einige der angeführten Größen unterschiedlich definiert, was häufig verwirrt und zu Mißverständnissen führt. Insbesondere stößt man oft auf andere Phasenkonventionen. Ich folge hier möglichst BOHR & MOTTELSON – wenn auch nicht immer in der Schreibweise – und erwähne an entsprechender Stelle auch einige andere Festlegungen. Um eine einheitliche Phasenkonvention und eindeutige Vorzeichen zu erreichen, wird auch bei den Operatoren (ab Abschn. 5.3) auf ihr Zeitumkehrverhalten geachtet und bei den sphärischen Einheitsvektoren ein geeigneter Phasenfaktor angebracht (Abschn. 5.4). Dies wirkt sich auch auf die Vektorkugelfunktionen aus.

Die Darstellung ist möglichst einfach und setzt keine Gruppentheorie voraus. Eher sehe ich den hier behandelten Stoff als geeignetes Beispiel zum Erlernen dieser Theorie an, wie es NORMAND in seinem Buch vorführt. (In Büchern über Gruppentheorie, wie z.B. dem von STIEFEL & FÄSSLER, werden viele der hier benutzten Begriffe in einen allgemeinen Rahmen eingefügt.) Mathematisch auch anspruchsvoller – und reich an Hinweisen auf Quellen und auf Zusammenhänge mit anderen Zweigen der Mathematik – ist das zweibändige Werk von BIEDENHARN & LOUCK. Hier dagegen soll die "Drehimpulsalgebra" als vielseitiges Hilfsmittel für den Physiker kurz und übersichtlich (mit Beweisen) vorgestellt werden. Hinweise auf Tabellenwerke erübrigen sich angesichts der umfangreichen Sammlung von WAY & HURLEY, s. auch APPEL.

Danken möchte ich auch an dieser Stelle vielen Mitarbeitern und Studenten in Hamburg und Herrn Prof. Dr. W. Theis in Berlin für viele Verbesserungsvorschläge. Hervorzuheben ist die große Hilfe von Herrn Hartmut Callies (Hamburg) beim Setzen der Druckvorlage.

Hamburg, im Frühjahr 1984 $\hspace{6cm}$ A. Lindner

INHALTSVERZEICHNIS

Anhang

SYMBOLLISTE

Symbol	Name	Abschnitt
$A^{(n)}$	irreduzibler Tensor	(5.1)
$A^{(n)}_{\nu}$	sphärische Komponente von $A^{(n)}$	(5.1)
$A^{(n)}(\Omega)$	Komponente von $A^{(n)}$ in Richtung $\Omega = (\theta, \varphi)$	(7.9)
c_A	Zeitumkehrverhalten des Operators A	(5.3)
$C^{(l)}_m(\Omega)$	renormierte Kugelfunktion	(7.7)
$D^{(j)}_{mm'}(\vec{\omega})$	Kreiselfunktion	(6.4)
$d^{(j)}_{mm'}(\theta)$	reduzierte Kreiselfunktion	(6.8)
$\delta(j_1 j_2 j)$	Dreiecksungleichungssymbol	(3.5)
$\Delta(j_1 j_2 j_3)$	RACAHscher Dreieckskoeffizient	(4.13)
$\vec{e}^{(1)}_{\nu}$	sphärischer Einheitsvektor	(5.4)
$\vec{e}(\Omega)$	Einheitsvektor in Richtung $\Omega = (\theta, \varphi)$	(7.8)
$\hat{j} = \sqrt{2j+1}$	statistischer Faktor	(4.1)
$\vec{J}$	Drehimpulsoperator (geteilt durch $\hbar$)	(1.4)
J_0	Komponente von $\vec{J}$ in Quantisierungsrichtung	(2.1)
$J_\pm$	Leiteroperatoren zu $\vec{J}$	(2.1)
$P^m_n(\cos\theta)$	zugeordnete Legendrefunktion	(7.4)
$P_{n_1 n_2 n_3}(\Omega_1 \Omega_2 \Omega_3)$	Dreierkorrelationsfunktion	(8.2)
$P_{n_1 n_2 (n) n_3 n_4}(\Omega_1 \Omega_2 \Omega_3 \Omega_4)$	Viererkorrelationsfunktion	(8.4)
$\mathcal{R}$	Drehoperator	(1.3)
$\mathcal{T}$	Zeitumkehroperator	(2.6)
T	Übergangsoperator	(12.1)
Ψ	Vernichtungsoperator	(13.1)
$Y^{(l)}_m(\Omega)$	Kugelfunktion	(7.2)
$\vec{Y}^{(l,1)j}_{\ m}(\Omega)$	Vektorkugelfunktion	(10.1)
$F_l(\rho)$	reguläre sphärische Besselfunktion	(9.3)
$G_l(\rho)$	irreguläre sphärische Besselfkt. (Neumannfkt.)	(9.3)
$I_l(\rho)$	einlaufende sphärische Besselfkt. (Hankelfkt.)	(9.3)
$O_l(\rho)$	auslaufende sphärische Besselfkt. (Hankelfkt.)	(9.3)
$F_l(\eta, \rho)$	reguläre Coulombwellenfunktion	(9.3)
$G_l(\eta, \rho)$	irreguläre Coulombwellenfunktion	(9.3)
$I_l(\eta, \rho)$	einlaufende Coulombwellenfunktion	(9.3)
$O_l(\eta, \rho)$	auslaufende Coulombwellenfunktion	(9.3)

SYMBOLLISTE (FORTSETZUNG)

Symbol	Name	Abschnitt
$\langle j \, \| \, A^{(n)} \, \| \, j' \rangle$	reduziertes Matrixelement	(5.2)
$\left[A^{(n_1)} \times B^{(n_2)} \right]_{\nu}^{(n)}$	Tensorprodukt von $A^{(n_1)}$ und $B^{(n_2)}$	(5.5)
$\begin{pmatrix} j_1 & j_2 & \vline & j \\ m_1 & m_2 & \vline & m \end{pmatrix}$	Clebsch-Gordan-Koeffizient	(3.4)
$\begin{pmatrix} j_1 & j_2 & j_3 \\ m_1 & m_2 & m_3 \end{pmatrix}$	$3j$-Symbol	(3.9)
$\begin{Bmatrix} j_1 & j_2 & j_3 \\ j_1' & j_2' & j_3' \end{Bmatrix}$	$6j$-Symbol	(4.3)
$\begin{Bmatrix} j_{11} & j_{12} & j_{13} \\ j_{21} & j_{22} & j_{23} \\ j_{31} & j_{32} & j_{33} \end{Bmatrix}$	$9j$-Symbol	(4.4)
$\begin{bmatrix} n_{11} & n_{12} & n_{13} \\ n_{21} & n_{22} & n_{23} \\ n_{31} & n_{32} & n_{33} \end{bmatrix}$	Regge-Symbol	(3.10)
$\begin{bmatrix} n_{11} & n_{12} & n_{13} & n_{14} \\ n_{21} & n_{22} & n_{23} & n_{24} \\ n_{31} & n_{32} & n_{33} & n_{34} \end{bmatrix}$	Schelepin-Symbol	(4.6)

DREHIMPULSE

1.1 Drehungen und Drehvektoren

In der Quantenmechanik sind Drehimpulsoperatoren Erzeugende infinitesimaler Drehungen. Dementsprechend beginnen wir mit den Drehungen im dreidimensionalen Raum und führen danach den Drehimpuls ein. Damit können wir den Eigendrehimpuls (Spin) ungezwungen einfügen und auf die Vertauschgesetze schließen. (In vielen Lehrbüchern wird anders angefangen, nämlich aus den Vertauschgesetzen für Orts- und Impulsoperatoren auf die für den Bahndrehimpuls geschlossen – und der dann um den Eigendrehimpuls erweitert.)

Wir kennzeichnen Drehungen durch (axiale) Drehvektoren $\vec{\omega} = \omega\,\vec{e}$ in Richtung der Drehachse $\vec{e}$ und mit der Länge des Drehwinkels ω. Dabei bilde die Drehung eine Rechtsschraube um den Drehvektor.

Damit ist der Drehvektor noch nicht eindeutig festgelegt, denn die Drehung kann vom Laborsystem mit den Basisvektoren $\vec{l}_1, \vec{l}_2, \vec{l}_3$ aus beschrieben werden oder vom körperfesten System mit den Vektoren $\vec{k}_1, \vec{k}_2, \vec{k}_3$ aus: Der laborfeste Beobachter behauptet, $\{\,\vec{k}_i\,\}$ drehe sich, während der körperfeste Beobachter das von $\{\,\vec{l}_i\,\}$ behauptet. Deshalb weisen die Drehvektoren der beiden Beobachter in entgegengesetzte Richtungen (vgl. Bild 1):

$$\vec{\omega}_{\mathrm{K}} = -\,\vec{\omega}_{\mathrm{L}}\ .$$

Dieser Unterschied ist zu beachten: Einige Verfasser messen vom Laborsystem aus – sie "drehen den Gegenstand" (so BOHR & MOTTELSON, BRINK & SATCHLER, MESSIAH II, ROSE 57, de SHALIT & TALMI ,...) –, andere vom körperfesten aus – sie "drehen das Koordinatensystem" (so EDMONDS, FANO & RACAH, ROSE 55,...). Anders ausgedrückt: Spricht der laborfeste Beobachter von der Drehung $\vec{\omega}$, so der körperfeste von der umgekehrten $\vec{\omega}^{-1}$. Ich nehme im allgemeinen den Drehvektor im Laborsystem oder betone es sonst ausdrücklich.

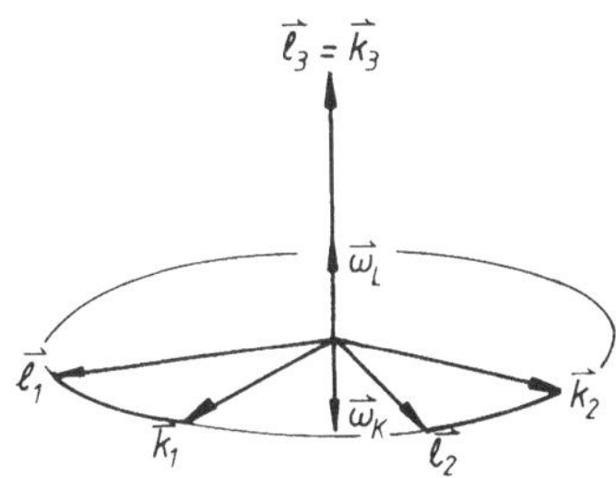

Bild 1: Zum Unterschied zwischen den Drehvektoren $\vec{\omega}$ im labor- und körperfesten Koordinatensystem: $\{\,\vec{l}_i\,|\,i = 1,2,3\,\}$ und $\{\,\vec{k}_i\,|\,i = 1,2,3\,\}$ sollen vor der Drehung (um $\vec{l}_3 = \vec{k}_3$) miteinander übereingestimmt haben.

1.2 Endliche und infinitesimale Drehungen

Zu einem Körperpunkt gehöre vor der Drehung $\omega\vec{e}$ um den Nullpunkt der Ortsvektor $\vec{r}_0$ und hinterher der Ortsvektor $\vec{r}_1$. Beide haben gleiche Komponenten in Richtung von $\vec{e}$ (also $\vec{e}\cdot\vec{r}_0 = \vec{e}\cdot\vec{r}_1$), unterscheiden sich aber in den zu $\vec{e}$ senkrechten Komponenten $\vec{r}_{0\perp} = \vec{r}_0 - \vec{e}\,(\vec{e}\cdot\vec{r}_0)$ und $\vec{r}_{1\perp} = \cos\omega\,\vec{r}_{0\perp} + \sin\omega\,\vec{e}\times\vec{r}_0$, wie an Bild 2 abzulesen ist. Deshalb gilt

$$\vec{r}_1 = \cos\omega\,\vec{r}_0 + (1-\cos\omega)\,\vec{e}\,(\vec{e}\cdot\vec{r}_0) + \sin\omega\,\vec{e}\times\vec{r}_0 \ .$$

Ein beliebiger Vektor $\vec{a}$ ändert sich bei Drehungen wie der Ortsvektor. Die Gleichung gilt deshalb auch, wenn $\vec{r}_{0,1}$ durch $\vec{a}_{0,1}$ ersetzt wird.

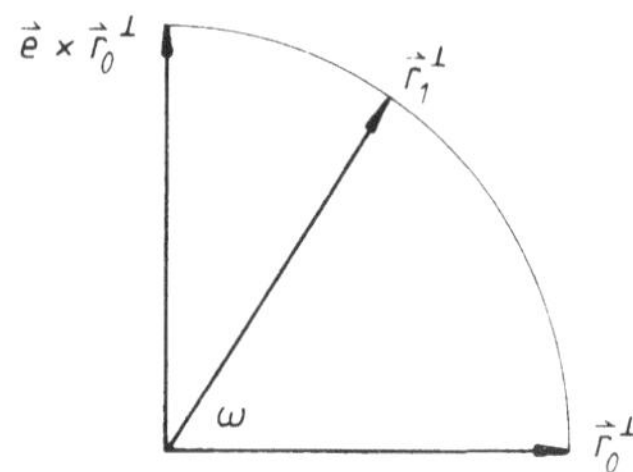

Bild 2: Zum Drehverhalten des Ortsvektors.

Verwenden wir statt $\vec{\omega}$ den Drehvektor $\vec{\varpi} = \varpi\,\vec{e}$ mit $\varpi = \tan\frac{1}{2}\omega$, so lautet die letzte Gleichung

$$\vec{r}_1 = \frac{2}{1+\varpi^2}\left\{\frac{1-\varpi^2}{2}\,\vec{r}_0 + \vec{\varpi}\,(\vec{\varpi}\cdot\vec{r}_0) + \vec{\varpi}\times\vec{r}_0\right\} \ .$$

Dieser rationale Zusammenhang mit dem Drehvektor ist für die folgende Anwendung nützlich.

Folgt einer ersten Drehung $\vec{\omega}_1$ eine zweite $\vec{\omega}_2$, so entspricht das einer einzigen Drehung $\vec{\omega}_{21}$, wenn beidemal um den Nullpunkt gedreht wird. Um diese Drehung zu finden, nimmt man besser den Drehvektor $\vec{\varpi}$ statt $\vec{\omega}$. Die Verknüpfung zwischen $\vec{\varpi}_1$, $\vec{\varpi}_2$ und $\vec{\varpi}_{21}$ lautet nämlich

$$\vec{\varpi}_{21} = \frac{1}{1-\vec{\varpi}_2\cdot\vec{\varpi}_1}\left\{\vec{\varpi}_2 + \vec{\varpi}_1 + \vec{\varpi}_2\times\vec{\varpi}_1\right\} \ .$$

(Wie man leicht beweist, bleibt der Vektor $\vec{\varpi}_2 + \vec{\varpi}_1 + \vec{\varpi}_2\times\vec{\varpi}_1$ bei der zusammengesetzten Drehung fest. Anschließend kann man $\vec{\varpi}_1$ und $\vec{\varpi}_2$ parallel und senkrecht zueinander wählen, um den Faktor herzuleiten.) Miteinander vertauschbar sind also nur Drehungen um gleiche Achsen oder mit infinitesimalen Drehwinkeln. Nur deren Drehvektoren werden wie gewöhnliche Vektoren zusammengesetzt. Darin liegt die besondere Bedeutung infinitesimaler Drehungen.

Für solche Drehungen mit kleinem Drehwinkel ϵ um die Achse $\vec{e}$ gilt offenbar

$$\vec{a}_1 \simeq \vec{a}_0 + \epsilon\,\vec{e}\times\vec{a}_0, \quad \text{falls} \quad \epsilon \ll 1.$$

Diese Beziehung wird für das Folgende besonders wichtig.

1.3 Drehoperator und Bahndrehimpuls

Wir beschränken uns zunächst auf physikalische Systeme ohne Eigendrehimpuls (Drall, Spin) – die Verallgemeinerung folgt im nächsten Abschnitt. Vorläufig sollen ihre Wellenfunktionen also nicht von inneren Koordinaten abhängen, sondern nur vom Ortsvektor $\vec{r}$.

Führt die Drehung $\vec{\omega}$ von $\vec{r}_0$ nach $\vec{r}_1$, so ist die neue Wellenfunktion an der Stelle $\vec{r}_1$ gleich der alten Wellenfunktion an der Stelle $\vec{r}_0$. Der Drehoperator $\mathcal{R}$ verwandelt die alte Wellenfunktion ψ in die neue $\mathcal{R}\psi$. Deshalb gilt

$$\langle \vec{r}_1|\mathcal{R}|\psi\rangle = \langle \vec{r}_0|\psi\rangle \qquad \text{bzw.} \qquad \mathcal{R}\,\psi(\vec{r}_1) = \psi(\vec{r}_0)\,.$$

Um $\mathcal{R}(\vec{\omega})$ zu finden, entwickeln wir $\psi(\vec{r}_0)$ um die Stelle $\vec{r}_1$:

$$\psi(\vec{r}_0) \simeq \psi(\vec{r}_1 - \epsilon\,\vec{e}\times\vec{r}_1) \simeq (1 - \epsilon\,\vec{e}\times\vec{r}_1\cdot\vec{\nabla})\,\psi(\vec{r}_1)\,.$$

Hier tritt die Komponente des Vektoroperators $\vec{r}\times\vec{\nabla}$ in Richtung des Drehvektors $\epsilon\,\vec{e}$ auf. Bis auf den Faktor i ist dieser Operator gleich dem (Bahn-)Drehimpuls $\vec{L}$ in der Ortsdarstellung: Wegen

$$\langle \vec{r}|\vec{R}|\vec{r}'\rangle = \vec{r}\,\delta(\vec{r}-\vec{r}'), \quad \langle \vec{r}|\vec{P}|\vec{r}'\rangle = \frac{\hbar}{i}\,\vec{\nabla}\,\delta(\vec{r}-\vec{r}') \quad \text{und} \quad \vec{L} \equiv \frac{\vec{R}\times\vec{P}}{\hbar}$$

(zum Nenner $\hbar$ vergleiche das Vorwort!) ist nämlich

$$\langle \vec{r}|i\vec{L}|\vec{r}'\rangle = \vec{r}\times\vec{\nabla}\,\delta(\vec{r}-\vec{r}')\,.$$

Folglich ist bei kleinem Drehwinkel

$$\mathcal{R}(\epsilon\,\vec{e}) \simeq 1 - i\,\epsilon\,\vec{e}\cdot\vec{L}\,.$$

Diese Beziehung kann wegen $\lim(1 + a/n)^n = \exp(a)$ auf endliche Drehwinkel ω verallgemeinert werden:

$$\mathcal{R}(\vec{\omega}) = \exp(-i\,\vec{\omega}\cdot\vec{L})\,.$$

Dieser Ausdruck ist allerdings nur richtig, wenn keine inneren Koordinaten gedreht werden. Sonst muß statt des Bahndrehimpulses $\vec{L}$ der Gesamtdrehimpuls $\vec{J}$ genommen werden, wie im nächsten Abschnitt gezeigt wird.

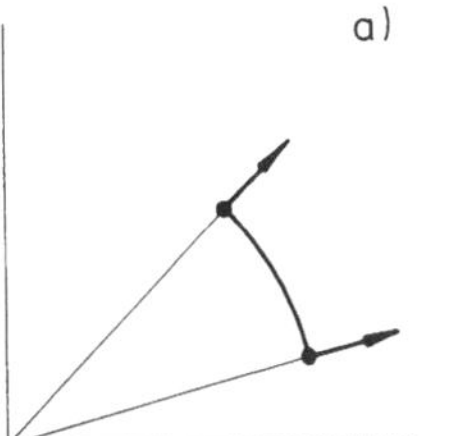

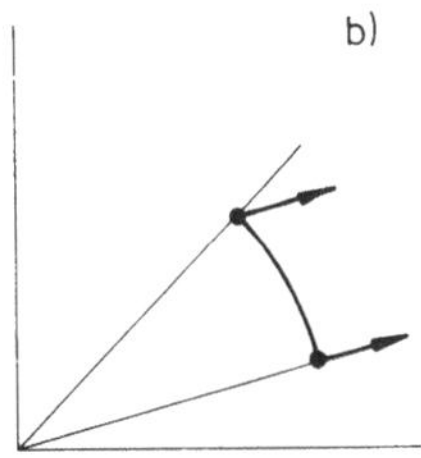

Bild 3: Schematische Darstellung der Drehung eines Körpers mit innerer Struktur. Im Teil b ist nur der Ort gedreht worden, nicht auch die innere Struktur.

1.4 Eigendrehimpuls (Drall, Spin) und Gesamtdrehimpuls

Sehr oft hängt die Wellenfunktion nicht nur vom Ort, sondern auch von inneren Freiheitsgraden ab. Hat z.B. ein Teilchen ein magnetisches Moment, so ist auch dessen Richtung zu bestimmen. Sie ändert sich bei einer Drehung – vgl. Bild 3a. Im letzten Abschnitt ist nur der Drehoperator für den Ortswechsel angegeben worden – was Bild 3b entspricht. Es fehlt noch der Drehoperator für die inneren Koordinaten. Er hängt mit dem Eigendrehimpuls (Drall, Spin) $\vec{S}$ zusammen wie der Drehoperator für die Ortskoordinaten mit dem Bahndrehimpuls $\vec{L}$. Die beiden Drehimpulsoperatoren $\vec{L}$ und $\vec{S}$ wirken auf verschiedene Koordinaten und sind deshalb miteinander vertauschbar. Folglich tritt in den letzten Gleichungen an die Stelle des Bahndrehimpulses $\vec{L}$ der Gesamtdrehimpuls $\vec{J}$:

$$\vec{J} = \vec{L} + \vec{S}\,, \qquad [\vec{L}, \vec{S}] = 0\,,$$

$$\mathcal{R}(\vec{\omega}) = \exp(-i\,\vec{\omega} \cdot \vec{J})\,.$$

(Sobald man die innere Struktur der betrachteten Teilchen erkennt, bekommt der Eigendrehimpuls eine einfache Bedeutung – setzt sich doch der Drehimpuls eines Systems von Massenpunkten aus dem Drehimpuls des Schwerpunktes und den Drehimpulsen im Schwerpunktsystem zusammen, was $\vec{J} = \vec{L} + \vec{S}$ entspricht. Halbzahlige Drehimpulse können allerdings nicht auf innere Bewegungen zurückgeführt werden.)

Die Drehoperatoren müssen unitär sein, denn sie bewirken einen Darstellungswechsel:

$$\mathcal{R}^{\dagger}(\vec{\omega}) = \mathcal{R}^{-1}(\vec{\omega}) = \mathcal{R}(\vec{\omega}^{-1})\,.$$

Folglich sind die Drehimpulsoperatoren hermitisch und ihre Eigenwerte reell:

$$\vec{J}^{\dagger} = \vec{J}\,.$$

1.5 Halbzahlige Drehimpulse

In der klassischen Physik führt eine Drehung um den Winkel 2π zur Ausgangslage zurück. In der Quantenmechanik ist das nicht immer richtig: Es gilt zwar für die Ortskoordinaten, braucht aber nicht auch für die innere Struktur zu gelten. Hängt nämlich die Wellenfunktion noch von inneren Koordinaten ab, so ist nur $\mathcal{R}(4\pi\,\vec{e}) = 1$ bzw. $\mathcal{R}(2\pi\,\vec{e}) = \pm 1$ sicher: Die Eigenwerte von $\vec{J} \cdot \vec{e}$ sind $0, \pm\frac{1}{2}, \pm 1, \ldots$.

Die Behauptung $\mathcal{R}(2\pi\,\vec{e}) = \pm 1$ folgt unmittelbar aus dem mathematischen Satz: *Der Parameterraum der Drehungen im dreidimensionalen Raum hängt zweifach zusammen.* Ihm zufolge gibt es zwei Klassen geschlossener Wege im Parameterraum der dreidimensionalen Drehungen: In der einen Klasse können diese Wege stetig auf einen Punkt zusammengezogen werden, in der anderen können diese Wege zwar stetig ineinander, aber nicht zu einem Punkt verformt werden.

Als Drehparameter nehmen wir die Drehvektoren $\vec{\omega}$. Die Drehachsenrichtung ist durch $\omega \geq 0$ eindeutig festgelegt ($\omega = 0$, wenn nicht gedreht wird). Die naheliegende Forderung $\omega \leq 2\pi$ an den Drehwinkel ist zu schwach, denn die Drehung $\omega\vec{e}$ führt auf dieselben neuen körperfesten Achsen wie die Drehung $(2\pi - \omega)(-\vec{e})$. Folglich genügen Drehwinkel $\omega \leq \pi$: Jeder Drehung im dreidimensionalen Raum kann eindeutig ein Punkt der Kugel vom Radius π zugeordnet werden; die Kugeloberfläche zählt allerdings nur halb mit, weil die Drehungen $\pi\vec{e}$ und $-\pi\vec{e}$ nicht unterschieden werden: Gegenüberliegende Punkte auf der Kugeloberfläche stellen dieselbe Drehung dar!

Um zu beweisen, daß dieser Parameterraum zweifach zusammenhängt, betrachten wir zwei geschlossene Wege, nämlich die durch das Innere der Kugel führenden Geraden in den Bildern 4a und 4b. Der Weg in 4a läßt sich offenbar nicht auf einen Punkt zusammenziehen, weil die "beiden" Punkte auf der Kugeloberfläche stets einander gegenüberliegen müssen. Dagegen läßt sich der Weg 4b durch die angedeutete Verformung in den einen Punkt • auf der Oberfläche überführen. Alle anderen geschlossenen Wege lassen sich auf den einen oder anderen dieser beiden Wege zurückführen.

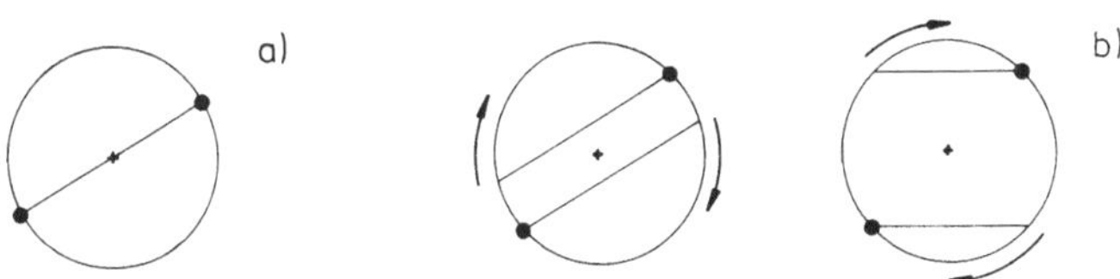

Bild 4: Beweis, daß der Parameterraum der Drehungen im dreidimensionalen Raum zweifach zusammenhängt.

Beim Durchlaufen der betrachteten Wege ändern sich nicht nur die zugehörigen Drehvektoren stetig, sondern nach dem letzten Abschnitt auch die entsprechenden Drehoperatoren. Damit ist unsere Behauptung bewiesen: Zu einer Drehung um $\omega = 4\pi$ gehört derselbe Drehoperator wie zur Drehung um $\omega = 0$, nämlich die Eins. (Wir haben also Verhältnisse wie bei der Riemannschen Fläche zur komplexen Funktion $\sqrt{z}$ mit ihren beiden Blättern – auch dort kehrt man erst nach zweifachem Umlaufen des Nullpunktes zum alten Wert zurück.)

Dieses Ergebnis ist wichtig für Drehoperatoren, die auf innere Koordinaten wirken. Bei ihnen kann ja nicht aus der Forderung nach eindeutigen Wellenfunktionen auf die Periode 2π geschlossen werden, wie das bei Drehoperatoren möglich ist, die nur auf Ortskoordinaten wirken. Daher kann $\vec{S} \cdot \vec{e}$ die Eigenwerte $0, \pm\frac{1}{2}, \pm 1, \ldots$ haben, $\vec{L} \cdot \vec{e}$ aber nur die Eigenwerte $0, \pm 1, \pm 2, \ldots$.

Der vorgeführte Beweis stammt von WIGNER. Eine andere Darstellung geht auf Dirac zurück und ist bei BIEDENHARN & LOUCK I zu finden. (Sie besprechen auch ausführlich, weshalb wir "eindeutige" Wellenfunktionen brauchen.)

Nicht begründen können wir hier, weshalb Fermionen halbzahligen Spin und Bosonen ganzzahligen Spin haben – vgl. dazu z.B. STREATER & WIGHTMAN.

1.6 Vertauschgesetze mit Drehimpulsoperatoren

Bei einer Drehung $\vec{\omega}$ werden die Wellenfunktionen nach Abschn. 1.3 gemäß $R(\vec{\omega})\,\psi(\vec{r}_1) = \psi(\vec{r}_0)$ transformiert. Es gilt also $\langle \vec{r}_1|R(\vec{\omega})|\psi\rangle = \langle \vec{r}_0|\psi\rangle$ und folglich für die Zustände $|\psi\rangle$ und Observablen A

$$|\psi_1\rangle = R(\vec{\omega})|\psi_0\rangle, \quad A_1 = R(\vec{\omega})\,A_0\,R^\dagger(\vec{\omega}) .$$

Bei infinitesimalen Drehungen führt dies auf

$$A_1 \simeq (1 - i\epsilon\vec{e}\cdot\vec{J})\,A_0\,(1 + i\epsilon\vec{e}\cdot\vec{J}) \simeq A_0 - i\epsilon\,[\vec{e}\cdot\vec{J}, A_0] .$$

Folglich sind alle drehinvarianten Operatoren $(A_1 = A_0)$ nicht nur mit dem Drehoperator $\mathfrak{R}$, sondern auch mit dem Drehimpuls $\vec{J}$ vertauschbar: Die Drehimpulsdarstellung eignet sich zum Diagonalisieren aller drehinvarianten Probleme.

Ist die Observable A ein Vektoroperator $(\vec{R}, \vec{P}, \vec{J}, \ldots)$, so gilt für seine Komponente längs eines Einheitsvektors $\vec{u}$ bei einer Drehung um $\epsilon\vec{e}$ nach Abschn. 1.2:

$$\vec{A} \cdot \vec{u}_1 \simeq \vec{A} \cdot (\vec{u}_0 + \epsilon\vec{e} \times \vec{u}_0) = \vec{A} \cdot \vec{u}_0 + \epsilon(\vec{A} \times \vec{e}) \cdot \vec{u}_0 \ .$$

Der Vergleich mit der vorangestellten Beziehung liefert

$$\left[\vec{J} \cdot \vec{e}, A\right] = i\,\vec{A} \times \vec{e} \qquad \text{oder} \qquad \left[\vec{J} \cdot \vec{e}_1, \vec{A} \cdot \vec{e}_2\right] = i\,\vec{A} \cdot (\vec{e}_1 \times \vec{e}_2) \ ,$$

d.h.

$$[J_x, A_x] = 0 \ , \quad [J_x, A_y] = -\,[J_y, A_x] = i\,A_z \qquad \text{und zyklisch,}$$

wenn x, y, z kartesische Koordinaten im Laborsystem sind. Insbesondere folgt das wichtige "Drehimpulsvertauschgesetz"

$$[J_x, J_y] = i\,J_z \qquad \text{und zyklisch,}$$

und damit die bemerkenswerte Gleichung

$$\vec{J} \times \vec{J} = i\,\vec{J} \qquad \text{und allgemeiner} \qquad \vec{J} \times \vec{A} + \vec{A} \times \vec{J} = 2i\,\vec{A} \ ,$$

woraus allerdings nicht auf $\left[\vec{J} \cdot \vec{e}, \vec{A}\right]$ geschlossen werden kann.

Diese Gleichungen darf man freilich nicht ohne weiteres auch für $\vec{S}$ statt $\vec{J}$ übernehmen: Es ist zwar

$$\vec{S} \times \vec{S} = i\,\vec{S} \qquad \text{bzw.} \qquad [S_x, S_y] = i\,S_z \qquad \text{und zyklisch,}$$

aber wenn A nur im Ortsraum wirkt, gilt

$$\vec{S} \times \vec{A} + \vec{A} \times \vec{S} = 0 \qquad \text{und} \qquad \left[\vec{S} \cdot \vec{e}_1, \vec{A} \cdot \vec{e}_2\right] = 0 \ .$$

(Beachte, daß wir uns hier nicht auf Spin-$\tfrac{1}{2}$-Operatoren beschränkt haben – ihre Eigenschaften können wir erst in Abschn. 2.5 erläutern.)

Nach dem Drehimpulsvertauschgesetz kann man nur eine Komponente des Drehimpulsoperators diagonalisieren, die beiden anderen sind dann nicht-diagonal (unscharf). Darauf gehen wir im nächsten Kapitel genauer ein.

Die verschiedenen Drehimpulskomponenten sind zwar nicht miteinander vertauschbar, aber doch mit dem "Quadrat des Drehimpulses" J^2: Aus dem obigen Vertauschgesetz folgt nämlich für beliebige Vektoroperatoren $\vec{A}$ und $\vec{B}$:

$$\left[\vec{J}, \vec{A} \cdot \vec{B}\right] = 0 \ , \qquad \text{insbesondere} \qquad \left[\vec{J}, J^2\right] = 0 \ .$$

Der Drehimpuls $\vec{J}$ ist also mit allen Skalarprodukten vertauschbar – sie sind ja drehinvariant!

Für miteinander vertauschbare Vektoroperatoren $\vec{A}$ und $\vec{B}$ ist

$$[\vec{J} \cdot \vec{A}, \vec{B}] = -i\,\vec{A} \times \vec{B}\,,$$

folglich

$$[\vec{J} \cdot \vec{A}, \vec{J} \cdot \vec{B}] = -i\,\vec{J} \cdot (\vec{A} \times \vec{B})$$

und

$$[\vec{J} \cdot \vec{A}, \vec{A}] = 0\,.$$

Die letzte Gleichung ist wichtig für die "Helizität" (vgl. z.B. MOSES): Man kann zwar nicht $\vec{R}$ oder $\vec{P}$ und eine Komponente von $\vec{J}$ gemeinsam diagonalisieren, aber $\vec{R}$ und $\vec{J} \cdot \vec{R}$ oder $\vec{P}$ und $\vec{J} \cdot \vec{P}$. Sind die Operatoren $\vec{A}$ und $\vec{B}$ nicht miteinander vertauschbar, so treten weitere Summanden auf. So ist z.B. das Quadrat des Drehimpulses nicht mit allen Vektoroperatoren vertauschbar:

$$[J^2, \vec{A}] = i\,(\vec{A} \times \vec{J} - \vec{J} \times \vec{A})\,.$$

Beispiele dazu folgen in Abschn. 3.1.

Die körperfesten Drehimpulskomponenten genügen einem anderen Vertauschgesetz als die laborfesten: Sind a, b, c kartesische Koordinaten im körperfesten System, so gilt

$$[J_a, J_b] = -i\,J_c \qquad \text{und zyklisch.}$$

Zum Beweise braucht man nur in der Gleichung $[\vec{J} \cdot \vec{A}, \vec{J} \cdot \vec{B}] = -i\,\vec{J} \cdot (\vec{A} \times \vec{B})$ für $\vec{A}$ und $\vec{B}$ Einheitsvektoren längs der körperfesten $\vec{a}$- und $\vec{b}$-Achsen zu nehmen. Das ist eine zulässige Wahl, denn diese Einheitsvektoren verhalten sich bei Drehungen wie in Abschn. 1.2 angegeben; Einheitsvektoren längs der Laborachsen wären nicht zulässig. (Anderer Beweis in Abschn. 6.2.) Nach KLEIN kann man bei den Vertauschgesetzen leicht von dem einen Koordinatensystem zum anderen übergehen, indem man i durch $-i$ ersetzt. Die Vorzeichen unterscheiden sich wie bei $\vec{\omega}_L$ und $\vec{\omega}_K$: Weisen $\vec{z}$- und $\vec{c}$-Achse in dieselbe Richtung, so gehören J_z und J_c zu entgegengesetzten Drehvektoren.

Übrigens kann man die bekannte Vertauschbeziehung für Impuls und Ort nicht formal auf Drehimpuls und kanonisch konjugierten Winkel übertragen, weil der Winkel nur $\mathrm{mod}(2\pi)$ sinnvoll ist. Man muß deshalb mit periodischen Winkelfunktionen rechnen. So läßt sich auch eine Unschärfebeziehung herleiten: Je schärfer die Richtung, desto unschärfer der Drehimpuls – und umgekehrt. Vgl. dazu BIEDENHARN & LOUCK II.

1.7 Zusammenfassung: Drehimpulse

Der Drehimpulsoperator $\vec{J}$ ist mit Drehungen im Raum verknüpft: Kennzeichnet ω den Drehwinkel und der Einheitsvektor $\vec{e}$ die Drehachse (im Laborsystem), so ist der zugehörige unitäre Drehoperator R durch $\exp(-i\,\omega\,\vec{e} \cdot \vec{J})$ gegeben. Der Drehimpuls $\vec{J}$ ist ein hermitischer Vektoroperator, dessen Komponenten dem Vertauschgesetz $[J_x, J_y] = i\,J_z$ (und zyklisch) genügen. Man kann deshalb nicht alle Komponenten gemeinsam diagonalisieren. Auch mit anderen Vektoroperatoren ist $\vec{J}$ nicht vertauschbar, dafür aber mit allen drehinvarianten Operatoren wie z.B. J^2. Deshalb eignet sich die Drehimpulsdarstellung für alle kugelsymmetrischen Probleme. (In der Drehimpulsdarstellung sind J^2 und J_z diagonal.)

Der Gesamtdrehimpuls $\vec{J}$ setzt sich aus dem Bahndrehimpuls $\vec{L}$ und dem Spin $\vec{S}$ zusammen, $\vec{J} = \vec{L} + \vec{S}$. Dabei wirkt $\vec{L}$ auf die Ortskoordinaten und $\vec{S}$ auf innere Koordinaten. Deshalb sind $\vec{L}$ und $\vec{S}$ miteinander vertauschbar; ihre Komponenten genügen dem genannten Drehimpulsvertauschgesetz. Sobald innere Koordinaten auftreten, sind zweideutige Darstellungen möglich, bei denen die (Spinor-)Zustände durch eine Drehung um 2π in ihr Negatives übergehen.

DREHIMPULSDARSTELLUNG

2.1 Grundgesetze für die Operatoren

Der Drehimpuls $\vec{J}$ ist ein hermitischer Vektoroperator. Im Laborsystem genügen seine kartesischen Komponenten dem Vertauschgesetz

$$[J_x, J_y] = i J_z \qquad \text{und zyklisch.}$$

Da die einzelnen Komponenten nicht miteinander vertauschbar sind, gibt es im allgemeinen keine gemeinsamen Eigenzustände für alle drei Komponenten (Ausnahme: Zustände mit $j = 0$, vgl. Abschn. 2.5). Gewöhnlich wählt man die z-Achse (im körperfesten System die c-Achse) zur Quantisierungsachse; das soll im folgenden auch hier geschehen – auch bei Kugelkoordinaten zeichnet man sie ja vor den anderen aus. (Die Unschärfen von J_x und J_y werden in Abschn. 2.4 berechnet.) Neben J_z ist in der Drehimpulsdarstellung noch J^2 diagonal, das nach Abschn. 1.6 mit den Drehimpulskomponenten vertauscht werden kann.

Statt J_z schreiben wir im folgenden J_0 und verwenden anstelle von J_x und J_y die zueinander hermitisch konjugierten Linearkombinationen

$$J_\pm \equiv J_x \pm i J_y = J_\mp{}^\dagger, \qquad \text{also} \qquad J_x = \frac{1}{2}(J_+ + J_-), \quad J_y = \frac{1}{2i}(J_+ - J_-).$$

Sie genügen den Vertauschgesetzen

$$[J_0, J_\pm] = \pm J_\pm, \qquad [J_+, J_-] = 2 J_0.$$

Diese Gleichungen gelten auch im körperfesten Koordinatensystem, wenn dort $J_0 = J_c$ und $J_\pm = J_a \mp i J_b$ ist. Außerdem gelten sie für die Isospinoperatoren T_0, $T_\pm$ und die Quasispinoperatoren $\tilde{S}_0$, $\tilde{S}_\pm$, die der Vollständigkeit halber im nächsten Abschnitt vorgestellt werden.

Der weitere Inhalt dieses Kapitels und der nächsten beiden folgt allein aus den Gleichungen für J_0 und $J_\pm$. Er gilt deshalb sowohl für den Drehimpuls als auch für den Isospin und den Quasispin. Dabei wird neben J_0 und $J_\pm$ noch das "Quadrat des Drehimpulses"

$$\begin{aligned}
J^2 &= J_x{}^2 + J_y{}^2 + J_z{}^2 && \text{im Laborsystem,} \\
&= J_a{}^2 + J_b{}^2 + J_c{}^2 && \text{im körperfesten System,} \\
&= J_0{}^2 + \tfrac{1}{2}(J_+ J_- + J_- J_+)
\end{aligned}$$

wichtig sein. Dieser Operator ist hermitisch und mit den verschiedenen Komponenten von $\vec{J}$ vertauschbar, wie schon im vorletzten Abschnitt gezeigt wurde:

$$0 = [J^2, J_0] = [J^2, J_\pm].$$

Wir könnten nun mit der Herleitung der Drehimpulsdarstellung beginnen, werden das aber erst im übernächsten Abschnitt tun. Zuvor wollen wir nämlich noch auf die schon angekündigten Begriffe Isospin und Quasispin eingehen.

2.2 Isospin und Quasispin

Es gibt Bilinearprodukte von Erzeugungs- und Vernichtungsoperatoren, die den eben genannten Grundgesetzen für J_0 und $J_\pm$ genügen. Je nach der Bedeutung dieser Operatoren spricht man dann von Drehimpuls (Spin), Isospin oder Quasispin.

Sind nämlich zwei Teilchenarten gegeben, beides Fermionen (z.B. Neutronen und Protonen) oder beides Bosonen, so genügen ihre Feldoperatoren den Vertauschgesetzen

$$\left[\Psi_\kappa, \Psi_{\kappa'}{}^\dagger\right]_\pm = \delta_{\kappa\kappa'}\,, \qquad [\Psi_\kappa, \Psi_{\kappa'}]_\pm = 0\,,$$

$$\left[\Phi_\kappa, \Phi_{\kappa'}{}^\dagger\right]_\pm = \delta_{\kappa\kappa'}\,, \qquad [\Phi_\kappa, \Phi_{\kappa'}]_\pm = 0\,,$$

$$\left[\Psi_\kappa, \Phi_{\kappa'}{}^\dagger\right]_\pm = 0\,, \qquad [\Psi_\kappa, \Phi_{\kappa'}]_\pm = 0\,.$$

(Dabei kommen entweder nur Kommutatoren oder nur Antikommutatoren der Erzeugungs- und Vernichtungsoperatoren vor. Fermionenoperatoren werden ausführlich in Abschn. 13.1 betrachtet.) Wir werden nun sehen, daß die Operatoren

$$T_0 \equiv \tfrac{1}{2} \sum_\kappa \left(\Psi_\kappa{}^\dagger \Psi_\kappa - \Phi_\kappa{}^\dagger \Phi_\kappa\right)\,, \qquad T_+ \equiv \sum_\kappa \Psi_\kappa{}^\dagger \Phi_\kappa\,, \qquad T_- \equiv \sum_\kappa \Phi_\kappa{}^\dagger \Psi_\kappa$$

denselben Vertauschgesetzen wie die entsprechenden Drehimpulsoperatoren genügen,

$$[T_0, T_\pm] = \pm T_\pm\,, \qquad [T_+, T_-] = 2T_0\,,$$

und außerdem

$$T_0{}^\dagger = T_0\,, \qquad T_\pm{}^\dagger = T_\mp$$

gilt. Letzteres ergibt sich sofort aus $(AB)^\dagger = B^\dagger A^\dagger$ und $A^{\dagger\dagger} = A$.

Der Beweis der Vertauschgesetze folgt aus der Operatoridentität

$$[AB, CD] = (A[B, C]_\pm - [C, A]_\pm B)D + C(A[B, D]_\pm - [D, A]_\pm B)\,.$$

Damit gilt nämlich

$$\left[\Psi_\kappa{}^\dagger \Phi_\kappa, \Phi_{\kappa'}{}^\dagger \Psi_{\kappa'}\right] = \left(\Psi_\kappa{}^\dagger \left[\Phi_\kappa, \Phi_{\kappa'}{}^\dagger\right]_\pm - \left[\Phi_{\kappa'}{}^\dagger, \Psi_\kappa{}^\dagger\right]_\pm \Phi_\kappa\right)\Psi_{\kappa'}$$

$$+ \Phi_{\kappa'}{}^\dagger \left(\Psi_\kappa{}^\dagger [\Phi_\kappa, \Psi_{\kappa'}]_\pm - \left[\Psi_{\kappa'}, \Psi_\kappa{}^\dagger\right]_\pm \Phi_\kappa\right)$$

$$= \Psi_\kappa{}^\dagger \delta_{\kappa\kappa'} \Psi_{\kappa'} - \Phi_{\kappa'}{}^\dagger \delta_{\kappa\kappa'} \Phi_\kappa\,,$$

$$\left[\Psi_\kappa{}^\dagger \Psi_\kappa, \Psi_{\kappa'}{}^\dagger \Phi_{\kappa'}\right] = \left(\Psi_\kappa{}^\dagger \left[\Psi_\kappa, \Psi_{\kappa'}{}^\dagger\right]_\pm - \left[\Psi_{\kappa'}{}^\dagger, \Psi_\kappa{}^\dagger\right]_\pm \Psi_\kappa\right)\Phi_{\kappa'}$$

$$+ \Psi_{\kappa'}{}^\dagger \left(\Psi_\kappa{}^\dagger [\Psi_\kappa, \Phi_{\kappa'}]_\pm - \left[\Phi_{\kappa'}, \Psi_\kappa{}^\dagger\right]_\pm \Psi_\kappa\right) = + \Psi_\kappa{}^\dagger \delta_{\kappa\kappa'} \Phi_{\kappa'}\,,$$

$$\left[\Phi_\kappa{}^\dagger \Phi_\kappa, \Psi_{\kappa'}{}^\dagger \Phi_{\kappa'}\right] = -\left[\Phi_\kappa{}^\dagger \Phi_\kappa, \Phi_{\kappa'}{}^\dagger \Psi_{\kappa'}\right]^\dagger = -(\Phi_\kappa{}^\dagger \delta_{\kappa\kappa'} \Psi_{\kappa'})^\dagger = -\Psi_{\kappa'}{}^\dagger \delta_{\kappa\kappa'} \Phi_\kappa\,.$$

Das liefert

$$[T_+, T_-] = 2T_0\,, \qquad [T_0, T_+] = T_+\,.$$

Außerdem folgt so

$$[T_0, T_-] = \left[T_0{}^\dagger, T_+{}^\dagger \right] = - \left[T_0, T_+ \right]^\dagger = - T_- \,,$$

womit die Behauptungen bewiesen sind.

Im Fall des Isospins (vgl. z.B. BAYMAN) beziehen sich Ψ und Φ auf Teilchen verschiedener Ladung: in der Kernphysik Ψ auf Neutronen, Φ auf Protonen, in der Hochenergiephysik umgekehrt. Im Fall des Quasispins (vgl. z.B. BROWN) hängen die Fermionenoperatoren Ψ_κ und Φ_κ über Zeitumkehr miteinander zusammen: $\Phi_\kappa = \Psi_{\bar\kappa}{}^\dagger$ (und damit $\Phi_\kappa{}^\dagger = \Psi_{\bar\kappa}$), wobei $|\bar\kappa\rangle$ den zu $|\kappa\rangle$ zeitumgekehrten Zustand bezeichnet – weiteres darüber in Abschn. 2.6. Um auch hier Erzeugungsoperatoren links von Vernichtungsoperatoren stehen zu haben, schreibt man (für Fermionen)

$$\tilde{S}_0 \equiv \tfrac12 \sum_\kappa (\Psi_\kappa{}^\dagger \Psi_\kappa + \Psi_{\bar\kappa}{}^\dagger \Psi_{\bar\kappa} - 1)\,, \qquad \tilde{S}_+ \equiv \sum_\kappa \Psi_\kappa{}^\dagger \Psi_{\bar\kappa}{}^\dagger\,, \qquad \tilde{S}_- \equiv \sum_\kappa \Psi_{\bar\kappa} \Psi_\kappa\,.$$

Bei Bosonen sind $|\kappa\rangle$ und $|\bar\kappa\rangle$ nicht immer orthogonal zueinander (vgl. Abschn. 2.6). Deshalb kann man bei ihnen keinen Quasispin einführen.

2.3 Das Spektrum der Operatoren J^2 und J_0

Weil J^2 und J_0 miteinander vertauschbar sind, gibt es einen Satz gemeinsamer Eigenvektoren zu J^2 und J_0. Die Eigenwerte müssen reell sein, weil J^2 und J_0 hermitisch sind. Behauptung:

Der Operator J^2 hat die Eigenwerte $j(j+1)$ mit $j = 0, \tfrac12, 1, \ldots$.

Der Operator J_0 hat die $2j+1$ Eigenwerte $m = j, j-1, \ldots, -j$.

Zum Beweise betrachten wir einen gemeinsamen Eigenvektor der Operatoren J^2 und J_0:

$$J^2 |a, b\rangle = |a, b\rangle\, a\,, \qquad J_0 |a, b\rangle = |a, b\rangle\, b\,.$$

Falls nun die Vektoren $J_\pm |a, b\rangle$ nicht verschwinden, sind sie ebenfalls Eigenvektoren zu J^2 und J_0, denn aus den Vertauschgesetzen $\left[J^2, J_\pm \right] = 0$ und $\left[J_0, J_\pm \right] = \pm J_\pm$ folgt $J^2 J_\pm |a, b\rangle = J_\pm |a, b\rangle\, a$ und $J_0 J_\pm |a, b\rangle = J_\pm |a, b\rangle\, (b \pm 1)$. Daher ist $J_\pm |a, b\rangle \sim |a, b \pm 1\rangle$: Der "Aufsteigeoperator" J_+ führt also von einem Eigenvektor $|a, b\rangle$ zu einem anderen Eigenvektor mit um 1 größeren Eigenwert zu J_0; der "Absteigeoperator" J_- führt entsprechend zu einem Eigenvektor mit um 1 kleinerem Eigenwert zu J_0. Der Eigenwert zu J^2 bleibt gleich.

Dieses (noch häufig angewandte) Aufbauverfahren mit Hilfe der "Leiteroperatoren" $J_\pm$ muß aber nach endlich vielen Schritten auf den Nullvektor führen und damit abbrechen: $J_+ |a, b_{\max}\rangle$ und $J_- |a, b_{\min}\rangle$ müssen verschwinden. Sonst könnten nämlich Vektoren $J_\pm |a, b\rangle$ mit imaginärer Norm gebildet werden: Aus $J^2 = J_0{}^2 + \tfrac12 (J_+ J_- + J_- J_+)$ und $[J_+, J_-] = 2 J_0$ folgt $J_\mp J_\pm = J^2 - J_0 (J_0 \pm 1)$ und daher $\langle a, b| J_\pm{}^\dagger J_\pm |a, b\rangle = \langle a, b|a, b\rangle \{ a - b(b \pm 1) \}$. Da das Verschwinden seiner Norm eine notwendige und hinreichende Bedingung für einen Nullvektor ist, muß die rechte Seite für den größten und kleinsten Eigenwert von J_0 null sein: $a = b_{\max}(b_{\max} + 1) = b_{\min}(b_{\min} - 1)$. Daraus folgt $b_{\min} = -b_{\max}$ (die andere Lösung $b_{\min} = b_{\max} + 1$ widerspricht $b_{\min} \le b_{\max}$). Man bezeichnet den größten Eigenwert $b_{\max}$ mit j, hat also $a = j(j+1)$ und $b_{\min} = -j$. Da sich alle Eigenwerte zu J_0 um ganze Zahlen unterscheiden, muß auch die Differenz $b_{\max} - b_{\min} = 2j$ eine ganze Zahl sein. Folglich ist $j = 0, \tfrac12, 1, \ldots$. Damit ist die Behauptung bewiesen.

2.4 Die Quantenzahl j und die Unschärfe der Drehimpulskomponenten

Während die Quantenzahl m als Eigenwert des Operators J_0 auftritt, ist uns noch kein Operator mit dem Eigenwert j begegnet – das geschieht erst in Abschn. 2.7. Was bedeutet diese Quantenzahl?

Wir haben j als den größten Eigenwert zu J_0 eingeführt, der innerhalb eines Multipletts von Eigenzuständen mit gleichem Eigenwert zu J^2 auftritt ($m \leq j$). Ebensogut hätten wir $-j$ als den kleinsten m-Wert dieses Multipletts einführen können ($m \geq -j$). Drittens besteht dieses Multiplett aus genau $2j+1$ Eigenzuständen mit verschiedenen Richtungsquantenzahlen m. Schließlich ergibt sich j auch eindeutig aus dem Eigenwert zu J^2, nämlich $j(j+1)$. Diese vier Bestimmungsmöglichkeiten von j sind gleichwertig.

Daß die Eigenwerte zu J^2 nicht j^2, sondern $j(j+1)$ heißen und daher stets $\langle J^2 \rangle \geq \langle J_0^2 \rangle$ ist (das Gleichheitszeichen gilt nur im Sonderfall $j = 0$), liegt an der Nichtvertauschbarkeit der Drehimpulskomponenten: Wenn J_z scharf ist, sind J_x und J_y im allgemeinen unscharf. Es verschwinden zwar die Erwartungswerte $\langle J_x \rangle = \frac{1}{2} \langle J_+ + J_- \rangle$ und $\langle J_y \rangle = \frac{1}{2i} \langle J_+ - J_- \rangle$, aber nicht die Unschärfen

$$(\Delta J_x)^2 \equiv \langle (J_x - \langle J_x \rangle)^2 \rangle = \langle J_x^2 \rangle \qquad \text{und} \qquad (\Delta J_y)^2 = \langle J_y^2 \rangle \, .$$

Der gesuchte Fehlbetrag

$$\langle J^2 \rangle - \langle J_0^2 \rangle = \langle J_x^2 + J_y^2 \rangle = (\Delta J_x)^2 + (\Delta J_y)^2$$

rührt also von den Unschärfen der x- und y-Komponenten. (Übrigens sind beide Unschärfen gleich groß, denn $\langle J_x^2 - J_y^2 \rangle = \frac{1}{2} \langle J_+^2 + J_-^2 \rangle$ verschwindet, wenn J_z scharf ist.) Man kann sich die Verhältnisse auf einem Kegelmantel veranschaulichen (Bild 5a): Er enthält alle Vektoren gleicher Länge und gleicher z-Komponente, während die anderen Komponenten verschieden, also unscharf sind. Die Unschärfe ist – bei festem $\langle J^2 \rangle$ – umso kleiner, je größer $\langle J_z^2 \rangle$ ist. Das veranschaulicht Bild 5b.

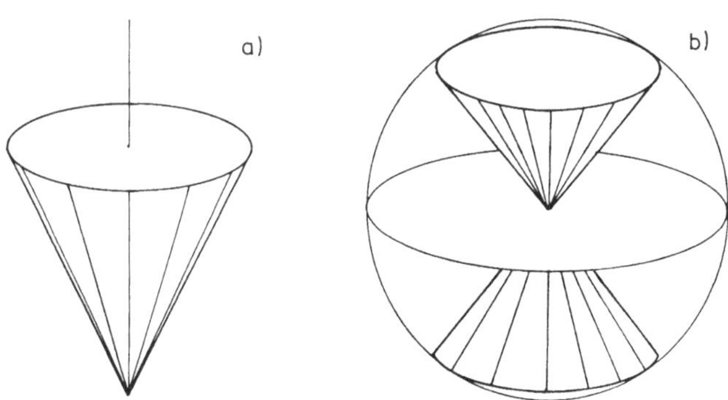

Bild 5: Zur Unschärfe der Drehimpulskomponenten.

2.5 Die Phasenkonvention von Condon und Shortley

Wie wir gesehen haben, gibt es ein System gemeinsamer Eigenvektoren zu J^2 und J_0. Sie werden auf 1 normiert und gewöhnlich mit $|jm\rangle$ bezeichnet:

$$\langle jm|j'm'\rangle = \delta_{jj'}\,\delta_{mm'}\,, \qquad \sum_{jm} |jm\rangle\langle jm| = 1\,,$$

$$J^2|jm\rangle = |jm\rangle\,j(j+1) \quad \text{mit} \quad j = 0, \tfrac{1}{2}, 1, \ldots,$$

$$J_0|jm\rangle = |jm\rangle\,m \qquad\quad \text{mit} \quad m = j, j-1, \ldots, -j\,.$$

Unbestimmt sind aber noch die relativen Phasen der verschiedenen Zustände, die wir jetzt festlegen wollen. Zunächst betrachten wir nur Zustände mit gleichem j. Sie sind nämlich über die Leiteroperatoren $J_\pm$ miteinander verknüpft: Nach dem vorletzten Abschnitt gilt $J_\pm|jm\rangle = |j, m\pm 1\rangle\, N_\pm(jm)$, wobei nur das Betragsquadrat von $N_\pm(jm)$ feststeht – es ist gleich $j(j+1) - m(m\pm 1)$. Den Phasenfaktor haben CONDON & SHORTLEY zu +1 gewählt, was allgemein üblich geworden ist:

$$J_\pm|jm\rangle = |j, m\pm 1\rangle\,\sqrt{j(j+1) - m(m\pm 1)}\,.$$

Daraus folgen die Matrixelemente der Operatoren $J_\pm$, J_x, J_y, J_a und J_b. (Berechne zur Übung die Matrixelemente $\langle jm|\ \ |jm'\rangle$ von J^2, $J_0 = J_z$, J_+, J_-, J_x, J_y für $j = \tfrac{1}{2}$ und 1. Es ist üblich, mit dem Element $\langle jj|\ \ |jj\rangle$ oben links zu beginnen.)

Es ist

$$j(j+1) - m(m\pm 1) = (j \mp m)(j \pm m + 1)\,.$$

Wirken die Leiteroperatoren n–mal, so wird aus dem ersten Faktor $(j\mp m)!/(j\mp m-n)!$ und aus dem zweiten $(j\pm m+n)!/(j\pm m)!$. Daher gilt

$$J_\pm{}^n\,|jm\rangle = |j, m\pm n\rangle\,\sqrt{\frac{(j\mp m)!\,(j\pm m+n)!}{(j\pm m)!\,(j\mp m-n)!}}\,.$$

Erst wenn $n > j \mp m$ ist, stoßen wir so auf den Nullvektor: Neben dem Zustand $|jm\rangle$ gibt es noch $j - m$ Zustände mit größerem und $j + m$ Zustände mit kleinerem m (und gleichem j): Insgesamt haben wir $1 + (j - m) + (j + m) = 2j + 1$ Zustände mit gleichem j.

Der Fall $j = \tfrac{1}{2}$ verdient besondere Beachtung, weil er den Spin der Elektronen und Nukleonen beschreibt. Hier haben wir jeweils 2×2 Matrixelemente. Deshalb können wir alle selbstadjungierten 2×2 – Matrizen als Linearkombination von 1 (bzw. S^2) und $\vec{S}$ schreiben. Um lästige Zahlenfaktoren zu vermeiden, nimmt man gern anstelle von $\vec{S}$ die Pauli-Operatoren

$$\vec{\sigma} \equiv 2\vec{S} = \sum_{mm'} |\tfrac{1}{2}, m\rangle\langle\tfrac{1}{2}, m|\,2\vec{S}\,|\tfrac{1}{2}, m'\rangle\langle\tfrac{1}{2}, m'|$$

mit

$$\vec{\sigma}^\dagger = \vec{\sigma}\,, \qquad \vec{\sigma}^2 = 3\,, \qquad \sigma_\pm{}^2 = 0\,,$$

$$\sigma_x{}^2 = 1\,, \qquad \sigma_x\sigma_y = -\sigma_y\sigma_x = i\,\sigma_z \qquad \text{und zyklisch}\,,$$

$$\sigma_x = \begin{pmatrix} 0 & 1 \\ 1 & 0 \end{pmatrix}, \quad \sigma_y = \begin{pmatrix} 0 & -i \\ i & 0 \end{pmatrix}, \quad \sigma_z = \begin{pmatrix} 1 & 0 \\ 0 & -1 \end{pmatrix}.$$

Mit ihnen gilt z.B. auch, wenn $\vec{A}$ mit $\vec{S}$ vertauschbar ist:

$$(\vec{\sigma} \cdot \vec{A})(\vec{\sigma} \cdot \vec{B}) = \vec{A} \cdot \vec{B} + i\,\vec{\sigma} \cdot (\vec{A} \times \vec{B})\,.$$

Dies läßt sich z.B. für die Pauli-Gleichung verwenden, d.h. für die Dirac-Gleichung im nicht-relativistischen Grenzfall (FEYNMAN): Für Teilchen der Ladung q im Vektorpotential $\vec{A}$ tritt anstelle von $\vec{P}^2$ in der Schrödinger-Gleichung die Größe

$$(\vec{\sigma} \cdot (\vec{P} - q\vec{A}))^2 = (\vec{P} - q\vec{A})^2 - i\,q\,\vec{\sigma} \cdot (\vec{P} \times \vec{A} + \vec{A} \times \vec{P})\,,$$

und bei homogenem Magnetfeld $\vec{B}$ ist $\vec{A} = \frac{1}{2}\,\vec{B} \times \vec{R}$ und daher $\vec{P} \times \vec{A} + \vec{A} \times \vec{P} = -i\hbar\vec{B}$. Damit folgt in Abschn. 5.7 der g-Faktor 2 für Spin-$\frac{1}{2}$-Teilchen als nicht-relativistisches Ergebnis.

2.6 Phasenkonvention bei Zeitumkehr

Im letzten Abschnitt sind die Phasenunterschiede der Zustände mit gleichem j und verschiedenem m nach CONDON & SHORTLEY festgelegt worden. Die verbliebene Freiheit in der Phasenwahl nutzt man dazu aus, die Matrixelemente aller dreh- und zeitumkehrinvarianten Operatoren reell zu machen, ja sogar wesentlich allgemeinerer Operatoren, wie wir noch sehen werden.

Der Zeitumkehroperator $\mathcal{T}$ dreht die Bewegungsrichtung um:

$$\mathcal{T}\,\vec{R}\,\mathcal{T}^{-1} = \vec{R}\,, \qquad \mathcal{T}\,\vec{P}\,\mathcal{T}^{-1} = -\vec{P}\,, \qquad \mathcal{T}\,\vec{J}\,\mathcal{T}^{-1} = -\vec{J}\,,\ldots.$$

Das läßt sich nur mit einem antiunitären Operator erreichen (vgl. z.B. MESSIAH II oder BOHR & MOTTELSON): Der $\mathcal{T}$-Operator verwandelt Zahlen in ihr Konjugiert-Komplexes. Mit

$$|\bar{\psi}\rangle \equiv \mathcal{T}\,|\psi\rangle$$

gilt also

$$\langle\bar{\psi}|\bar{\phi}\rangle = \langle\psi|\phi\rangle^*\,, \qquad \langle\bar{\psi}|\mathcal{T}\,A\,\mathcal{T}^{-1}|\bar{\phi}\rangle = \langle\psi|A|\phi\rangle^*\,.$$

Bedingungen an das Zeitumkehrverhalten der Zustände legen deshalb deren Phasen bis auf Vielfache von π fest.

Weil $\mathcal{T}$ die Bewegungsrichtung umkehrt, ist $\mathcal{T}\,|jm\rangle \sim |j,-m\rangle$. Denselben Übergang von $|jm\rangle$ zu $|j,-m\rangle$ liefert eine 180^0-Drehung $\mathcal{R}(\pi\vec{e})$ um eine Achse senkrecht zur Quantisierungsrichtung. Das Produkt $\mathcal{R}(\pi\vec{e})\,\mathcal{T}$ führt also - bis auf einen Phasenfaktor - zum ursprünglichen Zustand $|jm\rangle$ zurück. Um welche Achse in der xy-Ebene gedreht wird, bleibt willkürlich. Wir folgen BOHR & MOTTELSON und fordern

$$\mathcal{R}(\pi\vec{e}_y)\,\mathcal{T}\,|jm\rangle = |jm\rangle\,, \qquad \text{d.h.} \qquad \mathcal{T}\,|jm\rangle = (-)^{j+m}\,|j,-m\rangle\,.$$

(Nach Abschn. 6.9 ist $\mathcal{R}^{-1}(\pi\vec{e}_y)|jm\rangle = (-)^{j+m}|j,-m\rangle$.) Einige Verfasser, z.B. BRINK & SATCHLER, nehmen die entgegengesetzte Drehung und bekommen den Phasenfaktor $(-)^{j-m}$; beide Konventionen unterscheiden sich um den Faktor i^{2j}. ALDER & WINTHER 71 nehmen noch die Raumspiegelung $\mathcal{P}$ hinzu und fordern $\mathcal{R}(\pi\vec{e}_y)\,\mathcal{T}\,\mathcal{P}|jm\rangle = |jm\rangle$: Durch den weiteren Faktor $i^{\text{Parität}}$ bei ihren Zuständen werden die lästigen Faktoren i^l bei der Ortsdarstellung der Drehimpulszustände und den elektromagnetischen Momenten vermieden – aber dafür erscheinen sie bei der Impulsdarstellung, vgl. Abschn. 7.2 und 7.5.

Wir haben durch die besondere Phasenwahl erreicht, daß

$$\langle jm|\, \mathcal{R}(\pi\,\vec{e}_y)\,\mathcal{T}\, A\, \mathcal{T}^{-1}\mathcal{R}^{-1}(\pi\,\vec{e}_y)\,|j'm'\rangle = \langle jm|\, A\, |j'm'\rangle^{*}$$

ist, bekommen also für alle gegenüber $\mathcal{R}(\pi\,\vec{e}_y)\,\mathcal{T}$ invarianten Operatoren reelle Matrixelemente. Dies ist sogar eine noch größere Klasse als die der dreh- und zeitumkehrinvarianten Operatoren, mit denen wir uns gewöhnlich abgeben.

Wie oben erwähnt, ist das relative Vorzeichen der Zustände mit verschiedenem j immer noch offen: Ist $|jm\rangle^{\ominus} = -|jm\rangle$ für alle m bei festem j (so daß auch die neuen Zustände der Phasenkonvention von CONDON & SHORTLEY genügen), so gilt $\mathcal{T}\,|jm\rangle^{\ominus} = -(-)^{j+m}|j,-m\rangle = (-)^{j+m}|j,-m\rangle^{\ominus}$; trotz des anderen Vorzeichens haben wir also alle Forderungen erfüllt. Tatsächlich werden wir in Abschn. 7.2 bei den Bahndrehimpulszuständen auch noch über das Vorzeichen verfügen.

Für die doppelte Zeitumkehr folgt

$$\mathcal{T}^2|jm\rangle = (-)^{2j}|jm\rangle \qquad \text{und daher} \qquad \langle jm|\overline{jm}\rangle = \langle \overline{jm}|\overline{\overline{jm}}\rangle^{*} = (-)^{2j}\langle jm|\overline{jm}\rangle\,.$$

Bei halbzahligem j unterscheidet sich demnach $\mathcal{T}^2$ vom Einheitsoperator und $|jm\rangle$ und $|\overline{jm}\rangle$ sind dann orthogonal zueinander. Dies ist der Grund für das KRAMERS-Theorem: Systeme mit ungerader Fermionenzahl sind bei zeitumkehrinvariantem Hamiltonoperator paarweise entartet.

2.7 Die Quantenzahlen $j \pm m$

Statt mit den Quantenzahlen j und m läßt sich ein Drehimpulszustand auch durch $j - m$ und $j + m$ kennzeichnen: Dann kommen bloß nicht-negative ganze Zahlen vor, was nicht nur für Rechenmaschinen günstig ist, wie wir gleich sehen werden. In Bild 6 sind beide Möglichkeiten gegenübergestellt. Die neue Darstellung (von SCHWINGER) führt uns auf Leiteroperatoren, die alle Zustände miteinander verbinden – bisher sind ja nur die Zustände mit gleichem j über die Leiteroperatoren $J_\pm$ miteinander verknüpft.

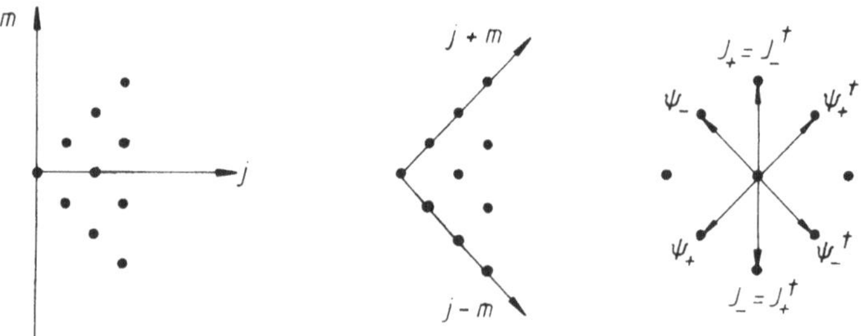

Bild 6: Darstellung durch j und m bzw. $j - m$ und $j + m$ und die Wirkung der Leiteroperatoren.

Sowohl $j-m$ als auch $j+m$ können unabhängig voneinander die Werte 0, 1, 2, ... annehmen. Dieses Eigenwertspektrum ist vom harmonischen Oszillator (Bose-System) her bekannt: Es gehört zum Operator $\Psi^\dagger\Psi$, wenn die Faktoren dem Vertauschgesetz $\left[\Psi, \Psi^\dagger\right] = 1$ genügen:

$$\Psi^\dagger\Psi|n\rangle = |n\rangle\, n\,, \quad \Psi|n\rangle = |n-1\rangle\,\sqrt{n}\,, \quad \Psi^\dagger|n\rangle = |n+1\rangle\,\sqrt{n+1}\,, \quad n = 0, 1, 2, \ldots$$

Wir ordnen die Operatoren $\Psi_-{}^\dagger\Psi_-$ den Eigenwerten $j-m$ und die Operatoren $\Psi_+{}^\dagger\Psi_+$ den Eigenwerten $j+m$ zu und verlangen wie in Abschn. 2.2

$$\left[\Psi_\pm, \Psi_\pm{}^\dagger\right] = 1\,, \qquad \left[\Psi_+, \Psi_-{}^\dagger\right] = 0\,, \qquad [\Psi_+, \Psi_-] = 0\,.$$

Dann folgt mit der Phasenkonvention von CONDON & SHORTLEY

$$\Psi_\pm|jm\rangle = |j-\tfrac{1}{2}, m\mp\tfrac{1}{2}\rangle\,\sqrt{j\pm m}\,, \qquad \Psi_\pm^\dagger|jm\rangle = |j+\tfrac{1}{2}, m\pm\tfrac{1}{2}\rangle\,\sqrt{j\pm m+1}$$

und

$$|jm\rangle = \frac{(\Psi_+{}^\dagger)^{j+m}}{\sqrt{(j+m)!}}\,\frac{(\Psi_-{}^\dagger)^{j-m}}{\sqrt{(j-m)!}}\,|00\rangle\,,$$

$$J_\pm = \Psi_\pm{}^\dagger\Psi_\mp\,, \qquad J_0 = \tfrac{1}{2}\left(\Psi_+{}^\dagger\Psi_+ - \Psi_-{}^\dagger\Psi_-\right)\,.$$

Um in der Quantenzahl j aufzusteigen, muß man den Operator $\Psi_+{}^\dagger\Psi_-{}^\dagger$ nehmen, zum Absteigen den hermitisch-konjugierten. Das ist in Bild 6 zu sehen. Außerdem haben wir jetzt einen Operator mit dem Eigenwert j, nämlich $\tfrac{1}{2}\left(\Psi_+{}^\dagger\Psi_+ + \Psi_-{}^\dagger\Psi_-\right)$.

2.8 Zusammenfassung: Drehimpulsdarstellung

In der Drehimpulsdarstellung $\{|jm\rangle\}$ sind die hermitischen Operatoren J^2 und J_0 gemeinsam diagonal, die übrigen Drehimpulskomponenten nicht. Deshalb führt man (bei $J_0 = J_z$) anstelle von J_x und J_y die zueinander hermitisch konjugierten Leiteroperatoren $J_\pm = J_x \pm i J_y$ ein. Aus den Vertauschgesetzen

$$\left[J^2, J_\pm\right] = 0\,, \qquad [J_0, J_\pm] = \pm J_\pm\,, \qquad [J_+, J_-] = 2 J_0$$

ergeben sich die Eigenwerte von J^2 und J_0 zu $j(j+1)$ und m mit $j = 0, \tfrac{1}{2}, 1, \ldots$ und $m = j, j-1, \ldots, -j$. Die Phasenunterschiede der Zustände mit gleichem j und verschiedenem m werden durch die Konvention von CONDON & SHORTLEY festgelegt:

$$J_\pm|jm\rangle = |j, m\pm 1\rangle\,\sqrt{j(j+1) - m(m\pm 1)}\,.$$

Außerdem werden die Phasen auf ein geeignetes Verhalten bei Zeitumkehr abgestimmt,

$$\mathcal{T}|jm\rangle \equiv |\overline{jm}\rangle = (-)^{j+m}|j, -m\rangle\,,$$

damit alle gegenüber $\mathcal{R}(\pi\,\vec{e}_y)\,\mathcal{T}$ invarianten Operatoren in dieser Darstellung reelle Matrixelemente haben, also insbesondere alle dreh- und zeitumkehrinvarianten Operatoren.

KOPPLUNG VON DREHIMPULSEN

3.1 Der Gesamtdrehimpuls

Oft setzt sich der Drehimpuls $\vec{J}$ eines Systems aus N untereinander vertauschbaren Drehimpulsen $\vec{J}_1, \vec{J}_2, ..., \vec{J}_N$. zusammen. Beispiele für $N = 2$ bilden Teilchen mit Bahndrehimpuls $\vec{L}$ und Spin $\vec{S}$ oder Paare mit den jeweiligen Drehimpulsen $\vec{J}_1$ und $\vec{J}_2$. (Haben beide Partner Bahndrehimpuls und Spin, so ist $N = 4$.) Bei solchen Problemen ist die Darstellung $|j_1 m_1 j_2 m_2 ... j_N m_N\rangle$ oft unbequem, weil i.a. die Einzeldrehimpulse $\vec{J}_n$ keine Erhaltungsgrößen sind, sondern nur der Gesamtdrehimpuls

$$\vec{J} \equiv \vec{J}_1 + \vec{J}_2 + ... + \vec{J}_N \ .$$

Weil die Einzeldrehimpulse $\vec{J}_n$ und $\vec{J}_{n'}$ miteinander vertauschbar sein sollten, gelten für die Komponenten der Drehimpulssumme $\vec{J}$ dieselben Vertauschgesetze wie für die Komponenten der Einzeldrehimpulse und damit alle Folgerungen des letzten Kapitels. Außerdem gelten die Vertauschgesetze

$$[J_x, J_{nx}] = 0 \ , \quad [J_x, J_{ny}] = -[J_y, J_{nx}] = i J_{nz} \quad \text{und zyklisch,}$$

und damit auch

$$[J_\pm, J_{n\pm}] = 0 \ , \quad [J_\pm, J_{n\mp}] = \pm 2 J_{n0} \ , \quad [J_\pm, J_{n0}] = \mp J_{n\pm} \ ,$$

$$[J_0, J_{n0}] = 0 \ , \quad [J_0, J_{n\pm}] = \pm J_{n\pm} \ .$$

Wenn der Operator J^2 diagonal ist, können es die N Operatoren J_{n0} nicht mehr sein, denn nach Abschn. 1.6 sind Vektoroperatoren i.a. nicht mit J^2 vertauschbar. Vielmehr gilt

$$[J^2, J_{n0}] = \sum_{n' \neq n} (J_{n'+} J_{n-} - J_{n'-} J_{n+}) \ .$$

Miteinander vertauschbar bleiben aber J^2, J_0, $J_1{}^2$, ..., $J_N{}^2$ und noch $N-2$ Operatoren $J_k{}^2$, mit denen die Kopplungsreihenfolge festliegt; z.B. bei $N = 3$ noch $J_{12}{}^2 = (\vec{J}_1 + \vec{J}_2)^2$.

3.2 Gekoppelte und ungekoppelte Darstellung

Man bezeichnet als

$$\text{``ungekoppelte Darstellung''} \quad |j_1 m_1 j_2 m_2 ... j_N m_N\rangle = |j_1 m_1\rangle \cdots |j_N m_N\rangle \ ,$$
$$\text{``gekoppelte Darstellung''} \quad |(j_1 j_2 ...) j m\rangle \ .$$

Beide enthalten je $2N$ Quantenzahlen. Für $2N > N + 2$, d.h. $N > 2$, gibt es mehrere gekoppelte Darstellungen, die sich in der Kopplungsreihenfolge voneinander unterscheiden. So gibt es bei $N = 3$ die Darstellungen $|((j_1 j_2) j_{12} j_3) j m\rangle$, $|(j_1 (j_2 j_3) j_{23}) j m\rangle$ und $|(j_2 (j_3 j_1) j_{31}) j m\rangle$. Diese verschiedenen gekoppelten Darstellungen gehen durch "Umkopplung" auseinander hervor, womit wir uns im nächsten Kapitel beschäftigen.

In diesem Kapitel soll beschrieben werden, wie die gekoppelten Darstellungen mit den ungekoppelten zusammenhängen. Dabei beschränken wir uns im folgenden auf die Kopplung zweier Drehimpulse

$$|(j_1 j_2)jm\rangle = \sum_{m_1 m_2} |j_1 m_1 j_2 m_2\rangle \, \langle j_1 m_1 j_2 m_2|(j_1 j_2)jm\rangle \, ,$$

denn mehr Drehimpulse lassen sich schrittweise aus jeweils zwei koppeln. Zum Beispiel wird der Zustand $|((j_1 j_2)j_{12} j_3)jm\rangle$ aus den Zuständen $|(j_1 j_2)j_{12} m_{12}\rangle$ und $|j_3 m_3\rangle$ gekoppelt:

$$|((j_1 j_2)j_{12} j_3)jm\rangle = \sum_{m_{12} m_3} |(j_1 j_2)j_{12} m_{12}\rangle \, |j_3 m_3\rangle \, \langle j_{12} m_{12} j_3 m_3|(j_{12} j_3)jm\rangle \, .$$

Hier sind in den Entwicklungskoeffizienten die weiteren Quantenzahlen j_1 und j_2 fortgelassen worden: Sie sollen nicht davon abhängen! Mit dieser Forderung (Phasenkonvention) wird erreicht, daß nur noch die Kopplung zweier Drehimpulse untersucht werden muß – bei mehr Drehimpulsen hat man entsprechend häufiger je zwei Drehimpulse zu koppeln. So ist im betrachteten Beispiel der gesuchte Kopplungskoeffizient wegen

$$|((j_1 j_2)j_{12} j_3)jm\rangle = \sum_{\substack{m_1 m_2 \\ m_3 m_{12}}} |j_1 m_1 j_2 m_2 j_3 m_3\rangle \langle j_1 m_1 j_2 m_2|(j_1 j_2)j_{12} m_{12}\rangle \langle j_{12} m_{12} j_3 m_3|(j_{12} j_3)jm\rangle$$

offenbar

$$\langle j_1 m_1 j_2 m_2 j_3 m_3|((j_1 j_2)j_{12} j_3)jm\rangle = \sum_{m_{12}} \langle j_1 m_1 j_2 m_2|(j_1 j_2)j_{12} m_{12}\rangle \langle j_{12} m_{12} j_3 m_3|(j_{12} j_3)jm\rangle \, ,$$

also eine Summe über Kopplungskoeffizienten von je zwei Drehimpulsen. (Tatsächlich trägt nur $m_{12} = m_1 + m_2$ bei, vgl. Abschn. 3.4.) Kennen wir daher alle (Clebsch-Gordan-) Koeffizienten für die Kopplung zweier Drehimpulse, so können wir alle gekoppelten Darstellungen aus ungekoppelten aufbauen. Auch die Umkopplungsaufgaben des nächsten Kapitels sind dann im wesentlichen schon gelöst: Es ist nur der Umweg über die ungekoppelte Darstellung nötig.

3.3 Phasenkonvention und Normierung

Die Eigenvektoren der gekoppelten Darstellungen können so gewählt werden, daß nur reelle Transformationskoeffizienten auftreten: Sind die Clebsch-Gordan-Koeffizienten reell, so sind es alle Kopplungs- und Umkopplungskoeffizienten – und inverse Transformationen haben dann dieselben Koeffizienten, z.B. gilt damit

$$\langle j_1 m_1 j_2 m_2|(j_1 j_2)jm\rangle = \langle (j_1 j_2)jm|j_1 m_1 j_2 m_2\rangle \, .$$

Reelle Transformationskoeffizienten zu fordern, ist mit den bisherigen Phasenkonventionen (von CONDON & SHORTLEY und bei Zeitumkehr, vgl. Abschn. 3.7) verträglich. Willkürlich bleiben dann nur noch die Vorzeichenunterschiede bei festem j und m und verschiedenem j_1 oder j_2. Sie werden durch die weitere Forderung von CONDON & SHORTLEY

$$\langle j_1 m_1 j_2 m_2|(j_1 j_2)jm\rangle \geq 0 \quad \text{für} \quad m_1 = j_1 \quad \text{und} \quad m = j$$

eindeutig festgelegt, wie in Abschn. 3.6 gezeigt wird. Nach dem letzten Abschnitt liegen damit alle Kopplungs- und Umkopplungskoeffizienten fest. (Gleichwertig ist die Forderung von WIGNER, daß die Koeffizienten für $m_1 = j_1$ und $m = j_1 - j_2$ nicht-negativ sein sollen – wie sich in Abschn. 3.7 zeigt.)

Alle Eigenvektoren sollen auf 1 normiert sein. Da sie bei ungleichen Quantenzahlen zueinander orthogonal sind, gibt es also nur orthonormierte Eigenvektoren:

$$\langle j_1 m_1 \ldots j_N m_N | j_1' m_1' \ldots j_N' m_N' \rangle = \delta_{j_1 j_1'}\, \delta_{m_1 m_1'} \cdots \delta_{j_N j_N'}\, \delta_{m_N m_N'}\,,$$

$$\langle (j_1 j_2 \ldots) jm | (j_1' j_2' \ldots) j'm' \rangle = \delta_{j_1 j_1'}\, \delta_{j_2 j_2'} \cdots \delta_{jj'}\, \delta_{mm'}\,,$$

$$\sum_{j_1 j_2 \ldots jm} |(j_1 j_2 \ldots) jm\rangle\langle (j_1 j_2 \ldots) jm| = 1 = \sum_{j_1 m_1 \ldots j_N m_N} |j_1 m_1 \ldots j_N m_N\rangle\langle j_1 m_1 \ldots j_N m_N|\,.$$

Im Rest dieses Kapitels beschränken wir uns auf die Kopplung zweier Drehimpulse.

3.4 Kopplung zweier Drehimpulse: Clebsch-Gordan-Koeffizienten

Die bei der Kopplung zweier Eigenvektoren $|j_1 m_1\rangle$ und $|j_2 m_2\rangle$ zu $|(j_1 j_2)jm\rangle$ auftretenden Transformationskoeffizienten heißen Clebsch-Gordan-, Vektoradditions- oder Wigner-Koeffizienten. Noch vielfältiger sind leider die im Schrifttum anzutreffenden Kürzel (vgl. BIEDENHARN & LOUCK I, S. 150). Ich schreibe, wie auch HELMERS, THEIS u.a.

$$\begin{pmatrix} j_1 & j_2 \;\bigg|\; j \\ m_1 & m_2 \;\bigg|\; m \end{pmatrix} \equiv \langle j_1 m_1 j_2 m_2 | (j_1 j_2) jm\rangle = \langle (j_1 j_2) jm | j_1 m_1 j_2 m_2\rangle\,,$$

weil ich diese Schreibweise besonders übersichtlich finde und die Verwandtschaft mit den "symmetrisierten Wignerkoeffizienten" ($3j$-Symbolen) betont wird – vgl. Abschn. 3.9. Wir haben also:

$$|(j_1 j_2)jm\rangle = \sum_{m_1 m_2} |j_1 m_1 j_2 m_2\rangle \begin{pmatrix} j_1 & j_2 \;\bigg|\; j \\ m_1 & m_2 \;\bigg|\; m \end{pmatrix}\,,$$

$$|j_1 m_1 j_2 m_2\rangle = \sum_{jm} |(j_1 j_2)jm\rangle \begin{pmatrix} j_1 & j_2 \;\bigg|\; j \\ m_1 & m_2 \;\bigg|\; m \end{pmatrix}\,.$$

Es handelt sich um unitäre Transformationen, und deshalb gilt:

$$\sum_{jm} \begin{pmatrix} j_1 & j_2 \;\bigg|\; j \\ m_1 & m_2 \;\bigg|\; m \end{pmatrix} \begin{pmatrix} j_1 & j_2 \;\bigg|\; j \\ m_1' & m_2' \;\bigg|\; m \end{pmatrix} = \delta_{m_1 m_1'}\, \delta_{m_2 m_2'}\,,$$

$$\sum_{m_1 m_2} \begin{pmatrix} j_1 & j_2 \;\bigg|\; j \\ m_1 & m_2 \;\bigg|\; m \end{pmatrix} \begin{pmatrix} j_1 & j_2 \;\bigg|\; j' \\ m_1 & m_2 \;\bigg|\; m' \end{pmatrix} = \delta_{jj'}\, \delta_{mm'}\,.$$

Dabei müssen allerdings die Quantenzahlen miteinander verträglich sein, worauf auch noch im nächsten Abschnitt eingegangen wird.

Läßt man auf $|(j_1 j_2)jm\rangle$ den Operator $J_0 = J_{10} + J_{20}$ wirken, so folgt die Bedingung $m = m_1 + m_2$. Die drei m-Werte sind also miteinander verknüpft; man braucht eigentlich nur zwei anzugeben. Das wird bei einigen Schreibweisen ausgenutzt, macht aber die Gleichungen umständlicher, weil dann überall $m_1 + m_2$ statt m steht. Beachte aber, daß oben eigentlich nur einfache Summen auftreten und keine doppelten.

Läßt man auf $|(j_1 j_2)jm\rangle$ die Leiteroperatoren $J_\pm = J_{1\pm} + J_{2\pm}$ wirken, so folgen die wichtigen Rekursionsformeln

$$\sqrt{j(j+1) - m(m \mp 1)} \begin{pmatrix} j_1 & j_2 & j \\ m_1 & m_2 & m \mp 1 \end{pmatrix}$$

$$= \sqrt{j_1(j_1 + 1) - m_1(m_1 \pm 1)} \begin{pmatrix} j_1 & j_2 & j \\ m_1 \pm 1 & m_2 & m \end{pmatrix}$$

$$+ \sqrt{j_2(j_2 + 1) - m_2(m_2 \pm 1)} \begin{pmatrix} j_1 & j_2 & j \\ m_1 & m_2 \pm 1 & m \end{pmatrix}.$$

In Abschn. 3.7 und 3.12 werden wir noch weitere Rekursionsformeln finden.

3.5 Wann verschwinden Clebsch-Gordan-Koeffizienten?

Nach den Ausführungen in den Abschnitten 2.7 und 3.4 muß gelten:

$$\left. \begin{array}{l} m = m_1 + m_2 \\ j_1 \pm m_1 = 0, 1, \ldots, 2j_1 \\ j_2 \pm m_2 = 0, 1, \ldots, 2j_2 \\ j \pm m = 0, 1, \ldots, 2j \end{array} \right\}, \quad \text{sonst} \quad \begin{pmatrix} j_1 & j_2 & j \\ m_1 & m_2 & m \end{pmatrix} = 0.$$

Aus diesen Forderungen folgen weitere. Offenbar müssen auch $j_1 \pm j_2 \pm j$ ganze Zahlen sein. Außerdem muß wegen $m = m_1 + m_2 \leq j_1 + j_2$ auch $j \leq j_1 + j_2$ sein, wegen $m_2 = m - m_1$ muß $j_2 \leq j + j_1$ und wegen $m_1 = m - m_2$ muß $j_1 \leq j + j_2$ sein. Also müssen $j_1 + j_2 - j$, $j_1 - j_2 + j$ und $-j_1 + j_2 + j$ ganze nicht-negative Zahlen sein. Diese Forderungen werden in der sogenannten

$$\text{Dreiecksungleichung:} \qquad j = j_1 + j_2, \ j_1 + j_2 - 1, \ \ldots, \ |j_1 - j_2|$$

zusammengefaßt. Ich schreibe im folgenden (wie z.B. auch EDMONDS)

$$\delta(j_1 j_2 j) = \begin{cases} 1, & \text{wenn die Dreiecksungleichung erfüllt ist}, \\ 0, & \text{sonst}. \end{cases}$$

Bei vorgegebenem j_1 und j_2 gibt es $(2j_1 + 1)(2j_2 + 1)$ verschiedene Zustände $|j_1 m_1 j_2 m_2\rangle$. Es muß ebensoviele Zustände $|(j_1 j_2)jm\rangle$ geben. Das wird durch die Dreiecksungleichung sichergestellt, denn es ist

$$\sum_j (2j + 1)\, \delta(j_1 j_2 j) = (2j_1 + 1)(2j_2 + 1),$$

wie an Bild 7 abzulesen ist.

Weitere Forderungen an die Clebsch-Gordan-Koeffizienten folgen aus ihrer Symmetrie in Abschn. 3.7.

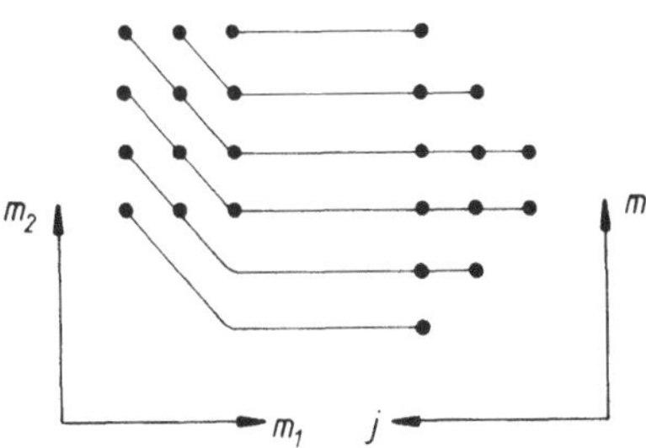

Bild 7: Die $(2j_1 + 1)(2j_2 + 1)$ Zustände $|j_1 m_1 j_2 m_2\rangle$ und ebensovielen Zustände $|(j_1 j_2)jm\rangle$.

3.6 Berechnung der Clebsch-Gordan-Koeffizienten

Die Rekursionsformel aus Abschn. 3.4

$$\sqrt{(j \pm m)(j \mp m + 1)} \begin{pmatrix} j_1 & j_2 & j \\ m_1 & m_2 & m \mp 1 \end{pmatrix} = \sqrt{(j_1 \mp m_1)(j_1 \pm m_1 + 1)} \begin{pmatrix} j_1 & j_2 & j \\ m_1 \pm 1 & m_2 & m \end{pmatrix}$$
$$+ \sqrt{(j_2 \mp m_2)(j_2 \pm m_2 + 1)} \begin{pmatrix} j_1 & j_2 & j \\ m_1 & m_2 \pm 1 & m \end{pmatrix}$$

verknüpft alle Clebsch-Gordan-Koeffizienten mit demselben j_1, j_2 und j miteinander. Man kann deshalb diese Koeffizienten auf den bei der Phasenkonvention (in Abschn. 3.3) genannten mit $m_1 = j_1$ und $m = j$ zurückführen. Um dies vorzurechnen, betrachten wir zunächst die Koeffizienten mit $m = j$. Für sie verschwindet die linke Seite der Rekursionsformel mit dem unteren Vorzeichen, und es ist

$$\begin{pmatrix} j_1 & j_2 & j \\ m_1 & m_2 & j \end{pmatrix}$$

$$= -\sqrt{\frac{(j_2 + m_2)(j_2 - m_2 + 1)}{(j_1 + m_1 + 1)(j_1 - m_1)}} \begin{pmatrix} j_1 & j_2 & j \\ m_1 + 1 & m_2 - 1 & j \end{pmatrix}$$

$$= (-)^n \sqrt{\frac{(j_1 + m_1)!(j_1 - m_1 - n)!(j_2 + m_2)!(j_2 - m_2 + n)!}{(j_1 + m_1 + n)!(j_1 - m_1)!(j_2 + m_2 - n)!(j_2 - m_2)!}} \begin{pmatrix} j_1 & j_2 & j \\ m_1 + n & m_2 - n & j \end{pmatrix}$$

$$= (-)^{j_1 - m_1} \sqrt{\frac{(j_1 + m_1)!(j_2 + m_2)!(j_1 + j_2 - j)!}{(2j_1)!(j_1 - m_1)!(j_2 - m_2)!(-j_1 + j_2 + j)!}} \begin{pmatrix} j_1 & j_2 & j \\ j_1 & m_1 + m_2 - j_1 & j \end{pmatrix}$$

(wobei im Wurzelfaktor $m_1 + m_2 = j$ ausgenutzt wurde). Für die Koeffizienten mit $m < j$ folgt aus der anderen Rekursionsformel

$$\begin{pmatrix} j_1 & j_2 & j \\ m_1 & m_2 & m \end{pmatrix} = \sqrt{\frac{(j_1 - m_1)(j_1 + m_1 + 1)}{(j + m + 1)(j - m)}} \begin{pmatrix} j_1 & j_2 & j \\ m_1 + 1 & m_2 & m + 1 \end{pmatrix}$$
$$+ \sqrt{\frac{(j_2 - m_2)(j_2 + m_2 + 1)}{(j + m + 1)(j - m)}} \begin{pmatrix} j_1 & j_2 & j \\ m_1 & m_2 + 1 & m + 1 \end{pmatrix}$$
$$= \sum_{n=0}^{N} \binom{N}{n} \begin{pmatrix} j_1 & j_2 & j \\ m_1 + n & m_2 + N - n & m + N \end{pmatrix}$$
$$\times \sqrt{\frac{(j_1 + m_1 + n)!(j_2 + m_2 + N - n)!}{(j_1 - m_1 - n)!(j_2 - m_2 - N + n)!}}$$
$$\times \sqrt{\frac{(j + m)!(j - m - N)!(j_1 - m_1)!(j_2 - m_2)!}{(j + m + N)!(j - m)!(j_1 + m_1)!(j_2 + m_2)!}} \; ,$$

also ist

$$\begin{pmatrix} j_1 & j_2 \,\Big|\, j \\ m_1 & m_2 \,\Big|\, m \end{pmatrix} = \sqrt{\frac{(j+m)!(j_1-m_1)!(j_2-m_2)!}{(2j)!(j-m)!(j_1+m_1)!(j_2+m_2)!}}$$

$$\times \sum_{n=0}^{j-m} \binom{j-m}{n} \begin{pmatrix} j_1 & j_2 \,\Big|\, j \\ m_1+n & j-m_1-n \,\Big|\, j \end{pmatrix} \sqrt{\frac{(j_1+m_1+n)!(j_2+j-m_1-n)!}{(j_1-m_1-n)!(j_2-j+m_1+n)!}}$$

$$= \begin{pmatrix} j_1 & j_2 \,\Big|\, j \\ j_1 & j-j_1+m_1+m_2-m \,\Big|\, j \end{pmatrix} \sqrt{\frac{(j+m)!(j_1-m_1)!(j_2-m_2)!(j_1+j_2-j)!}{(2j)!(j-m)!(j_1+m_1)!(j_2+m_2)!(2j_1)!(j-j_1+j_2)!}}$$

$$\times \sum_{n=0}^{j-m} (-)^{j_1-m_1-n} \binom{j-m}{n} \frac{(j_1+m_1+n)!(j_2+j-m_1-n)!}{(j_1-m_1-n)!(j_2-j+m_1+n)!}\,.$$

Damit sind alle Clebsch-Gordan-Koeffizienten mit gleichem j_1, j_2 und j auf den mit $m_1 = j_1$ und $m = j$ zurückgeführt. Dessen Vorzeichen ist in Abschn. 3.3 (nach CONDON & SHORTLEY) als nicht-negativ vereinbart worden. Wir müssen deshalb nur noch richtig normieren und nutzen dazu die Unitarität aus:

$$1 = \sum_{m_1} \begin{pmatrix} j_1 & j_2 \,\Big|\, j \\ m_1 & j-m_1 \,\Big|\, j \end{pmatrix}^2$$

$$= \frac{(j_1+j_2-j)!}{(2j_1)!(-j_1+j_2+j)!} \begin{pmatrix} j_1 & j_2 \,\Big|\, j \\ j_1 & j-j_1 \,\Big|\, j \end{pmatrix}^2 \sum_{m_1} \frac{(j_1+m_1)!(j_2+j-m_1)!}{(j_1-m_1)!(j_2-j+m_1)!}\,.$$

Die letzte Summe kann mit dem Additionstheorem für Binomialkoeffizienten im Anhang 1 berechnet werden: Wir erhalten damit

$$\begin{pmatrix} j_1 & j_2 \,\Big|\, j \\ j_1 & j-j_1 \,\Big|\, j \end{pmatrix} = \sqrt{\frac{(2j_1)!(2j+1)!}{(j_1-j_2+j)!(j_1+j_2+j+1)!}}$$

und für den allgemeinen Koeffizienten folglich

$$\begin{pmatrix} j_1 & j_2 \,\Big|\, j \\ m_1 & m_2 \,\Big|\, m \end{pmatrix}$$

$$= \sqrt{\frac{2j+1}{(j_1+j_2+j+1)!} \frac{(j_1-m_1)!(j_2-m_2)!(j+m)!(j_1+j_2-j)!}{(j_1+m_1)!(-j_1+j_2+j)!(j_2+m_2)!(j_1-j_2+j)!(j-m)!}}\, \delta_{m_1+m_2,m}$$

$$\times \sum_{n} (-)^{j_1-m_1-n} \binom{j-m}{n} \frac{(j_1+m_1+n)!(j_2+j-m_1-n)!}{(j_1-m_1-n)!(j_2-j+m_1+n)!}\,.$$

Die Summe läßt sich symmetrischer schreiben: Wie im Anhang 1 gezeigt, können ihre Glieder nämlich genausogut

$$(-)^{n} \frac{(j_1+m_1)!(-j_1+j_2+j)!(j_2+m_2)!(j_1-j_2+j)!}{n!(n-j_2+j+m_1)!(n-j_1+j-m_2)!(j_1-m_1-n)!(j_2+m_2-n)!(j_1+j_2-j-n)!}\,,$$

lauten, womit n nicht mehr im Zähler auftaucht. Besonders symmetrisch wird das Ergebnis als scheinbare Doppelsumme:

$$\begin{pmatrix} j_1 & j_2 & j \\ m_1 & m_2 & m \end{pmatrix} = \sqrt{(2j+1)\frac{(-j_1+j_2+j)!(j_1-j_2+j)!(j_1+j_2-j)!}{(j_1+j_2+j+1)!}}$$

$$\times \sqrt{(j_1-m_1)!(j_1+m_1)!(j_2-m_2)!(j_2+m_2)!(j-m)!(j+m)!}$$

$$\times \sum_{kl} \frac{(-)^l \delta_{k+l,j_1+j_2-j}\, \delta_{0,m_1+m_2-m}}{(j_1+m_1-k)!(j_2+m_2-l)!k!l!(j_1-m_1-l)!(j_2-m_2-k)!}\,.$$

Wegen $1/(-n)! = 0$ für $n = 1, 2, \ldots$ gibt es nur endlich viele Summanden. In Abschn. 3.11 werden wir diesen Ausdruck so umformen, daß nur noch über ganze Zahlen zu summieren ist.

3.7 Symmetrien der Clebsch-Gordan-Koeffizienten

Aus der letzten Gleichung folgt sofort

$$\begin{pmatrix} j_1 & j_2 & j \\ m_1 & m_2 & m \end{pmatrix} = \begin{pmatrix} j_2 & j_1 & j \\ -m_2 & -m_1 & -m \end{pmatrix}\,.$$

Tauscht man nur die Indizes 1 und 2 gegeneinander aus oder kehrt man nur die Vorzeichen aller m-Werte um, so muß auch k mit l vertauscht werden. Dabei ändert sich das Vorzeichen um $(-)^{k+l}$:

$$\begin{pmatrix} j_1 & j_2 & j \\ m_1 & m_2 & m \end{pmatrix} = (-)^{j_1+j_2-j} \begin{pmatrix} j_2 & j_1 & j \\ m_2 & m_1 & m \end{pmatrix} = (-)^{j_1+j_2-j} \begin{pmatrix} j_1 & j_2 & j \\ -m_1 & -m_2 & -m \end{pmatrix}\,.$$

Bei $m_1 = m_2 = m = 0$ oder $j_1 = j_2$, $m_1 = m_2$ muß also die ganze Zahl $j_1 + j_2 - j$ gerade sein. Beachte auch, daß sich

$$|(j_1 j_2)jm\rangle = (-)^{j_1+j_2-j}\,|(j_2 j_1)jm\rangle$$

ergeben hat, worauf wir noch mehrfach zurückkommen werden. Wie in Abschn. 2.6 gefordert und in Abschn. 3.3 behauptet, ergibt sich außerdem

$$\mathcal{T}\,|(j_1 j_2)jm\rangle = (-)^{j+m}\,|(j_1 j_2)j,-m\rangle\,,$$

wenn sich $|j_1 m_1\rangle$ und $|j_2 m_2\rangle$ bei Zeitumkehr entsprechend verhalten.

Ersetzen wir k durch $j_1 + m_1 - k$ und l durch $j_1 - m_1 - l$, so wandelt sich die zuletzt genannte Summe

$$\sum_{kl} \frac{(-)^l \delta_{k+l,j_1+j_2-j}\, \delta_{0,m_1+m_2-m}}{(j_1+m_1-k)!(j_2+m_2-l)!k!l!(j_1-m_1-l)!(j_2-m_2-k)!} \qquad \text{um in}$$

$$\sum_{kl} \frac{(-)^{j_1-m_1-l} \delta_{k+l,j_1-j_2+j}\, \delta_{0,m_1+m_2-m}}{k!(j+m-k)!(j_1+m_1-k)!(j_1-m_1-l)!l!(j-m-l)!}\,.$$

Daraus folgt

$$
\begin{aligned}
\begin{pmatrix} j_1 & j_2 & \Big| & j \\ m_1 & m_2 & \Big| & m \end{pmatrix}
&= (-)^{j_1-m_1} \sqrt{\frac{2j+1}{2j_2+1}} \begin{pmatrix} j_1 & j & \Big| & j_2 \\ m_1 & -m & \Big| & -m_2 \end{pmatrix} \\
&= (-)^{j_1-m_1} \sqrt{\frac{2j+1}{2j_2+1}} \begin{pmatrix} j & j_1 & \Big| & j_2 \\ m & -m_1 & \Big| & m_2 \end{pmatrix} \\
&= (-)^{j_2+m_2} \sqrt{\frac{2j+1}{2j_1+1}} \begin{pmatrix} j & j_2 & \Big| & j_1 \\ -m & m_2 & \Big| & -m_1 \end{pmatrix} \\
&= (-)^{j_2+m_2} \sqrt{\frac{2j+1}{2j_1+1}} \begin{pmatrix} j_2 & j & \Big| & j_1 \\ -m_2 & m & \Big| & m_1 \end{pmatrix} ,
\end{aligned}
$$

wenn die zuvor genannten Symmetrien noch ausgenutzt werden.

Die besprochenen Symmetrien verknüpfen 12 Clebsch-Gordan-Koeffizienten miteinander. Während beim Vertauschen von $\vec{J}_1$ mit $\vec{J}_2$ oder bei der Richtungsumkehr höchstens das Vorzeichen wechselt, bringt das Vertauschen "über den Strich hinweg" noch einen anderen statistischen Faktor. (Zu gegebenem j_1, j_2 und j gibt es $2j+1$ Zustände $|(j_1 j_2)jm\rangle$, aber $2j_2+1$ Zustände $|(j_1 j)j_2 m_2\rangle$ und $2j_1+1$ Zustände $|(j_2 j)j_1 m_1\rangle$.)

Eine weitere Symmetrie hat REGGE 58 gefunden, nämlich

$$
\begin{pmatrix} j_1 & j_2 & \Big| & j \\ m_1 & m_2 & \Big| & m_1+m_2 \end{pmatrix} = \begin{pmatrix} \frac{j_1+m_1}{2}+\frac{j_2+m_2}{2} & \frac{j_1-m_1}{2}+\frac{j_2-m_2}{2} & \Big| & j \\ \frac{j_1+m_1}{2}-\frac{j_2+m_2}{2} & \frac{j_1-m_1}{2}-\frac{j_2-m_2}{2} & \Big| & j_1-j_2 \end{pmatrix} .
$$

(Diese Gleichung folgt sofort aus dem allgemeinen Ausdruck im letzten Abschnitt.) Die übrigen Regge-Symmetrien werden in Abschn. 3.10 für die $3j$-Symbole aufgeführt, weil sie für diese "symmetrisierten Clebsch-Gordan-Koeffizienten" einfacher darzustellen sind. Wegen dieser weiteren Symmetrien sind insgesamt 72 Clebsch-Gordan-Koeffizienten miteinander verknüpft.

In Abschn. 3.4 wurden Rekursionsformeln hergeleitet, die Clebsch-Gordan-Koeffizienten mit gleichem j_1, j_2 und j, aber verschiedenen m-Werten miteinander verbinden. Über die Regge-Symmetrie folgt daraus eine Rekursionsformel für Clebsch-Gordan-Koeffizienten mit verschiedenem j_1 und j_2:

$$
\begin{aligned}
\sqrt{(-j_1+j_2+j)(j_1-j_2+j+1)} & \begin{pmatrix} j_1 & j_2 & \Big| & j \\ m_1 & m_2 & \Big| & m \end{pmatrix} \\
&= \sqrt{(j_2+m_2)(j_1+m_1+1)} \begin{pmatrix} j_1+\frac{1}{2} & j_2-\frac{1}{2} & \Big| & j \\ m_1+\frac{1}{2} & m_2-\frac{1}{2} & \Big| & m \end{pmatrix} \\
&\quad + \sqrt{(j_2-m_2)(j_1-m_1+1)} \begin{pmatrix} j_1+\frac{1}{2} & j_2-\frac{1}{2} & \Big| & j \\ m_1-\frac{1}{2} & m_2+\frac{1}{2} & \Big| & m \end{pmatrix} .
\end{aligned}
$$

Die Rekursionsformeln verhelfen oft schneller zu einem gewünschten Koeffizienten als der allgemeine Ausdruck in Abschn. 3.6, der sowieso in Abschn. 3.11 noch vereinfacht wird. Weitere Rekursionsformeln werden in Abschn. 3.12 hergeleitet.

3.8 Besondere Clebsch-Gordan-Koeffizienten

Nun sollen einige vielgebrauchte Clebsch-Gordan-Koeffizienten angegeben werden. Sie können mit Hilfe der genannten Symmetrien aus dem Koeffizienten mit $m = j$ hergeleitet werden – oder aus dem allgemeinen Ausdruck in Abschn. 3.6:

$$\begin{pmatrix} j_1 & j_2 & j \\ m_1 & m_2 & j \end{pmatrix}$$

$$= (-)^{j_1 - m_1} \sqrt{\frac{(2j+1)!(j_1+j_2-j)!(j_1+m_1)!(j_2+m_2)!}{(j_1+j_2+j+1)!(-j_1+j_2+j)!(j_1-j_2+j)!(j_1-m_1)!(j_2-m_2)!}}\, \delta_{j,m_1+m_2}\,,$$

$$\begin{pmatrix} j_1 & j_2 & j \\ j_1 & m_2 & m \end{pmatrix}$$

$$= \sqrt{(2j+1)\frac{(2j_1)!(-j_1+j_2+j)!(j_2-m_2)!(j+m)!}{(j_1+j_2+j+1)!(j_1-j_2+j)!(j_1+j_2-j)!(j_2+m_2)!(j-m)!}}\, \delta_{m,j_1+m_2}\,,$$

$$\begin{pmatrix} j_1 & j_2 & j_1+j_2 \\ m_1 & m_2 & m \end{pmatrix}$$

$$= \sqrt{\frac{(2j_1)!(2j_2)!(j_1+j_2-m)!(j_1+j_2+m)!}{(2j_1+2j_2)!(j_1-m_1)!(j_1+m_1)!(j_2-m_2)!(j_2+m_2)!}}\, \delta_{m,m_1+m_2}\,,$$

$$\begin{pmatrix} j_1 & j_2 & j_1-j_2 \\ m_1 & m_2 & m \end{pmatrix}$$

$$= (-)^{j_2+m_2} \sqrt{\frac{(2j_2)!(2j_1-2j_2+1)!(j_1-m_1)!(j_1+m_1)!}{(2j_1+1)!(j_2-m_2)!(j_2+m_2)!(j_1-j_2-m)!(j_1-j_2+m)!}}\, \delta_{m,m_1+m_2}\,.$$

Insbesondere ist

$$\begin{pmatrix} j_1 & j_2 & j \\ j_1 & j_2 & m \end{pmatrix} = \delta_{j,j_1+j_2}\, \delta_{jm}\,,$$

$$\begin{pmatrix} j' & 0 & j \\ m' & 0 & m \end{pmatrix} = \begin{pmatrix} 0 & j' & j \\ 0 & m' & m \end{pmatrix} = \delta_{jj'}\, \delta_{mm'}\,,$$

$$\begin{pmatrix} j & j' & 0 \\ m & -m' & 0 \end{pmatrix} = \frac{(-)^{j-m}}{\sqrt{2j+1}}\, \delta_{jj'}\, \delta_{mm'}\,,$$

$$\begin{pmatrix} j & \tfrac{1}{2} & j+\tfrac{1}{2} \\ m & \pm\tfrac{1}{2} & m\pm\tfrac{1}{2} \end{pmatrix} = \sqrt{\frac{j\pm m+1}{2j+1}} = \sqrt{\frac{j+\tfrac{1}{2}\pm(m\pm\tfrac{1}{2})}{2j+1}}\,,$$

$$\begin{pmatrix} j & \tfrac{1}{2} & j-\tfrac{1}{2} \\ m & \pm\tfrac{1}{2} & m\pm\tfrac{1}{2} \end{pmatrix} = \mp\sqrt{\frac{j\mp m}{2j+1}} = \mp\sqrt{\frac{j+\tfrac{1}{2}\mp(m\pm\tfrac{1}{2})}{2j+1}}\,.$$

Viel gebraucht wird auch der Clebsch-Gordan-Koeffizient mit drei Nullen in der unteren Zeile. Für $j_1 + j_2 + j$ ungerade verschwindet er wegen seiner Symmetrie, während sonst

$$\begin{pmatrix} j_1 & j_2 & j \\ 0 & 0 & 0 \end{pmatrix} = (-)^{\frac{1}{2}(j_1+j_2-j)} \sqrt{(2j+1)\frac{(-j_1+j_2+j)!(j_1-j_2+j)!(j_1+j_2-j)!}{(j_1+j_2+j+1)!}}$$

$$\times \frac{\frac{j_1+j_2+j}{2}!}{\frac{-j_1+j_2+j}{2}! \; \frac{j_1-j_2+j}{2}! \; \frac{j_1+j_2-j}{2}!}$$

gilt, wie wir in Abschn. 3.13 einsehen werden. Dort sind auch die Sonderfälle $m_1 = -m_2 = \frac{1}{2}$ oder 1 angegeben. Alle übrigen Koeffizienten verwandelt man am besten in $3j$-Symbole und berechnet sie dann nach Abschn. 3.11.

3.9 Einführung des $3j$-Symbols

Die Symmetrie der Clebsch-Gordan-Koeffizienten ist etwas unhandlich, weil die drei Drehimpulse nicht gleichwertig eingehen. Das läßt sich dadurch verbessern, daß man die drei Drehimpulse zum Gesamtdrehimpuls $\vec{0}$ koppelt:

$$\vec{J}_1 + \vec{J}_2 + \vec{J}_3 = \vec{0} \,.$$

Nach dem letzten Abschnitt gilt

$$|((j_1 j_2)j_{12} j_3)00\rangle = \sum_{m_1 m_2 m_3 m_{12}} \begin{pmatrix} j_1 & j_2 & j_{12} \\ m_1 & m_2 & m_{12} \end{pmatrix} \begin{pmatrix} j_{12} & j_3 & 0 \\ m_{12} & m_3 & 0 \end{pmatrix} |j_1 m_1\rangle |j_2 m_2\rangle |j_3 m_3\rangle$$

$$= \delta_{j_{12} j_3} \sum_{m_1 m_2 m_3} \frac{(-)^{j_3+m_3}}{\sqrt{2j_3+1}} \begin{pmatrix} j_1 & j_2 & j_3 \\ m_1 & m_2 & -m_3 \end{pmatrix} |j_1 m_1\rangle |j_2 m_2\rangle |j_3 m_3\rangle \,.$$

Man bezeichnet nun als $3j$-Symbol:

$$\begin{pmatrix} j_1 & j_2 & j_3 \\ m_1 & m_2 & m_3 \end{pmatrix} \equiv \frac{(-)^{j_1+m_1}(-)^{j_2-m_2}}{\sqrt{2j_3+1}} \begin{pmatrix} j_1 & j_2 & j_3 \\ m_1 & m_2 & -m_3 \end{pmatrix},$$

hat also

$$\begin{pmatrix} j_1 & j_2 & j_3 \\ m_1 & m_2 & m_3 \end{pmatrix} = (-)^{j_1+m_1}(-)^{j_2-m_2}\sqrt{2j_3+1} \begin{pmatrix} j_1 & j_2 & j_3 \\ m_1 & m_2 & -m_3 \end{pmatrix}$$

und

$$(-)^{j_1-j_2+j_3}|((j_1 j_2)j_3 j_3)00\rangle = \sum_{m_1 m_2 m_3} \begin{pmatrix} j_1 & j_2 & j_3 \\ m_1 & m_2 & m_3 \end{pmatrix} |j_1 m_1 j_2 m_2 j_3 m_3\rangle \,.$$

Mit dem $3j$-Symbol können also drei Drehimpulszustände zu einem Skalar gekoppelt werden.

Wegen ihrer gleich folgenden, größeren Symmetrie sind die $3j$-Symbole den Clebsch-Gordan-Koeffizienten oft vorzuziehen. Die Unitarität erscheint allerdings nicht so einfach:

$$\sum_{m_1 m_2} \begin{pmatrix} j_1 & j_2 & j \\ m_1 & m_2 & m \end{pmatrix} \begin{pmatrix} j_1 & j_2 & j' \\ m_1 & m_2 & m' \end{pmatrix} = \frac{1}{2j+1}\, \delta_{jj'}\, \delta_{mm'}\, \delta(j_1 j_2 j)\,,$$

$$\sum_{m_1 m_2 m_3} \begin{pmatrix} j_1 & j_2 & j_3 \\ m_1 & m_2 & m_3 \end{pmatrix} \begin{pmatrix} j_1 & j_2 & j_3 \\ m_1 & m_2 & m_3 \end{pmatrix} = \delta(j_1 j_2 j_3)\,,$$

$$\sum_{jm} (2j+1) \begin{pmatrix} j_1 & j_2 & j \\ m_1 & m_2 & m \end{pmatrix} \begin{pmatrix} j_1 & j_2 & j \\ m'_1 & m'_2 & m \end{pmatrix} = \delta_{m_1 m'_1}\, \delta_{m_2 m'_2}\,.$$

In Abschn. 4.9 werden wir auch noch andere Summen über $3j$-Symbole betrachten.

3.10 Symmetrien der $3j$-Symbole

Die $3j$-Symbole sind viel symmetrischer als die Clebsch-Gordan-Koeffizienten. Aus deren Symmetrie folgen nämlich die Gleichungen

$$\begin{pmatrix} j_1 & j_2 & j_3 \\ m_1 & m_2 & m_3 \end{pmatrix} = \begin{pmatrix} j_2 & j_3 & j_1 \\ m_2 & m_3 & m_1 \end{pmatrix}$$

$$= (-)^{j_1+j_2+j_3} \begin{pmatrix} j_2 & j_1 & j_3 \\ m_2 & m_1 & m_3 \end{pmatrix} = (-)^{j_1+j_2+j_3} \begin{pmatrix} j_1 & j_2 & j_3 \\ -m_1 & -m_2 & -m_3 \end{pmatrix}.$$

Man darf also die Spalten zyklisch vertauschen. Beim antizyklischen Vertauschen kommt der Vorzeichenfaktor $(-)^{j_1+j_2+j_3}$ hinzu, ebenso beim Vorzeichenwechsel in der unteren Zeile.

Die Regge-Symmetrie zeigt sich besonders schön bei einer anderen Schreibweise des $3j$–Symbols. Da nämlich bei ihm

$$m_1 + m_2 + m_3 = 0$$

sein muß – sonst verschwindet es – und nach Abschn. 3.5 außerdem $j_1 \pm m_1$, $j_2 \pm m_2$, $j_3 \pm m_3$ und $-j_1 + j_2 + j_3$, $j_1 - j_2 + j_3$ und $j_1 + j_2 - j_3$ nicht-negative ganze Zahlen sind, hat REGGE 58 ein magisches Quadrat für das $3j$-Symbol vorgeschlagen:

$$\begin{bmatrix} -j_1 + j_2 + j_3 & j_1 - j_2 + j_3 & j_1 + j_2 - j_3 \\ j_1 - m_1 & j_2 - m_2 & j_3 - m_3 \\ j_1 + m_1 & j_2 + m_2 & j_3 + m_3 \end{bmatrix}.$$

Dieses Regge-Symbol ist nur dann ungleich null, wenn alle 9 Elemente nicht-negative ganze Zahlen sind und jede Zeile und jede Spalte dieselbe Summe $\Sigma = j_1 + j_2 + j_3$ hat! Bei dieser Schreibweise zeigt sich die volle Symmetrie der $3j$-Symbole: Die für Clebsch-Gordan-Koeffizienten bewiesene Regge-Symmetrie bedeutet nämlich, daß an der Diagonalen des Regge-Symbols gespiegelt werden darf. Daher dürfen nicht bloß die Spalten zyklisch vertauscht werden, sondern auch die Zeilen. Bei antizyklischer Vertauschung tritt noch der Vorzeichenfaktor $(-)^{\Sigma}$ hinzu. (Beim Vorzeichenwechsel der m-Werte werden die zweite und dritte Zeile miteinander vertauscht.)

Das Regge-Symbol verschwindet, wenn es zwei gleiche Zeilen oder Spalten hat und dabei $\Sigma = j_1 + j_2 + j_3$ ungerade ist. Daneben gibt es noch "nichttriviale Nullstellen", auf die wir im nächsten Abschnitt noch eingehen.

3.11 Berechnung der 3j-Symbole

Wegen seiner großen Symmetrie eignet sich das Regge-Symbol besonders gut für die numerische Berechnung der 3j-Symbole und Clebsch-Gordan-Koeffizienten. Aus dem allgemeinen Ausdruck in Abschn. 3.6 folgt

$$
\begin{bmatrix} n_{11} & n_{12} & n_{13} \\ n_{21} & n_{22} & n_{23} \\ n_{31} & n_{32} & n_{33} \end{bmatrix} = (-)^{n_{23}+n_{32}} \sqrt{\frac{n_{11}!n_{12}!n_{13}!n_{21}!n_{22}!n_{23}!n_{31}!n_{32}!n_{33}!}{(\Sigma + 1)!}}
$$

$$
\times \sum_{kl} \frac{(-)^k\, \delta_{k+l,n_{11}}}{k!(n_{22}-k)!(n_{33}-k)!l!(n_{23}-l)!(n_{32}-l)!} .
$$

(Die Summe kann auch als hypergeometrische Reihe ${}_3F_2$ geschrieben werden, was hier aber nicht ausgenutzt werden soll.) Dabei ist vorausgesetzt, daß es sich um ein magisches Quadrat handelt – sonst verschwindet das Regge-Symbol.

Über die Symmetriebeziehung kann man das kleinste Element n_{ik} nach links oben bringen. Dann ist

$$
\begin{bmatrix} n_{11} & n_{12} & n_{13} \\ n_{21} & n_{22} & n_{23} \\ n_{31} & n_{32} & n_{33} \end{bmatrix} = (-)^{n_{23}+n_{32}} \sqrt{\frac{n_{12}!n_{13}!n_{21}!n_{31}!}{(\Sigma + 1)!n_{11}!n_{22}!n_{33}!n_{23}!n_{32}!}} \sum_{n=0}^{n_{11}} \delta_n
$$

mit

$$
\delta_n = (-)^n \binom{n_{11}}{n} \frac{n_{22}!}{(n_{22}-n)!} \frac{n_{33}!}{(n_{33}-n)!} \frac{n_{23}!}{(n_{23}-n_{11}+n)!} \frac{n_{32}!}{(n_{32}-n_{11}+n)!} .
$$

Abgesehen davon, daß wir nun die Summationsgrenzen bestimmt haben, sind jetzt alle Summanden ganze Zahlen, die wir rekursiv aus

$$
\delta_0 = \frac{n_{23}!}{(n_{23}-n_{11})!} \frac{n_{32}!}{(n_{32}-n_{11})!}
$$

und

$$
\delta_n = -\frac{(n_{11}+1-n)(n_{22}+1-n)(n_{33}+1-n)}{n(n_{23}-n_{11}+n)(n_{32}-n_{11}+n)} \delta_{n-1}
$$

berechnen können. Insbesondere gilt bei

n_{11}	$\displaystyle\sum_{n=0}^{n_{11}} \delta_n$
$= 0$	$= 1 \,,$
$= 1$	$= n_{23}n_{32} - n_{22}n_{33} \,,$
$= 2$	$= n_{23}(n_{23}-1)n_{32}(n_{32}-1) - 2n_{23}n_{32}n_{22}n_{33} + n_{22}(n_{22}-1)n_{33}(n_{33}-1) \,.$

Wie günstig dieser Weg ist, läßt sich daran erkennen, daß alle in Abschn. 3.8 genannten Clebsch-Gordan-Koeffizienten – außer dem letzten – zum Regge-Symbol mit $n_{11} = 0$ gehören.

Abgesehen von den symmetriebedingten Nullstellen, die im letzten Abschnitt besprochen wurden, stoßen wir offenbar auch auf "nichttriviale Nullstellen", wenn die Summe "zufällig" verschwindet – z.B. bei $n_{11} = 1$ und $n_{22}n_{33} = n_{23}n_{32}$.

3.12 Rekursionsformeln für $3j$-Symbole

Aus den in Abschn. 3.4 und 3.7 genannten Rekursionsformeln für Clebsch-Gordan-Koeffizienten folgen die Gleichungen

$$\sqrt{(j_1 \mp m_1)(j_1 \pm m_1 + 1)} \begin{pmatrix} j_1 & j_2 & j_3 \\ m_1 \pm 1 & m_2 & m_3 \end{pmatrix}$$

$$+ \sqrt{(j_2 \mp m_2)(j_2 \pm m_2 + 1)} \begin{pmatrix} j_1 & j_2 & j_3 \\ m_1 & m_2 \pm 1 & m_3 \end{pmatrix}$$

$$+ \sqrt{(j_3 \mp m_3)(j_3 \pm m_3 + 1)} \begin{pmatrix} j_1 & j_2 & j_3 \\ m_1 & m_2 & m_3 \pm 1 \end{pmatrix} = 0$$

bzw.

$$\sqrt{n_{21}(n_{31} + 1)} \begin{bmatrix} n_{11} & n_{12} & n_{13} \\ n_{21} - 1 & n_{22} & n_{23} \\ n_{31} + 1 & n_{32} & n_{33} \end{bmatrix} + \sqrt{n_{22}(n_{32} + 1)} \begin{bmatrix} n_{11} & n_{12} & n_{13} \\ n_{21} & n_{22} - 1 & n_{23} \\ n_{31} & n_{32} + 1 & n_{33} \end{bmatrix}$$

$$+ \sqrt{n_{23}(n_{33} + 1)} \begin{bmatrix} n_{11} & n_{12} & n_{13} \\ n_{21} & n_{22} & n_{23} - 1 \\ n_{31} & n_{32} & n_{33} + 1 \end{bmatrix} = 0 .$$

Hieraus ergibt sich mit $\Sigma = n_{11} + n_{12} + n_{13}$ als zweite Rekursionsformel:

$$\sqrt{n_{22} n_{33}(n_{23} + 1)(n_{32} + 1)} \begin{bmatrix} n_{11} & n_{12} & n_{13} \\ n_{21} & n_{22} - 1 & n_{23} + 1 \\ n_{31} & n_{32} + 1 & n_{33} - 1 \end{bmatrix}$$

$$+ \sqrt{n_{23} n_{32}(n_{22} + 1)(n_{33} + 1)} \begin{bmatrix} n_{11} & n_{12} & n_{13} \\ n_{21} & n_{22} + 1 & n_{23} - 1 \\ n_{31} & n_{32} - 1 & n_{33} + 1 \end{bmatrix}$$

$$+ \{ n_{11}(\Sigma + 1) - n_{22} n_{33} - n_{23} n_{32} \} \begin{bmatrix} n_{11} & n_{12} & n_{13} \\ n_{21} & n_{22} & n_{23} \\ n_{31} & n_{32} & n_{33} \end{bmatrix} = 0 .$$

Eine dritte Rekursionsformel folgt aus dem allgemeinen Ausdruck im letzten Abschnitt. Sie verknüpft $3j$-Symbole mit verschiedenen Zeilensummen miteinander (trotzdem sei weiterhin $\Sigma = n_{11} + n_{12} + n_{13}$):

$$\sqrt{n_{11}(\Sigma + 1)} \begin{bmatrix} n_{11} & n_{12} & n_{13} \\ n_{21} & n_{22} & n_{23} \\ n_{31} & n_{32} & n_{33} \end{bmatrix} = \sqrt{n_{23} n_{32}} \begin{bmatrix} n_{11} - 1 & n_{12} & n_{13} \\ n_{21} & n_{22} & n_{23} - 1 \\ n_{31} & n_{32} - 1 & n_{33} \end{bmatrix}$$

$$- \sqrt{n_{22} n_{33}} \begin{bmatrix} n_{11} - 1 & n_{12} & n_{13} \\ n_{21} & n_{22} - 1 & n_{23} \\ n_{31} & n_{32} & n_{33} - 1 \end{bmatrix} .$$

Zusammen mit der zweiten Rekursionsformel ergibt sich hieraus als vierte:

$$\sqrt{n_{11}(\Sigma+1)}\begin{bmatrix} n_{11}-1 & n_{12} & n_{13} \\ n_{21} & n_{22} & n_{23}-1 \\ n_{31} & n_{32}-1 & n_{33} \end{bmatrix}$$

$$=\sqrt{n_{23}n_{32}}\begin{bmatrix} n_{11} & n_{12} & n_{13} \\ n_{21} & n_{22} & n_{23} \\ n_{31} & n_{32} & n_{33} \end{bmatrix} - \sqrt{(n_{22}+1)(n_{33}+1)}\begin{bmatrix} n_{11} & n_{12} & n_{13} \\ n_{21} & n_{22}+1 & n_{23}-1 \\ n_{31} & n_{32}-1 & n_{33}+1 \end{bmatrix}.$$

(LOUCK hat eine ähnliche Gleichung hergeleitet; sie enthält allerdings je drei Faktoren in den Wurzeln und folgt aus dieser und der ersten Rekursionsformel.)

Aus den beiden letzten Gleichungen folgt eine fünfte Rekursionsformel zwischen Kopplungssymbolen mit jeweils anderen Zeilensummen:

$$\sqrt{(n_{11}+1)(n_{22}+1)(n_{33}+1)(\Sigma+2)}\begin{bmatrix} n_{11}+1 & n_{12} & n_{13} \\ n_{21} & n_{22}+1 & n_{23} \\ n_{31} & n_{32} & n_{33}+1 \end{bmatrix}$$

$$+\sqrt{n_{11}n_{22}n_{33}(\Sigma+1)}\begin{bmatrix} n_{11}-1 & n_{12} & n_{13} \\ n_{21} & n_{22}-1 & n_{23} \\ n_{31} & n_{32} & n_{33}-1 \end{bmatrix}$$

$$+\{n_{11}(\Sigma+1)+(n_{22}+1)(n_{33}+1)-n_{23}n_{32}\}\begin{bmatrix} n_{11} & n_{12} & n_{13} \\ n_{21} & n_{22} & n_{23} \\ n_{31} & n_{32} & n_{33} \end{bmatrix}=0.$$

Für die Verknüpfung von Symbolen mit gleichen Richtungsquantenzahlen ist aber folgende sechste Gleichung nützlicher:

$$\sqrt{n_{11}(n_{12}+1)(n_{13}+1)(n_{21}+1)(n_{31}+1)(\Sigma+2)}(\Sigma-n_{11})\begin{bmatrix} n_{11}-1 & n_{12}+1 & n_{13}+1 \\ n_{21}+1 & n_{22} & n_{23} \\ n_{31}+1 & n_{32} & n_{33} \end{bmatrix}$$

$$+\sqrt{(n_{11}+1)n_{12}n_{13}n_{21}n_{31}(\Sigma+1)}(\Sigma-n_{11}+2)\begin{bmatrix} n_{11}+1 & n_{12}-1 & n_{13}-1 \\ n_{21}-1 & n_{22} & n_{23} \\ n_{31}-1 & n_{32} & n_{33} \end{bmatrix}$$

$$+\left\{\begin{matrix}(\Sigma+n_{11}+2)(n_{22}n_{33}-n_{23}n_{32}) \\ -(\Sigma+1)n_{11}(n_{22}+n_{33}-n_{23}-n_{32})\end{matrix}\right\}(\Sigma-n_{11}+1)\begin{bmatrix} n_{11} & n_{12} & n_{13} \\ n_{21} & n_{22} & n_{23} \\ n_{31} & n_{32} & n_{33} \end{bmatrix}=0.$$

Für ihre Herleitung formen wir die dritte und vierte Gleichung mit Hilfe der zweiten um,

$$\sqrt{(n_{13}+1)(n_{31}+1)(\Sigma+2)}\begin{bmatrix} n_{11}-1 & n_{12}+1 & n_{13}+1 \\ n_{21}+1 & n_{22} & n_{23} \\ n_{31}+1 & n_{32} & n_{33} \end{bmatrix}$$

$$=\sqrt{n_{22}}(\Sigma-n_{11}+2)\begin{bmatrix} n_{11}-1 & n_{12}+1 & n_{13} \\ n_{21}+1 & n_{22}-1 & n_{23} \\ n_{31} & n_{32} & n_{33} \end{bmatrix}+\sqrt{n_{11}(n_{12}+1)(n_{21}+1)}\begin{bmatrix} n_{11} & n_{12} & n_{13} \\ n_{21} & n_{22} & n_{23} \\ n_{31} & n_{32} & n_{33} \end{bmatrix}$$

42

bzw.

$$\sqrt{n_{13}n_{31}(\Sigma+1)}\begin{bmatrix} n_{11}+1 & n_{12}-1 & n_{13}-1 \\ n_{21}-1 & n_{22} & n_{23} \\ n_{31}-1 & n_{32} & n_{33} \end{bmatrix}$$

$$=\sqrt{n_{22}+1}(\Sigma-n_{11})\begin{bmatrix} n_{11}+1 & n_{12}-1 & n_{13} \\ n_{21}-1 & n_{22}+1 & n_{23} \\ n_{31} & n_{32} & n_{33} \end{bmatrix}+\sqrt{(n_{11}+1)n_{12}n_{21}}\begin{bmatrix} n_{11} & n_{12} & n_{13} \\ n_{21} & n_{22} & n_{23} \\ n_{31} & n_{32} & n_{33} \end{bmatrix}$$

und nutzen noch einmal die zweite Gleichung aus.

Diese Rekursionsformeln sind besonders nützlich, wenn eine Folge "ähnlicher" $3j$-Symbole gebraucht wird – wenn sich z.B. nur die Richtungsquantenzahlen oder nur ein j-Wert ändern. In diesen beiden Fällen ist die zweite bzw. sechste Rekursionsformel zu nehmen. Dabei ist allerdings die numerische Stabilität zu beachten: Man sollte nach SCHULTEN & GORDON I von den Rändern der Definitionsbereiche her beginnen, d.h. mit einem Element $n_{ik}=0$, und nicht auf die Ränder zulaufen. Am Schleifenende kann die Rechnung mit den im nächsten Abschnitt genannten Regge-Symbolen überprüft werden.

3.13 Besondere $3j$-Symbole

Zu den in Abschn. 3.8 genannten Clebsch-Gordan-Koeffizienten gehört das Regge-Symbol mit einer Null, das in Abschn. 3.11 allgemein bestimmt wurde. Abgesehen von

$$\begin{pmatrix} j & j' & 0 \\ m & -m' & 0 \end{pmatrix}=\frac{(-)^{j-m}}{\sqrt{2j+1}}\,\delta_{jj'}\,\delta_{mm'}$$

sollen deshalb die entsprechenden $3j$-Symbole nicht aufgeführt werden. Stattdessen seien noch zwei weitere mit der Richtungsquantenzahl 0 genannt:

$$\begin{pmatrix} j & j & 1 \\ m & -m & 0 \end{pmatrix}=\frac{(-)^{j-m}}{\sqrt{2j+1}}\,\frac{m}{\sqrt{j(j+1)}}\,,$$

$$\begin{pmatrix} j & j & 2 \\ m & -m & 0 \end{pmatrix}=\frac{(-)^{j-m}}{\sqrt{2j+1}}\,\frac{3m^2-j(j+1)}{\sqrt{(2j-1)j(j+1)(2j+3)}}\,.$$

Häufig gebraucht wird das $3j$-Symbol mit lauter Nullen als Richtungsquantenzahlen. Ihm entspricht das Regge-Symbol mit zwei gleichen Zeilen, das jetzt bestimmt werden soll. Dabei gehen wir von geradem $\Sigma=j_1+j_2+j_3$ aus, weil das Symbol sonst nach Abschn. 3.10 wegen seiner Symmetrie verschwindet. Aus der sechsten Rekursionsformel folgt

$$\begin{bmatrix} n_{11} & n_{12} & n_{13} \\ n_{21} & n_{22} & n_{23} \\ n_{21} & n_{22} & n_{23} \end{bmatrix}=-\sqrt{\frac{\Sigma(n_{11}+2)(n_{12}-1)(n_{13}-1)}{(\Sigma+1)(n_{11}+1)n_{12}n_{13}}}\begin{bmatrix} n_{11}+2 & n_{12}-2 & n_{13}-2 \\ n_{21}-2 & n_{22} & n_{23} \\ n_{21}-2 & n_{22} & n_{23} \end{bmatrix}.$$

Hier steht auch rechts ein Regge-Symbol mit zwei gleichen Zeilen. Daher führt die Gleichung, mehrfach angewandt, auf ein Regge-Symbol mit einer Null. (Die Zahlen n_{11}, n_{12} und n_{13} sind gerade, wenn das Symbol nicht verschwindet, und es gilt $n_{11} + n_{12} = 2n_{23}$ u.s.w..) Insgesamt ergibt sich

$$\begin{bmatrix} n_{11} & n_{12} & n_{13} \\ n_{21} & n_{22} & n_{23} \\ n_{21} & n_{22} & n_{23} \end{bmatrix} = (-)^{\frac{1}{2}\Sigma}\sqrt{\frac{n_{11}!\,n_{12}!\,n_{13}!}{(\Sigma+1)!}}\;\frac{(\frac{1}{2}\Sigma)!}{(\frac{1}{2}n_{11})!(\frac{1}{2}n_{12})!(\frac{1}{2}n_{13})!}\;,$$

falls Σ gerade, sonst null – bzw.

$$\begin{pmatrix} j_1 & j_2 & j_3 \\ 0 & 0 & 0 \end{pmatrix} = (-)^{\frac{1}{2}\Sigma}\sqrt{\frac{(\Sigma-2j_1)!(\Sigma-2j_2)!(\Sigma-2j_3)!}{(\Sigma+1)!}}\;\frac{(\frac{1}{2}\Sigma)!}{\frac{\Sigma-2j_1}{2}!\,\frac{\Sigma-2j_2}{2}!\,\frac{\Sigma-2j_3}{2}!}\;.$$

Der Wurzelfaktor wird in Abschn. 4.13 mit $\Delta(j_1 j_2 j_3)$ abgekürzt.

Die oft gebrauchten $3j$-Symbole mit zwei Richtungsquantenzahlen gleich $\pm\frac{1}{2}$ können hierauf zurückgeführt werden. Nach der letzten Rekursionsformel von Abschn. 3.12 ist nämlich

$$\begin{pmatrix} j_1 & j_2 & j_3 \\ \frac{1}{2} & -\frac{1}{2} & 0 \end{pmatrix} = \begin{cases} -\sqrt{\dfrac{(-j_1+j_2+j_3)(j_1-j_2+j_3+1)}{(2j_1+1)(2j_2+1)}}\begin{pmatrix} j_1+\frac{1}{2} & j_2-\frac{1}{2} & j_3 \\ 0 & 0 & 0 \end{pmatrix} \\ \qquad\qquad\qquad\qquad\qquad \text{für } \Sigma \text{ gerade,} \\[2ex] +\sqrt{\dfrac{(j_1+j_2-j_3)(\Sigma+1)}{(2j_1+1)(2j_2+1)}}\begin{pmatrix} j_1-\frac{1}{2} & j_2-\frac{1}{2} & j_3 \\ 0 & 0 & 0 \end{pmatrix} \\ \qquad\qquad\qquad\qquad\qquad \text{für } \Sigma \text{ ungerade.} \end{cases}$$

Aus der ersten Rekursionsformel folgt noch

$$\begin{pmatrix} j_1 & j_2 & j_3 \\ -\frac{1}{2} & -\frac{1}{2} & 1 \end{pmatrix} = -\frac{(j_1+\frac{1}{2})+(-)^{\Sigma}(j_2+\frac{1}{2})}{\sqrt{j_3(j_3+1)}}\begin{pmatrix} j_1 & j_2 & j_3 \\ \frac{1}{2} & -\frac{1}{2} & 0 \end{pmatrix}.$$

Auch die $3j$-Symbole mit $m_1 = -m_2 = 1$ können wir nun berechnen. Bei geradem Σ genügt dazu die zweite Rekursionsformel, bei ungeradem Σ die erste und das Ergebnis für $m_1 = -m_2 = \frac{1}{2}$:

$$\begin{pmatrix} j_1 & j_2 & j_3 \\ 1 & -1 & 0 \end{pmatrix}$$

$$= \begin{cases} \dfrac{j_3(j_3+1)-j_1(j_1+1)-j_2(j_2+1)}{2\sqrt{j_1(j_1+1)j_2(j_2+1)}}\begin{pmatrix} j_1 & j_2 & j_3 \\ 0 & 0 & 0 \end{pmatrix} \\ \qquad\qquad\qquad\qquad\qquad \text{für } \Sigma \text{ gerade,} \\[2ex] -\dfrac{1}{2}\sqrt{\dfrac{(-j_1+j_2+j_3)(j_1-j_2+j_3+1)(j_1+j_2-j_3)(\Sigma+1)}{j_1(j_1+1)j_2(j_2+1)}}\begin{pmatrix} j_1 & j_2-1 & j_3 \\ 0 & 0 & 0 \end{pmatrix} \\ \qquad\qquad\qquad\qquad\qquad \text{für } \Sigma \text{ ungerade.} \end{cases}$$

Diese $3j$-Symbole werden wir in vielen Anwendungsbeispielen brauchen.

3.14 Vorteile der gekoppelten Darstellung

An einigen Beispielen soll nun der Vorteil der gekoppelten Darstellung gezeigt werden. Dazu betrachten wir den Operator $\vec{J}_1 \cdot \vec{J}_2$. Er tritt bei der Spin-Bahn-Kopplung und bei der Spin-Spin-Wechselwirkung auf, aber auch bei Symmetriebetrachtungen (im nächsten Abschnitt). Dieser Operator ist wegen

$$2\,(\vec{J}_1 \cdot \vec{J}_2) = (\vec{J}_1 + \vec{J}_2)^2 - \vec{J}_1^2 - \vec{J}_2^2 = 2\,J_{10}J_{20} + J_{1+}J_{2-} + J_{1-}J_{2+}$$

in der gekoppelten Darstellung $|(j_1 j_2)jm\rangle$ diagonal (aber nicht in der ungekoppelten Darstellung $|j_1 m_1 j_2 m_2\rangle$, wo verschiedene Komponenten miteinander vermischt werden):

$$(\vec{J}_1 \cdot \vec{J}_2)|(j_1 j_2)jm\rangle = |(j_1 j_2)jm\rangle \tfrac{1}{2}\{j(j+1) - j_1(j_1+1) - j_2(j_2+1)\}\,.$$

Insbesondere gilt also

$$(\vec{L} \cdot \vec{S})|(l\tfrac{1}{2})\,l \pm \tfrac{1}{2}\,,m\rangle = \begin{cases} |(l\tfrac{1}{2})\,l + \tfrac{1}{2}\,,m\rangle\ \tfrac{l}{2} \\ |(l\tfrac{1}{2})\,l - \tfrac{1}{2}\,,m\rangle\ (-\tfrac{l+1}{2}) \end{cases}$$

und

$$(\vec{S}_1 \cdot \vec{S}_2)|(\tfrac{1}{2}\tfrac{1}{2})\,\tfrac{1}{2} \pm \tfrac{1}{2}\,,m\rangle = \begin{cases} |(\tfrac{1}{2}\tfrac{1}{2})1m\rangle\ (+\tfrac{1}{4}) & \text{(Triplett)} \\ |(\tfrac{1}{2}\tfrac{1}{2})0m\rangle\ (-\tfrac{3}{4}) & \text{(Singulett)} \end{cases}.$$

Daher können wir auch die Projektionsoperatoren auf Triplett- und Singulettzustände auf diese Operatoren zurückführen. Sie werden häufig mit Paulis Spinoperatoren $\vec{\sigma} = 2\,\vec{S}$ ausgedrückt, die aber nur für Spin-$\tfrac{1}{2}$-Teilchen benutzt werden (vgl. Abschn. 2.5):

$$P_{(s=1)} = \tfrac{3}{4} + \vec{S}_1 \cdot \vec{S}_2 = \tfrac{1}{4}(3 + \vec{\sigma}_1 \cdot \vec{\sigma}_2) \quad \text{Triplettoperator}\,,$$

$$P_{(s=0)} = \tfrac{1}{4} - \vec{S}_1 \cdot \vec{S}_2 = \tfrac{1}{4}(1 - \vec{\sigma}_1 \cdot \vec{\sigma}_2) \quad \text{Singulettoperator}\,.$$

Obwohl $\vec{J}_1$ und $\vec{J}_2$ nach Abschn. 2.4 keine scharfen Komponenten haben, spricht man doch von parallelen und antiparallelen Vektoren, je nachdem ob $j = j_1 + j_2$ oder $j = |j_1 - j_2|$ ist. Tatsächlich hat das Skalarprodukt $\vec{J}_1 \cdot \vec{J}_2$ in der gekoppelten Darstellung scharfe Werte und es ist $\langle \vec{J}_1 \cdot \vec{J}_2\rangle \geq 0$ bzw. $\langle \vec{J}_1 \cdot \vec{J}_2\rangle \leq 0$ – aber damit ist der Winkel zwischen beiden Vektoren freilich i.a. noch nicht 0 oder π. Insofern ist die Bezeichnung "gestreckte Kopplung" für $j = j_1 + j_2$ schon besser.

3.15 Austauschsymmetrie

Wie lauten die symmetrisierten bzw. antisymmetrisierten Zweiteilchenzustände

$$|j_1 m_1 j_2 m_2\rangle_{\substack{s\\a}} = \frac{|j_1 m_1 j_2 m_2\rangle \pm |j_2 m_2 j_1 m_1\rangle}{\sqrt{2}}$$

in der gekoppelten Darstellung? Bei der rechten Seite können wir zur gekoppelten Darstellung übergehen. Nutzen wir die Unitarität der Kopplungskoeffizienten aus, so folgt nach Abschn. 3.7

$$\sum_{m_1 m_2} \begin{pmatrix} j_1 & j_2 & j \\ m_1 & m_2 & m \end{pmatrix} |j_1 m_1 j_2 m_2\rangle_{\substack{s\\a}} = \frac{|(j_1 j_2)jm\rangle \pm (-)^{j_1+j_2-j}|(j_2 j_1)jm\rangle}{\sqrt{2}}\,.$$

Dieser Ausdruck ist sicherlich proportional zum gesuchten Zustand. Tatsächlich können wir setzen (Phasenkonvention):

$$|(j_1 j_2)jm\rangle_{\substack{s\\a}} = \frac{|(j_1 j_2)jm\rangle \pm (-)^{j_1+j_2-j}|(j_2 j_1)jm\rangle}{\sqrt{2\,(1 + \langle j_1|j_2\rangle)}} = \pm(-)^{j_1+j_2-j}\,|(j_2 j_1)jm\rangle_{\substack{s\\a}}\,.$$

Im Normierungsfaktor ist hier $\langle j_1|j_2\rangle$ und nicht $\delta_{j_1 j_2}$ geschrieben, weil auch die nicht erwähnten Quantenzahlen – wie z.B. die Radialquantenzahlen – gleich sein müssen: Der Faktor $1/\sqrt{1 + \langle j_1|j_2\rangle}$ sorgt dafür, daß auch $|(j_1 j_2)jm\rangle_{s,a}$ auf eins normiert ist.

Vielteilchenzustände werden ausführlich in Kap. 13 behandelt. Eine Schlußfolgerung für die Zweiteilchenzustände soll aber schon hier erwähnt werden. Unterscheiden sich beide Teilchen nur in der Richtungsquantenzahl, so muß j gerade sein: Bei Bosonen ($2j_1$ gerade) muß dann nämlich $2j_1 - j$ gerade sein, bei Fermionen ($2j_1$ ungerade) muß dagegen $2j_1 - j$ ungerade sein. Der Gesamtdrehimpuls j muß also sowohl bei Bosonen als auch bei Fermionen mit $j_1 = j_2$ (und auch sonst gleichen Quantenzahlen) gerade sein.

Aus dem gleichen Grunde sind die Singulettzustände von Fermionen (mit $s_{1,2} = \frac{1}{2}$) antisymmetrisch im Spinraum, die Triplettzustände symmetrisch. Deshalb wird der Operator

$$P_{12} = P_{(s=1)} - P_{(s=0)} = \tfrac{1}{2} + 2\,\vec{S}_1 \cdot \vec{S}_2 = \tfrac{1}{2}(1 + \vec{\sigma}_1 \cdot \vec{\sigma}_2)$$

als Spinaustauschoperator bezeichnet: Er läßt die symmetrischen Triplettzustände unverändert und kehrt das Vorzeichen des antisymmetrischen Singulettzustandes um - wie es beim Spinaustausch sein muß .

Allgemein hat ein Mehrteilchenzustand (von Spin-$\frac{1}{2}$-Teilchen) umso größeren Gesamtspin, je symmetrischer er im Spinraum ist. Wegen

$$S^2 = \sum_{i=1}^{N} \vec{S}_i \cdot \sum_{k=1}^{N} \vec{S}_k = \sum_{i=1}^{N} \vec{S}_i^{\,2} + 2 \sum_{i<k}^{N} \vec{S}_i \cdot \vec{S}_k$$

$$= \tfrac{3}{4}N + \sum_{i<k}^{N}(-\tfrac{1}{2} + P_{ik}) = N - \tfrac{1}{4}N^2 + \sum_{i<k}^{N} P_{ik}$$

hängt nämlich der Eigenwert von S^2 von der Austauschsymmetrie der verschiedenen Teilchenpaare ab: Mit jedem symmetrischen Paar wächst er um 1, mit jedem antisymmetrischen nimmt er um 1 ab.

Damit läßt sich die 1. Hundsche Regel begründen: Vernachlässigt man in der Atomhülle die spinabhängigen Kräfte, so sind wegen der abstoßenden Coulombkraft zwischen den Elektronen ihre im Ortsraum möglichst antisymmetrischen Zustände bevorzugt - und damit (wegen des Pauliprinzips) ihre im Spinraum möglichst symmetrischen Zustände, d.h. die mit großem Spin.

3.16 Zusammenfassung: Kopplung von Drehimpulsen

Aus den Eigenzuständen zweier Drehimpulse $\vec{J}_1$ und $\vec{J}_2$ können Eigenzustände zum Gesamtdrehimpuls $\vec{J} = \vec{J}_1 + \vec{J}_2$ gebildet werden, die $J_1{}^2$, $J_2{}^2$, J^2 und J_0 gemeinsam diagonalisieren:

$$|(j_1 j_2)jm\rangle = \sum_{m_1 m_2} |j_1 m_1 j_2 m_2\rangle \begin{pmatrix} j_1 & j_2 & j \\ m_1 & m_2 & m \end{pmatrix} \quad \text{mit} \quad m = m_1 + m_2$$

und $j = j_1 + j_2,\ j_1 + j_2 - 1, \ldots, |j_1 - j_2|$. Die gekoppelten Zustände werden so gewählt, daß die Phasenkonventionen von CONDON & SHORTLEY und die bei Zeitumkehr gelten und die Entwicklungskoeffizienten (Clebsch-Gordan-Koeffizienten) reell sind, so daß sie auch bei der Entkopplung auftreten. Die Koeffizienten haben gewisse Symmetrien, die es nahelegen, die $3j$-Symbole einzuführen. Deren Symmetrien zeigen sich am deutlichsten in der Schreibweise von Regge. Auch zur Berechnung der Kopplungskoeffizienten geht man am besten zum Regge-Symbol über und nutzt dann Abschn. 3.11 aus - oder nimmt Rekursionsformeln.

Übrigens haben SCHULTEN & GORDON II eine halbklassische Näherung für die $3j$-Symbole angegeben, die insbesondere für große Quantenzahlen nützlich ist.

UMKOPPLUNG: $6j$- UND $9j$-SYMBOLE

4.1 Vorbemerkungen

Der Übergang von einer gekoppelten Darstellung zu einer anderen heißt Umkopplung, wie schon in Abschn. 3.2 erwähnt wurde. Verschieden gekoppelte Darstellungen gibt es erst bei mehr als zwei Drehimpulsen; erst dann kann umgekoppelt werden. Besonders viel gebraucht werden Umkopplungskoeffizienten für drei und vier Drehimpulse. Sie führen auf $6j$- und $9j$-Symbole.

Wenn von vier Drehimpulsen einer null ist, bleiben nur drei zum Umkoppeln: $9j$-Symbole mit einer Null lassen sich auf $6j$-Symbole zurückführen. Daher bespreche ich $6j$- und $9j$-Symbole nebeneinander.

Mit der Vorzeichenregel $|(j_1 j_2)jm\rangle = (-1)^{j_1 + j_2 - j}|(j_2 j_1)jm\rangle$ und der in Abschn. 3.2 genannten Phasenkonvention – daß nämlich in Bra und Ket gleich gekoppelte Drehimpulse weggelassen werden können – lassen sich alle Umkopplungsaufgaben ziemlich schnell auf $6j$- und $9j$-Symbole zurückführen: Es wäre umständlich, alle gekoppelten Darstellungen zunächst auf ungekoppelte umzurechnen.

Wie im nächsten Abschnitt bewiesen wird, kommt es bei den Umkopplungskoeffizienten nicht auf die Richtungsquantenzahl an. Deshalb können immer $2j + 1$ Zustände gleichbehandelt werden, und wir stoßen immer wieder auf die statistischen Faktoren $\sqrt{2j + 1}$ (vgl. auch Abschn. 3.5 und 3.7). Ich kürze sie deshalb – wie DEVONS & GOLDFARB, FERGUSON u.a. – mit $\hat{\jmath}$ ab:

$$\hat{\jmath} \equiv \sqrt{2j + 1}\,.$$

(Andere setzen $[j]^{1/2}$ dafür).

4.2 Warum Umkopplungskoeffizienten nicht von der Richtungsquantenzahl abhängen

In den Umkopplungskoeffizienten braucht die Richtungsquantenzahl m nicht genannt zu werden, denn sie hängen nicht davon ab. Zum Beweise wenden wir die Leiteroperatoren $J_\pm$ auf die betreffenden Zustände an. Wirkt $J_\pm$ z.B. auf

$$|(j_1(j_2 j_3)j_{23})jm\rangle = \sum_{j_{12}} |((j_1 j_2)j_{12}j_3)jm\rangle \, \langle((j_1 j_2)j_{12}j_3)jm|j_1(j_2 j_3)j_{23})jm\rangle\,,$$

so folgt nämlich wegen der Orthonormierung

$$\langle((j_1 j_2)j_{12}j_3)j\,m \pm 1|j_1(j_2 j_3)j_{23})j\,m \pm 1\rangle = \langle((j_1 j_2)j_{12}j_3)j\,m|j_1(j_2 j_3)j_{23})j\,m\rangle\,,$$

solange die Richtungsquantenzahl mit j verträglich ist – sonst wird der fortgelassene Faktor $\sqrt{j(j + 1) - m(m \pm 1)}$ null und die Gleichung falsch.

4.3 Umkopplung von drei Drehimpulsen: $6j$-Symbole

Drei Drehimpulse $\vec{J}_1$, $\vec{J}_2$ und $\vec{J}_3$ können verschieden zu $\vec{J}$ gekoppelt werden: Entweder diagonalisiert man neben J^2, J_0, $J_1{}^2$, $J_2{}^2$ und $J_3{}^2$ noch $J_{12}{}^2$ oder $J_{23}{}^2$ oder $J_{31}{}^2$. Die entsprechenden Darstellungen sind über unitäre Transformationen miteinander verknüpft. Wie eben gezeigt, hängen die Umkopplungskoeffizienten nicht von m ab. Daher gilt

$$|(j_1(j_2j_3)j_{23})jm\rangle = \sum_{j_{12}} |((j_1j_2)j_{12}j_3)jm\rangle \,\langle((j_1j_2)j_{12}j_3)j|(j_1(j_2j_3)j_{23})j\rangle \ .$$

Von den (reellen) Koeffizienten spaltet man noch geeignete Faktoren ab, um das $6j$-Symbol

$$\begin{Bmatrix} j_1 & j_2 & j_{12} \\ j_3 & j & j_{23} \end{Bmatrix} \equiv \frac{(-)^{j_1+j_2+j_3+j}}{\hat{j}_{12}\hat{j}_{23}} \,\langle((j_1j_2)j_{12}j_3)j|(j_1(j_2j_3)j_{23})j\rangle$$

möglichst symmetrisch zu machen – vgl. Abschn. 4.6. Weniger symmetrisch ist der W-Koeffizient von Racah:

$$W(j_1j_2j_2'j_1';j_3j_3') \equiv (-)^{j_1+j_2+j_2'+j_1'}\begin{Bmatrix} j_1 & j_2 & j_3 \\ j_1' & j_2' & j_3' \end{Bmatrix} \ ,$$

auf den wir deshalb im folgenden verzichten.

Offenbar gelten vier Dreiecksungleichungen, so daß wir nach Abschn. 3.5 schreiben können

$$\begin{Bmatrix} j_1 & j_2 & j_3 \\ j_1' & j_2' & j_3' \end{Bmatrix} \sim \delta(j_1j_2j_3)\,\delta(j_1j_2'j_3')\,\delta(j_1'j_2j_3')\,\delta(j_1'j_2'j_3) \ .$$

Weil die Umkopplungskoeffizienten nach Abschn. 3.3 reell sind, gilt

$$\langle(j_1(j_2j_3)j_{23})j|((j_1j_2)j_{12}j_3)j\rangle = \langle((j_1j_2)j_{12}j_3)j|(j_1(j_2j_3)j_{23})j\rangle$$
$$= (-)^{j_1+j_2+j_3+j}\,\hat{j}_{12}\hat{j}_{23}\begin{Bmatrix} j_1 & j_2 & j_{12} \\ j_3 & j & j_{23} \end{Bmatrix} \ .$$

Sind die Drehimpulse in anderer Reihenfolge gekoppelt, so unterscheiden sich die zugehörigen Umkopplungskoeffizienten wegen $|(j_1j_2)jm\rangle = (-1)^{j_1+j_2-j}|(j_2j_1)jm\rangle$ höchstens im Vorzeichen voneinander, z.B. ist

$$\langle((j_2j_1)j_{12}j_3)j|((j_2j_3)j_{23}j_1)j\rangle = (-)^{j_1+j_3+j_{12}+j_{23}}\,\hat{j}_{12}\hat{j}_{23}\begin{Bmatrix} j_1 & j_2 & j_{12} \\ j_3 & j & j_{23} \end{Bmatrix} \ .$$

4.4 Umkopplung von vier Drehimpulsen: $9j$-Symbole

Die Umkopplung von vier Drehimpulsen

$$|((j_1 j_3) j_{13} (j_2 j_4) j_{24}) jm\rangle = \sum_{j_{12} j_{34}} |((j_1 j_2) j_{12} (j_3 j_4) j_{34}) jm\rangle$$

$$\times \langle ((j_1 j_2) j_{12} (j_3 j_4) j_{34}) j | ((j_1 j_3) j_{13} (j_2 j_4) j_{24}) j \rangle$$

führt z.B. von der LS-Kopplung zur jj-Kopplung zweier Teilchen. Man bezeichnet als $9j$-Symbol

$$\begin{Bmatrix} j_1 & j_2 & j_{12} \\ j_3 & j_4 & j_{34} \\ j_{13} & j_{24} & j \end{Bmatrix} \equiv \frac{\langle ((j_1 j_2) j_{12} (j_3 j_4) j_{34}) j | ((j_1 j_3) j_{13} (j_2 j_4) j_{24}) j \rangle}{\hat{j}_{12} \hat{j}_{34} \hat{j}_{13} \hat{j}_{24}}.$$

Der Symmetrie halber (vgl Abschn. 4.7) sind die statistischen Faktoren abgespalten worden.

Die neun Elemente erfüllen offenbar sechs Dreiecksungleichungen:

$$\begin{Bmatrix} j_{11} & j_{12} & j_{13} \\ j_{21} & j_{22} & j_{23} \\ j_{31} & j_{32} & j_{33} \end{Bmatrix} \sim \begin{array}{l} \delta(j_{11} j_{12} j_{13})\, \delta(j_{21} j_{22} j_{23})\, \delta(j_{31} j_{32} j_{33}) \\ \delta(j_{11} j_{21} j_{31})\, \delta(j_{12} j_{22} j_{32})\, \delta(j_{13} j_{23} j_{33}). \end{array}$$

Man kann die vier Drehimpulse auch schrittweise umkoppeln, wobei jeweils nur drei Drehimpulse beteiligt sind und $6j$-Symbole auftreten. Das wird in Abschn. 4.10 vorgeführt und ausgenutzt.

4.5 Zurückführung der $6j$- und $9j$-Symbole auf $3j$-Symbole

Rechnet man alle genannten gekoppelten Darstellungen in die ungekoppelten um, so ergeben sich die Umkopplungskoeffizienten als Summen über Clebsch-Gordan-Koeffizienten bzw. $3j$-Symbole, wenn man die Orthonormierung der Zustände $|j_n m_n\rangle$ berücksichtigt:

$$\begin{Bmatrix} j_1 & j_2 & j_{12} \\ j_3 & j & j_{23} \end{Bmatrix} = \frac{(-)^{j_1 + j_2 + j_3 + j}}{\hat{j}_{12} \hat{j}_{23}} \sum_{\substack{m_1 m_2 m_3 \\ m_{12} m_{23}}} \begin{pmatrix} j_1 & j_2 & | & j_{12} \\ m_1 & m_2 & | & m_{12} \end{pmatrix} \begin{pmatrix} j_{12} & j_3 & | & j \\ m_{12} & m_3 & | & m \end{pmatrix}$$

$$\times \begin{pmatrix} j_2 & j_3 & | & j_{23} \\ m_2 & m_3 & | & m_{23} \end{pmatrix} \begin{pmatrix} j_1 & j_{23} & | & j \\ m_1 & m_{23} & | & m \end{pmatrix}$$

bzw.

$$\begin{Bmatrix} j_1 & j_2 & j_{12} \\ j_3 & j & j_{23} \end{Bmatrix} = \hat{j}^2 \sum_{\substack{m_1 m_2 m_3 \\ m_{12} m_{23}}} (-)^{j_3 + j + j_{23} - m_3 - m - m_{23}} \begin{pmatrix} j_1 & j_2 & j_{12} \\ m_1 & m_2 & m_{12} \end{pmatrix}$$

$$\times \begin{pmatrix} j_1 & j & j_{23} \\ m_1 & -m & m_{23} \end{pmatrix} \begin{pmatrix} j_3 & j_2 & j_{23} \\ m_3 & m_2 & -m_{23} \end{pmatrix} \begin{pmatrix} j_3 & j & j_{12} \\ -m_3 & m & m_{12} \end{pmatrix}.$$

Der Faktor $\hat{j}^2 = 2j + 1$ tritt nicht auf, wenn auch noch über m summiert wird (vgl. Abschn. 4.2). Dann stoßen wir auf den symmetrischen Ausdruck

$$\begin{Bmatrix} j_1 & j_2 & j_3 \\ j_1' & j_2' & j_3' \end{Bmatrix} = \sum_{\substack{m_1 m_2 m_3 \\ m_1' m_2' m_3'}} (-)^{j_1' + j_2' + j_3' - m_1' - m_2' - m_3'} \begin{pmatrix} j_1 & j_2 & j_3 \\ m_1 & m_2 & m_3 \end{pmatrix}$$

$$\times \begin{pmatrix} j_1 & j_2' & j_3' \\ m_1 & -m_2' & m_3' \end{pmatrix} \begin{pmatrix} j_1' & j_2 & j_3' \\ m_1' & m_2 & -m_3' \end{pmatrix} \begin{pmatrix} j_1' & j_2' & j_3 \\ -m_1' & m_2' & m_3 \end{pmatrix} .$$

Für das $9j$-Symbol folgt entsprechend

$$\begin{Bmatrix} j_{11} & j_{12} & j_{13} \\ j_{21} & j_{22} & j_{23} \\ j_{31} & j_{32} & j_{33} \end{Bmatrix}$$

$$= \sum_{\substack{m_{11} m_{12} m_{13} \\ m_{21} m_{22} m_{23} \\ m_{31} m_{32} m_{33}}} \begin{pmatrix} j_{11} & j_{12} & j_{13} \\ m_{11} & m_{12} & m_{13} \end{pmatrix} \begin{pmatrix} j_{21} & j_{22} & j_{23} \\ m_{21} & m_{22} & m_{23} \end{pmatrix} \begin{pmatrix} j_{31} & j_{32} & j_{33} \\ m_{31} & m_{32} & m_{33} \end{pmatrix}$$

$$\times \begin{pmatrix} j_{11} & j_{21} & j_{31} \\ m_{11} & m_{21} & m_{31} \end{pmatrix} \begin{pmatrix} j_{12} & j_{22} & j_{32} \\ m_{12} & m_{22} & m_{32} \end{pmatrix} \begin{pmatrix} j_{13} & j_{23} & j_{33} \\ m_{13} & m_{23} & m_{33} \end{pmatrix} .$$

Damit können wir die Umkopplungskoeffizienten grundsätzlich berechnen. In Abschn. 4.13 werden wir allerdings das $6j$-Symbol einfacher herleiten – und in Abschn. 4.10 und 4.17 das $9j$-Symbol.

4.6 Symmetrien der $6j$-Symbole

Mit Hilfe der vorletzten Gleichung können wir aus den Symmetrien der $3j$-Symbole auf die der $6j$-Symbole schließen: Man darf beim $6j$-Symbol die Spalten vertauschen (zyklisch und antizyklisch) und auch zwei Elemente der oberen Zeile gegen die beiden darunterstehenden:

$$\begin{Bmatrix} j_1 & j_2 & j_3 \\ j_1' & j_2' & j_3' \end{Bmatrix} = \begin{Bmatrix} j_2 & j_3 & j_1 \\ j_2' & j_3' & j_1' \end{Bmatrix} = \begin{Bmatrix} j_2 & j_1 & j_3 \\ j_2' & j_1' & j_3' \end{Bmatrix} = \begin{Bmatrix} j_1' & j_2' & j_3 \\ j_1 & j_2 & j_3' \end{Bmatrix} .$$

Die Regge-Symmetrie führt noch auf (REGGE 59)

$$\begin{Bmatrix} j_1 & j_2 & j_3 \\ j_1' & j_2' & j_3' \end{Bmatrix} = \begin{Bmatrix} j_1 - \Delta & j_2 + \Delta & j_3 \\ j_1' + \Delta & j_2' - \Delta & j_3' \end{Bmatrix} \quad \text{mit} \quad \Delta = \tfrac{1}{2}(j_1 - j_1' - j_2 + j_2').$$

Um diese Symmetrie deutlicher hervortreten zu lassen, erinnern wir uns an das Regge-Symbol. Es enthält die Dreiecksungleichung in den drei nicht-negativen ganzen Zahlen $-j_1 + j_2 + j_3$, $j_1 - j_2 + j_3$ und $j_1 + j_2 - j_3$. Entsprechend können wir jetzt die vier Dreiecksungleichungen im $6j$-Symbol durch jeweils drei solche Zahlen erfassen, d.h. durch $4 \times 3 = 12$ Zahlen n_{ik}, von denen freilich nur 6 unabhängig voneinander sind. Wir schreiben nach SHELEPIN

$$\begin{bmatrix} n_{11} & n_{12} & n_{13} & n_{14} \\ n_{21} & n_{22} & n_{23} & n_{24} \\ n_{31} & n_{32} & n_{33} & n_{34} \end{bmatrix} \quad \text{mit} \quad n_{ij} + n_{kl} = n_{il} + n_{kj} .$$

Wegen der Nebenbedingung reichen die sechs Zahlen in der ersten Zeile und Spalte aus, d.h. wir können auch

$$\begin{bmatrix} n_{11} & n_{11} + \Delta_1 & n_{11} + \Delta_2 & n_{11} + \Delta_3 \\ n_{11} + \Delta' & n_{11} + \Delta_1 + \Delta' & n_{11} + \Delta_2 + \Delta' & n_{11} + \Delta_3 + \Delta' \\ n_{11} + \Delta'' & n_{11} + \Delta_1 + \Delta'' & n_{11} + \Delta_2 + \Delta'' & n_{11} + \Delta_3 + \Delta'' \end{bmatrix}$$

schreiben. Wir wählen

$$\begin{aligned} n_{11} &= -j_1 + j_2 + j_3\,, & \Delta_1 &= -j_2 + j_2' - j_3 + j_3'\,, \\ \Delta' &= j_1 + j_1' - j_2 - j_2'\,, & \Delta_2 &= j_1 - j_1' - j_3 + j_3'\,, \\ \Delta'' &= j_1 + j_1' - j_3 - j_3'\,, & \Delta_3 &= j_1 - j_1' - j_2 + j_2'\,, \end{aligned}$$

und führen noch das Kürzel

$$N = 3\,n_{11} + \Delta_1 + \Delta_2 + \Delta_3 + \Delta' + \Delta'' = j_1 + j_2' + j_3'$$

ein: Dann ist nämlich das $6j$-Symbol durch den Ausdruck

$$\sqrt{\frac{n_{11}!\,n_{12}!\,n_{13}!\,n_{14}!\,n_{21}!\,n_{22}!\,n_{23}!\,n_{24}!\,n_{31}!\,n_{32}!\,n_{33}!\,n_{34}!}{(N+1)!(N-\Delta_1+1)!(N-\Delta_2+1)!(N-\Delta_3+1)!}}$$

$$\times \sum_n \frac{(-)^{N+n}(N+1+n)!}{n!(n+\Delta_1)!(n+\Delta_2)!(n+\Delta_3)!(n_{11}-n)!(n_{11}+\Delta'-n)!(n_{11}+\Delta''-n)!}$$

gegeben, wie in Abschn. 4.13 gezeigt wird. Daraus läßt sich sofort ablesen, daß die Zeilen und Spalten des Schelepin-Symbols miteinander vertauscht werden dürfen: Also sind $4! \times 3! = 144$ der $6j$-Symbole jeweils gleich – ohne die Regge-Symmetrie wären es nur 24.

4.7 Symmetrien der $9j$-Symbole

Beim $9j$-Symbol darf man an der Diagonalen spiegeln und Zeilen – und damit Spalten – zyklisch vertauschen, antizyklisches Vertauschen liefert einen Vorzeichenfaktor:

$$\begin{Bmatrix} j_{11} & j_{12} & j_{13} \\ j_{21} & j_{22} & j_{23} \\ j_{31} & j_{32} & j_{33} \end{Bmatrix} = \begin{Bmatrix} j_{11} & j_{21} & j_{31} \\ j_{12} & j_{22} & j_{32} \\ j_{13} & j_{23} & j_{33} \end{Bmatrix} = \begin{Bmatrix} j_{21} & j_{22} & j_{23} \\ j_{31} & j_{32} & j_{33} \\ j_{11} & j_{12} & j_{13} \end{Bmatrix} = \begin{Bmatrix} j_{12} & j_{13} & j_{11} \\ j_{22} & j_{23} & j_{21} \\ j_{32} & j_{33} & j_{31} \end{Bmatrix}$$

$$= (-)^{j_{11}+j_{12}+j_{13}+j_{21}+j_{22}+j_{23}+j_{31}+j_{32}+j_{33}} \begin{Bmatrix} j_{21} & j_{22} & j_{23} \\ j_{11} & j_{12} & j_{13} \\ j_{31} & j_{32} & j_{33} \end{Bmatrix}\,.$$

Es hat also ähnliche Symmetrien wie das Regge-Symbol (vgl. Abschn. 3.10) – insbesondere hängen ebensoviele (72) $9j$-Symbole miteinander zusammen, und es verschwindet jedes $9j$-Symbol mit zwei gleichen Zeilen oder Spalten, wenn seine neun Elemente eine ungerade Summe haben.

4.8 $6j$- und $9j$-Symbole mit einer Null

Ist eines der Elemente null, so vereinfacht sich das Umkopplungsproblem wesentlich: Statt N sind nur noch $N-1$ Drehimpulse zu koppeln, weil nach Abschn. 3.8 $|(j'0)jm\rangle = \delta_{jj'}|jm00\rangle$ ist. Deshalb folgt aus $\langle(j_1(j_20)j_{23})j|((j_1j_2)j_{12}0)j\rangle = \delta_{j_2j_{23}}\,\delta_{j_{12}j}\,\delta(j_1j_2j)$ die Beziehung

$$\begin{Bmatrix} j_1 & j_2 & j_3 \\ 0 & j_3' & j_2' \end{Bmatrix} = \frac{(-)^{j_1+j_2+j_3}}{\hat{j}_2\hat{j}_3}\,\delta_{j_2j_2'}\,\delta_{j_3j_3'}\,\delta(j_1j_2j_3)$$

und damit auch

$$\langle((j_1j_2)jj_3)0|(j_1(j_2j_3)j')0\rangle = \delta_{jj_3}\,\delta_{j'j_1}\,\delta(j_1j_2j_3).$$

Entsprechend ergibt sich für das $9j$-Symbol

$$\begin{Bmatrix} j_1 & j_2 & j_{12} \\ 0 & j_4 & j_4' \\ j_1' & j_{24} & j \end{Bmatrix} = \delta_{j_1j_1'}\,\delta_{j_4j_4'}\,\frac{\langle((j_1j_2)j_{12}j_4)j|(j_1(j_2j_4)j_{24})j\rangle}{\hat{j}_1\hat{j}_4\hat{j}_{12}\hat{j}_{24}}\,,$$

was sich auf ein $6j$-Symbol zurückführen läßt:

$$\begin{Bmatrix} j_1 & j_2 & j \\ j_3 & j_4 & j'' \\ j' & j''' & 0 \end{Bmatrix} = \frac{(-)^{j_2+j_3+j+j'}}{\hat{j}\hat{j}'}\,\delta_{jj''}\,\delta_{j'j'''}\begin{Bmatrix} j_1 & j_2 & j \\ j_4 & j_3 & j' \end{Bmatrix}\,;$$

daher ist

$$\langle((j_1j_2)j(j_3j_4)j'')0|((j_1j_3)j'(j_2j_4)j''')0\rangle = (-)^{j_2+j_3+j+j'}\hat{j}\hat{j}'\begin{Bmatrix} j_1 & j_2 & j \\ j_4 & j_3 & j' \end{Bmatrix}\,\delta_{jj''}\,\delta_{j'j'''}$$

und

$$\begin{Bmatrix} j_1 & j_2 & j_3 \\ j_1' & j_2' & j_3' \\ 0 & 0 & 0 \end{Bmatrix} = \frac{\delta_{j_1j_1'}\,\delta_{j_2j_2'}\,\delta_{j_3j_3'}\,\delta(j_1j_2j_3)}{\hat{j}_1\hat{j}_2\hat{j}_3}\,.$$

Diese Gleichungen werden wir noch viel ausnutzen, z.B. in den Abschn. 4.10 und 4.12.

4.9 Summen über $3j$-Symbole

Sehr oft lassen sich Summen über $3j$-, $6j$- und $9j$-Symbole vereinfachen. Zur Vollständigkeit wiederhole ich auch schon erwähnte Gleichungen. Zunächst nenne ich Summen über $3j$-Symbole – geordnet nach der Anzahl der Faktoren.

Als einziges Beispiel einer Summe über besondere $3j$-Symbole sei

$$\sum_m (-)^{j-m}\begin{pmatrix} j & j & j' \\ m & -m & m' \end{pmatrix} = \hat{j}\,\delta_{j'0}\,\delta_{m'0}$$

genannt. Diese Gleichung ergibt sich aus (vgl. Abschn. 3.13)

$$(-)^{j-m} = \hat{j} \begin{pmatrix} j & j & 0 \\ m & -m & 0 \end{pmatrix}$$

und der in Abschn. 3.9 genannten Unitarität

$$\sum_{m_1 m_2} \begin{pmatrix} j_1 & j_2 & j \\ m_1 & m_2 & m \end{pmatrix} \begin{pmatrix} j_1 & j_2 & j' \\ m_1 & m_2 & m' \end{pmatrix} = \frac{\delta_{jj'}\,\delta_{mm'}}{\hat{j}^2}\,\delta(j_1 j_2 j)\,.$$

Dort wurden auch schon die Gleichungen

$$\sum_{m_1 m_2 m_3} \begin{pmatrix} j_1 & j_2 & j_3 \\ m_1 & m_2 & m_3 \end{pmatrix} \begin{pmatrix} j_1 & j_2 & j_3 \\ m_1 & m_2 & m_3 \end{pmatrix} = \delta(j_1 j_2 j_3)$$

und

$$\sum_{jm} \hat{j}^2 \begin{pmatrix} j_1 & j_2 & j \\ m_1 & m_2 & m \end{pmatrix} \begin{pmatrix} j_1 & j_2 & j \\ m_1' & m_2' & m \end{pmatrix} = \delta_{m_1 m_1'}\,\delta_{m_2 m_2'}$$

genannt, wovon die erste sofort aus der vorangegangenen folgt. Im weiteren wird nur die symmetrische Form angegeben – obwohl sie eine zusätzliche Summe braucht.

Die Gleichung mit drei $3j$-Symbolen als Faktoren in der Summe

$$\sum_{m_1' m_2' m_3'} (-)^{j_1'+j_2'+j_3'-m_1'-m_2'-m_3'}$$

$$\times \begin{pmatrix} j_1 & j_2' & j_3' \\ m_1 & -m_2' & m_3' \end{pmatrix} \begin{pmatrix} j_1' & j_2 & j_3' \\ m_1' & m_2 & -m_3' \end{pmatrix} \begin{pmatrix} j_1' & j_2' & j_3 \\ -m_1' & m_2' & m_3 \end{pmatrix}$$

$$= \begin{pmatrix} j_1 & j_2 & j_3 \\ m_1 & m_2 & m_3 \end{pmatrix} \begin{Bmatrix} j_1 & j_2 & j_3 \\ j_1' & j_2' & j_3' \end{Bmatrix}$$

ist offenbar nötig, um den aus Abschn. 4.5 bekannten Ausdruck mit vier $3j$-Symbolen

$$\sum_{\substack{m_1 m_2 m_3 \\ m_1' m_2' m_3'}} (-)^{j_1'+j_2'+j_3'-m_1'-m_2'-m_3'} \begin{pmatrix} j_1 & j_2 & j_3 \\ m_1 & m_2 & m_3 \end{pmatrix}$$

$$\times \begin{pmatrix} j_1 & j_2' & j_3' \\ m_1 & -m_2' & m_3' \end{pmatrix} \begin{pmatrix} j_1' & j_2 & j_3' \\ m_1' & m_2 & -m_3' \end{pmatrix} \begin{pmatrix} j_1' & j_2' & j_3 \\ -m_1' & m_2' & m_3 \end{pmatrix} = \begin{Bmatrix} j_1 & j_2 & j_3 \\ j_1' & j_2' & j_3' \end{Bmatrix}$$

sicherzustellen – wenn die Unitarität der $3j$-Symbole ausgenutzt wird. Ganz entsprechend ist

$$\sum_{\substack{m_1 m_2 m_3 m_4 \\ m_{13} m_{24}}} \begin{pmatrix} j_1 & j_2 & j_{12} \\ m_1 & m_2 & m_{12} \end{pmatrix} \begin{pmatrix} j_3 & j_4 & j_{34} \\ m_3 & m_4 & m_{34} \end{pmatrix} \begin{pmatrix} j_1 & j_3 & j_{13} \\ m_1 & m_3 & m_{13} \end{pmatrix} \begin{pmatrix} j_2 & j_4 & j_{24} \\ m_2 & m_4 & m_{24} \end{pmatrix}$$

$$\times \begin{pmatrix} j_{13} & j_{24} & j \\ m_{13} & m_{24} & m \end{pmatrix} = \begin{pmatrix} j_{12} & j_{34} & j \\ m_{12} & m_{34} & m \end{pmatrix} \begin{Bmatrix} j_1 & j_2 & j_{12} \\ j_3 & j_4 & j_{34} \\ j_{13} & j_{24} & j \end{Bmatrix}$$

verknüpft mit der aus Abschn. 4.5 bekannten Gleichung

$$\sum_{\substack{m_{11}\,m_{12}\,m_{13}\\ m_{21}\,m_{22}\,m_{23}\\ m_{31}\,m_{32}\,m_{33}}} \begin{pmatrix} j_{11} & j_{12} & j_{13} \\ m_{11} & m_{12} & m_{13} \end{pmatrix} \begin{pmatrix} j_{21} & j_{22} & j_{23} \\ m_{21} & m_{22} & m_{23} \end{pmatrix} \begin{pmatrix} j_{31} & j_{32} & j_{33} \\ m_{31} & m_{32} & m_{33} \end{pmatrix}$$

$$\times \begin{pmatrix} j_{11} & j_{21} & j_{31} \\ m_{11} & m_{21} & m_{31} \end{pmatrix} \begin{pmatrix} j_{12} & j_{22} & j_{32} \\ m_{12} & m_{22} & m_{32} \end{pmatrix} \begin{pmatrix} j_{13} & j_{23} & j_{33} \\ m_{13} & m_{23} & m_{33} \end{pmatrix} = \begin{Bmatrix} j_{11} & j_{12} & j_{13} \\ j_{21} & j_{22} & j_{23} \\ j_{31} & j_{32} & j_{33} \end{Bmatrix} .$$

Eigentlich ist dies nur eine Vierfachsumme – die übrigen Indizes sind eindeutig festgelegt.

4.10 Summen über $6j$-Symbole

Vier Drehimpulse können wir schrittweise umkoppeln, z.B.

$$\langle((j_1j_2)j_{12}(j_3j_4)j_{34})j|((j_1j_3)j_{13}(j_2j_4)j_{24})j\rangle$$
$$= \sum \langle((j_1j_2)j_{12}(j_3j_4)j_{34})j|(((j_1j_2)j_{12}j_3)j_{123}j_4)j\rangle \, \langle(((j_1j_2)j_{12}j_3)j_{123}j_4)j|(((j_1j_3)j_{13}j_2)j_{123}j_4)j\rangle$$
$$\times \langle(((j_1j_3)j_{13}j_2)j_{123}j_4)j|((j_1j_3)j_{13}(j_2j_4)j_{24})j\rangle \, ,$$

wobei über j_{123} zu summieren ist. Daraus folgt (nützlich zur Berechnung von $9j$-Symbolen)

$$\begin{Bmatrix} j_{11} & j_{12} & j_{13} \\ j_{21} & j_{22} & j_{23} \\ j_{31} & j_{32} & j_{33} \end{Bmatrix}$$

$$= (-)^{2j_{33}+2j_{11}} \sum_j \hat{j}^2 \begin{Bmatrix} j_{11} & j_{12} & j_{13} \\ j_{23} & j_{33} & j \end{Bmatrix} \begin{Bmatrix} j_{21} & j_{22} & j_{23} \\ j_{12} & j & j_{32} \end{Bmatrix} \begin{Bmatrix} j_{31} & j_{32} & j_{33} \\ j & j_{11} & j_{21} \end{Bmatrix}$$

$$= (-)^{2j_{22}+2j_{33}} \sum_j \hat{j}^2 \begin{Bmatrix} j_{21} & j_{22} & j_{23} \\ j_{33} & j_{13} & j \end{Bmatrix} \begin{Bmatrix} j_{31} & j_{32} & j_{33} \\ j_{22} & j & j_{12} \end{Bmatrix} \begin{Bmatrix} j_{11} & j_{12} & j_{13} \\ j & j_{21} & j_{31} \end{Bmatrix}$$

$$= (-)^{2j_{11}+2j_{22}} \sum_j \hat{j}^2 \begin{Bmatrix} j_{31} & j_{32} & j_{33} \\ j_{13} & j_{23} & j \end{Bmatrix} \begin{Bmatrix} j_{11} & j_{12} & j_{13} \\ j_{32} & j & j_{22} \end{Bmatrix} \begin{Bmatrix} j_{21} & j_{22} & j_{23} \\ j & j_{31} & j_{11} \end{Bmatrix} .$$

(In der ersten Summe treten j_{13}, j_{22} und j_{31} nur einmal auf, in der zweiten j_{11}, j_{23} und j_{32} und in der letzten j_{12}, j_{21} und j_{33}). Dagegen folgt aus

$$\langle(((j_1j_3)j_{13}j_2)j_{123}j_4)j|((j_1j_2)j_{12}(j_3j_4)j_{34})j\rangle$$
$$= \langle((j_1j_3)j_{13}j_2)j_{123}|((j_1j_2)j_{12}j_3)j_{123}\rangle \, \langle((j_{12}j_3)j_{123}j_4)j|(j_{12}(j_3j_4)j_{34})j\rangle$$
$$= \sum \langle((j_{13}j_2)j_{123}j_4)j|((j_{13}j_4)j_{134}j_2)j\rangle \, \langle((j_1j_3)j_{13}j_4)j_{134}|((j_3j_4)j_{34}j_1)j_{134}\rangle$$
$$\times \langle((j_{34}j_1)j_{134}j_2)j|((j_1j_2)j_{12}j_{34})j\rangle$$

(über j_{134} zu summieren) die "Biedenharn-Elliot-Beziehung"

$$\sum_j (-)^{j+j_3+j_3'} \hat{j}^2 \begin{Bmatrix} j_2 & j_3 & j_1'' \\ j_3' & j_2' & j \end{Bmatrix} \begin{Bmatrix} j_3 & j_1 & j_2'' \\ j_1' & j_3' & j \end{Bmatrix} \begin{Bmatrix} j_1 & j_2 & j_3'' \\ j_2' & j_1' & j \end{Bmatrix}$$

$$= (-)^{j_1+j_2+j_1'+j_2'+j_1''+j_2''+j_3''} \begin{Bmatrix} j_1'' & j_2'' & j_3'' \\ j_1 & j_2 & j_3 \end{Bmatrix} \begin{Bmatrix} j_1'' & j_2'' & j_3'' \\ j_1' & j_2' & j_3' \end{Bmatrix} .$$

Tritt in diesen Gleichungen eine Null auf, so folgen die Summenformeln

$$\sum_j (-)^{j+j'+j''}\, \hat{j}^2 \begin{Bmatrix} j_1 & j_2 & j' \\ j_3 & j_4 & j \end{Bmatrix} \begin{Bmatrix} j_1 & j_3 & j'' \\ j_2 & j_4 & j \end{Bmatrix} = \begin{Bmatrix} j_1 & j_2 & j' \\ j_4 & j_3 & j'' \end{Bmatrix} \begin{pmatrix} \text{RACAHs} \\ \text{Summenregel} \end{pmatrix},$$

$$\sum_j \hat{j}^2 \begin{Bmatrix} j_1 & j_2 & j' \\ j_3 & j_4 & j \end{Bmatrix} \begin{Bmatrix} j_1 & j_2 & j'' \\ j_3 & j_4 & j \end{Bmatrix} = \frac{\delta_{j'j''}}{\hat{j'}^2}\, \delta(j_1 j_2 j')\, \delta(j_3 j_4 j') \quad \text{(Unitarität)},$$

$$\sum_j (-)^{j_1+j_2+j}\, \hat{j}^2 \begin{Bmatrix} j_1 & j_1 & j' \\ j_2 & j_2 & j \end{Bmatrix} = \hat{j}_1 \hat{j}_2\, \delta_{j'0},$$

$$\sum_j \hat{j}^2 \begin{Bmatrix} j_1 & j_2 & j' \\ j_1 & j_2 & j \end{Bmatrix} = (-)^{2j_1+2j_2}\, \delta(j_1 j_2 j').$$

Die "Unitarität" folgt auch sofort aus

$$\sum_{j_{23}} \langle ((j_1 j_2) j_{12} j_3) j | (j_1 (j_2 j_3) j_{23}) j \rangle \langle (j_1 (j_2 j_3) j_{23}) j | ((j_1 j_2) j'_{12} j_3) j \rangle = \langle ((j_1 j_2) j_{12} j_3) j | ((j_1 j_2) j'_{12} j_3) j \rangle.$$

Eine besondere Summe über Viererprodukte von $6j$-Symbolen wird gleich im nächsten Abschnitt betrachtet, die sogenannte Dreieckssummenregel am Ende von Abschn. 4.13.

4.11 Summen über $9j$-Symbole

Aus dem letzten Abschnitt folgt sofort

$$\sum_j \hat{j}^2 \begin{Bmatrix} j_1 & j' & j_A \\ j'' & j_2 & j_B \\ j_A & j_B & j \end{Bmatrix} = \frac{\delta_{j'j''}}{\hat{j'}^2}$$

und auch

$$\sum_j \hat{j}^2 \begin{Bmatrix} j_1 & j_2 & j_A \\ j_3 & j_4 & j_B \\ j_C & j_D & j \end{Bmatrix} \begin{Bmatrix} j'_1 & j'_2 & j_A \\ j'_3 & j'_4 & j_B \\ j_C & j_D & j \end{Bmatrix}$$

$$= \sum_j \hat{j}^2 \begin{Bmatrix} j_A & j_1 & j_2 \\ j_4 & j_D & j \end{Bmatrix} \begin{Bmatrix} j_B & j_4 & j_3 \\ j_1 & j_C & j \end{Bmatrix} \begin{Bmatrix} j_A & j'_1 & j'_2 \\ j'_4 & j_D & j \end{Bmatrix} \begin{Bmatrix} j_B & j'_4 & j'_3 \\ j'_1 & j_C & j \end{Bmatrix}$$

$$= \sum_j \hat{j}^2 \begin{Bmatrix} j_A & j'_2 & j'_1 \\ j_2 & j_D & j_4 \\ j_1 & j'_4 & j \end{Bmatrix} \begin{Bmatrix} j_C & j'_3 & j'_1 \\ j_3 & j_B & j_4 \\ j_1 & j'_4 & j \end{Bmatrix}.$$

Die Summe über das Zweierprodukt läßt sich also so umformen, daß die doppelt vorkommenden Elemente (vom laufenden abgesehen) nur noch je einmal vorkommen. Damit folgt die "Unitarität"

$$\sum_{j_{13} j_{24}} \hat{j}_{13}^{\,2}\, \hat{j}_{24}^{\,2} \begin{Bmatrix} j_1 & j_2 & j_{12} \\ j_3 & j_4 & j_{34} \\ j_{13} & j_{24} & j \end{Bmatrix} \begin{Bmatrix} j_1 & j_2 & j'_{12} \\ j_3 & j_4 & j'_{34} \\ j_{13} & j_{24} & j \end{Bmatrix} = \frac{\delta_{j_{12} j'_{12}}\, \delta_{j_{34} j'_{34}}}{\hat{j}_{12}^{\,2}\, \hat{j}_{34}^{\,2}},$$

aber auch

$$\sum_{j_{13}j_{24}} (-)^{j_2+j_4+j_{24}}\, \hat{j}_{13}^{\,2}\, \hat{j}_{24}^{\,2}
\begin{Bmatrix} j_1 & j_2 & j_{12} \\ j_3 & j_4 & j_{34} \\ j_{13} & j_{24} & j \end{Bmatrix}
\begin{Bmatrix} j_1 & j_4 & j_{14} \\ j_3 & j_2 & j_{23} \\ j_{13} & j_{24} & j \end{Bmatrix}$$

$$= (-)^{j_2-j_4-j_{34}+j_{23}}
\begin{Bmatrix} j_1 & j_4 & j_{14} \\ j_2 & j_3 & j_{23} \\ j_{12} & j_{34} & j \end{Bmatrix}$$

und die Gleichung von ARIMA, HORIE & TANABE

$$\sum_{jj'j''} \hat{j}^2\, \hat{j}'^2\, \hat{j}''^2
\begin{Bmatrix} j_1 & j_2 & j_3 \\ j_4 & j_A & j' \\ j_7 & j'' & j \end{Bmatrix}
\begin{Bmatrix} j_6 & j_9 & j_3 \\ j_4 & j_A & j' \\ j_5 & j_B & j \end{Bmatrix}
\begin{Bmatrix} j_8 & j_2 & j_5 \\ j_9 & j_A & j_B \\ j_7 & j'' & j \end{Bmatrix}
= \frac{1}{\hat{j}_9^{\,2}}
\begin{Bmatrix} j_1 & j_2 & j_3 \\ j_4 & j_5 & j_6 \\ j_7 & j_8 & j_9 \end{Bmatrix}.$$

EARP hat Summen mit noch mehr Faktoren behandelt.

4.12 Summen über $3j$-, $6j$- und $9j$-Symbole

Aus den Gleichungen der drei letzten Abschnitte lassen sich weitere Beziehungen mit Hilfe der Unitarität herleiten. Diese Beziehungen enthalten Produkte aus verschiedenartigen Symbolen:

$$\sum_{jm} (-)^{j+j'+m_1+m_1'}\, \hat{j}^2
\begin{pmatrix} j_1 & j_2 & j \\ m_1 & m_2 & m \end{pmatrix}
\begin{pmatrix} j_1' & j_2' & j \\ m_1' & m_2' & -m \end{pmatrix}
\begin{Bmatrix} j_1 & j_2 & j \\ j_1' & j_2' & j' \end{Bmatrix}$$

$$= \sum_{m'}
\begin{pmatrix} j_1 & j_2' & j' \\ m_1 & m_2' & -m' \end{pmatrix}
\begin{pmatrix} j_1' & j_2 & j' \\ m_1' & m_2 & m' \end{pmatrix}$$

und entsprechend

$$\sum_{jm} \hat{j}^2
\begin{pmatrix} j_{12} & j_{34} & j \\ m_{12} & m_{34} & m \end{pmatrix}
\begin{pmatrix} j_{13} & j_{24} & j \\ m_{13} & m_{24} & m \end{pmatrix}
\begin{Bmatrix} j_1 & j_2 & j_{12} \\ j_3 & j_4 & j_{34} \\ j_{13} & j_{24} & j \end{Bmatrix}$$

$$= \sum_{\substack{m_1 m_2 \\ m_3 m_4}}
\begin{pmatrix} j_1 & j_2 & j_{12} \\ m_1 & m_2 & m_{12} \end{pmatrix}
\begin{pmatrix} j_3 & j_4 & j_{34} \\ m_3 & m_4 & m_{34} \end{pmatrix}
\begin{pmatrix} j_1 & j_3 & j_{13} \\ m_1 & m_3 & m_{13} \end{pmatrix}
\begin{pmatrix} j_2 & j_4 & j_{24} \\ m_2 & m_4 & m_{24} \end{pmatrix},$$

sowie

$$\sum_{j} \hat{j}^2
\begin{Bmatrix} j_{12} & j_{34} & j \\ j_{13} & j_{24} & j' \end{Bmatrix}
\begin{Bmatrix} j_1 & j_2 & j_{12} \\ j_3 & j_4 & j_{34} \\ j_{13} & j_{24} & j \end{Bmatrix}
= (-)^{2j'}
\begin{Bmatrix} j_1 & j_4 & j' \\ j_{24} & j_{12} & j_2 \end{Bmatrix}
\begin{Bmatrix} j_1 & j_4 & j' \\ j_{34} & j_{13} & j_3 \end{Bmatrix}.$$

Außerdem ist

$$\langle((((j_1j_2)j_{12}(j_3'j_4')j_{34}')j_C(j_1'j_2')j_{12}')j_{34}\,|\,(((j_1j_3')j_Aj_1')j_3((j_2j_4')j_Bj_2')j_4)j_{34}\rangle =$$

$$\langle((j_1j_2)j_{12}(j_3'j_4')j_{34}')j_C\,|\,((j_1j_3')j_A(j_2j_4')j_B)j_C\rangle\langle((j_Aj_B)j_C(j_1'j_2')j_{12}')j_{34}\,|\,((j_Aj_1')j_3(j_Bj_2')j_4)j_{34}\rangle\,,$$

aber auch gleich der Summe über j, j' und j'' von

$$\langle((j_{12}j_{34}')j_Cj_{12}')j_{34}\,|\,(j_{12}(j_{34}'j_{12}')j'')j_{34}\rangle$$

$$\times\langle((j_1j_2)j_{12}((j_3'j_4')j_{34}'(j_1'j_2')j_{12}')j'')j_{34}\,|\,((j_1(j_3'j_1')j)j_3(j_2(j_4'j_2')j')j_4)j_{34}\rangle$$

$$\times\langle(j_1(j_3'j_1')j)j_3\,|\,((j_1j_3')j_Aj_1')j_3\rangle\,\langle(j_2(j_4'j_2')j')j_4\,|\,((j_2j_4')j_Bj_2')j_4\rangle\,,$$

wobei die zweite Zeile durch

$$\langle((j_3'j_4')j_{34}'(j_1'j_2')j_{12}')j''\,|\,((j_3'j_1')j(j_4'j_2')j')j''\rangle\,\langle((j_1j_2)j_{12}(jj')j'')j_{34}\,|\,((j_1j)j_3(j_2j')j_4)j_{34}\rangle$$

ersetzt werden kann. Damit folgt die Gleichung von JANG

$$\sum_{jj'j''} \hat{j}^2\,\hat{j}'^2\,\hat{j}''^2 \begin{Bmatrix} j_1 & j_3 & j \\ j_1' & j_3' & j_A \end{Bmatrix} \begin{Bmatrix} j_2 & j_4 & j' \\ j_2' & j_4' & j_B \end{Bmatrix} \begin{Bmatrix} j_{12} & j_{34} & j'' \\ j_{12}' & j_{34}' & j_C \end{Bmatrix}$$

$$\times \begin{Bmatrix} j_1 & j_2 & j_{12} \\ j_3 & j_4 & j_{34} \\ j & j' & j'' \end{Bmatrix} \begin{Bmatrix} j_1' & j_2' & j_{12}' \\ j_3' & j_4' & j_{34}' \\ j & j' & j'' \end{Bmatrix} = \begin{Bmatrix} j_1 & j_2 & j_{12} \\ j_3 & j_4 & j_{34} \\ j_A & j_B & j_C \end{Bmatrix} \begin{Bmatrix} j_1' & j_2' & j_{12}' \\ j_3 & j_4 & j_{34} \\ j_A & j_B & j_C \end{Bmatrix}$$

mit den Sonderfällen (setze $j_C = 0$ bzw. $j_{34}' = 0$ und benenne passend um):

$$\sum_{jj'j''} (-)^{j+j'-j_{12}-j_{34}}\,\hat{j}^2\,\hat{j}'^2\,\hat{j}''^2 \begin{Bmatrix} j_1 & j_3 & j \\ j_3' & j_1' & j_A \end{Bmatrix} \begin{Bmatrix} j_2 & j_4 & j' \\ j_4' & j_2' & j_B \end{Bmatrix} \begin{Bmatrix} j_1 & j_2 & j_{12} \\ j_3 & j_4 & j_{34} \\ j & j' & j'' \end{Bmatrix} \begin{Bmatrix} j_1' & j_2' & j_{12} \\ j_3' & j_4' & j_{34} \\ j & j' & j'' \end{Bmatrix}$$

$$= (-)^{j_2-j_3-j_2'+j_3'}\,\frac{\delta_{j_Aj_B}}{\hat{j}_A^{\,2}} \begin{Bmatrix} j_1 & j_2 & j_{12} \\ j_2' & j_1' & j_A \end{Bmatrix} \begin{Bmatrix} j_3 & j_4 & j_{34} \\ j_4' & j_3' & j_A \end{Bmatrix}$$

und

$$\sum_{j_{32}j_{33}} (-)^{j_{33}+j_{31}-j_{12}-j_{22}}\,\hat{j}_{32}^{\,2}\,\hat{j}_{33}^{\,2} \begin{Bmatrix} j_{12} & j_{22} & j_{32} \\ j_{32}' & j & j_{12}' \end{Bmatrix} \begin{Bmatrix} j_{13} & j_{23} & j_{33} \\ j_{33}' & j & j_{13}' \end{Bmatrix} \begin{Bmatrix} j_{31} & j_{32} & j_{33} \\ j & j_{33}' & j_{32}' \end{Bmatrix}$$

$$\times \begin{Bmatrix} j_{11} & j_{12} & j_{13} \\ j_{21} & j_{22} & j_{23} \\ j_{31} & j_{32} & j_{33} \end{Bmatrix} = (-)^{j_{11}+j_{12}'-j_{23}-j_{33}} \begin{Bmatrix} j_{11} & j_{12}' & j_{13}' \\ j & j_{13} & j_{12} \end{Bmatrix} \begin{Bmatrix} j_{11} & j_{12}' & j_{13}' \\ j_{21} & j_{22} & j_{23} \\ j_{31} & j_{32}' & j_{33}' \end{Bmatrix}.$$

Außerdem ergibt sich daraus wegen der Unitarität der $6j$-Symbole

$$\sum_{jj'} \hat{j}^2\,\hat{j}'^2 \begin{Bmatrix} j_1 & j_3 & j \\ j_1' & j_3' & j_A \end{Bmatrix} \begin{Bmatrix} j_2 & j_4 & j' \\ j_2' & j_4' & j_B \end{Bmatrix} \begin{Bmatrix} j_1 & j_2 & j_{12} \\ j_3 & j_4 & j_{34} \\ j & j' & j'' \end{Bmatrix} \begin{Bmatrix} j_1' & j_2' & j_{12}' \\ j_3' & j_4' & j_{34}' \\ j & j' & j'' \end{Bmatrix}$$

$$= \sum_{j'''} \hat{j}'''^{\,2} \begin{Bmatrix} j_{12} & j_{34}' & j''' \\ j_{12}' & j_{34} & j'' \end{Bmatrix} \begin{Bmatrix} j_1 & j_2 & j_{12} \\ j_3' & j_4' & j_{34}' \\ j_A & j_B & j''' \end{Bmatrix} \begin{Bmatrix} j_1' & j_2' & j_{12}' \\ j_3 & j_4 & j_{34} \\ j_A & j_B & j''' \end{Bmatrix}\,,$$

mit dem Sonderfall

$$\sum_{jj'} (-)^{j'+j'_2-j'_3-j_{34}}\, \hat{j}^2 \hat{j}'^2 \begin{Bmatrix} j_2 & j_4 & j' \\ j'_4 & j'_2 & j'' \end{Bmatrix} \begin{Bmatrix} j_1 & j_2 & j_{12} \\ j_3 & j_4 & j_{34} \\ j''' & j' & j \end{Bmatrix} \begin{Bmatrix} j'_1 & j'_2 & j_{12} \\ j'_3 & j'_4 & j_{34} \\ j''' & j' & j \end{Bmatrix}$$

$$= (-)^{j_2+j_{12}-j_3-j'''} \begin{Bmatrix} j_1 & j_2 & j_{12} \\ j'_2 & j'_1 & j'' \end{Bmatrix} \begin{Bmatrix} j_3 & j_4 & j_{34} \\ j'_4 & j'_3 & j'' \end{Bmatrix} \begin{Bmatrix} j_1 & j_3 & j''' \\ j'_3 & j'_1 & j'' \end{Bmatrix}$$

und auch noch

$$(-)^{j_{13}+j_{23}-j_{31}-j_{32}} \sum_j \hat{j}^2 \begin{Bmatrix} j_{13} & j_{23} & j \\ j_1 & j_2 & j_3 \end{Bmatrix} \begin{Bmatrix} j_{31} & j_{32} & j \\ j_1 & j_2 & j'_3 \end{Bmatrix} \begin{Bmatrix} j_{11} & j_{12} & j_{13} \\ j_{21} & j_{22} & j_{23} \\ j_{31} & j_{32} & j \end{Bmatrix}$$

$$= (-)^{j_{12}+j'_3-j_{31}-j_3} \sum_j \hat{j}^2 \begin{Bmatrix} j_{12} & j'_3 & j \\ j_1 & j_{22} & j_{32} \end{Bmatrix} \begin{Bmatrix} j_{21} & j_3 & j \\ j_1 & j_{22} & j_{23} \end{Bmatrix} \begin{Bmatrix} j_{11} & j_{13} & j_{12} \\ j_{31} & j_2 & j'_3 \\ j_{21} & j_3 & j \end{Bmatrix} .$$

Nach Umformen der Summe über j''_1 in eine Doppelsumme von Produkten mit je zwei $6j-$ und $9j$-Symbolen läßt sich die Gleichung von INNES & UFFORD

$$\sum_{j''_1 j''_2 j''_3} \hat{j}'^2_1 \hat{j}'^2_2 \hat{j}'^2_3 \begin{Bmatrix} j_{31} & j_{32} & j_{33} \\ j''_1 & j''_2 & j''_3 \end{Bmatrix} \begin{Bmatrix} j_{11} & j_2 & j_3 \\ j_{21} & j'_2 & j'_3 \\ j_{31} & j''_2 & j''_3 \end{Bmatrix} \begin{Bmatrix} j_{12} & j_3 & j_1 \\ j_{22} & j'_3 & j'_1 \\ j_{32} & j''_3 & j''_1 \end{Bmatrix} \begin{Bmatrix} j_{13} & j_1 & j_2 \\ j_{23} & j'_1 & j'_2 \\ j_{33} & j''_1 & j''_2 \end{Bmatrix}$$

$$= \begin{Bmatrix} j_{11} & j_{12} & j_{13} \\ j_1 & j_2 & j_3 \end{Bmatrix} \begin{Bmatrix} j_{21} & j_{22} & j_{23} \\ j'_1 & j'_2 & j'_3 \end{Bmatrix} \begin{Bmatrix} j_{11} & j_{12} & j_{13} \\ j_{21} & j_{22} & j_{23} \\ j_{31} & j_{32} & j_{33} \end{Bmatrix}$$

beweisen, wenn die Unitarität der $9j$-Symbole ausgenutzt wird. Sie enthält als Sonderfall

$$\sum_{jj'j''} (-)^{j-j_0-j'_1+j'_2}\, \hat{j}^2 \hat{j}'^2 \hat{j}''^2 \begin{Bmatrix} j_C & j'_1 & j_1 \\ j_0 & j' & j'' \end{Bmatrix} \begin{Bmatrix} j_C & j'_2 & j_2 \\ j & j' & j'' \end{Bmatrix} \begin{Bmatrix} j_3 & j_0 & j_A \\ j_4 & j_1 & j_B \\ j_2 & j' & j \end{Bmatrix} \begin{Bmatrix} j'_3 & j_0 & j_A \\ j'_4 & j'_1 & j_B \\ j'_2 & j'' & j \end{Bmatrix}$$

$$= (-)^{j_1-j_2-j_3+j_B} \frac{\delta_{j_3 j'_3}}{\hat{j}_3^2} \begin{Bmatrix} j_4 & j'_4 & j_C \\ j'_1 & j_1 & j_B \end{Bmatrix} \begin{Bmatrix} j_4 & j'_4 & j_C \\ j'_2 & j_2 & j_3 \end{Bmatrix} .$$

Nachdem wir viele allgemeine Eigenschaften der Umkopplungskoeffizienten kennengelernt haben, wenden wir uns nun den Sonderfällen zu.

4.13 Berechnung der $6j$-Symbole

Um den Wert eines $6j$-Symbols berechnen zu können, greifen wir auf Abschn. 4.9 zurück und betrachten den Sonderfall

$$\begin{pmatrix} a & b & c \\ a & -b & -a+b \end{pmatrix} \begin{Bmatrix} a & b & c \\ d & e & f \end{Bmatrix} = \sum_g (-)^{b-d+e+f+g} \begin{pmatrix} a & e & f \\ a & g & -a-g \end{pmatrix}$$

$$\times \begin{pmatrix} b & d & f \\ b & a-b+g & -a-g \end{pmatrix} \begin{pmatrix} c & d & e \\ -a+b & a-b+g & -g \end{pmatrix}.$$

Hier sind nämlich die drei ersten $3j$-Symbole nach Abschn. 3.11 einfach anzugeben: Wir erhalten mit dem RACAHschen Dreieckskoeffizienten

$$\Delta(abc) \equiv \sqrt{\frac{(-a+b+c)!(a-b+c)!(a+b-c)!}{(a+b+c+1)!}}$$

den Ausdruck

$$\begin{Bmatrix} a & b & c \\ d & e & f \end{Bmatrix} = \frac{\sqrt{(a+b+c+1)!(a+b-c)!}\,\Delta(aef)\Delta(bdf)}{(a-e+f)!(a+e-f)!(b-d+f)!(b+d-f)!}$$

$$\times \sum_g (-)^{a+2c+f+g} \frac{(a+f+g)!}{(-a+f-g)!} \sqrt{\frac{(e-g)!(-a+b+d-g)!}{(e+g)!(a-b+d+g)!}} \begin{pmatrix} c & d & e \\ -a+b & a-b+g & -g \end{pmatrix}.$$

Wegen des $3j$-Symbols haben wir eigentlich eine Doppelsumme zu berechnen. Nutzen wir aber die Regge-Symmetrie aus und wählen in der unsymmetrischen Form (vgl. Abschn. 3.6)

$$\begin{bmatrix} n_{11} & n_{12} & n_{13} \\ n_{21} & n_{22} & n_{23} \\ n_{31} & n_{32} & n_{33} \end{bmatrix} = (-)^{n_{22}+n_{23}+n_{32}} \sqrt{\frac{n_{11}!n_{12}!n_{13}!n_{21}!n_{31}!}{(\Sigma+1)!n_{22}!n_{23}!n_{32}!n_{33}!}}$$

$$\times \sum_n (-)^n \frac{(n_{33}+n)!(\Sigma-n_{33}-n)!}{n!(n_{33}-n_{22}+n)!(n_{13}-n)!(n_{31}-n)!}$$

als Element n_{11} die Zahl $-a+b+d-g$, nehmen also die Darstellung

$$\begin{pmatrix} c & d & e \\ -a+b & a-b+g & -g \end{pmatrix} = (-)^{a-b+d-g} \frac{\Delta(abc)\Delta(cde)}{(-a+b+c)!(-c+d+e)!(c+d-e)!}$$

$$\times \sqrt{\frac{(e+g)!(-a+b+d-g)!(a-b+d+g)!(a+b+c+1)!}{(e-g)!(a+b-c)!}} \sum_n (-)^n \frac{(-c+d+e+n)!(2c-n)!}{n!(-c+d+g+n)!(a-b+c-n)!(c-d+e-n)!},$$

so können wir die Summe über g sofort berechnen (vgl. den Anhang 1):

$$\sum_g \frac{(a+f+g)!(-a+b+d-g)!}{(-c+d+g+n)!(-a+f-g)!} = \frac{(a+c-d+f-n)!(b+d-f)!(b+d+f+1)!}{(-a-c+d+f+n)!(a+b+c-n+1)!}.$$

Die verbliebene Summe über n können wir symmetrischer schreiben, wenn wir wieder auf den Anhang 1 zurückgreifen:

$$\begin{Bmatrix} j_1 & j_2 & j_3 \\ j_1' & j_2' & j_3' \end{Bmatrix} = \Delta(j_1 j_2 j_3)\,\Delta(j_1 j_2' j_3')\,\Delta(j_1' j_2 j_3')\,\Delta(j_1' j_2' j_3)$$

$$\times \sum_n \frac{(-)^n(n+1)!}{(n-j_1-j_2-j_3)!(n-j_1-j_2'-j_3')!(n-j_1'-j_2-j_3')!(n-j_1'-j_2'-j_3)!}$$

$$\times (j_2+j_3+j_2'+j_3'-n)!(j_3+j_1+j_3'+j_1'-n)!(j_1+j_2+j_1'+j_2'-n)!$$

(Umständlicher ist der Beweis von RACAH – vgl. auch BIEDENHARN & LOUCK I. Er beginnt nämlich mit einer Vierfach- statt Doppelsumme.)

Dieses Ergebnis ist in Abschn. 4.6 mit den Elementen des Schelepin-Symbols geschrieben worden. Bringt man das kleinste Element – u.U. durch Spalten- und Zeilenvertauschen – nach links oben, so ist keine der dort genannten ganzen Zahlen Δ_1, Δ_2, Δ_3, Δ' und Δ'' negativ und n durchläuft die $n_{11} + 1$ ganzen Zahlen von 0 bis n_{11}. Wir haben dann

$$\begin{bmatrix} n_{11} & n_{12} & n_{13} & n_{14} \\ n_{21} & n_{22} & n_{23} & n_{24} \\ n_{31} & n_{32} & n_{33} & n_{34} \end{bmatrix} = (-)^{n_{12}+n_{23}+n_{34}} \sqrt{\frac{n_{22}!\,n_{23}!\,n_{24}!\,n_{32}!\,n_{33}!\,n_{34}!}{n_{11}!\,n_{12}!\,n_{13}!\,n_{14}!\,n_{21}!\,n_{31}!}}$$

$$\times \sqrt{\frac{(n_{12}+n_{23}+n_{34}+1)!}{(n_{13}+n_{24}+n_{31}+1)!(n_{14}+n_{21}+n_{32}+1)!(n_{11}+n_{22}+n_{33}+1)!}} \; \sum_{n=0}^{n_{11}} s_n$$

mit

$$s_n = (-)^n \binom{n_{11}}{n} \frac{(n_{12}+n_{23}+n_{34}+1+n)!}{(n_{12}+n_{23}+n_{34}+1)!} \frac{n_{21}!}{(n_{21}-n)!} \frac{n_{31}!}{(n_{31}-n)!}$$

$$\times \frac{n_{12}!}{(n_{12}-n_{11}+n)!} \frac{n_{13}!}{(n_{13}-n_{11}+n)!} \frac{n_{14}!}{(n_{14}-n_{11}+n)!} \; ,$$

d.h. mit

$$s_0 = \frac{n_{12}!}{(n_{12}-n_{11})!} \frac{n_{13}!}{(n_{13}-n_{11})!} \frac{n_{14}!}{(n_{14}-n_{11})!}$$

und der Rekursionsformel

$$s_n = -\frac{(n_{11}+1-n)(n_{21}+1-n)(n_{31}+1-n)(n_{12}+n_{23}+n_{34}+1+n)}{n(n_{12}-n_{11}+n)(n_{13}-n_{11}+n)(n_{14}-n_{11}+n)} \, s_{n-1} \; .$$

Ebenso wie beim $3j$-Symbol in Abschn. 3.11 haben wir also wieder eine Summe ganzer Zahlen. Insbesondere ist bei

n_{11}	$\displaystyle\sum_{n=0}^{n_{11}} s_n$
$= 0$	$= 1 \; ,$
$= 1$	$= n_{12}n_{13}n_{14} - (n_{12}+n_{23}+n_{34}+2)n_{21}n_{31} \; ,$
$= 2$	$= n_{12}(n_{12}-1)n_{13}(n_{13}-1)n_{14}(n_{14}-1) - 2(n_{12}+n_{23}+n_{34}+2)n_{21}n_{31}n_{12}n_{13}n_{14}$
	$\quad + (n_{12}+n_{23}+n_{34}+3)(n_{12}+n_{23}+n_{34}+2)n_{21}(n_{21}-1)n_{31}(n_{31}-1) \; .$

Die Summe kann auch als hypergeometrische Reihe $_4F_3$ geschrieben werden, was uns hier aber nichts nutzt. Dagegen können wir aus den letzten Ausdrücken Bedingungen für "nichttriviale Nullstellen" ablesen – vgl dazu auch BIEDENHARN & LOUCK II und van der JEUGT u.a..

Aus dem obigen Ausdruck für das $6j$-Symbol ergibt sich – mit zwei Summenformeln aus dem Anhang – die "Dreieckssummenregel" von BIEDENHARN & LOUCK 71:

$$\sum_j \frac{1}{\Delta(j_1 j_2 j)\Delta(j_1' j_2' j)} \begin{Bmatrix} j_1 & j_2 & j \\ j_1' & j_2' & j' \end{Bmatrix} = \frac{(-)^{j_1+j_2+j_1'+j_2'}}{\hat{\jmath}'^2 \, \Delta(j_1 j_2' j')\Delta(j_1' j_2 j')} \; .$$

4.14 Besondere $6j$-Symbole

Die Summe im letzten Abschnitt vereinfacht sich auf ein Glied, wenn eine der vier Drehimpulskopplungen gestreckt ist; z.B. gilt

$$\begin{Bmatrix} j_1 & j_2 & j_1+j_2 \\ j_1' & j_2' & j_3' \end{Bmatrix} = (-)^{j_1+j_2+j_1'+j_2'} \sqrt{\frac{(2j_1)!(2j_2)!(j_1+j_2+j_1'+j_2'+1)!}{(2j_1+2j_2+1)!(j_1+j_2+j_3'+1)!(j_1'+j_2+j_3'+1)!}}$$

$$\times \sqrt{\frac{(-j_1+j_2'+j_3')!(j_1'-j_2+j_3')!(j_1+j_2-j_1'+j_2')!(j_1+j_2+j_1'-j_2')!}{(j_1-j_2'+j_3')!(j_1+j_2'-j_3')!(-j_1'+j_2+j_3')!(j_1'+j_2-j_3')!(j_1'+j_2'-j_1-j_2)!}}$$

mit den Sonderfällen

$$\begin{Bmatrix} j_1 & j_2 & j_3 \\ 0 & j_3' & j_2' \end{Bmatrix} = \frac{(-)^{j_1+j_2+j_3}}{\hat{j}_2\hat{j}_3}\, \delta_{j_2 j_2'}\, \delta_{j_3 j_3'}\, \delta(j_1 j_2 j_3)\,,$$

$$\begin{Bmatrix} j_1 & j_2 & j_3 \\ \frac{1}{2} & j_3\pm\frac{1}{2} & j_2\pm\frac{1}{2} \end{Bmatrix}$$

$$= \mp \frac{(-)^{j_1+j_2+j_3}}{\hat{j}_2\hat{j}_3(j_2\pm\frac{1}{2})(j_3\pm\frac{1}{2})} \sqrt{(-j_1+j_2+j_3+\tfrac{1}{2}\pm\tfrac{1}{2})(j_1+j_2+j_3+\tfrac{3}{2}\pm\tfrac{1}{2})}\,,$$

$$\begin{Bmatrix} j_1 & j_2 & j_3 \\ \frac{1}{2} & j_3\pm\frac{1}{2} & j_2\mp\frac{1}{2} \end{Bmatrix}$$

$$= + \frac{(-)^{j_1+j_2+j_3}}{\hat{j}_2\hat{j}_3(j_2\mp\frac{1}{2})(j_3\pm\frac{1}{2})} \sqrt{(j_1-j_2+j_3+\tfrac{1}{2}\pm\tfrac{1}{2})(j_1+j_2-j_3+\tfrac{1}{2}\mp\tfrac{1}{2})}\,.$$

Oft gebraucht wird auch das $6j$-Symbol

$$\begin{Bmatrix} l & s & j \\ 1 & j & s \end{Bmatrix} = (-)^{l+s+j}\, \frac{l(l+1)-s(s+1)-j(j+1)}{2\hat{s}\hat{j}\sqrt{s(s+1)j(j+1)}}\, \delta(lsj)\,,$$

das aus dem allgemeinen Ausdruck im letzten Abschnitt folgt.

Häufig treten diese $6j$-Symbole zusammen mit dem in Abschn. 3.13 besprochenen $3j$-Symbol auf, dessen Richtungsquantenzahlen alle null sind. Hierfür läßt sich nach Abschn. 4.9 schreiben:

$$\hat{l}\hat{l}' \begin{pmatrix} l & l' & n \\ 0 & 0 & 0 \end{pmatrix} \begin{Bmatrix} l & l' & n \\ j' & j & \frac{1}{2} \end{Bmatrix} = - \frac{1+(-)^{l+l'+n}}{2} \begin{pmatrix} j & j' & n \\ \frac{1}{2} & -\frac{1}{2} & 0 \end{pmatrix} \delta(l\tfrac{1}{2}j)\, \delta(l'\tfrac{1}{2}j')\,,$$

$$\hat{n} \begin{pmatrix} n & n' & n'' \\ 0 & 0 & 0 \end{pmatrix} \begin{Bmatrix} n & n' & n'' \\ n''' & n & 1 \end{Bmatrix}$$

$$= -(-)^{n'''}\, \frac{1+(-)^{n+n'+n''}}{\sqrt{2}} \begin{pmatrix} n''' & 1 & n' \\ 1 & -1 & 0 \end{pmatrix} \begin{pmatrix} n''' & n & n'' \\ 1 & -1 & 0 \end{pmatrix} \delta(nn'n'')\,,$$

insbesondere

$$\hat{n}\hat{n}' \begin{pmatrix} n & n' & n'' \\ 0 & 0 & 0 \end{pmatrix} \begin{Bmatrix} n & n' & n'' \\ n' & n & 1 \end{Bmatrix} = \frac{1+(-)^{n+n'+n''}}{2} \begin{pmatrix} n & n' & n'' \\ 1 & -1 & 0 \end{pmatrix}\,.$$

In Abschn. 3.13 hatten wir umgekehrt die rechten $3j$-Symbole auf die linken zurückgeführt – die dort genannten Faktoren sind also im wesentlichen $6j$-Symbole.

Übrigens hängt das untersuchte Produkt mit dem "Z-Koeffizienten" zusammen (HUBY):

$$Z'(ljl'j';sn) \equiv \hat{l}\,\hat{l'}\,\hat{j}\,\hat{j'}\; W(ljl'j';sn) \left(\begin{array}{cc|c} l & l' & n \\ 0 & 0 & 0 \end{array}\right) = (-)^{j+j'+n}\hat{l}\,\hat{l'}\,\hat{j}\,\hat{j'} \begin{Bmatrix} l & l' & n \\ j' & j & s \end{Bmatrix} \left(\begin{array}{cc|c} l & l' & n \\ 0 & 0 & 0 \end{array}\right),$$

den wir aber nicht verwenden werden.

4.15 Rekursionsformeln für $6j$-Symbole

Aus der Biedenharn-Elliot-Beziehung (siehe Abschn. 4.10) folgt mit $j' = \tfrac{1}{2}$ und den $6j$-Symbolen im letzten Abschnitt

$$\hat{j_1}^{\,2}\sqrt{(-j_1'+j_2+j_3+\tfrac{1}{2}\pm\tfrac{1}{2})(j_1'+j_2+j_3+\tfrac{3}{2}\pm\tfrac{1}{2})}\begin{Bmatrix} j_1' & j_2' & j_3' \\ j_1 & j_2 & j_3 \end{Bmatrix} =$$

$$\sqrt{(j_1-j_2+j_3'+\tfrac{1}{2}\mp\tfrac{1}{2})(-j_1+j_2+j_3'+\tfrac{1}{2}\pm\tfrac{1}{2})(j_1+j_2'-j_3+\tfrac{1}{2}\mp\tfrac{1}{2})(-j_1+j_2'+j_3+\tfrac{1}{2}\pm\tfrac{1}{2})}$$

$$\times \begin{Bmatrix} j_1' & j_2' & j_3' \\ j_1\mp\tfrac{1}{2} & j_2\pm\tfrac{1}{2} & j_3\pm\tfrac{1}{2} \end{Bmatrix}$$

$$-\sqrt{(j_1+j_2-j_3'+\tfrac{1}{2}\pm\tfrac{1}{2})(j_1+j_2+j_3'+\tfrac{3}{2}\pm\tfrac{1}{2})(j_1-j_2'+j_3+\tfrac{1}{2}\pm\tfrac{1}{2})(j_1+j_2'+j_3+\tfrac{3}{2}\pm\tfrac{1}{2})}$$

$$\times \begin{Bmatrix} j_1' & j_2' & j_3' \\ j_1\pm\tfrac{1}{2} & j_2\pm\tfrac{1}{2} & j_3\pm\tfrac{1}{2} \end{Bmatrix}$$

und

$$\hat{j_1}^{\,2}\sqrt{(j_1'-j_2+j_3+\tfrac{1}{2}\mp\tfrac{1}{2})(j_1'+j_2-j_3+\tfrac{1}{2}\pm\tfrac{1}{2})}\begin{Bmatrix} j_1' & j_2' & j_3' \\ j_1 & j_2 & j_3 \end{Bmatrix} =$$

$$\sqrt{(j_1-j_2+j_3'+\tfrac{1}{2}\mp\tfrac{1}{2})(-j_1+j_2+j_3'+\tfrac{1}{2}\pm\tfrac{1}{2})(j_1-j_2'+j_3+\tfrac{1}{2}\mp\tfrac{1}{2})(j_1+j_2'+j_3'+\tfrac{3}{2}\mp\tfrac{1}{2})}$$

$$\times \begin{Bmatrix} j_1' & j_2' & j_3' \\ j_1\mp\tfrac{1}{2} & j_2\pm\tfrac{1}{2} & j_3\mp\tfrac{1}{2} \end{Bmatrix}$$

$$+\sqrt{(j_1+j_2-j_3'+\tfrac{1}{2}\pm\tfrac{1}{2})(j_1+j_2+j_3'+\tfrac{3}{2}\pm\tfrac{1}{2})(j_1+j_2'-j_3+\tfrac{1}{2}\pm\tfrac{1}{2})(j_2'+j_3-j_1+\tfrac{1}{2}\mp\tfrac{1}{2})}$$

$$\times \begin{Bmatrix} j_1' & j_2' & j_3' \\ j_1\pm\tfrac{1}{2} & j_2\pm\tfrac{1}{2} & j_3\mp\tfrac{1}{2} \end{Bmatrix}.$$

Aus diesen Rekursionsformeln kann die von SCHULTEN & GORDON I hergeleitet werden:

$$j_1 E(j_1+1)\begin{Bmatrix} j_1' & j_2' & j_3' \\ j_1+1 & j_2 & j_3 \end{Bmatrix} - \hat{j_1}^{\,2}F(j_1)\begin{Bmatrix} j_1' & j_2' & j_3' \\ j_1 & j_2 & j_3 \end{Bmatrix} + (j_1+1)E(j_1)\begin{Bmatrix} j_1' & j_2' & j_3' \\ j_1-1 & j_2 & j_3 \end{Bmatrix} = 0$$

mit

$$E(j_1) = \sqrt{\left[j_1^{\,2}-(j_2-j_3')^2\right]\left[j_1^{\,2}-(j_2+j_3'+1)^2\right]\left[j_1^{\,2}-(j_2'-j_3)^2\right]\left[j_1^{\,2}-(j_2'+j_3+1)^2\right]},$$

$$F(j_1) = j_1(j_1+1)[2j_1'(j_1'+1)+j_1(j_1+1)-j_2'(j_2'+1)-j_2(j_2+1)-j_3'(j_3'+1)-j_3(j_3+1)]$$

$$+[j_2'(j_2'+1)-j_3(j_3+1)]\,[j_3'(j_3'+1)-j_2(j_2+1)].$$

Sie ist besonders nützlich, wenn eine entsprechende Folge von $6j$-Symbolen gebraucht wird, wobei zu Anfang auf den allgemeinen Ausdruck im letzten Abschnitt zurückgegriffen werden muß. (Numerisch stabil ist das Verfahren allerdings nur, wenn es von den Rändern der Definitionsbereiche her und nicht auf die Ränder zu verwendet wird: Man hat also mit gestreckten Kopplungen zu beginnen und sollte nicht damit enden.)

4.16 Besondere $9j$-Symbole

Sind zwei Kopplungen verschiedener Drehimpulse gestreckt, so folgt aus der vorletzten Gleichung von Abschn. 4.9

$$
\begin{Bmatrix} j_1 & j_2 & j_1+j_2 \\ j_3 & j_4 & j_3+j_4 \\ j & j' & j'' \end{Bmatrix} = (-)^{j_1+j_2-j_3-j_4+j-j'} \sqrt{\frac{(2j_1)!(2j_2)!(2j_3)!(2j_4)!}{(2j_1+2j_2+1)!(2j_3+2j_4+1)!}}
$$

$$
\times \sqrt{\frac{(j_1+j_2+j_3+j_4-j'')!(j_1+j_2+j_3+j_4+j''+1)!}{(j_1+j_3-j)!(j_2+j_4-j')!(j_1+j_3+j+1)!(j_2+j_4+j'+1)!}}
$$

$$
\times \begin{pmatrix} j & j' & j'' \\ j_1-j_3 & j_2-j_4 & -j_1-j_2+j_3+j_4 \end{pmatrix}
$$

und aus Abschn. 4.10

$$
\begin{Bmatrix} j_1 & j_2 & j_1+j_2 \\ j_3 & j_4 & j \\ j' & j'' & j_1+j_2+j \end{Bmatrix} = (-)^{j_1+j_3-j'} \sqrt{\frac{1}{2j_1+2j_2+1} \frac{(2j_1)!(2j_2)!(2j)!}{(2j_1+2j_2+2j+1)!}}
$$

$$
\times \sqrt{\frac{(j_1+j_2+j+j'+j''+1)!(j_1+j_2+j-j'+j'')!(j_1+j_2+j+j'-j'')!}{(j_1+j_3+j'+1)!(j_2+j_4+j''+1)!(j_3+j_4+j+1)!(-j_1-j_2-j+j'+j'')!}}
$$

$$
\times \sqrt{\frac{(-j_1+j_3+j')!(-j_2+j_4+j'')!(j_3+j_4-j)!}{(j_1+j_3-j')!(j_1-j_3+j')!(j_2+j_4-j'')!(j_2-j_4+j'')!(j_3-j_4+j)!(-j_3+j_4+j)!}} \, .
$$

In Abschn. 4.8 wurde auch schon folgende Gleichung bewiesen:

$$
\begin{Bmatrix} j_1 & j_2 & j \\ j_3 & j_4 & j'' \\ j' & j''' & 0 \end{Bmatrix} = \frac{(-)^{j_2+j_3+j+j'}}{\hat{j}\hat{j}_1} \, \delta_{jj''} \, \delta_{j'j'''} \begin{Bmatrix} j_1 & j_2 & j \\ j_4 & j_3 & j' \end{Bmatrix}
$$

Auch das $9j$-Symbol mit einer 1 statt 0 läßt sich auf dieses $6j$-Symbol zurückführen:

$$
\begin{Bmatrix} j_1 & j_2 & j \\ j_3 & j_4 & j \\ j' & j' & 1 \end{Bmatrix} = \frac{(-)^{j_2+j_3+j+j'}}{\hat{j}\hat{j}'} \frac{j_1(j_1+1)-j_2(j_2+1)-j_3(j_3+1)+j_4(j_4+1)}{2\sqrt{j(j+1)j'(j'+1)}} \begin{Bmatrix} j_1 & j_2 & j \\ j_4 & j_3 & j' \end{Bmatrix}
$$

Diese Gleichung kann z.B. aus der ersten Summe in Abschn. 4.10 hergeleitet werden: Zwei der Faktoren sind in Abschn. 4.14 genannt. Die restliche Summe läßt sich mit der Rekursionsformel für $6j$-Symbole vereinfachen. Daneben wird häufig auch noch (vgl. Abschn. 9.8)

$$\begin{Bmatrix} j_1 & j_2 & j-\tfrac{1}{2} \\ j_3 & j_4 & j+\tfrac{1}{2} \\ \tfrac{1}{2} & \tfrac{1}{2} & 1 \end{Bmatrix} = -\frac{\hat{j}}{\sqrt{3}} \begin{Bmatrix} j_1 & j & j_4 \\ \tfrac{1}{2} & j_2 & j-\tfrac{1}{2} \end{Bmatrix} \begin{Bmatrix} j_4 & j & j_1 \\ \tfrac{1}{2} & j_3 & j+\tfrac{1}{2} \end{Bmatrix}$$

gebraucht – die in Abschn. 4.10 genannte Summe enthält hier nur ein Glied, das mit Abschn. 4.14 noch vereinfacht werden kann. Auch die beiden $6j$-Symbole sind dort noch angegeben.

Zusammen mit Abschn. 4.14 und 3.13 folgt deshalb

$$\hat{l}\hat{l}' \begin{pmatrix} l & l' & n \\ 0 & 0 & 0 \end{pmatrix} \begin{Bmatrix} l & l' & n \\ j & j' & n \\ \tfrac{1}{2} & \tfrac{1}{2} & k \end{Bmatrix}$$

$$= \frac{(\pm)^{l'+j'+\tfrac{1}{2}}}{\sqrt{2}\,\hat{n}\hat{k}}\, \frac{1+(-)^{l+l'+n}}{2} \begin{pmatrix} j & j' & n \\ -\tfrac{1}{2} & \tfrac{1}{2}-k & k \end{pmatrix} \quad \text{für} \quad k=\tfrac{1}{2}\pm\tfrac{1}{2},$$

und

$$\hat{l}\hat{l}' \begin{pmatrix} l & l' & n \\ 0 & 0 & 0 \end{pmatrix} \begin{Bmatrix} l & l' & n \\ j & j' & n' \\ \tfrac{1}{2} & \tfrac{1}{2} & 1 \end{Bmatrix} = \frac{(-)^n}{\sqrt{6}}\, \frac{1+(-)^{l+l'+n}}{2} \begin{pmatrix} j & j' & n' \\ \tfrac{1}{2} & -\tfrac{1}{2} & 0 \end{pmatrix}$$

$$\times \left[\frac{\hat{j}^2+(-)^{j+j'+n'}\hat{j'}^2}{\sqrt{2n'(n'+1)}} \begin{pmatrix} n' & 1 & n \\ 1 & -1 & 0 \end{pmatrix} + (-)^{l+j+\tfrac{1}{2}} \begin{pmatrix} n' & 1 & n \\ 0 & 0 & 0 \end{pmatrix} \right].$$

Die $3j$-Symbole auf der rechten Seite sind uns aus Abschn. 3.13 gut bekannt.

4.17 Berechnung der $9j$-Symbole

Mit der in Abschn. 4.10 genannten Produktsumme über jeweils drei $6j$-Symbole läßt sich das $9j$-Symbol auf eine Vierfachsumme über Fakultäten zurückführen. Es gibt aber auch einen Ausdruck mit einer Dreifachsumme, den wir jetzt herleiten. Dazu gehen wir wie beim $6j$-Symbol von Abschn. 4.9 aus und nehmen

$$\begin{pmatrix} g & h & i \\ -h+i & h & -i \end{pmatrix} \begin{Bmatrix} a & b & c \\ d & e & f \\ g & h & i \end{Bmatrix} = \sum_{jk} \begin{pmatrix} a & b & c \\ j & k & -j-k \end{pmatrix} \begin{pmatrix} a & d & g \\ j & h-i-j & -h+i \end{pmatrix}$$

$$\times \begin{pmatrix} d & e & f \\ h-i-j & -h-k & i+j+k \end{pmatrix} \begin{pmatrix} b & e & h \\ k & -h-k & h \end{pmatrix} \begin{pmatrix} c & f & i \\ -j-k & i+j+k & -i \end{pmatrix}.$$

Wieder können wir drei $3j$-Symbole sofort angeben:

$$\begin{Bmatrix} a & b & c \\ d & e & f \\ g & h & i \end{Bmatrix} = \sum_{jk} (-)^{b+f+i+j} \frac{\Delta(beh)\Delta(cfi)}{(-b+e+h)!(b-e+h)!(-c+f+i)!(c-f+i)!}$$

$$\times \sqrt{(g+h+i+1)!(-g+h+i)!\frac{(b-k)!(c-j-k)!(e+h+k)!(f+i+j+k)!}{(b+k)!(c+j+k)!(e-h-k)!(f-i-j-k)!}}$$

$$\times \begin{pmatrix} a & b & c \\ j & k & -j-k \end{pmatrix} \begin{pmatrix} d & e & f \\ h-i-j & -h-k & i+j+k \end{pmatrix} \begin{pmatrix} a & d & g \\ j & h-i-j & -h+i \end{pmatrix}.$$

Wählen wir hier beim ersten $3j$-Symbol $n_{11} = b - k$ und beim zweiten $n_{11} = e + h + k$, so ist nach Abschn. 4.13

$$\begin{pmatrix} a & b & c \\ j & k & -j-k \end{pmatrix}$$

$$= (-)^{b+2c+k} \sqrt{\frac{(a-j)!}{(a+j)!}(b-k)!(b+k)!\frac{(c+j+k)!}{(c-j-k)!}} \frac{\Delta(abc)}{(-a+b+c)!(a+b-c)!}$$

$$\times \sum_l (-)^l \frac{(-a+b+c+l)!(2a-l)!}{l!(-a+b+j+k+l)!(a-j-l)!(a-b+c-l)!}$$

und

$$\begin{pmatrix} d & e & f \\ h-i-j & -h-k & i+j+k \end{pmatrix} = (-)^{2d+e+h+k}$$

$$\times \sqrt{\frac{(d-h+i+j)!}{(d+h-i-j)!}(e+h+k)!(e-h-k)!\frac{(f-i-j-k)!}{(f+i+j+k)!}} \frac{\Delta(def)}{(-d+e+f)!(d+e-f)!}$$

$$\times \sum_m (-)^m \frac{(-d+e+f+m)!(2d-m)!}{m!(-d+e-i-j-k+m)!(d-h+i+j-m)!(d-e+f-m)!} \cdot$$

Damit können wir über k summieren:

$$\sum_k \frac{(e+h+k)!(b-k)!}{(-a+b+j+k+l)!(-d+e-i-j-k+m)!}$$

$$= \frac{(a-b+e+h-j-l)!(b+d-e+i+j-m)!(b+e+h+1)!}{(-a+b-d+e-i+l+m)!(a+d+h+i-l-m+1)!} \cdot$$

Um das auch mit j zu erreichen, formen wir die Summe über l um. Der Anhang 1 verhilft nämlich zu der Gleichung:

$$\sum_l (-)^l \frac{(-a+b+c+l)!(2a-l)!(a-b+e+h-j-l)!}{l!(-a+b-d+e-i+l+m)!(a-j-l)!(a-b+c-l)!(a+d+h+i-l-m+1)!}$$

$$= \frac{(-a+b+c)!(c+d-e+i-m)!(a+j)!(a+b-c)!(-b+e+h)!(-c+e+h-j)!}{(a+d+h+i-m+1)!(b+e+h+1)!}$$

$$\times \sum_l (-)^l \frac{(b+e+h+1+l)!}{l!(b-c+j+l)!(-a-c+e+h+l)!(a-j-l)!(a-b+c-l)!}$$

$$\times (-a+b-d+e-i+l+m)!(c+d-e+i-l-m)! \,.$$

Die letzte Summe können wir noch weiter umformen zu

$$\frac{(a+b+c+1)!(b+e+h+1)!}{(c-d+e-i+m)!(-a+b+c)!(a+j)!(b+d-e+i+j-m)!(-c+e+h-j)!(a-j)!}$$

$$\times \sum_l (-)^l \frac{(-c+e+h-j+l)!(2c-l)!(a+c+d-e+i+j-l-m)!}{l!(-a-c+e+h+l)!(a-b+c-l)!(c+d-e+i-l-m)!(a+b+c+1-l)!} \cdot$$

Mit der Abkürzung

$$(abc) \equiv \frac{(a-b+c)!(a+b-c)!}{\Delta(abc)} = \sqrt{(a+b+c+1)!\frac{(a-b+c)!(a+b-c)!}{(-a+b+c)!}}$$

folgt also die Gleichung

$$\begin{Bmatrix} a & b & c \\ d & e & f \\ g & h & i \end{Bmatrix} = \frac{(abc)(ehb)}{(efd)(icf)}\sqrt{(g+h+i+1)!(-g+h+i)!}$$

$$\times \sum_{jlm} (-)^{-e+f+h-i+j+l+m} \begin{pmatrix} a & d & g \\ j & h-i-j & -h+i \end{pmatrix} \sqrt{\frac{1}{(a-j)!(a+j)!}\frac{(d-h+i+j)!}{(d+h-i-j)!}}$$

$$\times \frac{(-d+e+f+m)!(c+d-e+i-m)!(2d-m)!(2c-l)!}{l!m!(d-e+f-m)!(c-d+e-i+m)!(a+d+h+i-m+1)!(d-h+i+j-m)!}$$

$$\times \frac{(-c+e+h-j+l)!(a+c+d-e+i+j-l-m)!}{(-a-c+e+h+l)!(a-b+c-l)!(a+b+c+1-l)!(c+d-e+i-l-m)!}.$$

Wählen wir nun beim letzten 3j-Symbol $n_{11} = a+j$, so gilt nach Abschn. 4.13

$$\begin{pmatrix} a & d & g \\ j & h-i-j & -h+i \end{pmatrix} = (-)^{d-h+i-j}\sqrt{(a+j)!(a-j)!\frac{(d+h-i-j)!(g-h+i)!}{(d-h+i+j)!(g+h-i)!}}\frac{1}{(adg)}$$

$$\times \sum_{k} (-)^k \frac{(g+h-i+k)!(a+d-h+i-k)!}{k!(-a+d+h-i+k)!(g-h+i-k)!(a-j-k)!}$$

und wir können über j summieren:

$$\sum_{j} \frac{(a+c+d-e+i+j-l-m)!(-c+e+h-j+l)!}{(d-h+i+j-m)!(a-j-k)!}$$

$$= \frac{(a+c-e+h-l)!(-a-c+e+h+k+l)!(a+d+h+i-m+1)!}{(a+d-h+i-k-m)!(2h+k+1)!}.$$

Schreiben wir $g-h+i-k$ statt k, $a-b+c-l$ statt l und $d-e+f-m$ statt m, so stoßen wir auf das Ergebnis

$$\begin{Bmatrix} a & b & c \\ d & e & f \\ g & h & i \end{Bmatrix} = \frac{(abc)(ehb)(igh)}{(adg)(efd)(icf)} \sum_{klm} (-)^{a-b+c+g-h+i+k+l+m}$$

$$\times \frac{(-b+e+g+i-k-l)!}{k!l!m!(a+e-f-g+k+m)!(-a+b-f+i+l+m)!}$$

$$\times \frac{(a+d-g+k)!}{(-a+d+g-k)!}\frac{(-a+b+c+l)!}{(a-b+c-l)!}\frac{(b-e+h+l)!}{(-b+e+h-l)!}\frac{(d+e-f+m)!}{(d-e+f-m)!}\frac{(c-f+i+m)!}{(c+f-i-m)!}$$

$$\times \frac{(2g-k)!(2f-m)!}{(g-h+i-k)!(g+h+i+1-k)!(2b+1+l)!}.$$

(Einen entsprechenden Ausdruck haben Jucys & Bandzaitis gefunden – zitiert bei BIEDEN-HARN & LOUCK I, S. 130.)

4.18 Zusammenfassung: Umkopplung

Setzt sich der Gesamtdrehimpuls $\vec{J}$ aus mehr als zwei Drehimpulsen $\vec{J}_i$ zusammen, so gibt es mehrere gekoppelte Darstellungen. Sie unterscheiden sich durch die Kopplungsreihenfolge voneinander und können durch Umkopplung ineinander umgerechnet werden. Dies kann schrittweise durch Umkopplung von jeweils drei Drehimpulsen geschehen. Bei der Umkopplung von drei Drehimpulsen treten die $6j$-Symbole auf, bei vier die $9j$-Symbole:

$$\langle((j_1 j_2)j_{12} j_3)jm|(j_1(j_2 j_3)j_{23})jm\rangle = (-)^{j_1+j_2+j_3+j}\,\hat{j}_{12}\hat{j}_{23}\begin{Bmatrix} j_1 & j_2 & j_{12} \\ j_3 & j & j_{23} \end{Bmatrix},$$

$$\langle((j_1 j_2)j_{12}(j_3 j_4)j_{34})jm|((j_1 j_3)j_{13}(j_2 j_4)j_{24})jm\rangle = \hat{j}_{12}\hat{j}_{34}\hat{j}_{13}\hat{j}_{24}\begin{Bmatrix} j_1 & j_2 & j_{12} \\ j_3 & j_4 & j_{34} \\ j_{13} & j_{24} & j \end{Bmatrix}.$$

Hier ist das Kürzel $\hat{j} = \sqrt{2j+1}$ verwendet worden. Die Faktoren sind abgespalten worden, damit die Klammersymbole möglichst symmetrisch sind. Die Umkopplungskoeffizienten hängen nicht von der Richtungsquantenzahl m ab – sie wird deshalb meist fortgelassen.

Die Umkopplungskoeffizienten können als Produktsummen über $3j$-Symbole ausgedrückt werden. Umgekehrt kann man oft solche Summen zu $6j$- oder $9j$-Symbolen zusammenfassen.

IRREDUZIBLE TENSOROPERATOREN

5.1 Einführung

In den letzten drei Kapiteln wurde die Drehimpulsdarstellung besprochen. Um sie anzuwenden, drückt man am besten auch die Operatoren in einer geeigneten Basis aus: Wichtig ist ihr Vertauschverhalten mit dem Drehimpuls $\vec{J}$.

Nach Abschn. 1.6 genügen alle Vektoroperatoren $\vec{A}$ demselben Vertauschgesetz $[\vec{J} \cdot \vec{e}, \vec{A}] = -i\,\vec{e} \times \vec{A}$, während alle Skalare mit $\vec{J}$ vertauschbar sind, also ein anderes Vertauschgesetz befolgen. Diese Einteilung der Operatoren nach ihrem Vertauschverhalten mit dem Drehimpuls $\vec{J}$ wird nun verallgemeinert – alle Tensoroperatoren gleicher Stufe genügen demselben Vertauschgesetz mit $\vec{J}$: *Gelten für die* $2\,n+1$ *Operatoren* $A^{(n)}_\nu$ *mit* $\nu = n, n-1, ..., -n$ *die Vertauschgesetze*

$$\left[J_0, A^{(n)}_\nu\right] = \nu\,A^{(n)}_\nu \quad \text{und} \quad \left[J_\pm, A^{(n)}_\nu\right] = \sqrt{n(n+1) - \nu(\nu \pm 1)}\;A^{(n)}_{\nu \pm 1}$$

bzw. (zusammengefaßt)

$$\left[\vec{J}, A^{(n)}_\nu\right] = \sum_{\nu'} \langle n\nu' | \vec{J} | n\nu \rangle\,A^{(n)}_{\nu'}\,,$$

so bilden sie die Komponenten des irreduziblen Tensoroperators n-*ter Stufe* $A^{(n)}$. Häufig spricht man auch kurz vom Tensor statt Tensoroperator, weil er kaum verwechselt werden kann mit dem (eigentlichen) irreduziblen Tensor $a^{(n)}_\nu$ (z.B. Kreisel- oder Kugelfunktion), dessen Komponenten den Gleichungen

$$\vec{J}\,a^{(n)}_\nu = \sum_{\nu'} \langle n\nu' | \vec{J} | n\nu \rangle\,a^{(n)}_{\nu'}$$

genügen. (Die Gleichungen werden in Abschn. 5.4 noch umgeformt.) Die Bezeichnung irreduzibel weist darauf hin, daß die Drehimpulsoperatoren keine Tensoren verschiedener Stufe miteinander verknüpfen, sondern nur die Tensorkomponenten gleicher Stufe.

Ist $\vec{J}$ der gewöhnliche Drehimpuls (nicht Isospin oder Quasispin), so nennt man die irreduziblen Tensoren meist sphärische Tensoren. Diese werden über ihr Drehverhalten eingeführt, genügen aber auch den eben genannten Vertauschgesetzen – vgl. Abschn. 6.6. Beim Iso- und Quasispin wäre das Drehverhalten in einem abstrakten Raum mit verschiedenwertigen Achsen gemeint: J_0 und die Leiteroperatoren $J_\pm$ haben darin eine einfache physikalische Bedeutung, nicht aber die anderen kartesischen Komponenten bzw. $J_+ \pm J_-$. Da sich der weitere Inhalt dieses Kapitels nicht auf das Drehverhalten, sondern auf die Vertauschgesetze stützt, ziehe ich die obige Festlegung irreduzibler Tensoren vor. (Sie bekommt im nächsten Abschnitt auch eine sehr einfache Bedeutung.)

Offenbar ist mit $A^{(n)}$ auch jedes Vielfache davon ein irreduzibler Tensor – solange der Faktor nicht von der Richtungsquantenzahl ν abhängt. Wir werden diese Freiheit allerdings im folgenden einschränken und nur solche Faktoren zulassen, daß sich die Tensoren bei Zeitumkehr geeignet verhalten. Wir verlangen nämlich:

$$\mathcal{T}\,A^{(n)}_\nu\,\mathcal{T}^{-1} = (-)^{n+\nu}\,A^{(n)}_{-\nu}\,.$$

Näheres dazu im übernächsten Abschnitt.

5.2 Darstellung irreduzibler Tensoroperatoren: Wigner-Eckart-Theorem

Für die Matrixelemente $\langle jm|A_\nu^{(n)}|j'm'\rangle$ gilt das wichtige WIGNER-ECKART-Theorem: Das Matrixelement hängt von den drei Richtungsquantenzahlen bloß über den Clebsch-Gordan-Koeffizienten $\langle j'm'n\nu|(j'n)jm\rangle$ ab:

$$\langle jm|A_\nu^{(n)}|j'm'\rangle = \begin{pmatrix} j' & n & j \\ m' & \nu & m \end{pmatrix} a(j,n,j')$$

bzw.

$$A_\nu^{(n)}|j'm'\rangle = \sum_{jm} |jm\rangle \begin{pmatrix} j' & n & j \\ m' & \nu & m \end{pmatrix} a(j,n,j')\,.$$

Läßt man nämlich auf diese Zustände die Operatoren J_0 und $J_\pm$ wirken, so überzeugt man sich leicht von der Richtigkeit des Theorems – wobei die Rekursionsformel für Clebsch-Gordan-Koeffizienten (aus Abschn. 3.4) gebraucht wird. Der Tensoroperator $A_\nu^{(n)}$ fügt also den Drehimpuls $|n\nu\rangle$ hinzu – diese Eigenschaft ist anschaulicher als das Vertauschverhalten mit $\vec{J}$.

Der Faktor $a(j,n,j')$ hängt von den weiteren Eigenschaften des Tensoroperators ab – nur die Richtungsquantenzahlen fehlen. Es ist möglich, noch weitere Faktoren abzuspalten und den Rest "reduziertes Matrixelement" zu nennen, das man mit Doppelstrichen kennzeichnet. Ich halte mich an die Definition von MESSIAH II und BOHR & MOTTELSON, weil ihre reduzierten Matrixelemente besonders symmetrisch sind, wie sich im nächsten Abschnitt zeigt:

$$\langle jm|A_\nu^{(n)}|j'm'\rangle = \begin{pmatrix} j' & n & j \\ m' & \nu & m \end{pmatrix} \frac{\langle j \parallel A^{(n)} \parallel j'\rangle}{\hat{j}}$$

$$= (-)^{2n+j-m} \begin{pmatrix} j & n & j' \\ -m & \nu & m' \end{pmatrix} \langle j \parallel A^{(n)} \parallel j'\rangle\,.$$

ROSE 57 und BIEDENHARN & LOUCK trennen den Faktor $1/\hat{j}$ nicht ab, ebenso BRINK & SATCHLER, die außerdem noch den Vorzeichenfaktor $(-)^{2n}$ haben. EDMONDS denkt nur an ganze n und unterdrückt diesen Vorzeichenfaktor. Tensoren halbzahliger Stufe sind die Fermionenfeldoperatoren – vgl. den übernächsten Abschnitt.

Aus dem Wigner-Eckart-Theorem folgen Auswahlregeln: $\langle jm|A_\nu^{(n)}|j'm'\rangle$ kann nur ungleich null sein, wenn $m = \nu + m'$ ist und j, n und j' der Dreiecksungleichung genügen. Außerdem kann man nun leicht über Richtungsquantenzahlen summieren:

$$\sum_m \langle jm|A_\nu^{(n)}|jm\rangle = \delta_{n0}\,\delta_{\nu0}\,\hat{j}\,\langle j \parallel A^{(0)} \parallel j\rangle\,,$$

$$\sum_{m\nu m'} \left|\langle jm|A_\nu^{(n)}|j'm'\rangle\right|^2 = \left|\langle j \parallel A^{(n)} \parallel j'\rangle\right|^2\,.$$

Auf die zweite Summe stößt man z.B. bei der Beschreibung von Übergängen, wobei über die Anfangszustände zu mitteln und über die Endzustände zu summieren ist:

$$B(A^{(n)}; j_{\rm i} \to j_{\rm f}) \equiv \frac{1}{\hat{j}_{\rm i}^2} \sum_{m_{\rm i} m_{\rm f}\nu} \left|\langle j_{\rm f}m_{\rm f}|A_\nu^{(n)}|j_{\rm i}m_{\rm i}\rangle\right|^2 = \frac{1}{\hat{j}_{\rm i}^2} \left|\langle j_{\rm f} \parallel A^{(n)} \parallel j_{\rm i}\rangle\right|^2\,.$$

Schließlich folgt aus dem Wigner-Eckart-Theorem auch noch

$$\text{Sp}\left(A_\nu^{(n)} A_{\nu'}^{(n')\dagger}\right) = \sum_{\substack{jj' \\ mm'}} \langle jm|A_\nu^{(n)}|j'm'\rangle \langle j'm'|A_{\nu'}^{(n')\dagger}|jm\rangle = \frac{\delta_{nn'}\,\delta_{\nu\nu'}}{\hat{n}^2} \sum_{jj'} \left|\langle j\,\|\,A^{(n)}\,\|\,j'\rangle\right|^2 .$$

Die Tensoroperatoren $A^{(n)}$ bilden also (in diesem Sinne) ein Orthogonalsystem.

5.3 Verhalten bei Zeitumkehr und hermitischer Konjugation

Durch Zeitspiegelung gehen viele Observable in sich über (z.B. der Ortsoperator $\vec{R}$), andere in ihr Negatives (wie $\vec{P}$ und $\vec{J}$). Wir setzen deshalb

$$\mathcal{T}\,A\,\mathcal{T}^{-1} = c_A\,A .$$

(Das Zeitumkehrverhalten c_A ist nur für Observable eingeführt worden – es handelt sich nämlich um keine Quantenzahl wie die Parität, die Eigenwert des Paritätsoperators ist: Der Zeitumkehroperator hat keinen Eigenwert, weil er antiunitär ist, wie in Abschn. 2.6 erläutert wurde. Wie in Abschn. 13.10 näher ausgeführt, bezeichnet man allerdings $-c_A$ als Teilchen–Loch-Parität des Operators A.) Wichtige Beispiele nennt die folgende Liste:

A :	$\vec{R}$	$\vec{P}$	$\vec{J}$	$\vec{S}$	$\vec{L}$	$V(\vec{R})$	$\vec{L}\cdot\vec{S}$
c_A :	$+1$	-1	-1	-1	-1	$+1$	$+1$

Das Verhalten der A zugeordneten Tensoroperatoren $A_\nu^{(n)}$ ist erst festgelegt, wenn über den willkürlichen Proportionalitätsfaktor von Abschn. 5.1 verfügt worden ist. Wir wählen seine Phase so, daß alle Matrixelemente reell werden (vgl. Abschn. 2.6, 3.3 und 3.7):

$$\mathcal{T}\,A_\nu^{(n)}\,\mathcal{T}^{-1} = (-)^{n+\nu}\,A_{-\nu}^{(n)} \quad \Leftrightarrow \quad \langle j\,\|\,A^{(n)}\,\|\,j'\rangle^* = \langle j\,\|\,A^{(n)}\,\|\,j'\rangle .$$

Bei der Zuordnung $A \to A_\nu^{(n)}$ kommt es selbstverständlich auf das Zeitumkehrverhalten c_A an. Setzen wir nämlich

$$A = \sum_{n\nu} a_\nu^{(n)*}\,A_\nu^{(n)} ,$$

so brauchen wir – weil irreduzible Tensoroperatoren nach dem letzten Abschnitt ein Orthogonalsystem bilden –,

$$(-)^{n+\nu}\,a_\nu^{(n)} = c_A\,a_{-\nu}^{(n)*} .$$

Für hermitische Operatoren $A = A^\dagger$ (nur für sie haben wir das Zeitumkehrverhalten c_A eingeführt) folgt damit

$$A_\nu^{(n)\,\dagger} = (-)^{n+\nu}\,c_A\,A_{-\nu}^{(n)}$$

und

$$\langle j'\,\|\,A^{(n)}\,\|\,j\rangle = (-)^{j'+n-j}\,c_A\,\langle j\,\|\,A^{(n)}\,\|\,j'\rangle .$$

Diese Gleichung wäre unsymmetrischer, wenn wir bei der Einführung des reduzierten Matrixelementes im letzten Abschnitt nicht den Faktor $\hat{j}$ abgespalten hätten.

Wir haben vorhin

$$A = \sum_{n\nu} a_\nu^{(n)*}\,A_\nu^{(n)}$$

geschrieben und nicht den komplex-konjugierten Entwicklungskoeffizienten genommen. Dann brauchen wir nämlich nicht zwischen ko- und kontravarianten Größen zu unterscheiden: Bei Drehungen transformieren sich $a_\nu^{(n)}$ und $A_\nu^{(n)}$ gleich, wie in Kapitel 6 erläutert wird.

5.4 Beispiele für irreduzible Tensoroperatoren

Schon in Abschn. 1.6 wurde gezeigt, daß $\vec{J}$ mit allen Skalaren vertauscht werden kann. Andererseits wurde in Abschn. 5.1 jeder mit $\vec{J}$ vertauschbare Operator als Tensor nullter Stufe bezeichnet – also sind alle Skalare Tensoren nullter Stufe; wobei u.U. ein Phasenfaktor hinzugefügt werden sollte, um das gewünschte Verhalten bei Zeitumkehr zu bekommen (und reelle Matrixelemente): Beim Zeitumkehrverhalten $c_A = -1$ ist ein imaginärer Faktor nötig, was durch die Wahl

$$A_0^{(0)} \equiv \frac{1}{\sqrt{c_A}} \, A \qquad \text{(falls} \quad [\vec{J}, A] = 0)$$

zu erreichen ist. Offenbar gilt also

$$\langle j \parallel 1 \parallel j' \rangle = \hat{j} \, \langle j | j' \rangle \, .$$

(Wir werden uns im folgenden häufig nur die reduzierten Matrixelemente suchen – über das Wigner-Eckart-Theorem sind dann alle Matrixelemente zu bekommen.)

Bei Vektoroperatoren ist es nützlich, anstelle der kartesischen Einheitsvektoren $\vec{e}_x$, $\vec{e}_y$ und $\vec{e}_z$ die drei "sphärischen Einheitsvektoren"

$$\vec{e}_0^{(1)} \equiv i\vec{e}_z \, , \qquad \vec{e}_{\pm 1}^{(1)} \equiv \frac{\mp i}{\sqrt{2}} \, (\vec{e}_x \pm i\vec{e}_y) = \frac{1}{\sqrt{2}} \, (\mp i\vec{e}_x + \vec{e}_y)$$

mit den Eigenschaften

$$\vec{e}_\nu^{(1)*} = (-)^{1+\nu} \, \vec{e}_{-\nu}^{(1)} \, ,$$

$$\vec{e}_\nu^{(1)*} \cdot \vec{e}_{\nu'}^{(1)} = \delta_{\nu\nu'} \, ,$$

$$\vec{e}_\nu^{(1)} \times \vec{e}_{\nu'}^{(1)} = -\sqrt{2} \begin{pmatrix} 1 & 1 & \bigm| & 1 \\ \nu & \nu' & \bigm| & \nu+\nu' \end{pmatrix} \vec{e}_{\nu+\nu'}^{(1)}$$

zu benutzen. (Gewöhnlich wird der gemeinsame Faktor i fortgelassen, was aber der Phasenkonvention bei Zeitumkehr widerspricht. Man hätte auch den Faktor $-i$ einführen können; wir halten uns hier aber an FANO & RACAH.) Mit diesen Einheitsvektoren können nämlich allen Vektoroperatoren $\vec{A}$ irreduzible Tensoroperatoren erster Stufe zugeordnet werden:

$$A_\nu^{(1)} \equiv \frac{1}{\sqrt{c_A}} \, \vec{A} \cdot \vec{e}_\nu^{(1)} \, , \qquad \vec{A} = \sqrt{c_A} \sum_\nu \vec{e}_\nu^{(1)*} A_\nu^{(1)} \, ,$$

also

$$A_0^{(1)} = \frac{i}{\sqrt{c_A}} \, A_z \, , \qquad A_{\pm 1}^{(1)} = \frac{i}{\sqrt{c_A}} \frac{\mp 1}{\sqrt{2}} \, (A_x \pm i A_y) \, ,$$

und insbesondere

$$J_0^{(1)} = J_0 \, , \qquad J_{\pm 1}^{(1)} = \mp \frac{1}{\sqrt{2}} \, J_\pm \, .$$

Nach Abschn. 2.1 ist damit tatsächlich, wie in Abschn. 5.1 gefordert,

$$\left[J_0, J_\nu^{(1)} \right] = \nu \, J_\nu^{(1)} \qquad \text{und} \qquad \left[J_\pm, J_\nu^{(1)} \right] = \sqrt{2 - \nu(\nu \pm 1)} \, J_{\nu \pm 1}^{(1)} \, ,$$

und die Gleichungen in Abschn. 5.1 können auch zu

$$\left[J_\nu^{(1)}, A_{\nu'}^{(n)} \right] = \sqrt{n(n+1)} \begin{pmatrix} n & 1 & \bigm| & n \\ \nu' & \nu & \bigm| & \nu+\nu' \end{pmatrix} A_{\nu+\nu'}^{(n)}$$

zusammengefaßt werden. Für das reduzierte Matrixelement des Drehimpulses ergibt sich

$$\langle j \parallel J^{(1)} \parallel j' \rangle = \hat{j} \sqrt{j(j+1)} \, \langle j|j' \rangle \, ,$$

(die von $\vec{R}$ und $\vec{P}$ folgen in den Abschnitten 9.5 und 9.6).

Die Operatoren $A^{(1)}$ genügen tatsächlich den in Abschn. 5.1 geforderten Vertauschgesetzen mit $\vec{J}$, denn nach Abschn. 1.6 ist

$$\left[\vec{J} \cdot \vec{e}_{\nu}^{(1)}, \, \vec{A} \cdot \vec{e}_{\nu'}^{(1)} \right] = i \, (\vec{e}_{\nu}^{(1)} \times \vec{e}_{\nu'}^{(1)}) \cdot \vec{A} = -i \sqrt{c_A} \sqrt{2} \begin{pmatrix} 1 & 1 & \big| & 1 \\ \nu & \nu' & \big| & \nu + \nu' \end{pmatrix} A_{\nu+\nu'}^{(1)} \, .$$

Außerdem genügen sie der Phasenkonvention bei Zeitumkehr.

Die Fermionenoperatoren $\Psi_{jm}^{\dagger}$ sind Tensoroperatoren halbzahliger Stufe – in der hier verwendeten Schreibweise (von RACAH) müßten sie eigentlich $\Psi_m^{(j)\dagger}$ heißen. Wegen $\Psi_{jm}^{\dagger}|0\rangle = |jm\rangle$ und $\mathcal{T}|jm\rangle = (-)^{j+m}|j,-m\rangle$ haben wir den erwünschten Faktor bei Zeitumkehr und deshalb reelle Matrixelemente:

$$\langle j'm'|\Psi_{jm}^{\dagger}|j''m''\rangle = \langle j''m''|\Psi_{jm}|j'm'\rangle = \begin{pmatrix} j'' & j & \big| & j' \\ m'' & m & \big| & m' \end{pmatrix} \frac{\langle j' \parallel \Psi_j^{\dagger} \parallel j'' \rangle}{\hat{j}'} \, .$$

Der Vernichtungsoperator Ψ_{jm} nimmt den Drehimpuls $|jm\rangle$ fort und ist deshalb kein irreduzibler Tensoroperator mit diesen Quantenzahlen. Wir werden auf diese Feldoperatoren bei den Vielteilchenproblemen zurückkommen, insbesondere in Abschn. 13.9.

5.5 Tensorprodukte

Sind $A^{(n_1)}$ und $B^{(n_2)}$ irreduzible Tensoren, so auch ihr "Tensorprodukt n-ter Stufe"

$$\left[A^{(n_1)} \times B^{(n_2)} \right]_{\nu}^{(n)} \equiv \sum_{\nu_1 \nu_2} \begin{pmatrix} n_1 & n_2 & \big| & n \\ \nu_1 & \nu_2 & \big| & \nu \end{pmatrix} A_{\nu_1}^{(n_1)} B_{\nu_2}^{(n_2)} \, ,$$

wie man leicht an den Vertauschgesetzen mit $\vec{J}$ bestätigt, wenn man die Rekursionsformel für Clebsch-Gordan-Koeffizienten berücksichtigt. Haben die Faktoren das geforderte Zeitumkehrverhalten, so nach Abschn. 3.7 auch das Produkt.

Die aus Tensoren erster Stufe gebildeten Tensorprodukte nullter und erster Stufe sind proportional zum Skalar- bzw. Vektorprodukt dieser Vektoren:

$$\left[A^{(1)} \times B^{(1)} \right]_0^{(0)} = \frac{1}{\sqrt{c_A}\sqrt{c_B}} \frac{1}{\sqrt{3}} \vec{A} \cdot \vec{B} \, ,$$

$$\left[A^{(1)} \times B^{(1)} \right]_{\nu}^{(1)} = \frac{-1}{\sqrt{c_A}\sqrt{c_B}} \frac{1}{\sqrt{2}} (\vec{A} \times \vec{B}) \cdot \vec{e}_{\nu}^{(1)} \, .$$

(Wegen $\sqrt{-1}^2 = -1$ wurde hier nicht $\sqrt{c_A c_B}$ geschrieben.) Das Tensorprodukt zweiter Stufe lautet

$$\left[A^{(1)} \times B^{(1)}\right]^{(2)}_{\pm 2} = A^{(1)}_{\pm 1} B^{(1)}_{\pm 1} = \frac{-1}{\sqrt{c_A}\sqrt{c_B}} \frac{1}{2} \left\{ (A_x B_x - A_y B_y) \pm i (A_x B_y + A_y B_x) \right\} ,$$

$$\left[A^{(1)} \times B^{(1)}\right]^{(2)}_{\pm 1}$$
$$= \frac{1}{\sqrt{2}} \left(A^{(1)}_{\pm 1} B^{(1)}_{0} + A^{(1)}_{0} B^{(1)}_{\pm 1} \right) = \frac{\pm 1}{\sqrt{c_A}\sqrt{c_B}} \frac{1}{2} \left\{ (A_z B_x + A_x B_z) \pm i (A_z B_y + A_y B_z) \right\} ,$$

$$\left[A^{(1)} \times B^{(1)}\right]^{(2)}_{0}$$
$$= \frac{1}{\sqrt{6}} \left(A^{(1)}_{1} B^{(1)}_{-1} + A^{(1)}_{-1} B^{(1)}_{1} + 2 A^{(1)}_{0} B^{(1)}_{0} \right) = \frac{-1}{\sqrt{c_A}\sqrt{c_B}} \frac{1}{\sqrt{6}} \left(3 A_z B_z - \vec{A} \cdot \vec{B} \right) .$$

Damit haben wir den 3×3 Produkten der kartesischen Komponenten von $\vec{A}$ und $\vec{B}$ ebensoviele sphärische Komponenten der Tensorprodukte nullter, erster und zweiter Stufe gegenübergestellt: Der Tensor nullter Stufe hängt mit der Spur dieser 3×3 – Matrix zusammen,
der Tensor erster Stufe mit ihrem schiefsymmetrischen Anteil und der Tensor zweiter Stufe
mit dem symmetrischen Anteil verschwindender Spur.

Für das Spatprodukt dreier Vektoren finden wir entsprechend:

$$\vec{A} \cdot (\vec{B} \times \vec{C}) = -\sqrt{c_A}\sqrt{c_B}\sqrt{c_C} \sqrt{6} \left[A^{(1)} \times \left[B^{(1)} \times C^{(1)} \right]^{(1)} \right]^{(0)}_{0} .$$

Der Begriff des Skalarproduktes wird nicht nur beim Produkt zweier Vektoren benutzt,
sondern auch bei Tensoren höherer Stufe:

$$\left[A^{(n)} \times B^{(n)} \right]^{(0)}_{0} = \frac{1}{\hat{n}} \sum_{\nu} (-)^{n-\nu} A^{(n)}_{\nu} B^{(n)}_{-\nu}$$

wird auch als Skalarprodukt bezeichnet.

Aus Tensoren erster Stufe kann man Tensoren beliebiger ganzzahliger Stufe aufbauen:

$$A^{(n)}_{\nu} = \left[A^{(n-1)} \times A^{(1)} \right]^{(n)}_{\nu} , \quad \text{z.B.} \quad A^{(0)}_{0} = 1 .$$

Dies wird als "Tensoriteration" bezeichnet. Zur Beschreibung der Spinpolarisation geht man
z.B. vom Spinoperator $\vec{S}$ aus und bildet daraus Tensoren beliebiger Stufe im Spinraum:

$$S^{(n)}_{\nu} = \left[S^{(n-1)} \times S^{(1)} \right]^{(n)}_{\nu} .$$

Die Polarisationstensoren sind proportional zu den Erwartungswerten dieser Spintensoren,
wie in Abschn. 11.4 näher ausgeführt wird.

5.6 Reduzierte Matrixelemente von Tensorprodukten

Die reduzierten Matrixelemente von Tensorprodukten lassen sich auf die der Faktoren zurückführen. Dabei muß unterschieden werden, ob die Faktoren $A^{(n_1)}$ und $B^{(n_2)}$ auf dieselben Koordinaten wirken oder auf verschiedene – z.B. auf Orts- und Spinkoordinaten. Deshalb schreiben wir im ersten Fall für die Zustände $|jm\rangle$, im zweiten Fall aber $|(j_1j_2)jm\rangle$:

$$\langle j \, \| \left[A^{(n_1)} \times B^{(n_2)} \right]^{(n)} \| \, j' \rangle$$
$$= (-)^{j+n+j'} \, \hat{n} \sum_{j''} \begin{Bmatrix} n_1 & n_2 & n \\ j' & j & j'' \end{Bmatrix} \langle j \, \| A^{(n_1)} \| \, j'' \rangle \, \langle j'' \, \| B^{(n_2)} \| \, j' \rangle \, ,$$

$$\langle (j_1j_2)j \, \| \left[A^{(n_1)} \times B^{(n_2)} \right]^{(n)} \| \, (j_1'j_2')j' \rangle$$
$$= \hat{n}\hat{j}\hat{j}' \begin{Bmatrix} j_1' & j_2' & j' \\ n_1 & n_2 & n \\ j_1 & j_2 & j \end{Bmatrix} \langle j_1 \, \| A^{(n_1)} \| \, j_1' \rangle \, \langle j_2 \, \| B^{(n_2)} \| \, j_2' \rangle \, .$$

Zum Beweise der ersten Gleichung betrachten wir

$$\langle jm | \left[A^{(n_1)} \times B^{(n_2)} \right]^{(n)}_\nu | j'm' \rangle = \sum_{\substack{j''m'' \\ \nu_1\nu_2}} \begin{pmatrix} n_1 & n_2 & n \\ \nu_1 & \nu_2 & \nu \end{pmatrix} \langle jm | A^{(n_1)}_{\nu_1} | j''m'' \rangle \, \langle j''m'' | B^{(n_2)}_{\nu_2} | j'm' \rangle \, .$$

Wegen des Wigner-Eckart-Theorems kann über ν_1, ν_2 und m'' summiert werden, wobei nach Abschn. 4.9 ein $3j$- und ein $6j$-Symbol auftritt:

$$\langle jm | \left[A^{(n_1)} \times B^{(n_2)} \right]^{(n)}_\nu | j'm' \rangle$$
$$= \sum_{j''} (-)^{n-j'-m} \, \hat{n} \begin{pmatrix} j & n & j' \\ -m & \nu & m' \end{pmatrix} \begin{Bmatrix} n_1 & n_2 & n \\ j' & j & j'' \end{Bmatrix} \langle j \, \| A^{(n_1)} \| \, j'' \rangle \, \langle j'' \, \| B^{(n_2)} \| \, j' \rangle \, .$$

Daraus folgt die Behauptung. Entsprechend beweist man die zweite Gleichung:

$$\sum_{m_1 m_2 \nu_1 \nu_2 m_1' m_2'} \begin{pmatrix} j_1 & j_2 & j \\ m_1 & m_2 & m \end{pmatrix} \begin{pmatrix} n_1 & n_2 & n \\ \nu_1 & \nu_2 & \nu \end{pmatrix} \begin{pmatrix} j_1' & j_2' & j' \\ m_1' & m_2' & m' \end{pmatrix}$$
$$\times \langle j_1 m_1 | A^{(n_1)}_{\nu_1} | j_1' m_1' \rangle \, \langle j_2 m_2 | B^{(n_2)}_{\nu_2} | j_2' m_2' \rangle$$

$$= (-)^{2n+j-m} \, \hat{n}\hat{j}\hat{j}' \begin{pmatrix} j & n & j' \\ -m & \nu & m' \end{pmatrix} \begin{Bmatrix} j_1' & j_2' & j' \\ n_1 & n_2 & n \\ j_1 & j_2 & j \end{Bmatrix} \langle j_1 \, \| A^{(n_1)} \| \, j_1' \rangle \, \langle j_2 \, \| B^{(n_2)} \| \, j_2' \rangle \, .$$

Wichtige Sonderfälle (mit einer Null im $6j$- oder $9j$-Symbol) sind:

$$\langle j \, \| \left[A^{(n)} \times B^{(n')} \right]^{(0)} \| \, j' \rangle = \delta_{nn'} \, \delta_{jj'} \, \frac{1}{\hat{j}\hat{n}} \sum_{j''} (-)^{j''+n-j} \, \langle j \, \| A^{(n)} \| \, j'' \rangle \, \langle j'' \, \| B^{(n)} \| \, j' \rangle \, ,$$

$$\langle (j_1j_2)j \, \| \left[A^{(n)} \times B^{(n')} \right]^{(0)} \| \, (j_1'j_2')j' \rangle$$
$$= (-)^{j_1'+j_2+j+n} \, \delta_{nn'} \, \delta_{jj'} \, \frac{\hat{j}}{\hat{n}} \begin{Bmatrix} j_1 & j_2 & j \\ j_2' & j_1' & n \end{Bmatrix} \langle j_1 \, \| A^{(n)} \| \, j_1' \rangle \, \langle j_2 \, \| B^{(n)} \| \, j_2' \rangle$$

und hiervon wieder

$$\langle(j_1 j_2)j \parallel A^{(0)} B^{(0)} \parallel (j_1' j_2')j'\rangle = \delta_{j_1 j_1'} \, \delta_{j_2 j_2'} \, \delta_{jj'} \, \frac{\hat{j}}{\hat{j}_1 \hat{j}_2} \, \langle j_1 \parallel A^{(0)} \parallel j_1\rangle \langle j_2 \parallel B^{(0)} \parallel j_2\rangle \,,$$

$$\langle(j_1 j_2)j \parallel A^{(n_1)} \parallel (j_1' j_2')j'\rangle = (-)^{j_1+j_2+j'+n_1} \, \langle j_2 | j_2'\rangle \, \hat{j}\hat{j}' \begin{Bmatrix} j_1 & j_1' & n_1 \\ j' & j & j_2 \end{Bmatrix} \langle j_1 \parallel A^{(n_1)} \parallel j_1'\rangle \,,$$

$$\langle(j_1 j_2)j \parallel A^{(n_2)} \parallel (j_1' j_2')j'\rangle = (-)^{j_1'+j_2'+j+n_2} \, \langle j_1 | j_1'\rangle \, \hat{j}\hat{j}' \begin{Bmatrix} j_2 & j_2' & n_2 \\ j' & j & j_1 \end{Bmatrix} \langle j_2 \parallel A^{(n_2)} \parallel j_2'\rangle \,.$$

In den beiden letzten Beispielen ist links der Einheitsoperator nicht genannt worden, obwohl er für die Rechnung gebraucht wird:

$$A_{\nu_1}^{(n_1)} = \left[A^{(n_1)} \times 1^{(0)} \right]_{\nu_1}^{(n_1)} \qquad \text{und} \qquad A_{\nu_2}^{(n_2)} = \left[1^{(0)} \times A^{(n_2)} \right]_{\nu_2}^{(n_2)} \,.$$

Offenbar folgt unter anderem

$$\sum_{jm} \langle(j_1 j_2)jm| \left[A^{(n_1)} \times B^{(n_2)} \right]_{\nu}^{(n)} |(j_1 j_2)jm\rangle$$

$$= \delta_{n0} \, \delta_{\nu 0} \, \delta_{n_1 n_2} \sum_{j} (-)^{j_1+j_2+j+n_1} \frac{\hat{j}^2}{\hat{n}_1} \begin{Bmatrix} j_1 & j_2 & j \\ j_2 & j_1 & n_1 \end{Bmatrix} \langle j_1 \parallel A^{(n_1)} \parallel j_1\rangle \, \langle j_2 \parallel B^{(n_2)} \parallel j_2\rangle$$

$$= \delta_{n_1 0} \, \delta_{n_2 0} \, \delta_{n0} \, \delta_{\nu 0} \, \hat{j}_1 \hat{j}_2 \, \langle j_1 \parallel A^{(0)} \parallel j_1\rangle \, \langle j_2 \parallel B^{(0)} \parallel j_2\rangle \,.$$

Deshalb ändern in erster Ordnung Störungsrechnung weder Spin-Bahn-Kräfte ($n_1 = 1$) noch "Tensorkräfte" ($n_1 = 2$) den Schwerpunkt der Energieniveaus.

Für den Spintensor (iterierten Spinoperator) ergibt sich

$$\langle s \parallel S^{(n)} \parallel s\rangle = (-)^{2s+n} \, \hat{n}\hat{s} \, \sqrt{s(s+1)} \begin{Bmatrix} n-1 & 1 & n \\ s & s & s \end{Bmatrix} \langle s \parallel S^{(n-1)} \parallel s\rangle$$

$$= \tfrac{1}{2} \sqrt{n(2s-n+1)(2s+n+1)/(2n-1)} \, \langle s \parallel S^{(n-1)} \parallel s\rangle$$

und damit

$$\langle s \parallel S^{(n)} \parallel s\rangle = n! \sqrt{\frac{(2s+n+1)!}{2^n(2n)!(2s-n)!}} \,.$$

Außerdem liefert

$$(\mathbf{J}_1 \cdot \mathbf{J}_2) |(j_1 j_2)jm\rangle = -\sqrt{3} \left[J^{(1)}(1) \times J^{(1)}(2) \right]_0^{(0)} |(j_1 j_2)jm\rangle$$

$$= (-)^{j_1+j_2+j} \, \hat{j}_1 \hat{j}_2 \, \sqrt{j_1(j_1+1)j_2(j_2+1)} \begin{Bmatrix} j_1 & j_2 & j \\ j_2 & j_1 & 1 \end{Bmatrix} |(j_1 j_2)jm\rangle$$

dasselbe Ergebnis wie in Abschn. 3.14. (Vgl. Abschn. 4.14 für das $6j$-Symbol.)

5.7 Landé-Formel und Wechselwirkung mit einem Magnetfeld

Ein Anwendungsbeispiel für das Wigner-Eckart-Theorem stellt auch die "verallgemeinerte Landé-Formel"

$$\langle jm| \vec{A} |jm'\rangle = \frac{1}{j(j+1)} \langle jm| \vec{J}\,(\vec{J}\cdot\vec{A})|jm'\rangle$$

dar. Sie gilt nur für die in j diagonalen Matrixelemente und kann über

$$\langle j \parallel \left[J^{(1)} \times \left[J^{(1)} \times A^{(1)} \right]^{(0)} \right]^{(1)} \parallel j\rangle = \frac{-j(j+1)}{\sqrt{3}} \langle j \parallel A^{(1)} \parallel j\rangle$$

bewiesen werden.

Für den magnetischen Dipoloperator

$$\vec{\mu} \equiv (g_l \vec{L} + g_s \vec{S})\,\mu_B = (g_l \vec{J} + (g_s - g_l)\vec{S})\,\mu_B$$

ergibt sich wegen $\vec{J}\cdot\vec{S} = \frac{1}{2}(J^2 - L^2 - S^2)$ deshalb offenbar

$$\langle (ls)jm| \vec{\mu} |(ls)jm'\rangle = g \langle jm| \vec{J} |jm'\rangle \,\mu_B$$

mit dem Landé-Faktor

$$g \equiv g_l + (g_s - g_l)\,\frac{j(j+1) - l(l+1) - s(s+1)}{2\,j(j+1)}\ .$$

(Er ist bei $s = \frac{1}{2}$ für $j = l \pm \frac{1}{2}$ gleich $g_l \pm (g_l - g_s)/l^2$.) Hieraus folgt für die Wechselwirkungsenergie mit einem Magnetfeld $\vec{B}$ (Zeemann-Effekt) in erster Ordnung Störungsrechnung, wenn längs $\vec{B}$ quantisiert wird,

$$\langle jm| W |jm\rangle = - \langle jm| \vec{\mu}\cdot\vec{B} |jm\rangle = -m\,g\,\mu_B\,B\ .$$

In der Atomphysik haben wir $g_l = 1$ und $g_s \approx 2$. Der g-Faktor 2 ist übrigens kein relativistischer Effekt, wie schon in Abschn. 2.5 betont wurde – vgl. z.B. BIEDENHARN & LOUCK I (S.5 und 331).

5.8 Zusammenfassung: Irreduzible Tensoroperatoren

Wirkt der irreduzible Tensoroperator $A_\nu^{(n)}$ auf einen Zustand $|jm\rangle$, so fügt er ihm den Drehimpuls $|n\nu\rangle$ hinzu. Diese Eigenschaft ist mit dem allgemeinen Vertauschgesetz

$$\left[J_{\nu'}^{(1)},\, A_\nu^{(n)} \right] = \sqrt{n(n+1)} \begin{pmatrix} n & 1 \\ \nu & \nu' \end{pmatrix} \begin{matrix} n \\ \nu+\nu' \end{matrix} A_{\nu+\nu'}^{(n)}$$

bzw.

$$\left[\vec{J},\, A_\nu^{(n)} \right] = \sum_{\nu'} \langle n\nu'| \vec{J} |n\nu\rangle\, A_{\nu'}^{(n)}$$

verknüpft.

Für die Matrixelemente der irreduziblen Tensoroperatoren in der Drehimpulsdarstellung gilt das Wigner-Eckart-Theorem: Sie können in einen Clebsch-Gordan-Koeffizienten und ein reduziertes Matrixelement aufgespalten werden, das nicht mehr von den Richtungsquantenzahlen abhängt. Wir trennen noch einen weiteren Faktor $1/\hat{j}$ ab, damit die reduzierten Matrixelemente möglichst symmetrisch werden:

$$\langle jm|A^{(n)}_{\nu}|j'm'\rangle = \begin{pmatrix} j' & n & j \\ m' & \nu & m \end{pmatrix} \frac{\langle j \parallel A^{(n)} \parallel j'\rangle}{\hat{j}} \ .$$

Wir können nämlich durch geeignete Phasenfaktoren nicht nur für

$$\mathcal{T} A^{(n)}_{\nu} \mathcal{T}^{-1} = (-)^{n+\nu} A^{(n)}_{-\nu}$$

und damit für reelle Matrixelemente sorgen, sondern haben bei hermitischen Operatoren A mit dem Zeitumkehrverhalten

$$\mathcal{T} A \mathcal{T}^{-1} = c_A A$$

auch

$$A^{(n)\,\dagger}_{\nu} = (-)^{n+\nu} c_A A^{(n)}_{-\nu} \ ,$$

und dies führt zu

$$\langle j' \parallel A^{(n)} \parallel j\rangle = (-)^{j'+n-j} c_A \langle j \parallel A^{(n)} \parallel j'\rangle \ .$$

Besonders wichtig für Anwendungen ist noch, daß die reduzierten Matrixelemente von Tensorprodukten durch die reduzierten Matrixelemente der Faktoren ausgedrückt werden können -- wobei Umkopplungskoeffizienten auftreten.

DARSTELLUNG DER DREHOPERATOREN: KREISELFUNKTIONEN

6.1 Eulerwinkel

Sind die ursprünglichen und die gedrehten Koordinatenachsen gegeben, so müssen wir erst noch die Drehachsenrichtung und den Drehwinkel bestimmen, mit denen bisher (vgl. Abschn. 1.1) die Drehung bezeichnet wurde. Oft gibt man die Drehung durch drei andere Parameter an, die unmittelbar mit dem alten und dem neuen Koordinatensystem zusammenhängen, nämlich durch die Eulerwinkel α, β und γ. Die beiden ersten Eulerwinkel nennen Azimut und Poldistanz der neuen $\vec{z}$-Achse im alten System, während der dritte Eulerwinkel γ den Winkel zwischen der neuen $\vec{y}$-Achse und der "Knotenlinie" angibt. Diese Knotenlinie steht senkrecht auf der alten und neuen $\vec{z}$-Achse, ihre positive Richtung bildet mit der alten und neuen $\vec{z}$-Achse eine Rechtsschraube – vgl. Bild 8, wo $\vec{y}' = \vec{y}''$ die Knotenlinie ist. Die alte $\vec{z}$-Achse hat im neuen Koordinatensystem die Polarwinkel $(\beta, \pi - \gamma)$.

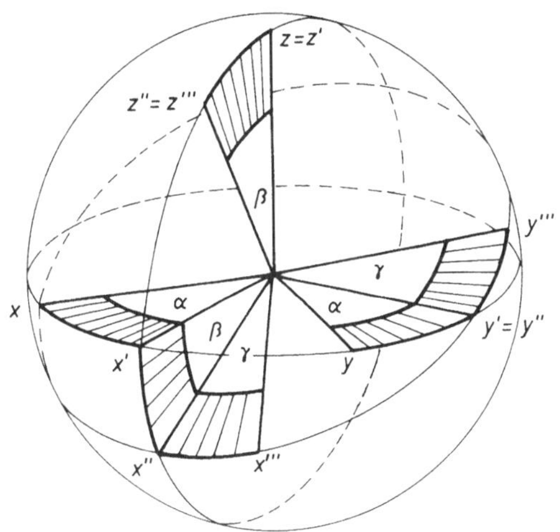

Bild 8: Die drei Eulerwinkel α, β, γ.

Um vom alten Koordinatensystem $\{\vec{x}, \vec{y}, \vec{z}\}$ zum neuen $\{\vec{x}''', \vec{y}''', \vec{z}'''\}$ zu kommen, kann man nacheinander drei Drehungen um jeweils einen Eulerwinkel ausführen:

$$\vec{\omega}_1 = \alpha\, \vec{e}_z : \qquad \{\vec{x}, \vec{y}, \vec{z}\} \;\rightarrow\; \{\vec{x}', \vec{y}', \vec{z}' = \vec{z}\} \;,$$

$$\vec{\omega}_2 = \beta\, \vec{e}_{y'} : \qquad \{\vec{x}', \vec{y}', \vec{z}'\} \;\rightarrow\; \{\vec{x}'', \vec{y}'' = \vec{y}', \vec{z}''\} \;,$$

$$\vec{\omega}_3 = \gamma\, \vec{e}_{z''} : \qquad \{\vec{x}'', \vec{y}'', \vec{z}''\} \;\rightarrow\; \{\vec{x}''', \vec{y}''', \vec{z}''' = \vec{z}''\} \;.$$

Man kann den Übergang aber auch im festliegenden alten Bezugssystem mit den Eulerwinkeln beschreiben (in anderer Reihenfolge!):

$$\vec{\omega}_1 = \gamma\, \vec{e}_z \;, \qquad \vec{\omega}_2 = \beta\, \vec{e}_y \;, \qquad \vec{\omega}_3 = \alpha\, \vec{e}_z \;.$$

Das ist leicht an Bild 8 abzulesen.

Für die Beschreibung mit Eulerwinkeln genügen allerdings zwei Drehungen: erst um die $\vec{z}$-Achse mit dem Winkel $\alpha + \gamma$ und dann eine um die Knotenlinie mit dem Winkel β. Beide Drehachsen stehen senkrecht aufeinander, so daß der Drehvektor $\vec{\varpi}_{21}$ der Gesamtdrehung nach Abschnitt 1.2 leicht zu finden ist:

$$\vec{\varpi}_1 = \tan \frac{\alpha + \gamma}{2}\, \vec{e}_z\, ,$$

$$\vec{\varpi}_2 = \tan \frac{\beta}{2}\, \left(-\sin \alpha\, \vec{e}_x + \cos \alpha\, \vec{e}_y\right) ,$$

$$\vec{\varpi}_{21} = \frac{\tan \frac{\beta}{2}}{\cos \frac{\alpha+\gamma}{2}}\, \left(-\sin \frac{\alpha - \gamma}{2}\, \vec{e}_x + \cos \frac{\alpha - \gamma}{2}\, \vec{e}_y\right) + \tan \frac{\alpha + \gamma}{2}\, \vec{e}_z\, .$$

Hiernach hängen die Eulerwinkel α, β, γ und der Drehvektor $\omega \vec{e}$ in Richtung (θ, φ) wie folgt miteinander zusammen:

$$\left.\begin{aligned} \cos \frac{\omega}{2} &= \cos \frac{\beta}{2}\, \cos \frac{\alpha + \gamma}{2} \\ \cos \theta\, \sin \frac{\omega}{2} &= \cos \frac{\beta}{2}\, \sin \frac{\alpha + \gamma}{2} \\ \varphi &= \tfrac{1}{2}\, (\alpha - \gamma + \pi) \end{aligned}\right\} \quad \text{bzw.} \quad \left\{\begin{aligned} \sin \frac{\beta}{2} &= \sin \frac{\omega}{2}\, \sin \theta \\ \tan \frac{\alpha + \gamma}{4} &= \frac{\cos \frac{\beta}{2} - \cos \frac{\omega}{2}}{\sin \frac{\omega}{2}\, \cos \theta} \\ \alpha - \gamma &= 2\varphi - \pi\, . \end{aligned}\right.$$

Wichtig für die eindeutige Zuordnung ist, daß β und θ zwischen 0 und π und die übrigen Winkel zwischen 0 und 2π zu wählen sind. (Auf diese Frage kommen wir im Zusammenhang mit der Orthogonalität und Vollständigkeit der Kreiselfunktionen in Abschn. 6.10 noch einmal zurück: Bei halbzahligen Drehimpulsen müssen sich nämlich α oder γ nach Abschn. 1.5 doppelt soviel ändern können.)

Zur Drehung $\vec{\omega} \doteq (\alpha, \beta, \gamma)$ entgegengesetzt ist die Drehung $\vec{\omega}^{-1} = (\pi - \gamma, \beta, \pi - \alpha)$ oder auch $(-\gamma, -\beta, -\alpha)$, wenn man sich nicht auf die eben genannten Bereiche beschränkt. Bei halbzahligen Drehimpulsen ist $3\pi - \alpha$ statt $\pi - \alpha$ zu nehmen.

Leider werden die Eulerwinkel bisweilen auch anders festgelegt. Ich folge BOHR & MOTTELSON, BRINK & SATCHLER, MESSIAH II und ROSE 57. EDMONDS, FANO & RACAH, ROSE 55 u.a. verstehen unter Drehwinkel den entgegengesetzten Winkel (vgl. Abschn. 1.1). Andere nehmen den Winkel zwischen Knotenlinie und $\vec{x}$- statt $\vec{y}$-Achse oder ein linkshändiges Koordinatensystem.

6.2 Beschreibung von Drehungen in verschiedenen Koordinaten

Wir haben infinitesimale Drehungen bisher durch $d\omega\, \vec{e}$ dargestellt. Jetzt sollen sie im labor- und im körperfesten Koordinatensystem ausgedrückt werden. Um die Einsteinsche Summenkonvention ausnutzen zu können, schreiben wir für die laborfesten Einheitsvektoren $\vec{e}_x$, $\vec{e}_y$, $\vec{e}_z$ jetzt $\vec{l}_1, \vec{l}_2, \vec{l}_3$ und für die körperfesten (dreifach gestrichenen) $\vec{k}_1, \vec{k}_2, \vec{k}_3$. Beide Systeme sind über die Eulerwinkel $(\alpha, \beta, \gamma) = (\theta^1, \theta^2, \theta^3)$ miteinander verknüpft, deren zugehörige Drehrichtungen wir mit $\vec{g}_1, \vec{g}_2, \vec{g}_3$ bezeichnen. Dann ist nach Bild 8

$$\begin{aligned} \vec{g}_1 &= & \vec{l}_3 &= \sin \beta\, (-\cos \gamma\, \vec{k}_1 + \sin \gamma\, \vec{k}_2) + \cos \beta\, \vec{k}_3\, , \\ \vec{g}_2 &= -\sin \alpha\, \vec{l}_1 + \cos \alpha\, \vec{l}_2 & &= \sin \gamma\, \vec{k}_1 + \cos \gamma\, \vec{k}_2 \\ \vec{g}_3 &= \sin \beta\, (\cos \alpha\, \vec{l}_1 + \sin \alpha\, \vec{l}_2) + \cos \beta\, \vec{l}_3 &= & \vec{k}_3\, . \end{aligned}$$

Summieren wir über doppelt vorkommende Indizes, so gilt nun

$$\vec{e}\,d\omega = \vec{l}_i\,d\lambda^i = \vec{g}_i\,d\theta^i = \vec{k}_i\,d\kappa^i\,.$$

(Es gibt zwar keine richtigen Koordinaten λ^i und κ^i, aber die Differentiale $d\lambda^i$ und $d\kappa^i$ sind sinnvoll, wie auch die entsprechenden Winkelgeschwindigkeiten.) Außerdem können wir bei $\vec{l}_i$ und $\vec{k}_i$ die Indizes auch oben schreiben – weil es kartesische Einheitsvektoren sind – und haben wegen $\vec{l}_i \cdot \vec{l}^k = \delta_i{}^k = \vec{k}_i \cdot \vec{k}^k$:

$$d\lambda^i = (\vec{l}^i \cdot \vec{g}_k)\,d\theta^k\,, \qquad d\kappa^i = (\vec{k}^i \cdot \vec{g}_k)\,d\theta^k$$

und

$$\frac{\partial}{\partial\lambda^i} = \frac{\partial\theta^k}{\partial\lambda^i}\,\frac{\partial}{\partial\theta^k}\,, \qquad \frac{\partial}{\partial\kappa^i} = \frac{\partial\theta^k}{\partial\kappa^i}\,\frac{\partial}{\partial\theta^k}\,.$$

Hier treten die inversen Matrizen zu $(\vec{l}^i \cdot \vec{g}_k)$ und $(\vec{k}^i \cdot \vec{g}_k)$ auf:

$$\left(\frac{\partial\theta^k}{\partial\lambda^i}\right) = \begin{pmatrix} -\cos\alpha\,\cot\beta & -\sin\alpha & \cos\alpha/\sin\beta \\ -\sin\alpha\,\cot\beta & \cos\alpha & \sin\alpha/\sin\beta \\ 1 & 0 & 0 \end{pmatrix}\,,$$

$$\left(\frac{\partial\theta^k}{\partial\kappa^i}\right) = \begin{pmatrix} -\cos\gamma/\sin\beta & \sin\gamma & \cos\gamma\,\cot\beta \\ \sin\gamma/\sin\beta & \cos\gamma & -\sin\gamma\,\cot\beta \\ 0 & 0 & 1 \end{pmatrix}\,.$$

Mit

$$J_z \doteq \frac{1}{i}\,\frac{\partial}{\partial\lambda^1}\,,\dots \qquad \text{und} \qquad J_a \doteq \frac{1}{i}\,\frac{\partial}{\partial\kappa^1}\,,\dots$$

folgt hieraus (wie schon in Abschn. 1.6)

$$[J_x, J_y] = i\,J_z\,, \qquad [J_a, J_b] = -i\,J_c \qquad \text{(und zyklisch)}.$$

Außerdem sind die Ausdrücke auch für die Schrödingergleichung des Kreisels nützlich.

6.3 Drehungen und Drehoperatoren

Zur Drehung $\vec{\omega}$ gehört nach Abschn. 1.3 der Drehoperator $\mathcal{R}(\vec{\omega})$ mit den Eigenschaften

$$\mathcal{R}(\vec{\omega})\,\psi(\Omega_1) = \psi(\Omega_0) \quad \text{bzw.} \quad |\psi_1\rangle = \mathcal{R}(\vec{\omega})\,|\psi_0\rangle\,, \quad A_1 = \mathcal{R}(\vec{\omega})\,A_0\,\mathcal{R}^{\dagger}(\vec{\omega})\,,$$

wenn ein Punkt ursprünglich in der Richtung Ω_0, nach der Drehung in der Richtung Ω_1 erscheint. Diese Operatoren sind unitär:

$$\mathcal{R}^{-1}(\vec{\omega}) = \mathcal{R}(\vec{\omega}^{-1}) = \mathcal{R}^{\dagger}(\vec{\omega}) \quad \text{bzw.} \quad \mathcal{R}^{\dagger}(\vec{\omega})\,\mathcal{R}(\vec{\omega}) = 1 = \mathcal{R}(\vec{\omega})\,\mathcal{R}^{\dagger}(\vec{\omega})\,.$$

Außerdem ist der Drehoperator einer zusammengesetzten Drehung das Produkt der Operatoren der einzelnen Drehungen (sogenannte Gruppeneigenschaft)

$$\mathcal{R}(\vec{\omega}_{21}) = \mathcal{R}(\vec{\omega}_2)\,\mathcal{R}(\vec{\omega}_1)\,.$$

Zu einer Drehung $\vec{\omega}$ gehört nach Abschn. 1.4 der Drehoperator

$$\mathcal{R}(\vec{\omega}) = \exp(-i\,\vec{\omega}\cdot\vec{J})\,.$$

Geben wir diese Drehung durch die Eulerwinkel α, β, γ an, so folgt nach dem vorletzten Abschnitt

$$\mathcal{R}(\alpha,\beta,\gamma) = \exp(-i\alpha J_z)\,\exp(-i\beta J_y)\,\exp(-i\gamma J_z)\,.$$

Diese Faktorisierung liefert in der Drehimpulsdarstellung besonders einfache Ausdrücke, denn der erste und der letzte Faktor sind dann gewöhnliche Funktionen und der mittlere Faktor ist dann eine reelle Matrix – es ist ja nach Abschn. 2.1

$$\exp(-i\beta J_y) = \exp\left[\tfrac{\beta}{2}\left(J_- - J_+\right)\right]$$

und die Leiteroperatoren haben nach Abschn. 2.5 reelle Matrixelemente in der Drehimpulsdarstellung. Damit ist auch erklärt, weshalb wir die Drehungen jetzt hauptsächlich mit den Eulerwinkeln kennzeichnen.

Offenbar ist der Drehoperator diagonal in der Quantenzahl j – er ist mit dem Skalar J^2 vertauschbar.

6.4 Drehmatrix und Kreiselfunktionen

Es ist üblich, die Drehmatrix $\langle jm|\,\mathcal{R}(\alpha,\beta,\gamma)\,|jm'\rangle$ abzukürzen. Ich schreibe wie BOHR & MOTTELSON

$$\mathcal{D}^{(j)}_{mm'}(\vec{\omega}) = \mathcal{D}^{(j)}_{mm'}(\alpha,\beta,\gamma) \equiv \langle jm|\,\mathcal{R}(\alpha,\beta,\gamma)\,|jm'\rangle^*$$

mit

$$\mathcal{D}^{(j)}_{mm'}(\alpha,\beta,\gamma) = \exp(im\alpha)\,d^{(j)}_{mm'}(\beta)\,\exp(im'\gamma)$$

nach dem letzten Abschnitt. Diese Funktion der Eulerwinkel ist nämlich Eigenfunktion des symmetrischen Kreisels, wie wir noch sehen werden. Deshalb sprechen wir auch von Kreiselfunktion. Nach dem letzten Abschnitt sind die "reduzierten Kreiselfunktionen" $d^{(j)}_{mm'}(\beta)$ reell. Sie werden in Abschn. 6.8 besprochen.

BRINK & SATCHLER, BIEDENHARN & LOUCK, ROSE 57 u.a. betrachten nur die Drehmatrix und bezeichnen das Konjugiert-Komplexe unserer Kreiselfunktion als $\mathcal{D}$-Funktion. EDMONDS, FANO & RACAH, ROSE 55 drehen entgegengesetzt; ihre $\mathcal{D}$-Funktionen unterscheiden sich deshalb um das Vorzeichen $(-)^{m-m'}$ von den hiesigen, wie in Abschn. 6.8 gezeigt wird.

6.5 Eigenschaften der Kreiselfunktionen

Weil der Drehoperator unitär ist und sich bei Zeitumkehr nicht ändert, gilt

$$\mathcal{D}^{(j)}_{mm'}(\vec{\omega}) = \mathcal{D}^{(j)\,*}_{m'm}(\vec{\omega}^{-1}) = (-)^{m-m'}\,\mathcal{D}^{(j)\,*}_{-m-m'}(\vec{\omega})\,,$$

$$\sum_m \mathcal{D}^{(j)\,*}_{mm'}(\vec{\omega})\,\mathcal{D}^{(j)}_{mm''}(\vec{\omega}) = \delta_{m'm''} = \sum_m \mathcal{D}^{(j)\,*}_{m'm}(\vec{\omega})\,\mathcal{D}^{(j)}_{m''m}(\vec{\omega})$$

und außerdem

$$\mathcal{D}^{(j)}_{mm'}(\vec{\omega}_{21}) = \sum_{m''} \mathcal{D}^{(j)}_{mm''}(\vec{\omega}_2)\, \mathcal{D}^{(j)}_{m''m'}(\vec{\omega}_1)$$

wegen der Gruppeneigenschaft der Drehoperatoren. Weiter folgt aus

$$\mathcal{R}(\vec{\omega})\,|jm'\rangle = \sum_{m} |jm\rangle\,\langle jm|\,\mathcal{R}(\vec{\omega})\,|jm'\rangle$$

die Beziehung

$$\langle j_1 m_1 j_2 m_2|\,\mathcal{R}(\vec{\omega})\,|(j_1 j_2)jm'\rangle = \sum_{m} \langle j_1 m_1 j_2 m_2|(j_1 j_2)jm\rangle\,\langle (j_1 j_2)jm|\,\mathcal{R}(\vec{\omega})\,|(j_1 j_2)jm'\rangle\,.$$

Daraus ergibt sich wegen der Unitarität der Clebsch-Gordan-Koeffizienten

$$\sum_{m'_1 m'_2} \begin{pmatrix} j_1 & j_2 & \big| & j \\ m'_1 & m'_2 & \big| & m' \end{pmatrix} \mathcal{D}^{(j_1)}_{m_1 m'_1}(\vec{\omega})\, \mathcal{D}^{(j_2)}_{m_2 m'_2}(\vec{\omega}) = \sum_{m} \begin{pmatrix} j_1 & j_2 & \big| & j \\ m_1 & m_2 & \big| & m \end{pmatrix} \mathcal{D}^{(j)}_{mm'}(\vec{\omega})\,,$$

$$\sum_{m_1 m_2} \begin{pmatrix} j_1 & j_2 & \big| & j \\ m_1 & m_2 & \big| & m \end{pmatrix} \mathcal{D}^{(j_1)}_{m_1 m'_1}(\vec{\omega})\, \mathcal{D}^{(j_2)}_{m_2 m'_2}(\vec{\omega}) = \sum_{m'} \begin{pmatrix} j_1 & j_2 & \big| & j \\ m'_1 & m'_2 & \big| & m' \end{pmatrix} \mathcal{D}^{(j)}_{mm'}(\vec{\omega})\,,$$

$$\sum_{\substack{m_1 m_2 \\ m'_1 m'_2}} \begin{pmatrix} j_1 & j_2 & \big| & j \\ m_1 & m_2 & \big| & m \end{pmatrix} \begin{pmatrix} j_1 & j_2 & \big| & j' \\ m'_1 & m'_2 & \big| & m' \end{pmatrix} \mathcal{D}^{(j_1)}_{m_1 m'_1}(\vec{\omega})\, \mathcal{D}^{(j_2)}_{m_2 m'_2}(\vec{\omega}) = \delta_{jj'}\, \mathcal{D}^{(j)}_{mm'}(\vec{\omega})\,,$$

$$\mathcal{D}^{(j_1)}_{m_1 m'_1}(\vec{\omega})\, \mathcal{D}^{(j_2)}_{m_2 m'_2}(\vec{\omega}) = \sum_{jmm'} \begin{pmatrix} j_1 & j_2 & \big| & j \\ m_1 & m_2 & \big| & m \end{pmatrix} \begin{pmatrix} j_1 & j_2 & \big| & j \\ m'_1 & m'_2 & \big| & m' \end{pmatrix} \mathcal{D}^{(j)}_{mm'}(\vec{\omega})\,.$$

Nutzen wir hier $m_1 + m_2 = m$ und $m'_1 + m'_2 = m'$ aus, so vereinfachen sich alle Summen

6.6 Übergang zum gedrehten Koordinatensystem, sphärische Tensoren

Nach Abschn. 6.3 und 6.4 haben wir

$$|jm\rangle_1 = \sum_{m'} |jm'\rangle_0\,\langle jm'|\,\mathcal{R}(\vec{\omega})\,|jm\rangle = \sum_{m'} |jm'\rangle_0\,\mathcal{D}^{(j)\,*}_{m'm}(\vec{\omega})\,.$$

(Beide Koordinatensysteme haben verschiedene Quantisierungsachsen und dementsprechend auch verschiedene Richtungsquantenzahlen, während j bei der Drehung erhalten bleibt.) Bei dem Matrixelement braucht das Koordinatensystem nicht angegeben zu werden – solange es bei den Zuständen und dem Operator gleich ist.

Nimmt man aber den alten Operator und dreht die Basis, so ist

$$_1\langle jm|\,A\,|j'm'\rangle_1 = \sum_{m''m'''} {_0}\langle jm''|\,A\,|j'm'''\rangle_0\,\mathcal{D}^{(j)}_{m''m}(\vec{\omega})\,\mathcal{D}^{(j')\,*}_{m'''m'}(\vec{\omega})\,.$$

Einfacher verhalten sich die Linearkombinationen

$$A^{(n)}_{\nu}(j,j') \equiv \sum_{mm'} (-)^{j-m} \begin{pmatrix} j' & j & \big| & n \\ m' & -m & \big| & \nu \end{pmatrix} \langle jm|\,A\,|j'm'\rangle$$

mit der Umkehrung

$$\langle jm|\,A\,|j'm'\rangle = \sum_{n\nu} (-)^{j-m} \begin{pmatrix} j' & j & \big| & n \\ m' & -m & \big| & \nu \end{pmatrix} A^{(n)}_{\nu}(j,j')\,,$$

nämlich genau so einfach wie die Zustände $|n\nu\rangle$:

$$\left(A_\nu^{(n)}(j,j')\right)_1 = \sum_{\nu'} \left(A_{\nu'}^{(n)}(j,j')\right)_0 \; \mathcal{D}_{\nu'\nu}^{(n)\,*}(\vec{\omega}) \,.$$

Wir werden sie ab Abschn. 11.2 viel benutzen.

Das eben genannte Transformationsverhalten kennzeichnet die sogenannten sphärischen Tensoren:

$$\left(A_\nu^{(n)}\right)_1 = \sum_{\nu'} \left(A_{\nu'}^{(n)}\right)_0 \; \mathcal{D}_{\nu'\nu}^{(n)\,*}(\vec{\omega}) \,.$$

Sie sind Sonderfälle der im letzten Kapitel besprochenen irreduziblen Tensoren. Dort durfte nämlich $\vec{J}$ auch den Isospin oder Quasispin bedeuten – jetzt muß $\vec{J}$ der Drehimpuls sein. Daß die sphärischen Tensoren wirklich irreduzibel sind, ergibt sich aus

$$\mathcal{R}(\vec{\omega})\, A_\nu^{(n)} \, \mathcal{R}^\dagger(\vec{\omega}) = \sum_{\nu'} A_{\nu'}^{(n)} \, \mathcal{D}_{\nu'\nu}^{(n)\,*}(\vec{\omega}) \,,$$

denn für infinitesimale Drehungen verlangt dies

$$\left(1 - i\,\epsilon\,\vec{e}\cdot\vec{J}\right) A_\nu^{(n)} \left(1 + i\,\epsilon\,\vec{e}\cdot\vec{J}\right) \simeq \sum_{\nu'} A_{\nu'}^{(n)} \, \langle n\nu'|1 - i\,\epsilon\,\vec{e}\cdot\vec{J}|n\nu\rangle \,,$$

also die Forderung aus Abschn. 5.1

$$\left[\vec{J}, A_\nu^{(n)}\right] = \sum_{\nu'} \langle n\nu'|\,\vec{J}\,|n\nu\rangle \, A_{\nu'}^{(n)} \,.$$

Die reduzierten Matrixelemente dieser Tensoroperatoren bleiben bei der Drehung unverändert.

6.7 Kreiselfunktionen als sphärische Tensoren

Auch die Kreiselfunktionen sind sphärische Tensoren. Dabei zeigen die Eulerwinkel bzw. der Drehvektor $\vec{\omega}$ an, ob das ursprüngliche oder das gedrehte Koordinatensystem zugrunde liegt ($\vec{\omega}_0$ oder $\vec{\omega}_1$):

$$\mathcal{R}(\vec{\omega}_0) = \mathcal{R}(\vec{\omega})\,\mathcal{R}(\vec{\omega}_1)\,, \qquad \text{d.h.} \qquad \mathcal{R}(\vec{\omega}_1) = \mathcal{R}(\vec{\omega}^{-1})\,\mathcal{R}(\vec{\omega}_0)\,.$$

Damit liefert die Gruppeneigenschaft

$$\mathcal{D}_{\nu\nu''}^{(n)}(\vec{\omega}_1) = \sum_{\nu'} \mathcal{D}_{\nu'\nu}^{(n)\,*}(\vec{\omega})\, \mathcal{D}_{\nu'\nu''}^{(n)}(\vec{\omega}_0)\,.$$

Die Kreiselfunktion $\mathcal{D}_{\nu\nu'}^{(n)}(\vec{\omega})$ verhält sich also bei Drehungen so wie der sphärische Tensor $A_\nu^{(n)}$.

Damit haben wir aber das wichtige Ergebnis

$$J^2 \, \mathcal{D}_{mm'}^{(j)}(\vec{\omega}) = \mathcal{D}_{mm'}^{(j)}(\vec{\omega}) \; j(j+1)\,,$$
$$J_z \, \mathcal{D}_{mm'}^{(j)}(\vec{\omega}) = \mathcal{D}_{mm'}^{(j)}(\vec{\omega}) \; m\,,$$

außerdem aber auch

$$J_c \, \mathcal{D}_{mm'}^{(j)}(\vec{\omega}) = \mathcal{D}_{mm'}^{(j)}(\vec{\omega}) \; m'\,,$$

denn wegen $J_c = \mathcal{R}(\vec{\omega})\, J_z\, \mathcal{R}^\dagger(\vec{\omega})$ und

$$J_\nu^{(1)}\, \mathcal{D}_{mm'}^{(j)}(\vec{\omega}) = \sum_\mu \langle j\mu|\, J_\nu^{(1)}\, |jm\rangle\, \mathcal{D}_{\mu m'}^{(j)}(\vec{\omega}) = \sqrt{j(j+1)} \begin{pmatrix} j & 1 & j \\ m & \nu & m+\nu \end{pmatrix} \mathcal{D}_{m+\nu,m'}^{(j)}(\vec{\omega})$$

ist die linke Seite gleich

$$\sum_\nu \mathcal{D}_{\nu 0}^{(1)*}(\vec{\omega})\, J_\nu^{(1)}\, \mathcal{D}_{mm'}^{(j)}(\vec{\omega}) = \sqrt{j(j+1)} \sum_{\nu\mu} (-)^\nu\, \mathcal{D}_{-\nu 0}^{(1)}(\vec{\omega}) \begin{pmatrix} j & 1 & j \\ m & \nu & \mu \end{pmatrix} \mathcal{D}_{\mu m'}^{(j)}(\vec{\omega})$$

$$= \sqrt{j(j+1)} \begin{pmatrix} j & 1 & j \\ m' & 0 & m' \end{pmatrix} \mathcal{D}_{mm'}^{(j)}(\vec{\omega})\,,$$

was sofort auf die rechte Seite führt. Man kann die beiden letzten Eigenwertgleichungen auch mit Hilfe von Abschn. 6.1 und 6.2, nämlich der Differentialoperatoren

$$J_z \doteq -i\,\frac{\partial}{\partial\alpha}\,, \qquad J_c \doteq -i\,\frac{\partial}{\partial\gamma}$$

herleiten, die auf die Kreiselfunktionen wirken (vgl. Abschn. 6.4). Entsprechend gilt

$$(J_x \pm i J_y)\, \mathcal{D}_{mm'}^{(j)}(\vec{\omega}) = \mathcal{D}_{m\pm 1,m'}^{(j)}(\vec{\omega})\, \sqrt{j(j+1) - m\,(m \pm 1)}$$

$$(J_a \mp i J_b)\, \mathcal{D}_{mm'}^{(j)}(\vec{\omega}) = \mathcal{D}_{m,m'\pm 1}^{(j)}(\vec{\omega})\, \sqrt{j(j+1) - m'(m' \pm 1)}$$

mit

$$J_x \pm i J_y \doteq \exp(\pm i\alpha) \left\{ i \cot\beta\, \frac{\partial}{\partial\alpha} \pm \frac{\partial}{\partial\beta} - \frac{i}{\sin\beta}\, \frac{\partial}{\partial\gamma} \right\}\,,$$

$$J_a \mp i J_b \doteq \exp(\pm i\gamma) \left\{ \frac{i}{\sin\beta}\, \frac{\partial}{\partial\alpha} \mp \frac{\partial}{\partial\beta} - i \cot\beta\, \frac{\partial}{\partial\gamma} \right\}\,.$$

Außerdem läßt sich zeigen, daß alle Komponenten des Drehimpulses im Laborsystem mit denen im körperfesten vertauschbar sind – die Drehimpulskomponenten im gedrehten System also Skalare bezogen auf das ursprüngliche System sind. Das gilt allgemein: Alle Tensoren im gedrehten System sind Skalare im ursprünglichen System (und umgekehrt), denn es gilt

$$\left[J_\mu^{(1)},\ \sum_{\nu'} A_{\nu'}^{(n)}\, \mathcal{D}_{\nu'\nu}^{(n)*}(\vec{\omega}) \right]$$

$$= \sqrt{n(n+1)} \sum_{\nu'\mu'} \left\{ \begin{pmatrix} n & 1 & n \\ \nu' & \mu & \mu' \end{pmatrix} + (-)^\mu \begin{pmatrix} n & 1 & n \\ -\mu' & \mu & -\nu' \end{pmatrix} \right\} A_{\mu'}^{(n)}\, \mathcal{D}_{\nu'\nu}^{(n)*}(\vec{\omega})$$

und die geschweifte Klammer verschwindet nach Abschn. 3.7. (Der erste Teil stammt von der Wirkung von $\mathcal{J}$ auf $\mathcal{D}$, der zweite vom Kommutator $\left[\mathcal{J}, A_\nu^{(n)}\right]$.) Offenbar wird aus $A_\nu^{(n)}$ und den Kreiselfunktionen ein Skalar gebildet:

$$\sum_{\nu'} A_{\nu'}^{(n)}\, \mathcal{D}_{\nu'\nu}^{(n)*}(\vec{\omega}) = (-)^{n-\nu}\, \hat{n} \sum_{\nu'} \begin{pmatrix} n & n & 0 \\ \nu' & -\nu' & 0 \end{pmatrix} A_{\nu'}^{(n)}\, \mathcal{D}_{-\nu'-\nu}^{(n)}(\vec{\omega})\,.$$

6.8 Reduzierte Kreiselfunktionen

Da wir nach Abschn. 6.4 wissen, wie die Kreiselfunktionen von den Eulerwinkeln α und γ abhängen, betrachten wir hier nur noch die "reduzierten Kreiselfunktionen" $d_{mm'}^{(j)}(\beta)$. Sie haben nach Abschn. 6.5 offenbar folgende Eigenschaften:

$$d_{mm'}^{(j)}(\beta) \equiv \langle jm|\exp\left[\tfrac{\beta}{2}(J_- - J_+)\right]|jm'\rangle\,,$$

$$= d_{mm'}^{(j)*}(\beta) = d_{m'm}^{(j)}(-\beta) = (-)^{m-m'}\,d_{-m-m'}^{(j)}(\beta) = d_{-m'-m}^{(j)}(\beta) = (-)^{m-m'}\,d_{m'm}^{(j)}(\beta)\,,$$

sowie

$$\sum_m d_{mm'}^{(j)}(\beta)\,d_{mm''}^{(j)}(\beta) = \delta_{m'm''} = \sum_m d_{m'm}^{(j)}(\beta)\,d_{m''m}^{(j)}(\beta)$$

und

$$d_{m'm''}^{(j)}(\beta_2 + \beta_1) = \sum_m d_{m'm}^{(j)}(\beta_2)\,d_{mm''}^{(j)}(\beta_1)\,.$$

Außerdem ist

$$\sum_{m_1' m_2'} \begin{pmatrix} j_1 & j_2 \\ m_1' & m_2' \end{pmatrix} j \bigg| m' \end{pmatrix} d_{m_1 m_1'}^{(j_1)}(\beta)\,d_{m_2 m_2'}^{(j_2)}(\beta) = \sum_m \begin{pmatrix} j_1 & j_2 \\ m_1 & m_2 \end{pmatrix} j \bigg| m \end{pmatrix} d_{mm'}^{(j)}(\beta)\,,$$

$$\sum_{m_1 m_2} \begin{pmatrix} j_1 & j_2 \\ m_1 & m_2 \end{pmatrix} j \bigg| m \end{pmatrix} d_{m_1 m_1'}^{(j_1)}(\beta)\,d_{m_2 m_2'}^{(j_2)}(\beta) = \sum_{m'} \begin{pmatrix} j_1 & j_2 \\ m_1' & m_2' \end{pmatrix} j \bigg| m' \end{pmatrix} d_{mm'}^{(j)}(\beta)\,,$$

$$\sum_{\substack{m_1 m_2 \\ m_1' m_2'}} \begin{pmatrix} j_1 & j_2 \\ m_1 & m_2 \end{pmatrix} j \bigg| m \end{pmatrix} \begin{pmatrix} j_1 & j_2 \\ m_1' & m_2' \end{pmatrix} j' \bigg| m' \end{pmatrix} d_{m_1 m_1'}^{(j_1)}(\beta)\,d_{m_2 m_2'}^{(j_2)}(\beta) = \delta_{jj'}\,d_{mm'}^{(j)}(\beta)\,,$$

$$d_{m_1 m_1'}^{(j_1)}(\beta)\,d_{m_2 m_2'}^{(j_2)}(\beta) = \sum_{jmm'} \begin{pmatrix} j_1 & j_2 \\ m_1 & m_2 \end{pmatrix} j \bigg| m \end{pmatrix} \begin{pmatrix} j_1 & j_2 \\ m_1' & m_2' \end{pmatrix} j \bigg| m' \end{pmatrix} d_{mm'}^{(j)}(\beta)$$

und

$$\left(\pm\frac{d}{d\beta} + \frac{m' - m\cos\beta}{\sin\beta}\right) d_{mm'}^{(j)}(\beta) = \sqrt{j(j+1) - m\,(m\pm 1)}\,d_{m\pm 1, m'}^{(j)}(\beta)\,,$$

$$\left(\mp\frac{d}{d\beta} - \frac{m - m'\cos\beta}{\sin\beta}\right) d_{mm'}^{(j)}(\beta) = \sqrt{j(j+1) - m'(m'\pm 1)}\,d_{m, m'\pm 1}^{(j)}(\beta)\,.$$

Damit ist auch der in Abschn. 6.4 versprochene Beweis erbacht, daß die $\mathcal{D}$-Funktionen von EDMONDS, FANO & RACAH und ROSE 55 ein anderes Vorzeichen haben können. Dagegen stimmen unsere reduzierten Kreiselfunktionen mit denen von BRINK & SATCHLER, MESSIAH und ROSE 57 überein. (Ihre Kreiselfunktionen hängen nur anders von α und γ ab, wie in Abschn. 6.4 betont wurde.)

Wir können die reduzierten Kreiselfunktionen über Rekursionsformeln berechnen. Für $j = \tfrac{1}{2}$ (und nur dafür) ist nämlich $(J_- - J_+)^2 = -1$ und deshalb gilt

$$d_{\frac{1}{2},\frac{1}{2}}^{(\frac{1}{2})}(\beta) = d_{-\frac{1}{2},-\frac{1}{2}}^{(\frac{1}{2})}(\beta) = \cos\frac{\beta}{2}\,, \qquad d_{-\frac{1}{2},\frac{1}{2}}^{(\frac{1}{2})}(\beta) = -d_{\frac{1}{2},-\frac{1}{2}}^{(\frac{1}{2})}(\beta) = \sin\frac{\beta}{2}\,.$$

Setzen wir nun in den obigen Gleichungen $j_1 = \tfrac{1}{2}$ und verwerten Abschn. 3.8, so folgen die

Gleichungen

$$\sqrt{j \mp m}\, d^{(j)}_{mm'}(\beta)$$
$$= \sqrt{j \mp m'}\, \cos\frac{\beta}{2}\, d^{(j-\frac{1}{2})}_{m\pm\frac{1}{2},\, m'\pm\frac{1}{2}}(\beta) \pm \sqrt{j \pm m'}\, \sin\frac{\beta}{2}\, d^{(j-\frac{1}{2})}_{m\pm\frac{1}{2},\, m'\mp\frac{1}{2}}(\beta),$$

$$\sqrt{j \mp m'}\, d^{(j)}_{mm'}(\beta)$$
$$= \sqrt{j \mp m}\, \cos\frac{\beta}{2}\, d^{(j-\frac{1}{2})}_{m\pm\frac{1}{2},\, m'\pm\frac{1}{2}}(\beta) \mp \sqrt{j \pm m}\, \sin\frac{\beta}{2}\, d^{(j-\frac{1}{2})}_{m\mp\frac{1}{2},\, m'\pm\frac{1}{2}}(\beta)$$

und

$$\sqrt{j \pm m + 1}\, d^{(j)}_{mm'}(\beta)$$
$$= \sqrt{j \pm m' + 1}\, \cos\frac{\beta}{2}\, d^{(j+\frac{1}{2})}_{m\pm\frac{1}{2},\, m'\pm\frac{1}{2}}(\beta) \mp \sqrt{j \mp m' + 1}\, \sin\frac{\beta}{2}\, d^{(j+\frac{1}{2})}_{m\pm\frac{1}{2},\, m'\mp\frac{1}{2}}(\beta),$$

$$\sqrt{j \pm m' + 1}\, d^{(j)}_{mm'}(\beta)$$
$$= \sqrt{j \pm m + 1}\, \cos\frac{\beta}{2}\, d^{(j+\frac{1}{2})}_{m\pm\frac{1}{2},\, m'\pm\frac{1}{2}}(\beta) \pm \sqrt{j \mp m + 1}\, \sin\frac{\beta}{2}\, d^{(j+\frac{1}{2})}_{m\mp\frac{1}{2},\, m'\pm\frac{1}{2}}(\beta).$$

Daraus ergibt sich

$$(2j+1)\cos\frac{\beta}{2}\, d^{(j)}_{mm'}(\beta)$$
$$= +\sqrt{(j\pm m+1)(j\pm m'+1)}\, d^{(j+\frac{1}{2})}_{m\pm\frac{1}{2},\, m'\pm\frac{1}{2}}(\beta) + \sqrt{(j\mp m)(j\mp m')}\, d^{(j-\frac{1}{2})}_{m\pm\frac{1}{2},\, m'\pm\frac{1}{2}}(\beta),$$

$$(2j+1)\sin\frac{\beta}{2}\, d^{(j)}_{mm'}(\beta)$$
$$= \pm\sqrt{(j\mp m+1)(j\pm m'+1)}\, d^{(j+\frac{1}{2})}_{m\mp\frac{1}{2},\, m'\pm\frac{1}{2}}(\beta) \mp \sqrt{(j\pm m)(j\mp m')}\, d^{(j-\frac{1}{2})}_{m\mp\frac{1}{2},\, m'\pm\frac{1}{2}}(\beta)$$

und damit auch

$$\sqrt{(j\mp m+1)[(j+1)^2 - m'^2]}\, d^{(j+1)}_{mm'}(\beta) = \sqrt{j\pm m+1}\,[(j+1)\cos\beta \mp m']\, d^{(j)}_{mm'}(\beta)$$
$$\pm (j+1)\sqrt{j\mp m}\, \sin\beta\, d^{(j)}_{m\pm 1,\, m'}(\beta),$$

$$\sqrt{(j\mp m'+1)[(j+1)^2 - m^2]}\, d^{(j+1)}_{mm'}(\beta) = \sqrt{j\pm m'+1}\,[(j+1)\cos\beta \mp m]\, d^{(j)}_{mm'}(\beta)$$
$$\mp (j+1)\sqrt{j\mp m'}\, \sin\beta\, d^{(j)}_{m,\, m'\pm 1}(\beta),$$

$$\sqrt{(j\pm m)(j^2 - m'^2)}\, d^{(j-1)}_{mm'}(\beta) = \sqrt{j\mp m}\,(j\cos\beta \pm m')\, d^{(j)}_{mm'}(\beta)$$
$$\mp j\sqrt{j\pm m+1}\, \sin\beta\, d^{(j)}_{m\pm 1,\, m'}(\beta),$$

$$\sqrt{(j\pm m')(j^2 - m^2)}\, d^{(j-1)}_{mm'}(\beta) = \sqrt{j\mp m'}\,(j\cos\beta \pm m)\, d^{(j)}_{mm'}(\beta)$$
$$\pm j\sqrt{j\pm m'+1}\, \sin\beta\, d^{(j)}_{m,\, m'\pm 1}(\beta)$$

und weiter

$$\sqrt{j(j+1) - m\,(m\,+1)}\; d^{(j)}_{m+1,m'}(\beta) + \sqrt{j(j+1) - m\,(m\,-1)}\; d^{(j)}_{m-1,m'}(\beta)$$
$$= +2\,\frac{m' - m\,\cos\beta}{\sin\beta}\; d^{(j)}_{mm'}(\beta)\,,$$

$$\sqrt{j(j+1) - m'(m' +1)}\; d^{(j)}_{m,m'+1}(\beta) + \sqrt{j(j+1) - m'(m' -1)}\; d^{(j)}_{m,m'-1}(\beta)$$
$$= -2\,\frac{m - m'\,\cos\beta}{\sin\beta}\; d^{(j)}_{mm'}(\beta)\,,$$

sowie

$$j\,\sqrt{[(j+1)^2 - m^2]\,[(j+1)^2 - m'^2]}\; d^{(j+1)}_{mm'}(\beta) + (2j+1)\,[mm' - j(j+1)\cos\beta]\; d^{(j)}_{mm'}(\beta)$$
$$+ (j+1)\sqrt{(j^2 - m^2)(j^2 - m'^2)}\; d^{(j-1)}_{mm'}(\beta) = 0\,.$$

Oben standen schon Rekursionsformeln mit Ableitungen. Sie können nun umgeformt werden:

$$\frac{d}{d\beta}\; d^{(j)}_{mm'}(\beta)$$
$$= +\tfrac{1}{2}\left[\sqrt{j(j+1) - m\,(m\,+1)}\; d^{(j)}_{m+1,m'}(\beta) - \sqrt{j(j+1) - m\,(m\,-1)}\; d^{(j)}_{m-1,m'}(\beta)\right]$$
$$= -\tfrac{1}{2}\left[\sqrt{j(j+1) - m'(m'+1)}\; d^{(j)}_{m,m'+1}(\beta) - \sqrt{j(j+1) - m'(m'-1)}\; d^{(j)}_{m,m'-1}(\beta)\right]\,.$$

Folglich gilt auch

$$j\,\sin\beta\,\frac{d}{d\beta}\, d^{(j)}_{mm'}(\beta) = +\,(j^2\cos\beta - mm')\, d^{(j)}_{mm'}(\beta) - \sqrt{(j^2 - m^2)(j^2 - m'^2)}\; d^{(j-1)}_{mm'}(\beta)\,,$$

$$j\,\sin\beta\,\frac{d}{d\beta}\, d^{(j-1)}_{mm'}(\beta) = -\,(j^2\cos\beta - mm')\, d^{(j-1)}_{mm'}(\beta) + \sqrt{(j^2 - m^2)(j^2 - m'^2)}\; d^{(j)}_{mm'}(\beta)\,.$$

Ausgehend von

$$d^{(j)}_{jj}(\beta) = d^{(j)}_{-j,-j}(\beta) = \cos^{2j}\frac{\beta}{2}\,, \qquad d^{(j)}_{-j,j}(\beta) = (-)^{2j}\, d^{(j)}_{j,-j}(\beta) = \sin^{2j}\frac{\beta}{2}$$

kann man mit diesen Rekursionsformeln alle reduzierten Kreiselfunktionen berechnen und auch WIGNERs Ausdruck

$$d^{(j)}_{mm'}(\beta) = \sqrt{\frac{(j+m)!\,(j-m)!}{(j+m')!\,(j-m')!}}$$
$$\times \sum_n (-)^{j-m'-n} \binom{j-m'}{n}\binom{j+m'}{j-m-n} \cos^{2n+m+m'}\frac{\beta}{2}\,\sin^{2j-2n-m-m'}\frac{\beta}{2}$$

bestätigen. Die Summe kann auf eine hypergeometrische Funktion oder ein Jacobi-Polynom zurückgeführt werden:

$$d^{(j)}_{mm'}(\beta)$$
$$= \sqrt{\binom{j+m}{j+m'}\binom{j-m'}{j-m}}\,\cos^{m+m'}\frac{\beta}{2}\,\sin^{m-m'}\frac{\beta}{2}\, F(-j+m, j+m+1, m-m'+1; \sin^2\frac{\beta}{2})$$
$$= \sqrt{\frac{(j+m)!\,(j-m)!}{(j+m')!\,(j-m')!}}\,\cos^{m+m'}\frac{\beta}{2}\,\sin^{m-m'}\frac{\beta}{2}\, P^{(m-m',m+m')}_{j-m}(\cos\beta)\,.$$

Aus den Rekursionsformeln folgt auch die Differentialgleichung

$$\left(\frac{d^2}{d\beta^2} + \cot\beta\,\frac{d}{d\beta} + j(j+1) - \frac{m^2 + m'^2 - 2mm'\cos\beta}{\sin^2\beta}\right) d^{(j)}_{mm'}(\beta) = 0$$

mit

$$\frac{d^2}{d\beta^2} + \cot\beta\,\frac{d}{d\beta} \;=\; \frac{1}{\sin\beta}\,\frac{d}{d\beta}\,\sin\beta\,\frac{d}{d\beta} \;=\; \sin^2\beta\,\frac{d^2}{d\cos^2\beta} - 2\cos\beta\,\frac{d}{d\cos\beta}\,,$$

die man auch aus $\left[J^2 - j(j+1)\right] D^{(j)}_{mm'}(\vec{\omega}) = 0$ herleiten kann. Die benötigten Anfangswerte folgen aus

$$d^{(j)}_{mm'}(\beta) \;\simeq\; (-)^{m_> - m'}\,\frac{\sqrt{(j+m)!(j-m)!(j+m')!(j-m')!}}{(j+m_<)!(j-m_>)!(m_> - m_<)!}\,\left(\frac{\beta}{2}\right)^{m_> - m_<}$$

für $\beta \simeq 0$; dabei ist $m_< = \min(m, m')$ und $m_> = \max(m, m')$.

Tabelliert worden sind reduzierte Kreiselfunktionen von BEHKAMI (und – allerdings mit widersprüchlichen Vorzeichen – von CRAMER & BRAITHWAITE).

Fourierentwicklung der reduzierten Kreiselfunktionen $d^{(j)}_{mm'}(\beta)$ für $j = 0(\tfrac{1}{2})2$

$$d^{(0)}_{0,0} = 1$$

$$d^{(\frac{1}{2})}_{\frac{1}{2},\frac{1}{2}} = \cos\tfrac{\beta}{2} \qquad\qquad d^{(\frac{1}{2})}_{-\frac{1}{2},\frac{1}{2}} = \sin\tfrac{\beta}{2}$$

$$d^{(1)}_{1,1} = \tfrac{1}{2}(1 + \cos\beta) \qquad\qquad d^{(1)}_{0,1} = \tfrac{1}{2}\sqrt{2}\,\sin\beta$$
$$d^{(1)}_{-1,1} = \tfrac{1}{2}(1 - \cos\beta)$$
$$d^{(1)}_{0,0} = \cos\beta$$

$$d^{(\frac{3}{2})}_{\frac{3}{2},\frac{3}{2}} = \tfrac{1}{4}(3\cos\tfrac{\beta}{2} + \cos\tfrac{3}{2}\beta) \qquad\qquad d^{(\frac{3}{2})}_{\frac{1}{2},\frac{3}{2}} = \tfrac{1}{4}\sqrt{3}\,(\sin\tfrac{\beta}{2} + \sin\tfrac{3}{2}\beta)$$
$$d^{(\frac{3}{2})}_{-\frac{1}{2},\frac{3}{2}} = \tfrac{1}{4}\sqrt{3}\,(\cos\tfrac{\beta}{2} - \cos\tfrac{3}{2}\beta) \qquad\qquad d^{(\frac{3}{2})}_{-\frac{3}{2},\frac{3}{2}} = \tfrac{1}{4}(3\sin\tfrac{\beta}{2} - \sin\tfrac{3}{2}\beta)$$
$$d^{(\frac{3}{2})}_{\frac{1}{2},\frac{1}{2}} = \tfrac{1}{4}(\cos\tfrac{\beta}{2} + 3\cos\tfrac{3}{2}\beta) \qquad\qquad d^{(\frac{3}{2})}_{-\frac{1}{2},\frac{1}{2}} = \tfrac{1}{4}(-\sin\tfrac{\beta}{2} + 3\sin\tfrac{3}{2}\beta)$$

$$d^{(2)}_{2,2} = \tfrac{1}{8}(3 + 4\cos\beta + \cos 2\beta) \qquad\qquad d^{(2)}_{1,2} = \tfrac{1}{4}(2\sin\beta + \sin 2\beta)$$
$$d^{(2)}_{0,2} = \tfrac{1}{8}\sqrt{6}\,(1 - \cos 2\beta) \qquad\qquad d^{(2)}_{-1,2} = \tfrac{1}{4}(2\sin\beta - \sin 2\beta)$$
$$d^{(2)}_{-2,2} = \tfrac{1}{8}(3 - 4\cos\beta + \cos 2\beta)$$
$$d^{(2)}_{1,1} = \tfrac{1}{2}(\cos\beta + \cos 2\beta) \qquad\qquad d^{(2)}_{0,1} = \tfrac{1}{4}\sqrt{6}\,\sin 2\beta$$
$$d^{(2)}_{-1,1} = \tfrac{1}{2}(\cos\beta - \cos 2\beta)$$
$$d^{(2)}_{0,0} = \tfrac{1}{4}(1 + 3\cos 2\beta)$$

Beachte noch für die übrigen Richtungsquantenzahlen:

$$d^{(j)}_{mm'}(\beta) = (-)^{m-m'}\,d^{(j)}_{-m,-m'}(\beta) = (-)^{m-m'}\,d^{(j)}_{m',m}(\beta)\,.$$

6.9 Sonderfälle der Kreiselfunktionen

Wir betrachten zunächst besondere Drehungen und finden

$$
\begin{aligned}
D^{(j)}_{mm'}(0,0,0) &= & d^{(j)}_{mm'}(0) &= & \delta_{mm'}\,, \\
D^{(j)}_{mm'}(\alpha,0,\pi-\alpha) &= (-)^m\, d^{(j)}_{mm'}(0) &= (-)^m\, & \delta_{mm'} & (\text{zu } \vec{\omega}=\pi\,\vec{e}_z)\,, \\
D^{(j)}_{mm'}(0,\pi,0) &= & d^{(j)}_{mm'}(\pi) &= (-)^{j+m}\delta_{m,-m'} & (\text{zu } \vec{\omega}=\pi\,\vec{e}_y)\,, \\
D^{(j)}_{mm'}(0,\pi,\pi) &= (-)^{m'} d^{(j)}_{mm'}(\pi) &= (-)^{j}\, & \delta_{m,-m'} & (\text{zu } \vec{\omega}=\pi\,\vec{e}_x)\,.
\end{aligned}
$$

Wie in Abschn. 2.6 behauptet, gilt also

$$
\mathcal{R}(-\pi\,\vec{e}_y)\,|jm\rangle = \sum_{m'} |jm'\rangle\, D^{(j)*}_{m'm}(0,-\pi,0) = \sum_{m'} |jm'\rangle\, d^{(j)}_{mm'}(\pi) = (-)^{j+m}\,|j,-m\rangle\,.
$$

Ist eine Richtungsquantenzahl null – bei $m=0$ hängt die Kreiselfunktion nicht mehr von α und bei $m'=0$ nicht mehr von γ ab –, so bezeichnet man die Kreiselfunktion als renormierte Kugelfunktion (darüber mehr im nächsten Kapitel):

$$
\begin{aligned}
D^{(j)}_{m0}(\alpha,\beta,\gamma) &= & C^{(j)}_m(\beta,\alpha) &\equiv & \frac{\sqrt{4\pi}}{\hat{\jmath}}\, Y^{(j)}_m(\beta,\alpha)\,, \\
D^{(j)}_{0m}(\alpha,\beta,\gamma) &= (-)^m C^{(j)}_m(\beta,\gamma) &\equiv (-)^m \frac{\sqrt{4\pi}}{\hat{\jmath}}\, Y^{(j)}_m(\beta,\gamma)\,.
\end{aligned}
$$

Insbesondere ist die reduzierte Kreiselfunktion mit einer Null

$$
d^{(j)}_{0m}(\beta) = (-)^m\, d^{(j)}_{m0}(\beta) = \sqrt{\tfrac{(j-m)!}{(j+m)!}}\; P^m_j(\cos\beta)\,.
$$

(Die Eigenschaften der zugeordneten Legendre-Funktionen P^m_j sind in Abschn. 7.4 zu finden). Sind beide Richtungsquantenzahlen null, so haben wir ein Legendre-Polynom

$$
D^{(j)}_{00}(\alpha,\beta,\gamma) = d^{(j)}_{00}(\beta) = P_j(\cos\beta)\,,
$$

dessen Eigenschaften im Anhang 2 zusammengestellt sind.

6.10 Orthogonalität und Vollständigkeit der Kreiselfunktionen

Die Kreiselfunktionen bilden einen orthogonalen und vollständigen Satz von Funktionen der Eulerwinkel. Dabei kommt es auf den Definitionsbereich dieser Winkel an – er muß groß genug für die Orthogonalität und klein genug für die Vollständigkeit sein. Nach JONKER & deVRIES enthalten viele Bücher darüber falsche Angaben.

Nach Abschn. 6.1 finden wir eine eindeutige Zuordnung der Eulerwinkel zu den Drehvektoren, wenn die Eulerwinkel auf $0 \le \alpha \le 2\pi$, $0 \le \beta \le \pi$ und $0 \le \gamma \le 2\pi$ eingeschränkt sind. Nach Abschn. 1.5 genügen diese Grenzen allerdings nicht bei halbzahligen Drehimpulsen – erst eine Drehung um 4π führt zum Ursprung zurück, während eine Drehung um 2π bei halbzahligem j das Vorzeichen umkehrt. Wenn man also halbzahlige j betrachtet, muß man entweder α oder γ im doppelten Bereich nehmen. Deshalb schreiben wir mit $f=1$ oder 2, je nachdem ob j_1+j_2 ganz- oder halbzahlig ist,

$$
\int_0^{2\pi} d\alpha \int_0^{\pi} \sin\beta\, d\beta \int_0^{2\pi f} d\gamma\; D^{(j_1)*}_{m_1 m_1'}(\alpha,\beta,\gamma)\, D^{(j_2)}_{m_2 m_2'}(\alpha,\beta,\gamma) = \frac{8\pi^2 f}{\hat{\jmath}_1^{\,2}}\, \delta_{j_1 j_2}\, \delta_{m_1 m_2}\, \delta_{m_1' m_2'}\,.
$$

Zum Beweise verwenden wir Abschn. 6.5:

$$D_{m_1 m_1'}^{(j_1)\,*}(\vec\omega)\, D_{m_2 m_2'}^{(j_2)}(\vec\omega) = (-)^{m_1 - m_1'} \sum_{jmm'} \begin{pmatrix} j_1 & j_2 \\ -m_1 & m_2 \end{pmatrix}\!\!\begin{pmatrix} j \\ m \end{pmatrix} \begin{pmatrix} j_1 & j_2 \\ -m_1' & m_2' \end{pmatrix}\!\!\begin{pmatrix} j \\ m' \end{pmatrix} D_{mm'}^{(j)}(\vec\omega)\,.$$

Da m' nur die Werte 0, $\pm\frac{1}{2}$, ± 1, ... annehmen kann, führt die Integration über γ nach Abschn. 6.4 auf $2\pi\int \delta_{m'0}$. Also ist das Integral höchstens für ganze j und m ungleich null. Damit führt die Integration über α auf $2\pi\,\delta_{m0}$. Schließlich ist nach Abschn. 6.9 und dem Anhang 2

$$\int\limits_0^\pi d_{00}^{(j)}(\beta)\,\sin\beta\,d\beta = 2\,\delta_{j0}\,,$$

so daß die gesamte Integration auf

$$(-)^{m_1-m_1'} \begin{pmatrix} j_1 & j_2 \\ -m_1 & m_2 \end{pmatrix}\!\!\begin{pmatrix} 0 \\ 0 \end{pmatrix} \begin{pmatrix} j_1 & j_2 \\ -m_1' & m_2' \end{pmatrix}\!\!\begin{pmatrix} 0 \\ 0 \end{pmatrix} 8\pi^2 \int$$

führt – und damit nach Abschn. 3.8 auf die Behauptung.

6.11 Eigenfunktionen von Kreiseln

Bei einem freien, symmetrischen Kreisel mit der c-Achse als Symmetrieachse können J^2, J_z und J_c gemeinsam diagonalisiert werden. Ihre Eigenwerte bezeichnen wir hier mit $j(j+1)$, m_L und m_K und die Eigenzustände entsprechend mit $|jm_\mathrm{L}m_\mathrm{K}\rangle$. (Gewöhnlich wird $|IMK\rangle$ geschrieben, doch wollen wir vorerst weiterhin Eigenwerte mit kleinen Buchstaben kennzeichnen. Außerdem haben wir jetzt zwei Richtungsquantenzahlen, je eine im Laborsystem (L) und eine im körperfesten (K).) Bei einem asymmetrischen Kreisel ist m_K keine gute Quantenzahl; man hat dann Zustände mit verschiedenem m_K zu überlagern, wobei zwischen vier Symmetrieklassen zu unterscheiden ist. (Näheres darüber bei RAY, vanWINTER und DAVIDSON.)

Die Lage des Kreisels kann mit den Eulerwinkeln angegeben werden; sie entsprechen den Ortskoordinaten. Demzufolge kann man die Eigenfunktionen symmetrischer Kreisel durch $\langle \alpha\beta\gamma|jm_\mathrm{L}m_\mathrm{K}\rangle$ erfassen – wobei nur ganzzahlige Quantenzahlen vorkommen, weil zum Kreisel keine zweideutigen Darstellungen passen. Anders als im letzten Abschnitt können wir uns daher auf $0 \le \alpha \le 2\pi$, $0 \le \beta \le \pi$ und $0 \le \gamma \le 2\pi$ beschränken und erhalten als normierte Eigenfunktionen des symmetrischen Kreisels

$$\langle \alpha\beta\gamma|jm_\mathrm{L}m_\mathrm{K}\rangle = \frac{\hat{j}}{\sqrt{8\pi^2}}\, D_{m_\mathrm{L}m_\mathrm{K}}^{(j)}(\alpha,\beta,\gamma)\,.$$

6.12 Zusammenfassung: Kreiselfunktionen

Die Drehoperatoren $\mathcal{R}(\vec\omega)$ lauten in der Drehimpulsdarstellung besonders einfach, wenn die Drehungen $\vec\omega$ durch die Eulerwinkel α, β, γ angegeben werden:

$$D_{mm'}^{(j)}(\alpha,\beta,\gamma) \equiv \langle jm|\,\mathcal{R}(\alpha,\beta,\gamma)\,|jm'\rangle^* = \exp(im\alpha)\, d_{mm'}^{(j)}(\beta)\,\exp(im'\gamma)\,.$$

Die Wahl mit dem konjugiert-komplexen Matrixelement (BOHR & MOTTELSON) hat den Vorteil, daß sich so die Eigenfunktionen des freien, symmetrischen Kreisels ergeben, nämlich zu J^2, J_z und J_c mit den Eigenwerten $j(j+1)$, m und m', und deshalb auch der Zusammenhang mit den Kugelfunktionen einfacher ist.

Bei Drehungen verhalten sich sphärische Tensoren wie die Drehimpulszustände, einfacher als reduzible Tensoren – ein weiterer Grund, irreduzible Tensoren einzuführen.

KUGELFUNKTIONEN

7.1 Der Bahndrehimpulsoperator $\vec{L}$

In diesem Kapitel soll die Ortsdarstellung der Eigenzustände zum Bahndrehimpulsoperator besprochen werden. Dabei kommt es nur auf die Abhängigkeit von der Richtung $\Omega = (\theta, \varphi)$ an, denn die Radialkoordinate r bleibt ja bei Drehungen um den Ursprung ungeändert.

Die Eigenzustände des Bahndrehimpulsoperatos $\vec{L}$ bezeichnet man gewöhnlich mit $|lm\rangle$. Als Quantenzahlen kommen nach Abschn. 1.5 nur ganze Zahlen vor. Nach Kap. 2 haben die Eigenzustände folgende Eigenschaften:

$$
\begin{array}{lll}
\text{Eigenwerte:} & L^2\,|lm\rangle = |lm\rangle\,l(l+1) & \text{mit}\quad l = 0, 1, \ldots, \\[2mm]
& L_z\,|lm\rangle = |lm\rangle\,m & \text{mit}\quad m = 0, \pm 1, \ldots, \pm l, \\[2mm]
\text{Norm:} & \langle lm|l'm'\rangle = \delta_{ll'}\delta_{mm'}, \\[2mm]
\text{Vollständigkeit:} & \sum_{lm} |lm\rangle\langle lm| = 1, \\[2mm]
\text{Phasen:} & L_{\pm}\,|lm\rangle = |l, m\pm 1\rangle\,\sqrt{l(l+1) - m(m\pm 1)}, \\[2mm]
& \mathsf{T}\,|lm\rangle = (-)^{l+m}\,|l, -m\rangle, \\[2mm]
\text{Drehverhalten:} & |lm\rangle_1 = \sum_{m'} |lm'\rangle_0\, D^{(l)\,*}_{m'm}(\vec{\omega}).
\end{array}
$$

In der Ortsdarstellung gilt für den Bahndrehimpulsoperator nach Abschn. 1.3:

$$
\begin{aligned}
L_x &\;\hat{=}\; -i\left(y\frac{\partial}{\partial z} - z\frac{\partial}{\partial y}\right) = i\left(\sin\varphi\,\frac{\partial}{\partial\theta} + \cot\theta\,\cos\varphi\,\frac{\partial}{\partial\varphi}\right), \\[2mm]
L_y &\;\hat{=}\; -i\left(z\frac{\partial}{\partial x} - x\frac{\partial}{\partial z}\right) = i\left(-\cos\varphi\,\frac{\partial}{\partial\theta} + \cot\theta\,\sin\varphi\,\frac{\partial}{\partial\varphi}\right), \\[2mm]
L_z &\;\hat{=}\; -i\left(x\frac{\partial}{\partial y} - y\frac{\partial}{\partial x}\right) = -i\frac{\partial}{\partial\varphi}.
\end{aligned}
$$

(Die Radialkoordinate r tritt nicht auf.) Damit folgt für die Leiteroperatoren

$$
L_{\pm} \;\hat{=}\; \exp(\pm i\varphi)\left(\pm\frac{\partial}{\partial\theta} + i\cot\theta\,\frac{\partial}{\partial\varphi}\right)
$$

und für das Quadrat des Bahndrehimpulses

$$
L^2 \;\hat{=}\; -\frac{1}{\sin\theta}\frac{\partial}{\partial\theta}\left(\sin\theta\,\frac{\partial}{\partial\theta}\right) - \frac{1}{\sin^2\theta}\frac{\partial^2}{\partial\varphi^2} = -\frac{1}{\sin^2\theta}\left\{\left(\sin\theta\,\frac{\partial}{\partial\theta}\right)^2 + \frac{\partial^2}{\partial\varphi^2}\right\}.
$$

Diese letzten Ausdrücke sind für die Darstellung wichtiger als die von L_x und L_y.

7.2 Ortsdarstellung der Bahndrehimpulszustände

Im folgenden betrachten wir die Wahrscheinlichkeitsamplitude $\langle\Omega|lm\rangle$. Die Zustände $|\Omega\rangle$ sollen folgende Eigenschaften haben:

$$(\vec{R}/R)\,|\Omega\rangle = |\Omega\rangle\,(\vec{r}/r)\,,$$

$$\int |\Omega\rangle\langle\Omega|\,d\Omega = 1 \qquad\qquad \text{wegen } d\Omega = \sin\theta\,d\theta\,d\varphi\,,$$

$$\langle\Omega|\Omega'\rangle = \delta(\Omega - \Omega') \qquad \text{mit } \delta(\Omega - \Omega') = \tfrac{\delta(\theta-\theta')}{\sin\theta}\,\delta(\varphi - \varphi')\,,$$

$$\mathsf{T}\,|\Omega\rangle = |\Omega\rangle\,.$$

Aus dem Zeitumkehrverhalten folgt nach Abschn. 2.6

$$\langle\Omega|lm\rangle^* = (-)^{l+m}\,\langle\Omega|l,-m\rangle\,.$$

Es ist also $\langle\Omega|l0\rangle$ für gerades l reell und für ungerades l imaginär. Spaltet man aber den Faktor i^l ab, so bleiben bei $m=0$ reelle Funktionen übrig – die "Kugelfunktionen":

$$Y_m^{(l)}(\Omega) \equiv i^{-l}\,\langle\Omega|lm\rangle$$

mit den Eigenschaften

$$Y_m^{(l)*}(\Omega) = (-)^m\,Y_{-m}^{(l)}(\Omega)\,,$$

$$\int Y_m^{(l)*}(\Omega)\,Y_{m'}^{(l')}(\Omega)\,d\Omega = \delta_{ll'}\,\delta_{mm'}\,,$$

$$\sum_{lm} Y_m^{(l)*}(\Omega)\,Y_m^{(l)}(\Omega') = \delta(\Omega - \Omega')\,.$$

Ihr Vorzeichen wird durch die Forderung

$$Y_0^{(l)}(0,0) > 0$$

festgelegt – diese Freiheit haben wir nach Abschn. 2.6 noch. (Schon im nächsten Abschnitt finden wir, daß die linke Seite gleich $\hat{l}/\sqrt{4\pi}$ ist.)

7.3 Zusammenhang zwischen Kugel- und Kreiselfunktionen

Weil der Operator iL_z in der Ortsdarstellung die Ableitung nach dem Winkel φ ist und die Kugelfunktion $Y_m^{(l)}(\Omega)$ Eigenfunktion von iL_z mit dem Eigenwert im ist, hängt sie über den Faktor $\exp(im\varphi)$ von diesem Winkel ab. Damit kann die Eigenwertgleichung von L^2 in die Form

$$\left\{ \frac{1}{\sin\theta}\,\frac{\partial}{\partial\theta}\left(\sin\theta\,\frac{\partial}{\partial\theta}\right) + l(l+1) - \frac{m^2}{\sin^2\theta} \right\}\,Y_m^{(l)}(\Omega) = 0$$

gebracht werden. Dieser Gleichung genügt nach Abschn. 6.8 die reduzierte Kreiselfunktion $d_{m0}^{(l)}(\theta)$. Tatsächlich gilt

$$Y_m^{(l)}(\Omega) = \frac{\hat{l}}{\sqrt{4\pi}}\,d_{m0}^{(l)}(\theta)\,\exp(im\varphi)\,,$$

denn beide Funktionen können sich nur um einen Faktor voneinander unterscheiden: Die Differentialgleichung ist nämlich an den Bereichsgrenzen 0 und π singulär, die gesuchten Funktionen sollen aber stetig sein. Norm und Phase sind jedoch richtig, denn es folgt aus Abschn. 6.10, 6.8 bzw. 6.9

92

$$\int Y_m^{(l)*}(\Omega)\, Y_{m'}^{(l')}(\Omega)\, d\Omega = \frac{\hat{l}\hat{l'}}{4\pi}\cdot 4\pi\,\hat{l}^{-2}\cdot \delta_{ll'}\,\delta_{mm'} = \delta_{ll'}\,\delta_{mm'}\;,$$

$$Y_m^{(l)*}(\Omega) = (-)^m\, Y_{-m}^{(l)}(\Omega) \qquad \text{und} \qquad Y_m^{(l)}(0,0) = \frac{\hat{l}}{\sqrt{4\pi}}\,\delta_{m0} \ge 0\;.$$

Folglich gilt, wie in Abschn. 6.9 behauptet,

$$Y_m^{(l)}(\theta,\varphi) = \frac{\hat{l}}{\sqrt{4\pi}}\,\mathrm{D}_{m0}^{(l)}(\varphi,\theta,\psi) = (-)^m\,\frac{\hat{l}}{\sqrt{4\pi}}\,\mathrm{D}_{0m}^{(l)}(\psi,\theta,\varphi)\;,$$

denn es ist

$$\mathrm{D}_{m0}^{(l)}(\varphi,\theta,\psi) = \exp(im\varphi)\, d_{m0}^{(l)}(\theta) = (-)^m\, d_{0m}^{(l)}(\theta)\,\exp(im\varphi)\;.$$

Aus den Eigenschaften der Kreiselfunktionen folgt (vgl. Abschn. 6.5):

$$\sum_{m_1 m_2}\begin{pmatrix} l_1 & l_2 \\ m_1 & m_2 \end{pmatrix}\!\!\begin{array}{c} l \\ m \end{array}\, Y_{m_1}^{(l_1)}(\Omega)\, Y_{m_2}^{(l_2)}(\Omega) = \frac{\hat{l}_1\hat{l}_2}{\hat{l}\sqrt{4\pi}}\begin{pmatrix} l_1 & l_2 \\ 0 & 0 \end{pmatrix}\!\!\begin{array}{c} l \\ 0 \end{array}\, Y_m^{(l)}(\Omega)$$

und

$$Y_{m_1}^{(l_1)}(\Omega)\, Y_{m_2}^{(l_2)}(\Omega) = \sum_{lm}\frac{\hat{l}_1\hat{l}_2}{\hat{l}\sqrt{4\pi}}\begin{pmatrix} l_1 & l_2 \\ m_1 & m_2 \end{pmatrix}\!\!\begin{array}{c} l \\ m \end{array}\begin{pmatrix} l_1 & l_2 \\ 0 & 0 \end{pmatrix}\!\!\begin{array}{c} l \\ 0 \end{array}\, Y_m^{(l)}(\Omega)\;.$$

Deshalb ist

$$\langle lm|\, Y_\nu^{(n)}\, |l'm'\rangle = i^{l'-l}\int Y_m^{(l)*}(\Omega)\, Y_\nu^{(n)}(\Omega)\, Y_{m'}^{(l')}(\Omega)\, d\Omega$$

$$= i^{l'-l}\sum_{l''m''}\frac{\hat{n}\hat{l'}}{\hat{l''}\sqrt{4\pi}}\begin{pmatrix} n & l' \\ \nu & m' \end{pmatrix}\!\!\begin{array}{c} l'' \\ m'' \end{array}\begin{pmatrix} n & l' \\ 0 & 0 \end{pmatrix}\!\!\begin{array}{c} l'' \\ 0 \end{array}\,\delta_{ll''}\,\delta_{mm''}\;,$$

und damit das reduzierte Matrixelement von $i^n\, Y^{(n)}$:

$$\langle l\,\|\, i^n\, Y^{(n)}\,\|\, l'\rangle = i^{n+l+l'}\,\frac{\hat{n}\hat{l}\hat{l'}}{\sqrt{4\pi}}\begin{pmatrix} l & n & l' \\ 0 & 0 & 0 \end{pmatrix}\;.$$

(Den Faktor $i^{n+l+l'}$ kann man weglassen, wenn man den Betrag des $3j$-Symbols nimmt – vgl. Abschn. 3.13)

7.4 Zugeordnete Legendre-Funktionen

Im letzten Abschnitt sind die Kugelfunktionen auf die uns bekannten Kreiselfunktionen zurückgeführt worden. Will man ohne die Kreiselfunktionen auskommen, so folgert man aus $L_\pm|l,\pm l\rangle = 0$ die Lösung

$$Y_{\pm l}^{(l)}(\theta,\varphi) \sim \sin^l\theta\,\exp(\pm il\varphi)$$

und bestimmt daraus mit den Leiteroperatoren die übrigen. Dieses Verfahren wird in vielen Lehrbüchern der Quantenmechanik vorgeführt, vgl. z.B. MESSIAH II. Dabei werden gewöhnlich die "zugeordneten Legendre-Funktionen"

$$P_l^m(\cos\theta) = (-)^m\,\sqrt{\frac{(l+m)!}{(l-m)!}}\, d_{m0}^{(l)}(\theta) = (-)^m\,\frac{(l+m)!}{(l-m)!}\, P_l^{-m}(\cos\theta)$$

eingeführt (die zweite Gleichung folgt mit Abschn. 6.8). Mit ihnen gilt

$$Y_{\pm m}^{(l)}(\Omega) = (\mp)^m \sqrt{\frac{2l+1}{4\pi} \frac{(l-m)!}{(l+m)!}} \, P_l^m(\cos\theta) \, \exp(\pm im\varphi) \qquad \text{mit } m \geq 0 \,.$$

Weil die Eigenschaften der allgemeineren Kreiselfunktionen im letzten Kapitel ausführlich behandelt worden sind, seien hier nur wenige Eigenschaften der zugeordneten Legendre-Funktionen genannt. Zum Beispiel lassen sich die Rekursionsformeln leicht herleiten, wenn man die Gleichung $l(l+1) - m(m+1) = (l-m)(l+m+1)$ ausnutzt: Es erscheinen einfache Zahlenfaktoren anstelle der Wurzelfaktoren bei den Kreiselfunktionen. So liefert die erste in Abschn. 6.8 genannte Rekursionsformel

$$\sin\theta \, \frac{d P_l^m(\cos\theta)}{d\cos\theta} + m \cot\theta \, P_l^m(\cos\theta) = P_l^{m+1}(\cos\theta) \,.$$

Daraus folgt

$$P_l^{m+1}(\cos\theta) = \sin^{m+1}\theta \, \frac{d}{d\cos\theta} \left(\frac{1}{\sin^m\theta} \, P_l^m(\cos\theta) \right)$$

und damit die wichtige Gleichung

$$P_l^m(\cos\theta) = \sin^m\theta \, \frac{d^m P_l(\cos\theta)}{d\cos^m\theta} \,,$$

denn es ist

$$P_l^0(\cos\theta) \equiv P_l(\cos\theta) \,.$$

(Die Eigenschaften der Legendre-Polynome $P_l(\cos\theta)$ sind im Anhang 2 zusammengestellt.) Für die numerische Berechnung greift man am besten auf die Gleichung

$$(l-m+1) \, P_{l+1}^m(\cos\theta) = (2l+1) \, \cos\theta \, P_l^m(\cos\theta) - (l+m) \, P_{l-1}^m(\cos\theta)$$

und die Anfangswerte

$$P_m^m(\cos\theta) = (2m-1)!! \, \sin^m\theta$$

mit

$$(2m-1)!! = 1 \cdot 3 \cdot 5 \cdots (2m-1) = \frac{(2m)!}{2^m \, m!}$$

und

$$P_l^m(\cos\theta) = 0 \qquad \text{für} \quad l < m$$

zurück, weil dieses Verfahren numerisch stabil ist – im Gegensatz zu der Rekursion

$$P_l^{m+1}(\cos\theta) - 2m \cot\theta \, P_l^m(\cos\theta) + (l+m)(l-m+1) \, P_l^{m-1}(\cos\theta) = 0 \,.$$

Aus diesen Gleichungen folgt

$$P_l^m(-\cos\theta) = (-)^{l+m} \, P_l^m(\cos\theta) \,,$$

$$P_l^m(1) = \delta_{m0} = (-)^l \, P_l^m(-1)$$

und

$$P_l^m(0) = (-)^{\frac{1}{2}(l-m)} \, \frac{(l+m-1)!!}{(l-m)!!} = (-)^{\frac{1}{2}(l-m)} \, \frac{(l+m)!}{2^l \, \frac{l-m}{2}! \, \frac{l+m}{2}!}$$

für $l-m$ gerade, sonst null.

Die zugeordneten Legendre-Funktionen mit gleichem oberen Index m bilden ein vollständiges Orthogonalsystem für $-1 \leq \cos\theta \leq +1$ (wie ihr Sonderfall $m = 0$, die Legendre-Polynome), denn aus Abschn. 6.10 folgt:

$$\int\limits_{-1}^{+1} P_n^m(\cos\theta)\, P_{n'}^m(\cos\theta)\, d\cos\theta = \frac{2}{\hat{n}^2}\, \frac{(n+m)!}{(n-m)!}\, \delta_{nn'} \; .$$

Insbesondere gilt – wie wir gleich zeigen werden –

$$\sin^m\theta\, \cos^n\theta = \sum_l \frac{1 + (-)^{n+m+l}}{2}\, \frac{2^l\, n!}{(n+m+l+1)!}\, \frac{\frac{n+m+l}{2}!}{\frac{n+m-l}{2}!}\, \hat{l}^2\, P_l^m(\cos\theta) \; .$$

Aus den Eigenschaften der Legendre-Polynome (im Anhang 2) folgt nämlich mit partieller Integration

$$\int\limits_0^1 x^k\, P_l(x)\, dx = \frac{1}{l} \int\limits_0^1 \left(x^{k+1}\, P_l'(x) - x^k\, P_{l-1}'(x) \right)\, dx$$

$$= \frac{1}{l}\left[x^{k+1}\, P_l(x)\Big|_0^1 - (k+1) \int\limits_0^1 x^k\, P_l(x)\, dx - x^k\, P_{l-1}(x)\Big|_0^1 + k \int\limits_0^1 x^{k-1}\, P_{l-1}(x)\, dx \right]$$

$$= \frac{k}{k+l+1} \int\limits_0^1 x^{k-1}\, P_{l-1}(x)\, dx = \frac{k!}{(k-l)!}\, \frac{(k-l+1)!!}{(k+l+1)!!} \int\limits_0^1 x^{k-l}\, dx = \frac{2^l\, k!}{(k+l+1)!}\, \frac{\frac{k+l}{2}!}{\frac{k-l}{2}!} \; .$$

Damit läßt sich die Behauptung für $m = 0$ beweisen – und durch m-fache Differentiation nach $\cos\theta$ folgt dann die allgemeine Gleichung. Damit gilt auch

$$\int\limits_{-1}^1 \sin^m\theta\, \cos^n\theta\, P_l^m(\cos\theta)\, d\cos\theta = \left(1 + (-)^{n+m+l}\right) \frac{2^l\, n!}{(n+m+l+1)!}\, \frac{(l+m)!}{(l-m)!}\, \frac{\frac{n+m+l}{2}!}{\frac{n+m-l}{2}!} \; ,$$

was wir in Abschn. 7.8 ausnutzen werden.

7.5 Parität der Kugelfunktionen, Impulsdarstellung

Bei einer Raumspiegelung geht der Ortsvektor $\vec{r}$ in $-\vec{r}$ über und damit $\Omega = (\theta, \varphi)$ in $-\Omega = (\pi - \theta, \pi + \varphi)$. Wegen

$$d_{m0}^{(l)}(\pi - \theta) = \sum_{m'} d_{mm'}^{(l)}(\pi)\, d_{-m'0}^{(l)}(\theta) = (-)^{l+m}\, d_{m0}^{(l)}(\theta)$$

hat daher die Kugelfunktion $Y_m^{(l)}(\Omega)$ nach dem vorletzten Abschnitt die Parität $(-)^l$:

$$Y_m^{(l)}(-\Omega) = (-)^l\, Y_m^{(l)}(\Omega) \; .$$

Dieses Ergebnis ist auch für die Impulsdarstellung der Bahndrehimpulszustände wichtig. Wir verlangen nämlich $\mathsf{T}|\Omega_p\rangle = |-\Omega_p\rangle$, damit

$$\langle \vec{r}|\vec{p}\rangle = \frac{1}{\sqrt{h}^3} \exp(\frac{i}{\hbar}\,\vec{r}\cdot\vec{p})$$

ohne weitere Faktoren gilt. Folglich ist $\langle \Omega_p|lm\rangle^* = (-)^{l+m}\langle -\Omega_p|l,-m\rangle$ und daher

$$\langle \Omega_p|lm\rangle = Y^{(l)}_m(\Omega_p)$$

ohne den Faktor i^l der Ortsdarstellung.

7.6 Drehverhalten und Additionstheorem der Kugelfunktionen

Nach Abschn. 6.6 transformieren sich Kugelfunktionen bei Drehungen wie sphärische Tensoren:

$$Y^{(l)}_m(\Omega') = \sum_{m'} Y^{(l)}_{m'}(\Omega)\, \mathsf{D}^{(l)\,*}_{m'm}(\vec{\omega})\,.$$

Wegen der Unitarität der Drehoperatoren gilt deshalb

$$\sum_m Y^{(l)\,*}_m(\Omega'_1)\, Y^{(l)}_m(\Omega'_2) = \sum_m Y^{(l)\,*}_m(\Omega_1)\, Y^{(l)}_m(\Omega_2)\,,$$

wenn $\Omega_2 - \Omega_1 = \Omega'_2 - \Omega'_1$ ist. Damit folgt bei $\Omega'_1 = (0,0)$ wegen $Y^{(l)}_m(0,0) = \hat{l}/\sqrt{4\pi}\,\delta_{m0}$ das "Additionstheorem für Kugelfunktionen"

$$\sum_m Y^{(l)\,*}_m(\Omega_1)\, Y^{(l)}_m(\Omega_2) = \sqrt{\frac{2l+1}{4\pi}}\, Y^{(l)}_0(\Omega_2 - \Omega_1) = \frac{2l+1}{4\pi}\, P_l(\cos\theta_{21})\,,$$

wobei $\theta_{21} = \Omega_2 - \Omega_1$ der Winkel zwischen Ω_2 und Ω_1 ist; sein Kosinus ist das Skalarprodukt der Einheitsvektoren in diese Richtungen:

$$\cos\theta_{21} = \cos\theta_2\, \cos\theta_1 + \sin\theta_2\, \sin\theta_1\, \cos(\varphi_2 - \varphi_1)\,.$$

Das Additionstheorem beschreibt die "Korrelation" der beiden Richtungen Ω_1 und Ω_2, was in Abschn. 8.1 näher ausgeführt und dann verallgemeinert wird. Im übernächsten Abschnitt befassen wir uns mit den Kugelfunktionen zur Richtung $\vec{e}_1 \times \vec{e}_2$ und in Abschn. 9.7 mit denen zu $\vec{r}_1 - \vec{r}_2$: Auch dort werden wir die Ergebnisse als Summen über Produkte von Kugelfunktionen mit entsprechenden Richtungen schreiben.

7.7 Renormierte Kugelfunktionen

An mehreren Stellen ist der Faktor $\sqrt{4\pi/(2l+1)}$ bei den Kugelfunktionen aufgetreten. Deshalb ist es häufig bequemer, mit den "renormierten Kugelfunktionen"

$$C^{(l)}_m(\Omega) \equiv \sqrt{\frac{4\pi}{2l+1}}\, Y^{(l)}_m(\Omega) = i^{-l}\, \sqrt{\frac{4\pi}{2l+1}}\, \langle \Omega|lm\rangle$$

zu arbeiten. Dies trifft insbesondere bei der Verknüpfung mit den Kreiselfunktionen und beim reduzierten Matrixelement zu:

$$C_m^{(l)}(\Omega) = \mathfrak{D}_{m0}^{(l)}(\varphi, \theta, \psi) = d_{m0}^{(l)}(\theta)\,\exp(im\varphi)\,,$$

$$C_{\pm m}^{(l)}(\Omega) = (\mp)^m\,\sqrt{\frac{(l-m)!}{(l+m)!}}\,\,P_l^m(\cos\theta)\,\exp(\pm im\varphi)\qquad\text{für}\quad m\geq 0\,,$$

mit

$$C_m^{(l)}(\Omega) = (-)^m\,C_{-m}^{(l)*}(\Omega) = (-)^l\,C_m^{(l)}(-\Omega)$$

und den Sonderfällen

$$C_0^{(l)}(\Omega) = P_l(\cos\theta)\,,\qquad C_0^{(0)}(\Omega) = 1\,,\qquad C_m^{(l)}(0,0) = \delta_{m0}\,.$$

Wir haben offenbar auch

$$C_{m_1}^{(l_1)}(\Omega)\,C_{m_2}^{(l_2)}(\Omega) = \sum_{lm}\begin{pmatrix} l_1 & l_2 & \big|\, l \\ m_1 & m_2 & \big|\, m \end{pmatrix}\begin{pmatrix} l_1 & l_2 & \big|\, l \\ 0 & 0 & \big|\, 0 \end{pmatrix} C_m^{(l)}(\Omega)\,,$$

$$\left[C^{(l_1)}(\Omega)\times C^{(l_2)}(\Omega)\right]_m^{(l)} = \begin{pmatrix} l_1 & l_2 & \big|\, l \\ 0 & 0 & \big|\, 0 \end{pmatrix} C_m^{(l)}(\Omega)\,,$$

$$\langle l\,\|\,i^n\,C^{(n)}\,\|\,l'\rangle = i^{l+n+l'}\,\hat{l}\hat{l}'\begin{pmatrix} l & n & l' \\ 0 & 0 & 0 \end{pmatrix}\,,$$

$$C_m^{(l)}(\Omega') = \sum_{m'} C_{m'}^{(l)}(\Omega)\,\mathfrak{D}_{m'm}^{(l)*}(\vec{\omega})$$

und

$$\int C_m^{(l)*}(\Omega)\,C_{m'}^{(l')}(\Omega)\,d\Omega = \frac{4\pi}{2l+1}\,\delta_{ll'}\,\delta_{mm'}\,,$$

$$\int C_m^{(l)}(\Omega)\,d\Omega = 4\pi\,\delta_{l0}\,\delta_{m0}\,,$$

$$\sum_{lm}\hat{l}^2\,C_m^{(l)*}(\Omega_1)\,C_m^{(l)}(\Omega_2) = 4\pi\,\delta(\Omega_1 - \Omega_2)\,,$$

$$\sum_m C_m^{(l)*}(\Omega_1)\,C_m^{(l)}(\Omega_2) = P_l(\cos\theta_{21}) = (-)^l\,\hat{l}^2\left[C^{(l)}(\Omega_1)\times C^{(l)}(\Omega_2)\right]_0^{(0)}\,.$$

Verallgemeinerungen der letzten Gleichung betrachten wir im nächsten Kapitel: Legendre-Polynome sind die einfachsten Vertreter der Korrelationsfunktionen.

Tabelle der ersten Kugelfunktionen

$$l, \quad m \qquad C_m^{(l)}(\Omega) = \sqrt{\frac{4\pi}{2l+1}}\; Y_m^{(l)}$$

$l,\ m$	$C_m^{(l)}(\Omega)$	
$0,\ \ 0$	1	
$1,\ \ 0$	$\cos\theta$	
$1, \pm 1$	$\mp \tfrac{1}{2}\sqrt{2}\,\sin\theta\,\exp(\pm i\varphi)$	
$2,\ \ 0$	$+\tfrac{1}{2}(3\cos^2\theta - 1)$	$= \tfrac{1}{4}(1 + 3\cos 2\theta)$
$2, \pm 1$	$\mp \tfrac{1}{2}\sqrt{6}\,\cos\theta\,\sin\theta\,\exp(\pm i\varphi)$	$= \mp\tfrac{1}{4}\sqrt{6}\,\sin 2\theta\,\exp(\pm i\varphi)$
$2, \pm 2$	$+\tfrac{1}{4}\sqrt{6}\,\sin^2\theta\,\exp(\pm 2i\varphi)$	$= +\tfrac{1}{8}\sqrt{6}\,(1 - \cos 2\theta)\,\exp(\pm 2i\varphi)$
$3,\ \ 0$	$+\tfrac{1}{2}(5\cos^3\theta - 3\cos\theta)$	$= \tfrac{1}{8}(3\cos\theta + 5\cos 3\theta)$
$3, \pm 1$	$\mp \tfrac{1}{4}\sqrt{3}\,(5\cos^2\theta - 1)\sin\theta\,\exp(\pm i\varphi)$	$= \mp\tfrac{1}{16}\sqrt{3}\,(\sin\theta + 5\sin 3\theta)\,\exp(\pm i\varphi)$
$3, \pm 2$	$+\tfrac{1}{4}\sqrt{30}\,\cos\theta\,\sin^2\theta\,\exp(\pm 2i\varphi)$	$= +\tfrac{1}{16}\sqrt{30}\,(\cos\theta - \cos 3\theta)\,\exp(\pm 2i\varphi)$
$3, \pm 3$	$\mp \tfrac{1}{4}\sqrt{5}\,\sin^3\theta\,\exp(\pm 3i\varphi)$	$= \mp\tfrac{1}{16}\sqrt{5}\,(3\sin\theta - \sin 3\theta)\,\exp(\pm 3i\varphi)$

7.8 Einheitsvektoren

Mit den in Abschn. 5.4 eingeführten sphärischen Einheisvektoren $\vec{e}_\nu^{(1)}$ und den eben besprochenen renormierten Kugelfunktionen läßt sich allgemein für den Einheitsvektor $\vec{e}(\Omega)$ in Richtung Ω schreiben:

$$\vec{e}(\Omega) = -i \sum_\nu \vec{e}_\nu^{(1)}\, C_\nu^{(1)*}(\Omega)\,.$$

Insbesondere ist – wie auch sofort aus Abschn. 5.4 folgt –

$$\vec{e}_x = \frac{i}{\sqrt{2}}\left(\vec{e}_1^{(1)} - \vec{e}_{-1}^{(1)}\right)\,, \qquad \vec{e}_y = \frac{1}{\sqrt{2}}\left(\vec{e}_1^{(1)} + \vec{e}_{-1}^{(1)}\right)\,, \qquad \vec{e}_z = -i\,\vec{e}_0^{(1)}\,.$$

Die renormierten Kugelfunktionen $i\,C^{(1)}$ können demnach als die sphärischen Tensorkomponenten des Einheitsvektors $\vec{e}(\Omega)$ aufgefaßt werden, denn wir haben

$$\vec{e}(\Omega) \cdot \vec{e}_\nu^{(1)} = i\,C_\nu^{(1)}(\Omega)\,.$$

Neben den sphärischen Einheitsvektoren $\vec{e}_\nu^{(1)}$ sind oft auch die zueinander senkrechten, reellen Einheitsvektoren $\vec{e}_r$, $\vec{e}_\theta$ und $\vec{e}_\varphi$ nützlich, die im Bild 9 angedeutet sind: Der Einheitsvektor $\vec{e}_r$ weist in Richtung Ω und wurde zuvor mit $\vec{e}(\Omega)$ bezeichnet, $\vec{e}_\theta$ weist in die Richtung $(\theta + \tfrac{1}{2}\pi, \varphi)$ und $\vec{e}_\varphi$ in die Richtung $(\tfrac{1}{2}\pi, \tfrac{1}{2}\pi + \varphi)$. Wir haben deshalb

$$\vec{e}_r = i\left[-\cos\theta\,\vec{e}_0^{(1)} + \frac{1}{\sqrt{2}}\sin\theta\left(e^{-i\varphi}\vec{e}_1^{(1)} - e^{i\varphi}\vec{e}_{-1}^{(1)}\right)\right]\,,$$

$$\vec{e}_\theta = i\left[+\sin\theta\,\vec{e}_0^{(1)} + \frac{1}{\sqrt{2}}\cos\theta\left(e^{-i\varphi}\vec{e}_1^{(1)} - e^{i\varphi}\vec{e}_{-1}^{(1)}\right)\right]\,,$$

$$\vec{e}_\varphi = \frac{1}{\sqrt{2}}\left(e^{-i\varphi}\vec{e}_1^{(1)} + e^{i\varphi}\vec{e}_{-1}^{(1)}\right)\,,$$

bzw.

$$\vec{e}_0^{(1)} = +i\left(\cos\theta\,\vec{e}_r - \sin\theta\,\vec{e}_\theta\right),$$

$$\vec{e}_{\pm 1}^{(1)} = \mp i\left(\sin\theta\,\vec{e}_r + \cos\theta\,\vec{e}_\theta \pm i\vec{e}_\varphi\right)\frac{\exp(\pm i\varphi)}{\sqrt{2}}.$$

Außerdem gilt

$$d\vec{r} = \vec{e}_r\,dr + \vec{e}_\theta\,r\,d\theta + \vec{e}_\varphi\,r\sin\theta\,d\varphi,$$

$$\vec{\nabla} = \vec{e}_r\frac{\partial}{\partial r} + \vec{e}_\theta\frac{1}{r}\frac{\partial}{\partial\theta} + \vec{e}_\varphi\frac{1}{r\sin\theta}\frac{\partial}{\partial\varphi},$$

$$i\vec{L} \mathrel{\hat{=}} \vec{r}\times\vec{\nabla} = -\vec{e}_\theta\frac{1}{\sin\theta}\frac{\partial}{\partial\varphi} + \vec{e}_\varphi\frac{\partial}{\partial\theta},$$

also

$$\vec{\nabla} \mathrel{\hat{=}} \vec{e}_r\frac{\partial}{\partial r} - \frac{\vec{e}_r\times i\vec{L}}{r}.$$

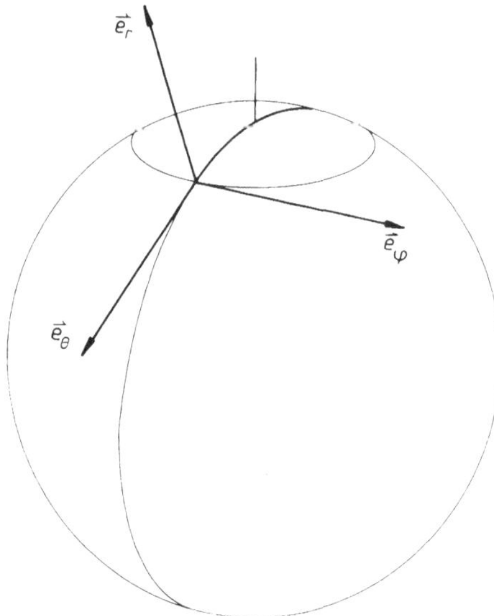

Bild 9: Die zueinander senkrechten Einheitsvektoren $\vec{e}_r$, $\vec{e}_\theta$ und $\vec{e}_\varphi = \vec{e}_r\times\vec{e}_\theta$.

Bei der Beschreibung zirkular-polarisierter Vektorfelder werden wir in Abschn. 10.8 die Einheitsvektoren

$$\vec{e}_0^{(1)}(\Omega) \equiv i\vec{e}_r, \qquad \vec{e}_{\pm 1}^{(1)}(\Omega) \equiv \frac{\mp i}{\sqrt{2}}\left(\vec{e}_\theta \pm i\vec{e}_\varphi\right)$$

verwenden. Damit verallgemeinern wir die sphärischen Einheitsvektoren, die zum Sonderfall

$\Omega = (0,0)$ gehören. So erhalten wir

$$\vec{e}^{(1)}_{\nu}(\Omega) = \sum_{\mu} \vec{e}^{(1)}_{\mu} \, D^{(1)*}_{\mu\nu}(\varphi,\theta,0) \,,$$

$$\vec{e}^{(1)*}_{\nu}(\Omega) = (-)^{1+\nu} \, \vec{e}^{(1)}_{-\nu}(\Omega) \,,$$

$$\vec{e}^{(1)}_{\nu'}{}^{*}(\Omega) \cdot \vec{e}^{(1)}_{\nu'}(\Omega) = \delta_{\nu\nu'} \,,$$

$$\vec{e}^{(1)}_{\nu}(\Omega) \times \vec{e}^{(1)}_{\nu'}(\Omega) = -\sqrt{2} \begin{pmatrix} 1 & 1 & \bigg| & 1 \\ \nu & \nu' & \bigg| & \nu+\nu' \end{pmatrix} \vec{e}^{(1)}_{\nu+\nu'}(\Omega) \,.$$

Umgekehrt gilt damit

$$\vec{e}^{(1)}_{\nu} = \sum_{\mu} \vec{e}^{(1)}_{\mu}(\Omega) \, D^{(1)}_{\nu\mu}(\varphi,\theta,0) \,.$$

Wie in Abschn. 7.6 angekündigt, betrachten wir nun noch die (renormierten) Kugelfunktionen zur Richtung

$$\vec{e}(\Omega) = \frac{\vec{e}(\Omega_1) \times \vec{e}(\Omega_2)}{|\vec{e}(\Omega_1) \times \vec{e}(\Omega_2)|} \qquad \text{mit} \quad |\vec{e}(\Omega_1) \times \vec{e}(\Omega_2)| = \sin\theta_{21} \,.$$

Nach dem Vorangegangenen und Abschn. 5.4 gilt

$$\vec{e}(\Omega_1) \times \vec{e}(\Omega_2) = \sqrt{2} \sum_{m} \vec{e}^{(1)}_{m} \left[C^{(1)}(\Omega_1) \times C^{(1)}(\Omega_2) \right]^{(1)*}_{m} = -i \sin\theta_{21} \sum_{m} \vec{e}^{(1)}_{m} \, C^{(1)*}_{m}(\Omega) \,,$$

also

$$\sin\theta_{21} \, C^{(1)}_{m}(\Omega) = -i \sqrt{2} \left[C^{(1)}(\Omega_1) \times C^{(1)}(\Omega_2) \right]^{(1)}_{m}$$

und insbesondere

$$\sin\theta_{21} \, C^{(1)}_{1}(\Omega) = i \left(\cos\theta_1 \, C^{(1)}_{1}(\Omega_2) - C^{(1)}_{1}(\Omega_1) \, \cos\theta_2 \right) \,.$$

Allgemein ist

$$\sin^{n}\theta_{21} \, C^{(n)}_{m}(\Omega) = \sum_{n_1 n_2} a(n_1 n_2 n) \left[C^{(n_1)}(\Omega_1) \times C^{(n_2)}(\Omega_2) \right]^{(n)}_{m} \,,$$

wobei die noch unbekannten Entwicklungskoeffizienten jedenfalls nicht von der Richtungsquantenzahl abhängen. (Wir folgen hier RASHID, dessen Ergebnis allerdings Druckfehler enthält.) Aus den letzten Gleichungen folgt deshalb

$$a(n_1 n_2 n) \begin{pmatrix} n_1 & n_2 & \bigg| & n \\ n_1 & n-n_1 & \bigg| & n \end{pmatrix} \frac{(4\pi)^2}{\hat{n_1}^2 \hat{n_2}^2} = \int C^{(n_1)*}_{n_1}(\Omega_1) \, C^{(n_2)*}_{n-n_1}(\Omega_2) \, \sin^{n}\theta_{21} \, C^{(n)}_{n}(\Omega) \, d\Omega_1 \, d\Omega_2 \,.$$

Nun gilt nach dem letzten Abschnitt

$$C^{(n)}_{n}(\Omega) = \sqrt{\frac{2n-1}{n}} \, C^{(n-1)}_{n-1}(\Omega) \, C^{(1)}_{1}(\Omega) = \sqrt{\frac{(2n-1)!!}{n!}} \left(C^{(1)}_{1}(\Omega) \right)^{n} \,,$$

und wir können den binomischen Lehrsatz verwenden:

$$\sin^n \theta_{21}\, C_n^{(n)}(\Omega)$$

$$= \sqrt{\frac{(2n-1)!!}{n!}}\, i^n \sum_m (-)^m \binom{n}{m} \left(C_1^{(1)}(\Omega_1)\right)^m \cos^m \theta_2 \cos^{n-m} \theta_1 \left(C_1^{(1)}(\Omega_2)\right)^{n-m}$$

$$= i^n \sum_m (-)^m \sqrt{\binom{2n}{2m}}\, C_m^{(m)}(\Omega_1) \cos^m \theta_2 \cos^{n-m} \theta_1\, C_{n-m}^{(n-m)}(\Omega_2)\,.$$

Die Integration über φ_1 und φ_2 liefert jeweils den Faktor $2\pi\delta_{mn}$, so daß nur ein Summand übrigbleibt. Mit Abschn. 3.6 erhalten wir

$$a(n_1 n_2 n)\,\frac{4\hat{n}}{\hat{n}_1^{\,2}\hat{n}_2^{\,2}} = \frac{(-)^{n_1}\, i^n}{2^n\, n_1!(n-n_1)!(2n_1)!} \sqrt{\frac{(n_1+n_2-n)!(n_1+n_2+n+1)!(n_1-n_2+n)!}{(-n_1+n_2+n)!}}$$

$$\times \int_{-1}^{1} P_{n_1}^{n_1}(\cos\theta_1)\sin^{n_1}\theta_1 \cos^{n-n_1}\theta_1\, d\cos\theta_1 \;\times\; \int_{-1}^{1} P_{n_2}^{n-n_1}(\cos\theta_2)\sin^{n-n_1}\theta_2 \cos^{n_1}\theta_2\, d\cos\theta_2\,.$$

Die Integrale sind in Abschn. 7.4 angegeben. Wir erhalten schließlich

$$a(n_1 n_2 n) = (-i)^n\, \frac{1+(-)^{n+n_1}}{2}\,\frac{1+(-)^{n+n_2}}{2}\,\frac{\hat{n}_1^2 \hat{n}_2^2}{\hat{n}}\,\frac{2^{n_1+n_2-n}}{(n+n_1+1)!(n+n_2+1)!}\,\frac{\frac{n+n_1}{2}!\,\frac{n+n_2}{2}!}{\frac{n-n_1}{2}!\,\frac{n-n_2}{2}!}$$

$$\times \sqrt{\frac{(n_1-n_2+n)!(n_2-n_1+n)!(n_1+n_2+n+1)!}{(n_1+n_2-n)!}}\,.$$

7.9 Richtungskomponenten von sphärischen Tensoren

Für das Skalarprodukt des Vektors $\vec{A}$ mit dem Einheitsvektor $\vec{e}(\Omega)$ folgt nach Abschn. 5.4

$$\vec{A}\cdot\vec{e}(\Omega) = \frac{\sqrt{c_A}}{i}\sum_\nu A_\nu^{(1)}\, C_\nu^{(1)*}(\Omega) = i\,\sqrt{c_A}\,\sqrt{3}\left[A^{(1)}\times C^{(1)}(\Omega)\right]_0^{(0)}\,,$$

insbesondere

$$A_x = i\sqrt{\frac{c_A}{2}}\left(A_1^{(1)} - A_{-1}^{(1)}\right),\quad A_y = \sqrt{\frac{c_A}{2}}\left(A_1^{(1)} + A_{-1}^{(1)}\right),\quad A_z = \frac{\sqrt{c_A}}{i}\,A_0^{(1)}\,.$$

Wie in Abschn. 5.5 verallgemeinern wir dies auch auf Tensorstufen $n \neq 1$ und bezeichnen als "Komponente des sphärischen Tensors $A^{(n)}$ in Richtung Ω"

$$A^{(n)}(\Omega) \equiv \frac{\sqrt{c_A}}{i^n}\sum_\nu A_\nu^{(n)}\, C_\nu^{(n)*}(\Omega) = i^n\,\sqrt{c_A}\,\hat{n}\left[A^{(n)}\times C^{(n)}(\Omega)\right]_0^{(0)}\,,$$

wobei der Phasenfaktor für die Eigenschaft

$$\mathcal{T}\, A^{(n)}(\Omega)\,\mathcal{T}^{-1} = c_A\, A^{(n)}(\Omega)$$

sorgt. (Ab Abschn. 11.6 werden wir z.B. von der Komponente der Spinpolarisation in Richtung Ω sprechen.)

Einen Vektor ($n = 1$) gibt man oft durch seine drei kartesischen Komponenten an. Bei einem Tensor zweiter Stufe genügen die Komponenten in die fünf Richtungen

$$\Omega_0 = (0,0), \qquad \Omega_{\pm 1} = (\tfrac{1}{4}\pi, \pm\tfrac{1}{4}\pi), \qquad \Omega_{\pm 2} = (\tfrac{1}{2}\pi, \pm\tfrac{1}{8}\pi),$$

denn wegen

$$
\begin{aligned}
A^{(2)}(\Omega_0) &= -\sqrt{c_A}\, A_0^{(2)}, \\
A^{(2)}(\Omega_1) + A^{(2)}(\Omega_{-1}) &= \sqrt{c_A}\,\{\tfrac{1}{2}\sqrt{3}(A_1^{(2)} - A_{-1}^{(2)}) - \tfrac{1}{2}A_0^{(2)}\}, \\
A^{(2)}(\Omega_1) - A^{(2)}(\Omega_{-1}) &= -i\sqrt{c_A}\,\{\tfrac{1}{2}\sqrt{3}(A_1^{(2)} + A_{-1}^{(2)}) - \tfrac{1}{4}\sqrt{6}(A_2^{(2)} - A_{-2}^{(2)})\}, \\
A^{(2)}(\Omega_2) + A^{(2)}(\Omega_{-2}) &= -\sqrt{c_A}\,\{\tfrac{1}{2}\sqrt{3}(A_2^{(2)} + A_{-2}^{(2)}) - A_0^{(2)}\}, \\
A^{(2)}(\Omega_2) - A^{(2)}(\Omega_{-2}) &= i\sqrt{c_A}\,\{\tfrac{1}{2}\sqrt{3}(A_2^{(2)} - A_{-2}^{(2)})
\end{aligned}
$$

ist

$$
\begin{aligned}
-\sqrt{c_A}\, A_0^{(2)} &= A^{(2)}(\Omega_0), \\
\mp\sqrt{3\,c_A}\, A_{\pm 1}^{(2)} &= \tfrac{1}{2}A^{(2)}(\Omega_0) - (1 \pm i)A^{(2)}(\Omega_1) - (1 \mp i)A^{(2)}(\Omega_{-1}) \\
&\qquad \pm \tfrac{i}{\sqrt{2}}\{A^{(2)}(\Omega_2) - A^{(2)}(\Omega_{-2})\}, \\
-\sqrt{3\,c_A}\, A_{\pm 2}^{(2)} &= A^{(2)}(\Omega_0) + (1 \pm i)A^{(2)}(\Omega_2) + (1 \mp i)A^{(2)}(\Omega_{-2}).
\end{aligned}
$$

Allgemein genügen für einen Tensor n-ter Stufe $2n + 1$ geeignete Richtungskomponenten.

7.10 Zusammenfassung: Kugelfunktionen

Kugelfunktionen treten bei der Richtungsdarstellung der Bahndrehimpulszustände auf, wobei es wegen des verschiedenen Verhaltens bei Zeitumkehr darauf ankommt, ob die Richtung des Ortsvektors $\vec{R}$ oder die des Impulses $\vec{P}$ gemeint ist:

$$\langle \Omega_r | lm \rangle = i^l\, Y_m^{(l)}(\Omega_r), \qquad \langle \Omega_p | lm \rangle = Y_m^{(l)}(\Omega_p),$$

denn

$$\mathsf{T}\,|lm\rangle = (-)^{l+m}\,|l,-m\rangle, \qquad \mathsf{T}\,|\Omega_r\rangle = |\Omega_r\rangle, \qquad \mathsf{T}\,|\Omega_p\rangle = |-\Omega_p\rangle.$$

In vielen Fällen sind die renormierten Kugelfunktionen $C_m^{(l)}(\Omega)$ bequemer, deren wichtigste Eigenschaften in Abschn. 7.7 zusammengestellt sind. Sie sind Sonderfälle der Kreiselfunktionen, insbesondere ist $C_0^{(l)}(\Omega) = P_l(\cos\theta)$. Gerade wegen dieser Eigenschaft steht bei der Ortsdarstellung der Faktor i^l.

KORRELATIONSFUNKTIONEN

8.1 Zweierkorrelationsfunktionen

Zeichnet ein physikalisches System nur eine Richtung aus, so wählt man sie am besten zur Quantisierungsrichtung ($\vec{z}$-Richtung), denn es ist ja

$$C^{(n)}_m(0,0) = \delta_{m0} \ .$$

Sind zwei (bzw. n) Richtungen ausgezeichnet – nicht mehr –, so kommt es offenbar nur auf die Winkel zwischen diesen Richtungen an; dreht man alle Richtungen zusammen (mit starren Winkeln dazwischen), so darf sich physikalisch nichts ändern, denn sonst gäbe es noch weitere ausgezeichnete Richtungen. Wir müssen also aus den Kugelfunktionen zu den einzelnen Richtungen insgesamt einen Skalar bilden: Bis auf drehinvariante Faktoren werden so die "Korrelationsfunktionen" festgelegt. Dabei kann man das Koordinatensystem noch günstig wählen – z.B. die erste Richtung als Quantisierungsrichtung ($\vec{z}$) und die zweite in der xz-Ebene mit positiver x-Komponente.

Bei zwei ausgezeichneten Richtungen bleibt bei dieser Koordinatenwahl nur der Winkel θ_{21} zwischen den beiden Richtungen als Variable: Als Zweierkorrelationsfunktionen haben wir die Legendre-Polynome:

$$P_n(\cos\theta_{21}) - (-)^n \, \hat{n} \left[C^{(n)}(\Omega_1) \times C^{(n)}(\Omega_2) \right]^{(0)}_0 = \sum_m C^{(n)\,*}_m(\Omega_1) \, C^{(n)}_m(\Omega_2) \ .$$

Sie bilden ein vollständiges Orthogonalsystem in der Variablen $\cos\theta$:

$$\sum_n \frac{\hat{n}^2}{2} P_n(\cos\theta) P_n(\cos\theta') = \frac{\delta(\theta-\theta')}{\sin\theta} = \delta(\cos\theta - \cos\theta') \ ,$$

$$\int_0^\pi P_n(\cos\theta) P_{n'}(\cos\theta) \sin\theta \, d\theta = \frac{2}{\hat{n}^2} \delta_{nn'} \ .$$

Weitere Eigenschaften sind im Anhang 2 zusammengestellt.

Diese Betrachtungen sollen nun auf drei und vier ausgezeichnete Richtungen verallgemeinert werden. Dies wird insbesondere in Kap. 12 ausgenutzt werden, nämlich bei Zweiteilchenreaktionen mit polarisierten Teilchen und dem Zerfall in drei Teilchen.

8.2 Dreierkorrelationsfunktionen

Wir übernehmen die Funktionen von BIEDENHARN

$$P_{n_1 n_2 n_3}(\Omega_1\Omega_2\Omega_3) \equiv i^{n_1+n_2+n_3} \left[\left[C^{(n_1)}(\Omega_1) \times C^{(n_2)}(\Omega_2) \right]^{(n_3)} \times C^{(n_3)}(\Omega_3) \right]^{(0)}_0 ,$$

$$= i^{n_1+n_2+n_3} \left[C^{(n_1)}(\Omega_1) \times \left[C^{(n_2)}(\Omega_2) \times C^{(n_3)}(\Omega_3) \right]^{(n_1)} \right]^{(0)}_0 ,$$

$$= i^{-n_1-n_2-n_3} \sum_{m_1 m_2 m_3} \begin{pmatrix} n_1 & n_2 & n_3 \\ m_1 & m_2 & m_3 \end{pmatrix} C^{(n_1)}_{m_1}(\Omega_1) C^{(n_2)}_{m_2}(\Omega_2) C^{(n_3)}_{m_3}(\Omega_3) ,$$

weil sie reell und sehr symmetrisch sind:

$$P_{n_1 n_2 n_3}(\Omega_1 \Omega_2 \Omega_3) = P^*_{n_1 n_2 n_3}(\Omega_1 \Omega_2 \Omega_3),$$
$$= P_{n_2 n_3 n_1}(\Omega_2 \Omega_3 \Omega_1),$$
$$= (-)^{n_1 + n_2 + n_3} P_{n_2 n_1 n_3}(\Omega_2 \Omega_1 \Omega_3),$$
$$= (-)^{n_1} P_{n_1 n_2 n_3}(-\Omega_1, \Omega_2, \Omega_3).$$

Im Schrifttum findet man auch Funktionen mit anderer Norm und Phase als Tripelkorrelationsfunktionen bezeichnet, sie sind aber nicht so symmetrisch:

$$P_{n_1 n_2 n_3}(\Omega_1 \Omega_2 \Omega_3)$$
$$= i^{n_3 - n_1 - n_2} \frac{\sqrt{4\pi}^3}{\hat{n}_1 \hat{n}_2 \hat{n}_3{}^2} \Lambda_{n_1 n_2 n_3}(\Omega_1 \Omega_2 \Omega_3) \qquad \text{(BIEDENHARN \& ROSE)},$$
$$= i^{n_3 - n_1 - n_2} \frac{1}{\hat{n}_1 \hat{n}_2 \hat{n}_3{}^2} S_{n_1 n_2 n_3}(\Omega_1 \Omega_2 \Omega_3) \qquad \text{(DEVONS \& GOLDFARB)},$$
$$= i^{n_3 - n_1 - n_2} \frac{1}{\hat{n}_1 \hat{n}_2 \hat{n}_3} \Theta_{n_1 n_2 n_3}(\Omega_1 \Omega_2 \Omega_3) \qquad \text{(ROSE 58)}.$$

(Wegen der Normierung wäre es besser gewesen, $\hat{n}_1 \hat{n}_2 \hat{n}_3 \, P_{n_1 n_2 n_3}$ als Tripelkorrelationsfunktion einzuführen – aber wir wollen keine weitere haben.)

Ist eine der Quantenzahlen null, so vereinfacht sich die Korrelationsfunktion zu einem Legendre-Polynom:

$$P_{n_1 n_2 0}(\Omega_1 \Omega_2 \Omega_3) = \frac{\delta_{n_1 n_2}}{\hat{n}_1} P_{n_1}(\cos \theta_{21}).$$

Das ist auch der Fall, wenn zwei Richtungen übereinstimmen oder über eine Richtung integriert wird:

$$P_{n_1 n_2 n_3}(\Omega_1 \Omega_2 \Omega_2) = \left| \begin{pmatrix} n_1 & n_2 & n_3 \\ 0 & 0 & 0 \end{pmatrix} \right| P_{n_1}(\cos \theta_{21}),$$

$$\int P_{n_1 n_2 n_3}(\Omega_1 \Omega_2 \Omega_3) \, d\Omega_3 = 4\pi \, \delta_{n_3 0} \, \frac{\delta_{n_1 n_2}}{\hat{n}_1} P_{n_1}(\cos \theta_{21}).$$

8.3 Die Dreierkorrelationsfunktionen $P_{n_1 n_2 n_3}(\theta_2, \theta_3, \varphi_3)$

Im letzten Abschnitt war das Koordinatensystem noch nicht festgelegt worden. Da die Tripelkorrelationsfunktionen sphärische Invariante (Skalare) sind, können wir aber stets das Koordinatensystem günstig wählen, nämlich so wie in Abschn. 8.1: Die Richtung Ω_1 soll die Quantisierungsrichtung festlegen und Ω_2 in der xz-Ebene mit positiver x-Komponente liegen. Dann bleiben $\theta_2(=\theta_{21})$ und $\Omega_3 = (\theta_3, \varphi_3)$ als Variable:

$$P_{n_1 n_2 n_3}(\theta_2, \theta_3, \varphi_3) = i^{n_1 + n_2 + n_3} \sum_m (-)^m \begin{pmatrix} n_1 & n_2 & n_3 \\ 0 & m & -m \end{pmatrix} d^{(n_2)}_{m0}(\theta_2) \, d^{(n_3)}_{m0}(\theta_3) \, \exp(im\varphi_3)$$

und es ist

$$P_{n_1 n_2 n_3}(\theta_2, \theta_3, \varphi_3) = P_{n_1 n_3 n_2}(\theta_3, \theta_2, \varphi_3) = (-)^{n_1 + n_2 + n_3} P_{n_1 n_2 n_3}(\theta_2, \theta_3, -\varphi_3).$$

Liegen die drei Richtungen in einer Ebene (koplanare Richtungen), so ist $\varphi_3 = 0$; offenbar sind dann alle Tripelkorrelationsfunktionen mit ungerader Indexsumme $n_1 + n_2 + n_3$ gleich null.

In den Variablen θ_2, θ_3 und φ_3 bilden die Tripelkorrelatiosfunktionen ein vollständiges Orthogonalsystem (zu den Belegungsfunktionen $\sin\theta_2$ und $\sin\theta_3$):

$$\sum_{n_1 n_2 n_3} \hat{n_1}^2 \hat{n_2}^2 \hat{n_3}^2 \, P_{n_1 n_2 n_3}(\theta_2,\theta_3,\varphi_3) \, P_{n_1 n_2 n_3}(\theta_2',\theta_3',\varphi_3')$$

$$= 8\pi \, \frac{\delta(\theta_2 - \theta_2')}{\sin\theta_2} \, \frac{\delta(\theta_3 - \theta_3')}{\sin\theta_3} \, \delta(\varphi_3 - \varphi_3') \,,$$

$$\int\limits_0^{2\pi} d\varphi_3 \int\limits_0^{\pi} \sin\theta_3 \, d\theta_3 \int\limits_0^{\pi} \sin\theta_2 \, d\theta_2 \, P_{n_1 n_2 n_3}(\theta_2,\theta_3,\varphi_3) \, P_{n_1' n_2' n_3'}(\theta_2,\theta_3,\varphi_3)$$

$$= \frac{8\pi}{\hat{n_1}^2 \hat{n_2}^2 \hat{n_3}^2} \, \delta_{n_1 n_1'} \, \delta_{n_2 n_2'} \, \delta_{n_3 n_3'} \, \delta(n_1 n_2 n_3) \,.$$

Bei der Berechnung dieser Dreierkorrelationsfunktionen ist zwischen gerader und ungerader Summe $n_1 + n_2 + n_3$ zu unterscheiden:

$$P_{n_1 n_2 n_3}(\theta_2,\theta_3,\varphi_3) = \sum_{m \geq 0} \frac{1}{1 + \delta_{m0}} \, A_m(n_1 n_2 n_3) P_{n_2}^m(\cos\theta_2) P_{n_3}^m(\cos\theta_3) \cos m\varphi_3$$

für $n_1 + n_2 + n_3$ gerade, sonst

$$P_{n_1 n_2 n_3}(\theta_2,\theta_3,\varphi_3) = \sum_{m > 0} A_m(n_1 n_2 n_3) P_{n_2}^m(\cos\theta_2) P_{n_3}^m(\cos\theta_3) \sin m\varphi_3 \,,$$

wobei in beiden Fällen

$$A_m(n_1 n_2 n_3) = (-)^m \, 2 \, i^{n_1 + n_2 + n_3(+1)} \sqrt{\frac{(n_2 - m)!(n_3 - m)!}{(n_2 + m)!(n_3 + m)!}} \begin{pmatrix} n_1 & n_2 & n_3 \\ 0 & m & -m \end{pmatrix}$$

gilt – der Exponent von i muß beidemal gerade sein.

Zur Berechnung der Koeffizienten beginnt man der numerischen Stabilität wegen am besten mit dem größten m und hat mit

$$n_< = \min(n_2, n_3) \qquad \text{und} \qquad n_> = \max(n_2, n_3)$$

den Anfangswert

$$A_{n_<} = 2 \, i^{n_1 + n_< - n_>(+1)} \sqrt{\frac{(n_1 - n_< + n_>)!}{(n_1 + n_< + n_> + 1)!(-n_1 + n_< + n_>)!(n_1 + n_< - n_>)!}}$$

und die Rekursionsformel (vgl. Abschn. 3.11)

$$A_{m-1} = \left[n_2(n_2 + 1) + n_3(n_3 + 1) - n_1(n_1 + 1) - 2m^2 \right] A_m$$
$$- \left[n_2(n_2 + 1) - m(m + 1) \right] \left[n_3(n_3 + 1) - m(m + 1) \right] A_{m+1} \,.$$

Mit dem letzten Wert

$$A_0 = 2 \left| \begin{pmatrix} n_1 & n_2 & n_3 \\ 0 & 0 & 0 \end{pmatrix} \right|$$

kann die Rechnung überprüft werden.

Für $n_3 \leq 2$ finden wir so

$$P_{n\ n0} = \frac{1}{\sqrt{2n+1}} \times P_n(\cos\theta_2)$$

$$P_{n-1n1} = \sqrt{2\,(2n-2)!\,/\,(2n+1)!} \times \{n\,P_n(\cos\theta_2)\,P_1(\cos\theta_3) + P_n^1(\cos\theta_2)\,P_1^1(\cos\theta_3)\,\cos\varphi_3\}$$

$$P_{n\ n1} = -\sqrt{(2n-1)!\,/\,(2n+2)!} \times \{2\,P_n^1(\cos\theta_2)\,P_1^1(\cos\theta_3)\,\sin\varphi_3\}$$

$$P_{n+1n1} = \sqrt{2\,(2n)!\,/\,(2n+3)!} \times \{(n+1)\,P_n(\cos\theta_2)\,P_1(\cos\theta_3) - P_n^1(\cos\theta_2)\,P_1^1(\cos\theta_3)\,\cos\varphi_3\}$$

$$P_{n-2n2} = \sqrt{\tfrac{1}{6}\,(2n-4)!\,/\,(2n+1)!} \times \{6\,n(n-1)\,P_n(\cos\theta_2)\,P_2(\cos\theta_3) + 4\,(n-1)P_n^1(\cos\theta_2)\,P_2^1(\cos\theta_3)\,\cos\varphi_3 + P_n^2(\cos\theta_2)\,P_2^2(\cos\theta_3)\,\cos 2\varphi_3\}$$

$$P_{n-1n2} = -\sqrt{\tfrac{2}{3}\,(2n-3)!\,/\,(2n+2)!} \times \{2\,(n-1)P_n^1(\cos\theta_2)\,P_2^1(\cos\theta_3)\,\sin\varphi_3 + P_n^2(\cos\theta_2)\,P_2^2(\cos\theta_3)\,\sin 2\varphi_3\}$$

$$P_{n\ n2} = \sqrt{(2n-2)!\,/\,(2n+3)!} \times \{2\,n(n+1)\,P_n(\cos\theta_2)\,P_2(\cos\theta_3) + 2\,P_n^1(\cos\theta_2)\,P_2^1(\cos\theta_3)\,\cos\varphi_3 - P_n^2(\cos\theta_2)\,P_2^2(\cos\theta_3)\,\cos 2\varphi_3\}$$

$$P_{n+1n2} = -\sqrt{\tfrac{2}{3}\,(2n-1)!\,/\,(2n+4)!} \times \{2\,(n+2)\,P_n^1(\cos\theta_2)\,P_2^1(\cos\theta_3)\,\sin\varphi_3 - P_n^2(\cos\theta_2)\,P_2^2(\cos\theta_3)\,\sin 2\varphi_3\}$$

$$P_{n+2n2} = \sqrt{\tfrac{1}{6}\,(2n)!\,/\,(2n+5)!}\,\{6\,(n+1)(n+2)\,P_n(\cos\theta_2)\,P_2(\cos\theta_3) - 4(n+2)\,P_n^1(\cos\theta_2)\,P_2^1(\cos\theta_3)\,\cos\varphi_3 + P_n^2(\cos\theta_2)\,P_2^2(\cos\theta_3)\,\cos 2\varphi_3\}$$

mit

$$P_1(\cos\theta) = \cos\theta, \qquad P_1^1(\cos\theta) = \sin\theta,$$
$$P_2(\cos\theta) = \tfrac{1}{2}(3\cos^2\theta - 1), \quad P_2^1(\cos\theta) = 3\sin\theta\cos\theta, \quad P_2^2(\cos\theta) = 3\sin^2\theta.$$

Das Spatprodukt der drei Vektoren $\vec{e}_1$, $\vec{e}_2$ und $\vec{e}_3$ ist nach Abschn. 7.8 und 5.4

$$\vec{e}_1 \cdot (\vec{e}_2 \times \vec{e}_3) = -\sqrt{6}\,P_{111}(\Omega_1\Omega_2\Omega_3) = \sin\theta_2\,\sin\theta_3\,\sin\varphi_3\,.$$

8.4 Viererkorrelationsfunktionen

Bei vier Richtungen braucht man die Funktionen (LINDNER 76')

$$P_{n_1 n_2 (n) n_3 n_4}(\Omega_1 \Omega_2 \Omega_3 \Omega_4)$$

$$\equiv i^{n_1+n_2+n_3+n_4}\, \hat{n}_1 \hat{n}_2 \hat{n}_3 \hat{n}_4 \left[\left[\left[C^{(n_1)}(\Omega_1) \times C^{(n_2)}(\Omega_2) \right]^{(n)} \times C^{(n_3)}(\Omega_3) \right]^{(n_4)} \times C^{(n_4)}(\Omega_4) \right]^{(0)}_0$$

$$= i^{n_1+n_2+n_3+n_4}\, \hat{n}_1 \hat{n}_2 \hat{n}_3 \hat{n}_4 \left[\left[C^{(n_1)}(\Omega_1) \times C^{(n_2)}(\Omega_2) \right]^{(n)} \times \left[C^{(n_3)}(\Omega_3) \times C^{(n_4)}(\Omega_4) \right]^{(n)} \right]^{(0)}_0 .$$

Sie sind reell und recht symmetrisch:

$$P_{n_1 n_2 (n) n_3 n_4}(\Omega_1 \Omega_2 \Omega_3 \Omega_4) = P^*_{n_1 n_2 (n) n_3 n_4}(\Omega_1 \Omega_2 \Omega_3 \Omega_4) ,$$
$$= P_{n_3 n_4 (n) n_1 n_2}(\Omega_3 \Omega_4 \Omega_1 \Omega_2) ,$$
$$= (-)^{n_1+n_2+n}\, P_{n_2 n_1 (n) n_3 n_4}(\Omega_2 \Omega_1 \Omega_3 \Omega_4) ,$$

und es gilt

$$P_{n_1 n_2 (n) n_3 n_4}(\Omega_1 \Omega_2 \Omega_3 \Omega_4)$$

$$= \sum_{n'} (-)^{n_2+n_3+n+n'}\, \hat{n}\hat{n}' \begin{Bmatrix} n_1 & n_2 & n \\ n_4 & n_3 & n' \end{Bmatrix} P_{n_1 n_3 (n') n_2 n_4}(\Omega_1 \Omega_3 \Omega_2 \Omega_4) ,$$

$$= (-)^{n_1}\, P_{n_1 n_2 (n) n_3 n_4}(-\Omega_1, \Omega_2, \Omega_3, \Omega_4) .$$

Stimmen zwei Richtungen überein oder ist einer der Indizes n_i null, so bleiben Dreierkorrelationsfunktionen übrig:

$$P_{n_1 n_2 (n) n_3 n_4}(\Omega_1 \Omega_2 \Omega\Omega) = \hat{n}_1 \hat{n}_2 \hat{n}\hat{n}_3 \hat{n}_4 \left| \begin{pmatrix} n & n_3 & n_4 \\ 0 & 0 & 0 \end{pmatrix} \right| P_{n_1 n_2 n}(\Omega_1 \Omega_2 \Omega) ,$$

$$P_{n_1 n_2 (n) n_3 0}(\Omega_1 \Omega_2 \Omega_3 \Omega_4) = \hat{n}_1 \hat{n}_2 \hat{n}_3\, P_{n_1 n_2 n_3}(\Omega_1 \Omega_2 \Omega_3)\, \delta_{n n_3} .$$

Außerdem ist

$$\int P_{n_1 n_2 (n) n_3 n_4}(\Omega_1 \Omega_2 \Omega_3 \Omega_4)\, d\Omega_4 = 4\pi\, \hat{n}_1 \hat{n}_2 \hat{n}_3\, P_{n_1 n_2 n_3}(\Omega_1 \Omega_2 \Omega_3)\, \delta_{n n_3}\, \delta_{n_4 0} .$$

8.5 Die Viererkorrelationsfunktionen $P_{n_1 n_2 (n) n_3 n_4}(\theta_2, \Omega_3, \Omega_4)$

Die Viererkorrelationsfunktionen sind sphärische Invariante und erlauben günstige Koordinatenwahl. Legen wir wie bei den Dreierkorrelationsfunktionen durch Ω_1 die $\vec{z}$-Richtung fest und durch Ω_2 die xz-Ebene, so bleiben als Variable θ_2, Ω_3 und Ω_4. In diesen bilden die Viererkorrelationsfunktionen ein vollständiges Orthogonalsystem:

$$\sum_{n_1 n_2 n n_3 n_4} P_{n_1 n_2 (n) n_3 n_4}(\theta_2 \Omega_3 \Omega_4)\, P_{n_1 n_2 (n) n_3 n_4}(\theta'_2 \Omega'_3 \Omega'_4)$$

$$= 32\,\pi^2\, \frac{\delta(\theta_2 - \theta'_2)}{\sin\theta_2}\, \delta(\Omega_3 - \Omega'_3)\, \delta(\Omega_4 - \Omega'_4) ,$$

$$\int_0^\pi \sin\theta_2\, d\theta_2 \int d\Omega_3 \int d\Omega_4\, P_{n_1 n_2 (n) n_3 n_4}(\theta_2 \Omega_3 \Omega_4)\, P_{n'_1 n'_2 (n') n'_3 n'_4}(\theta_2 \Omega_3 \Omega_4)$$

$$= 32\,\pi^2\, \delta_{n_1 n'_1}\, \delta_{n_2 n'_2}\, \delta_{n n'}\, \delta_{n_3 n'_3}\, \delta_{n_4 n'_4} .$$

Die Entwicklung nach renormierten Kugelfunktionen lautet

$$P_{n_1 n_2 (n) n_3 n_4}(\theta_2 \Omega_3 \Omega_4)$$

$$= i^{n_1+n_2-n_3-n_4}\, \hat{n}_1 \hat{n}_2 \hat{n} \hat{n}_3 \hat{n}_4 \sum_{mm'} \begin{pmatrix} n_1 & n_2 & n \\ 0 & m+m' & -m-m' \end{pmatrix} \begin{pmatrix} n_3 & n_4 & n \\ m & m' & -m-m' \end{pmatrix}$$

$$\times\, C^{(n_2)}_{m+m'}(\theta_2,0)\, C^{(n_3)}_m(\Omega_3)\, C^{(n_4)}_{m'}(\Omega_4)\,.$$

Hier kann man die Glieder mit m und $-m$ bzw. m' und $-m'$ zusammenfassen und findet für $n_1 + n_2 + n_3 + n_4$ gerade

$$P_{n_1 n_2 (n) n_3 n_4}(\theta_2 \Omega_3 \Omega_4) = 2\, i^{n_1+n_2-n_3-n_4}\, \hat{n}_1 \hat{n}_2 \hat{n} \hat{n}_3 \hat{n}_4$$

$$\times\, \Big(\sum_{mm'\geq 0} \frac{1}{1+\delta_{m0}\delta_{m'0}} \begin{pmatrix} n_1 & n_2 & n \\ 0 & m+m' & -m-m' \end{pmatrix} \begin{pmatrix} n_3 & n_4 & n \\ m & m' & -m-m' \end{pmatrix}$$

$$\times\, d^{(n_2)}_{m+m'\,0}(\theta_2)\, d^{(n_3)}_{m0}(\theta_3)\, d^{(n_4)}_{m'0}(\theta_4)\, \cos(m\varphi_3 + m'\varphi_4)$$

$$+ \sum_{mm'>0} \begin{pmatrix} n_1 & n_2 & n \\ 0 & m-m' & m'-m \end{pmatrix} \begin{pmatrix} n_3 & n_4 & n \\ m & -m' & m'-m \end{pmatrix}$$

$$\times\, d^{(n_2)}_{m-m'\,0}(\theta_2)\, d^{(n_3)}_{m0}(\theta_3)\, d^{(n_4)}_{-m'0}(\theta_4)\, \cos(m\varphi_3 - m'\varphi_4)\Big)$$

und für $n_1 + n_2 + n_3 + n_4$ ungerade denselben Ausdruck mit $i \sin(\ )$ statt $\cos(\ )$. Deshalb verschwinden alle Viererkorrelationsfunktionen mit koplanaren Richtungen – d.h. mit φ_3 und φ_4 gleich null oder π – bei ungerader Summe $n_1 + n_2 + n_3 + n_4$.

8.6 Die Viererkorrelationsfunktionen $P_{n_1 n_2 (n) n_3 n_4}(\Omega_2, \theta, \Omega'_4)$

Üblich ist auch eine andere Koordinatenwahl, nämlich mit zwei kartesischen Koordinatensystemen gleicher $\vec{y}$-Richtung und der $\vec{z}$-Richtung längs Ω_1, der $\vec{z}'$-Richtung längs Ω_3: Es ist also $\vec{y} = \vec{y}' = \vec{z} \times \vec{z}'$ und von den drei Eulerwinkeln ist nur β ungleich null – er wird hier mit θ bezeichnet. Als Variable bleiben dann Ω_2 und Ω'_4 sowie der Drehwinkel θ zwischen beiden Koordinatensystemen. Wegen

$$C^{(n_3)}_{m_3}(\Omega_3) = \sum_{m'_3} C^{(n_3)}_{m'_3}(0,0)\, D^{(n_3)}_{m_3 m'_3}(0,\theta,0) = d^{(n_3)}_{m_3 0}(\theta)$$

und entsprechend

$$C^{(n_4)}_{m_4}(\Omega_4) = \sum_{m'_4} C^{(n_4)}_{m'_4}(\Omega'_4)\, d^{(n_4)}_{m_4 m'_4}(\theta)$$

erhalten wir mit Hilfe von Abschn. 6.8

$$P_{n_1 n_2 (n) n_3 n_4}(\Omega_2, \theta, \Omega'_4) = i^{n_1+n_2-n_3-n_4}\, \hat{n}_1 \hat{n}_2 \hat{n} \hat{n}_3 \hat{n}_4$$

$$\times \sum_{mm'} \begin{pmatrix} n_1 & n_2 & n \\ 0 & m & -m \end{pmatrix} \begin{pmatrix} n_3 & n_4 & n \\ 0 & m' & -m' \end{pmatrix} C^{(n_2)*}_m(\Omega_2)\, d^{(n)}_{-m\,-m'}(\theta)\, C^{(n_4)}_{m'}(\Omega'_4),$$

wobei wieder die Glieder mit m und $-m$ bzw. m' und $-m'$ zusammengefaßt werden könnten. Man kann aber auch auf den letzten Abschnitt zurückgreifen, sobald aus den neuen Koordinaten die alten hergeleitet worden sind:

$$\theta_2 = \theta_2\,, \qquad \theta_3 = \theta\,, \quad \varphi_3 = -\varphi_2\,,$$

$$\cos\theta_4 = \cos\theta'_4 \cos\theta - \sin\theta'_4 \sin\theta \cos\varphi'_4\,, \quad \varphi_4 = \varphi'_4 - \varphi_2\,.$$

8.7 Koplanare Viererkorrelationsfunktionen

Bei koplanaren Richtungen sind noch andere Koordinaten gewählt worden, nämlich die $\vec{z}$-Achse senkrecht zur ausgezeichneten Ebene (BALIAN & BRÉZIN). Wegen (vgl. Abschn. 7.4)

$$d_{m0}^{(n)}(\tfrac{1}{2}\pi) = i^{n+m} \cdot \frac{\sqrt{(n-m)!(n+m)!}}{2^n \frac{n-m}{2}! \frac{n+m}{2}!} \qquad \text{falls } n-m \text{ gerade, sonst null,}$$

folgt – wenn die $\vec{z}$-Richtung längs Ω_1 gewählt wird –

$$P_{n_1 n_2 (n) n_3 n_4}(\varphi_2 \varphi_3 \varphi_4) = \frac{\hat{n}_1 \hat{n}_2 \hat{n} \hat{n}_3 \hat{n}_4}{2^{n_1+n_2+n_3+n_4}} \sum_{\substack{m_2 m_3 m_4 \\ m_1 m}} \cos(m_2 \varphi_2 - m_3 \varphi_3 - m_4 \varphi_4)$$

$$\times \begin{pmatrix} n_1 & n_2 & n \\ m_1 & m_2 & m \end{pmatrix} \begin{pmatrix} n_3 & n_4 & n \\ m_3 & m_4 & m \end{pmatrix} \prod_{i=1}^{4} \frac{\sqrt{(n_i - m_i)!(n_i + m_i)!}}{\frac{n_i - m_i}{2}! \frac{n_i + m_i}{2}!},$$

wobei nur über gerade $n_i - m_i$ summiert werden darf.

Als Anwendungsbeispiel betrachten wir die Transformation

$$\vec{p}_1 = s_1 \vec{p}_A + t_1 \vec{p}_B, \qquad \vec{p}_2 = s_2 \vec{p}_A + t_2 \vec{p}_B,$$

wie sie z.B. beim Übergang zu Schwerpunkts- und Relativkoordinaten oder bei den Faddeev-Gleichungen nötig ist (WONG & CLEMENT, BALIAN & BRÉZIN, LINDNER 76B'). Wir betrachten hier Impulse – bei Ortsvektoren treten andere Phasenfaktoren auf, die unten angegeben werden. Der Koeffizient $\langle \vec{p}_1 \vec{p}_2 | \vec{p}_A \vec{p}_B \rangle$ in der Drehimpulsdarstellung, also $\langle p_1 p_2 (l_1 l_2) lm | p_A p_B (l_A l_B) l'm' \rangle$, läßt sich durch eine koplanare Viererkorrelationsfunktion ausdrücken, wobei die Winkel aus den Beträgen p_1, p_2, p_A und p_B folgen. Mit

$$\cos \theta_B \equiv \frac{\vec{p}_B \cdot \vec{p}_A}{p_B p_A} = \frac{p_i^2 - s_i^2 p_A^2 - t_i^2 p_B^2}{2 s_i t_i p_B p_A} \qquad (i = 1, 2),$$

$$\cos \theta_i \equiv \frac{\vec{p}_i \cdot \vec{p}_A}{p_i p_A} = \frac{s_i p_A + t_i p_B \cos \theta_B}{p_i} = \frac{p_i^2 + s_i^2 p_A^2 - t_i^2 p_B^2}{2 s_i p_i p_A},$$

$$\varphi_i \equiv \begin{Bmatrix} 0 \\ \pi \end{Bmatrix} \qquad \text{falls} \quad t_i \begin{Bmatrix} > \\ < \end{Bmatrix} 0,$$

gilt nämlich

$$\langle p_1 p_2 (l_1 l_2) lm | p_A p_B (l_A l_B) l'm' \rangle = \frac{(-)^l}{\hat{l}} \, i^{l_1 + l_2 + l_A + l_B} \frac{|s_1 t_2 - s_2 t_1|^{3/2}}{p_1 p_2 p_A p_B} \delta_{ll'} \, \delta_{mm'} \, \Theta(1 - x^2)$$

$$\times \delta \left\{ s_1 t_1 p_2^2 - s_2 t_2 p_1^2 + (s_1 t_2 - s_2 t_1)(s_1 s_2 p_A^2 - t_1 t_2 p_B^2) \right\}$$

$$\times P_{l_A l_B (l) l_1 l_2}(\theta_B \Omega_1 \Omega_2),$$

wobei x gleich dem obigen Ausdruck für $\cos \theta_B$ ist: Der Faktor $\Theta(1 - x^2)$ soll $-1 \leq \cos \theta_B \leq +1$ für alle p_1, p_2, p_A und p_B sicherstellen. Bei Orts- statt Impulsvektoren haben wir noch einen Faktor $i^{l_A + l_B - l_1 - l_2}$.

Für den Beweis betrachten wir zunächst

$$\langle \vec{p}_1 \vec{p}_2 | \vec{p}_A \vec{p}_B \rangle = |s_1 t_2 - s_2 t_1|^{3/2} \, \delta(\vec{p}_1 - \vec{p}_1') \, \delta(\vec{p}_2 - \vec{p}_2')$$

mit $\vec{p}_i' = s_i \vec{p}_A + t_i \vec{p}_B$ und gehen zu Kugelkoordinaten über,

$$\delta(\vec{p}-\vec{p}') = \frac{\delta(p-p')}{p^2}\,\delta(\Omega-\Omega') = \frac{2}{p}\,\delta(p^2-p'^2)\,\delta(\Omega-\Omega')\,.$$

Mit der Umformung

$$\delta(p_1^2-p_1'^2)\,\delta(p_2^2-p_2'^2) = |s_1 t_1|\,\delta(p_1^2-p_1'^2)\,\delta\{s_1 t_1(p_2^2-p_2'^2)-s_2 t_2(p_1^2-p_1'^2)\}$$
$$= |s_1 t_1|\,\delta(s_1^2 p_A^2 + t_1^2 p_B^2 + 2\,s_1 t_1 p_A p_B\,\cos\theta_B - p_1^2)$$
$$\times \delta\{s_1 t_1 p_2^2 - s_2 t_2 p_1^2 + (s_1 t_2 - s_2 t_1)(s_1 s_2 p_A^2 - t_1 t_2 p_B^2)\}$$

folgt

$$\langle\vec{p}_1\vec{p}_2|\vec{p}_A\vec{p}_B\rangle = \frac{2\,|s_1 t_2 - s_2 t_1|^{3/2}}{p_1 p_2 p_A p_B}\,\delta\{s_1 t_1 p_2^2 - s_2 t_2 p_1^2 + (s_1 t_2 - s_2 t_1)(s_1 s_2 p_A^2 - t_1 t_2 p_B^2)\}$$
$$\times \delta\left(\cos\theta_B - \frac{p_1^2 - s_1^2 p_A^2 - t_1^2 p_B^2}{2\,s_1 t_1 p_A p_B}\right)\,\delta(\Omega_1-\Omega_1')\,\delta(\Omega_2-\Omega_2')\,.$$

Die erste Deltafunktion hängt nur von den Beträgen der Vektoren ab und bleibt bei der nun folgenden Drehimpulszerlegung erhalten. Den Bruch in der zweiten Deltafunktion haben wir mit x abgekürzt:

$$\langle p_1 p_2(l_1 l_2)lm|p_A p_B(l_A l_B)l'm'\rangle$$
$$= \frac{2\,|s_1 t_2 - s_2 t_1|^{3/2}}{p_1 p_2 p_A p_B}\,\frac{\hat{l}_1 \hat{l}_2 \hat{l}_A \hat{l}_B}{16\,\pi^2}\,\delta\{s_1 t_1 p_2^2 - s_2 t_2 p_1^2 + (s_1 t_2 - s_2 t_1)(s_1 s_2 p_A^2 - t_1 t_2 p_B^2)\}\,\Theta(1-x^2)$$
$$\times \int \left[C^{(l_1)}(\Omega_1)\times C^{(l_2)}(\Omega_2)\right]_m^{(l)*}\,\left[C^{(l_A)}(\Omega_A)\times C^{(l_B)}(\Omega_B)\right]_{m'}^{(l')}$$
$$\times \delta(\cos\theta_B - x)\,\delta(\Omega_1-\Omega_1')\,\delta(\Omega_2-\Omega_2')\,d\Omega_1\,d\Omega_2\,d\Omega_A\,d\Omega_B\,.$$

Über Ω_1 und Ω_2 können wir sofort integrieren. Außerdem ist

$$\int \left[C^{(l_1)}(\Omega_1')\times C^{(l_2)}(\Omega_2')\right]_m^{(l)*}\,\left[C^{(l_A)}(\Omega_A)\times C^{(l_B)}(\Omega_B)\right]_{m'}^{(l')}\,\delta(\cos\theta_B - x)\,d\Omega_A\,d\Omega_B$$
$$= \delta_{ll'}\,\delta_{mm'}\,\frac{(-)^l}{\hat{l}}\,\left[\left[C^{(l_1)}(\Omega_1)\times C^{(l_2)}(\Omega_2)\right]^{(l)}\times\left[C^{(l_A)}(\Omega_A)\times C^{(l_B)}(\Omega_B)\right]^{(l)}\right]_0^{(0)}\,,$$

denn der Integrand muß ein Skalar sein, der durch die Richtungen von $\vec{p}_1$, $\vec{p}_2$, $\vec{p}_A$ und $\vec{p}_B$ festgelegt ist – nur über die Lage des damit festgelegten Koordinatensystems ist zu integrieren, was auf den Faktor $4\pi \cdot 2\pi = 8\pi^2$ führt. Damit ist alles bewiesen, wenn man noch berücksichtigt, daß $l_1 + l_2 + l_A + l_B$ gerade sein muß, damit die Viererkorrelationsfunktion im koplanaren Fall überhaupt ungleich null ist.

8.8 Zusammenfassung: Korrelationsfunktionen

Die Kopplung von Kugelfunktionen verschiedener Richtungen zu Skalaren führt auf die (reellen) Korrelationsfunktionen – bei zwei Richtungen auf Legendre-Polynome, sonst auf Dreier-, Vierer- ... korrelationsfunktionen. Sie werden gebraucht, wenn ein Problem von entsprechend vielen Richtungen nach Drehimpulsen zerlegt wird. Durch geeignete Koordinatenwahl kann man drei ebene Winkel zum Verschwinden bringen. In den übrigen $2N-3$ Winkeln bilden die Korrelationsfunktionen vollständige Orthogonalsysteme zu entsprechenden Belegungsfunktionen.

ENTWICKLUNG NACH KUGELFUNKTIONEN

9.1 Wellenfunktionen bei scharfem Bahndrehimpuls

Die Eigenzustände $|lm\rangle$ des Bahndrehimpulsoperators (d.h. zu L^2 und L_z) bilden ein vollständiges Orthonormalsystem. Alle eindeutigen, normier- und differenzierbaren Funktionen der Richtung $\Omega = (\theta, \varphi)$ lassen sich deshalb nach Kugelfunktionen entwickeln:

$$f(\Omega) = \sum_{lm} i^l \, Y_m^{(l)}(\Omega) \, f_m^{(l)*}$$

mit

$$f_m^{(l)*} = \int i^{-l} Y_m^{(l)*}(\Omega) \, f(\Omega) \, d\Omega \, .$$

Diese Entwicklung ist besonders zweckmäßig, wenn nur wenige Summanden beitragen – insbesondere, wenn der Bahndrehimpuls scharf ist.

Betrachten wir deshalb zunächst Eigenfunktionen zu Operatoren, die mit dem Bahndrehimpuls $\vec{L}$ vertauschbar sind. Zum Beispiel ist der Hamiltonoperator H damit vertauschbar, wenn das Potential V zentralsymmetrisch ist und nicht vom Spin abhängt: $[H(R, P), \vec{L}] = 0$. In diesem Fall lassen sich die Eigenfunktionen der zeitunabhängigen Schrödingergleichung in Radial- und Winkelanteil aufspalten:

$$\left(\frac{\hbar^2}{2 m_0} \Delta + E - V(r) \right) \psi_{\alpha lm}(\vec{r}) = 0 \quad \Rightarrow \quad \langle \vec{r} | \alpha lm \rangle = \frac{u_{\alpha l}(r)}{r} \langle \Omega | lm \rangle = \frac{u_{\alpha l}(r)}{r} i^l \, Y_m^{(l)}(\Omega) \, .$$

(Der Buchstabe α kennzeichne die übrigen Quantenzahlen.) Der Faktor $1/r$ wurde abgespalten, weil damit vieles einfacher wird: Zu lösen bleibt dann nämlich die radiale Schrödingergleichung

$$\left\{ \frac{d^2}{dr^2} - \frac{l(l+1)}{r^2} + \frac{2 m_0}{\hbar^2} (E - V(r)) \right\} u_{\alpha l}(r) = 0$$

mit der Randbedingung

$$u_{\alpha l}(0) = 0$$

und der Normierungsbedingung

$$\int\limits_0^\infty u_{\alpha l}^*(r) \, u_{\alpha' l}(r) \, dr = \langle \alpha | \alpha' \rangle \, .$$

Die Randbedingung am Nullpunkt ist nötig, damit die Wellenfunktion $\psi(\vec{r})$ dort differenzierbar ist. Beachte, daß die radiale Schrödingergleichung nicht von der Richtungsquantenzahl m abhängt: Bei zentralsymmetrischem Potential $V(r)$ sind die Eigenlösungen der Schrödingergleichung entartet; alle $2l+1$ Zustände mit gleicher Bahndrehimpulsquantenzahl l haben dieselbe Energie.

9.2 Eigenschaften der Radialfunktionen

Die Radialfunktionen $u_{\alpha l}(r)$ haben einige Eigenschaften, die nicht vom Potential $V(r)$ abhängen – oder doch nur allgemeine Bedingungen an das Potential stellen.

Setzt man (für $E \neq 0$)

$$k \equiv \sqrt{\frac{2\,m_0}{\hbar^2}\,|E|}\,, \qquad \rho \equiv kr\,,$$

so lautet die radiale Schrödingergleichung

$$\left\{\frac{d^2}{d\rho^2} - \frac{l(l+1)}{\rho^2} \pm \left(1 - \frac{V}{|E|}\right)\right\}\,u_{\alpha l}(\rho) = 0 \qquad \text{für} \quad \left\{\begin{array}{c} \text{positive} \\ \text{negative} \end{array}\right\} \quad \text{Energie } E\,.$$

Verhalten bei kleinem r: Ist $r^2\,V(r) \simeq 0$, so gilt

$$u_{\alpha l}(\rho) \sim \rho^{l+1} \qquad \text{für} \quad r \simeq 0\,.$$

Alle anderen, linear unabhängigen Lösungen verhalten sich dort wie ρ^{-1} und liefern deshalb keine am Nullpunkt differenzierbare Wellenfunktion.

Verhalten bei großem r: Ist $r\,V(r) \simeq 0$, so hat die Differentialgleichung die asymptotischen Lösungen

$$u_{\alpha l}(\rho) \sim \left\{\begin{array}{c} \exp(\pm i\rho) \\ \exp(-\rho) \end{array}\right. \qquad \text{für} \quad r \simeq \infty \quad \text{und } E \left\{\begin{array}{c} \text{positiv} \\ \text{negativ} \end{array}\right.\,.$$

Die exponentiell ansteigende Lösung $\exp(\rho)$ für $E < 0$ ist nicht normierbar: Bei gebundenen Zuständen ist die Eigenlösung bis auf den Normierungsfaktor eindeutig, bei ungebundenen Zuständen ($E > 0$) gibt es aus- und einlaufende Kugelwellen als Eigenlösung (Normierung im Kontinuum).

9.3 Radialfunktionen für besondere Potentiale

Bei $V(r) = 0$ löst bekanntlich $\exp(i\,\vec{k}\cdot\vec{r})$ die Schrödingergleichung. Wir haben

$$\exp(i\,\vec{k}\cdot\vec{r}) = 4\pi \sum_{lm} \frac{F_l(\rho)}{\rho}\,Y_m^{(l)*}(\Omega_k)\,i^l\,Y_m^{(l)}(\Omega_r)$$

bzw. (vgl. Abschn. 7.6)

$$\exp(i\rho\cos\theta) = \sum_l (2l+1)\,\frac{F_l(\rho)}{\rho}\,i^l\,P_l(\cos\theta)$$

mit der regulären sphärischen Besselfunktion

$$F_l(\rho) = \frac{\rho}{2\,i^l} \int\limits_{-1}^{1} \exp(i\rho\cos\theta)\,P_l(\cos\theta)\,d\cos\theta\,.$$

Die letzte Gleichung folgt aus der Orthogonalität der Legendre-Polynome. Deren Eigenschaften liefern die Rekursionsformel (weitere am Ende dieses Abschnittes)

$$F_{l+1}(\rho) - \frac{2l+1}{\rho}\,F_l(\rho) + F_{l-1}(\rho) = 0\,,$$

und dabei haben wir die Anfangswerte

$$F_0(\rho) = \sin\rho\,, \quad F_1(\rho) = \frac{\sin\rho}{\rho} - \cos\rho\,.$$

Außerdem folgt mit Abschn. 7.2

$$\int\limits_0^\infty F_l(kr)\, F_l(k'r)\, dr = \frac{\pi}{2}\, \delta(k - k')\,.$$

Für die ebene Welle lautet deshalb die Radialfunktion $u_{\alpha l}(r)$, wenn auf $\langle\vec{k}|\vec{k}'\rangle$ normiert wird,

$$u_{\alpha l}(kr) = \sqrt{\frac{2}{\pi}}\,\frac{1}{k}\, F_l(kr)\,.$$

(In Kap. 12 normieren wir lieber auf $\langle E\Omega_k|E'\Omega_k'\rangle$, vgl. Abschn. 12.3.)

Bei Streuproblemen benutzt man für große r – wenn $V(r)$ stärker als $1/r$ abfällt – vier verschiedene Radialfunktionen, nämlich die "sphärischen Besselfunktionen":

$$
\begin{array}{llcl}
\text{reguläre} & F_l(\rho) = F_l^*(\rho) & \simeq & \sin(\rho - l\tfrac{\pi}{2})\,, \\[4pt]
\text{irreguläre} & G_l(\rho) = G_l^*(\rho) & \simeq & \cos(\rho - l\tfrac{\pi}{2})\,, \\[4pt]
\text{auslaufende} & O_l(\rho) = G_l(\rho) + i\,F_l(\rho) & \simeq & \exp\{+i\,(\rho - l\tfrac{\pi}{2})\}\,, \\[4pt]
\text{einlaufende} & I_l(\rho) = G_l(\rho) - i\,F_l(\rho) & \simeq & \exp\{-i\,(\rho - l\tfrac{\pi}{2})\}\,.
\end{array}
$$

Sie alle lösen die radiale Schrödingergleichung mit $V = 0$. Die regulären Besselfunktionen verschwinden am Nullpunkt, die anderen nicht:

$$F_l(\rho) \simeq \frac{\rho^{l+1}}{(2l + 1)!!}\,, \qquad G_l(\rho) \simeq \frac{(2l - 1)!!}{\rho^l} \qquad \text{für } r \simeq 0\,.$$

Die Bezeichnungen entsprechen denen für Coulombwellenfunktionen (s.u.), üblich sind allerdings auch andere Funktionen:

Hier (LANE & THOMAS)	MESSIAH I	Andere Physiker	Andere Mathematiker
$F_l(\rho)$	$\rho\, j_l(\rho)$	$\rho\, j_l(\rho)$	$\sqrt{\tfrac{1}{2}\pi\rho}\, J_{l+1/2}(\rho)$
$G_l(\rho)$	$\rho\, n_l(\rho)$	$-\,\rho\, n_l(\rho)$	$-\sqrt{\tfrac{1}{2}\pi\rho}\, N_{l+1/2}(\rho)$
$O_l(\rho)$	$\rho\, h_l^{(+)}(\rho)$	$i\,\rho\, h_l^{(1)}(\rho)$	$i\,\sqrt{\tfrac{1}{2}\pi\rho}\, H_{l+1/2}^{(1)}(\rho)$
$I_l(\rho)$	$\rho\, h_l^{(-)}(\rho)$	$-\,i\,\rho\, h_l^{(2)}(\rho)$	$-\,i\,\sqrt{\tfrac{1}{2}\pi\rho}\, H_{l+1/2}^{(2)}(\rho)$

wobei neben der Besselfunktion j_l die Neumannfunktion n_l und die Hankelfunktionen erster und zweiter Art auftreten.

Die genannten Radialfunktionen sind auch für die Kirchhoffsche Differentialgleichung

$$(\Delta + k^2)\, G(\vec{r}, \vec{r}\,') = -\delta(\vec{r} - \vec{r}\,')$$

zu gebrauchen. Für $\vec{r} \neq \vec{r}\,'$ haben wir nämlich die eben behandelte Aufgabe vorliegen. Physikalisch bedeutsam ist die Lösung ("freie Greenfunktion"):

$$G(\vec{r}, \vec{r}\,') = \sum_{lm} \frac{F_l(kr_<)\, O_l(kr_>)}{k\, r_< r_>}\, Y_m^{(l)*}(\Omega')\, Y_m^{(l)}(\Omega)$$

mit $r_< = \min(r, r')$ und $r_> = \max(r, r')$. Der Beweis ist nach dem Vorangegangenen (und Abschn. 7.2) nur noch für $\vec{r} = \vec{r}\,'$ offen. Für $r = r'$ springt die erste Ableitung nach r um

$$\left(\frac{d}{dr_>} - \frac{d}{dr_<}\right)\frac{F_l(kr_<)\, O_l(kr_>)}{k\, r_< r_>}\Bigg|_{r_<=r_>} = \frac{1}{r^2}\left[F_l(kr)\frac{dO_l(kr)}{d\,kr} - \frac{dF_l(kr)}{d\,kr}\, O_l(kr)\right].$$

Die eckige Klammer hängt nicht von r ab, denn es handelt sich dabei um die Wronski-Determinante zweier Lösungen derselben Differentialgleichung. Deshalb können wir sie für $r = \infty$ berechnen, wo sich der Wert -1 ergibt. Folglich springt die erste Ableitung von $G(\vec{r}, \vec{r}\,')$ bei $r = r'$ um $-1/r^2$. Damit ergibt sich

$$\int (\Delta + k^2)\, G(\vec{r}, \vec{r}\,')\, d^3\vec{r} = -\frac{1}{r'^2}\cdot r'^2 = -1\,,$$

wie es nach der Differentialgleichung auch sein soll. Freilich könnte man anstelle von O_l auch G_l oder I_l nehmen – sie haben die gleiche Wronski-Determinante mit F_l –, während der Faktor $F_l(kr_<)$ wegen des Verhaltens am Nullpunkt eindeutig festliegt: Die genannte Lösung eignet sich für den physikalisch wichtigen Fall auslaufender Wellen – zu anderen Randbedingungen gehören auch andere Lösungen.

Beachte, daß bei Zeitumkehr ein- und auslaufende Lösungen gegeneinander ausgetauscht werden, während reguläre und irreguläre nicht geändert werden.

Bei der Streuung am Coulombpotential

$$V_{\mathrm{C}}(r) = \frac{e^2}{4\pi\epsilon_0}\frac{z\,Z}{r} \qquad \text{bzw.} \qquad \frac{V_{\mathrm{C}}}{|E|} = \frac{2\eta}{\rho}$$

mit dem "Sommerfeld-Parameter" (Coulomb-Parameter)

$$\eta \equiv \frac{e^2}{4\pi\epsilon_0}\frac{m_0}{\hbar^2 k} = \frac{e^2}{4\pi\epsilon_0}\frac{z\,Z\,k}{2E}$$

wirkt sich das Potential auch noch für sehr große Abstände aus. Die Lösungen der entsprechenden Radialgleichung sind die "Coulombwellenfunktionen":

$$\begin{aligned}
\text{reguläre} \qquad & F_l(\eta, \rho) = F_l^*(\eta, \rho) & \simeq \quad & \sin\!\left(\rho - \eta\ln 2\rho - l\tfrac{\pi}{2} + \sigma_l\right), \\
\text{irreguläre} \qquad & G_l(\eta, \rho) = G_l^*(\eta, \rho) & \simeq \quad & \cos\!\left(\rho - \eta\ln 2\rho - l\tfrac{\pi}{2} + \sigma_l\right), \\
\text{auslaufende} \qquad & O_l(\eta, \rho) = F_l(\eta, \rho) + iG_l(\eta, \rho) & \simeq \quad & \exp\!\left\{+i\left(\rho - \eta\ln 2\rho - l\tfrac{\pi}{2} + \sigma_l\right)\right\}, \\
\text{einlaufende} \qquad & I_l(\eta, \rho) = F_l(\eta, \rho) - iG_l(\eta, \rho) & \simeq \quad & \exp\!\left\{-i\left(\rho - \eta\ln 2\rho - l\tfrac{\pi}{2} + \sigma_l\right)\right\}
\end{aligned}$$

mit der "Coulombstreuphase"

$$\sigma_l \equiv \arg \Gamma(l+1+i\eta), \quad \text{d.h.} \quad \exp(2i\sigma_l) = \frac{\Gamma(l+1+i\eta)}{\Gamma(l+1-i\eta)},$$

und den Rekursionsformeln

$$\frac{\partial u_l(\eta,\rho)}{\partial \rho} = \sqrt{1+\left(\frac{\eta}{l}\right)^2}\, u_{l-1}(\eta,\rho) - \left(\frac{l}{\rho}+\frac{\eta}{l}\right) u_l(\eta,\rho)$$

$$= -\sqrt{1+\left(\frac{\eta}{l+1}\right)^2}\, u_{l+1}(\eta,\rho) + \left(\frac{l+1}{\rho}+\frac{\eta}{l+1}\right) u_l(\eta,\rho)$$

und

$$l\sqrt{(l+1)^2+\eta^2}\, u_{l+1}(\eta,\rho) - (2l+1)\left(\frac{l(l+1)}{\rho}+\eta\right) u_l(\eta,\rho) + (l+1)\sqrt{l^2+\eta^2}\, u_{l-1}(\eta,\rho) = 0\,.$$

Für $\eta = 0$ gehen die Coulombwellenfunktionen in die oben genannten sphärischen Besselfunktionen über.

Alle hier aufgezählten Funktionen werden ausführlich in den Sammlungen spezieller Funktionen besprochen – vgl. z.B. ABRAMOWITZ & STEGUN, Coulombwellenfunktionen auch in einem Handbuchartikel von HULL & BREIT. Bisweilen ist es günstig, Amplitude und Phase der Coulombwellenfunktionen zu nehmen, für die es ebenfalls Rekursionsformeln gibt (LINDNER 63).

9.4 Spinabhängige Wellenfunktionen mit scharfem Gesamtdrehimpuls

Die Betrachtungen in den letzten Abschnitten gelten auch für spinabhängige Wellenfunktionen, solange der Bahndrehimpuls L_z (neben L^2) scharf ist. Ist er das nicht mehr, aber sind es wenigstens L^2, S^2, J^2 und J_z, so eignet sich als Entwicklungsbasis

$$|\alpha(ls)jm\rangle = \sum_{m'm''} |\alpha l m' s m''\rangle \begin{pmatrix} l & s & j \\ m' & m'' & m \end{pmatrix}.$$

In der Ortsdarstellung wird man wieder Kugelfunktionen verwenden, hat nun aber eine Überlagerung mit verschiedenen Richtungsquantenzahlen m':

$$\langle \vec{r}|\alpha(ls)jm\rangle = \frac{u_{\alpha(ls)j}(r)}{r} \sum_{m'm''} i^l Y_{m'}^{(l)}(\Omega)\, e_{m''}^{(s)} \begin{pmatrix} l & s & j \\ m' & m'' & m \end{pmatrix}.$$

(Für die Spinfunktion ist hier $e_{m''}^{(s)}$ geschrieben.) Bei Elektronen und Nukleonen ist $s = \frac{1}{2}$, so daß jeweils nur zwei Summanden beitragen.

Viel verwandt wird die Gleichung auch bei Vektorfeldern ($s = 1$), wobei als Spinfunktionen die sphärischen Einheitsvektoren $\vec{e}_m^{(1)}$ aus Abschn. 5.4 auftreten:

$$\vec{Y}_m^{(l,1)j}(\Omega) \equiv \left[Y^{(l)}(\Omega) \times \vec{e}^{(1)}\right]_m^{(j)} = \sum_{m'm''} Y_{m'}^{(l)}(\Omega)\, \vec{e}_{m''}^{(1)} \begin{pmatrix} l & 1 & j \\ m' & m'' & m \end{pmatrix}.$$

Diese "Vektorkugelfunktionen" werden im nächsten Kapitel ausführlich besprochen. Um das gewünschte Verhalten bei Zeitumkehr zu haben, ist offenbar mit i^l zu multiplizieren. (Beachte, daß sich unsere sphärischen Einheitsvektoren nach Abschn. 5.4 um den Faktor i von den vielerorts üblichen unterscheiden – dementsprechend auch unsere Vektorkugelfunktionen.)

9.5 Reduzierte Matrixelemente von Einteilchenoperatoren

Die Matrixelemente von Einteilchenoperatoren können wir nun auf Integrale in der Radialkoordinate r zurückführen: Über die Richtungen können wir nämlich schon integrieren. Dabei ist die in Abschn. 5.4 besprochene Phasenkonvention bei Zeitumkehr zu beachten. Wir schreiben z.B. beim Ortsoperator

$$R_0^{(1)} = i R_z \doteq i r \cos\theta = i r \, C_0^{(1)}(\Omega)$$

und verwenden dann Abschn. 7.7. So erhalten wir (vgl. auch Abschn. 5.4):

$$\langle \alpha l \parallel A \parallel \alpha' l' \rangle = \int_0^\infty u_{\alpha l}^*(r)\, A_{ll'}\, u_{\alpha' l'}(r)\, dr \, ,$$

wobei den Operatoren A folgende Kerne $A_{ll'}$ zuzuordnen sind:

$$
\begin{array}{ccc}
A & : & A_{ll'} \\[1ex]
1 & : & \hat{l}\, \delta_{ll'} \\[1ex]
V(R) & : & \hat{l}\, \delta_{ll'}\, V(r) \\[1ex]
L^{(1)} & : & \hat{l}\, \sqrt{l(l+1)}\, \delta_{ll'} \\[1ex]
R^{(1)} & : & i^{l+l'+1}\, \hat{l}\hat{l'} \begin{pmatrix} l & 1 & l' \\ 0 & 0 & 0 \end{pmatrix} r = \sqrt{\dfrac{l+l'+1}{2}}\, r\, \delta_{l,l'\pm 1}\, .
\end{array}
$$

Für den Impulsoperator erhalten wir nach Abschn. 5.4 und 7.8 (vgl. auch INNES & UFFORD)

$$P_\nu^{(1)} \doteq -\hbar\, \nabla_\nu^{(1)} = \frac{\hbar}{i}\left(C_\nu^{(1)}(\Omega)\, \frac{\partial}{\partial r} - \left[C^{(1)}(\Omega) \times L^{(1)} \right]_\nu^{(1)}\, \frac{\sqrt{2}}{r} \right),$$

also

$$\langle l \parallel P^{(1)} \parallel l' \rangle = -i^{l+l'+1}\, \hbar\, \hat{l}\hat{l'} \begin{pmatrix} l & 1 & l' \\ 0 & 0 & 0 \end{pmatrix} \left[\frac{\partial}{\partial r} - \hat{l'} \sqrt{l'(l'+1)} \begin{Bmatrix} 1 & 1 & 1 \\ l & l' & l' \end{Bmatrix} \frac{\sqrt{6}}{r} \right].$$

Nutzen wir aus, daß die Operatoren $A_{ll'}$ auf die Radialfunktion u wirken, der Nenner also schon abgespalten worden ist, so ergibt sich für

$$P^{(1)} \quad : \quad A_{ll'} = -i^{l+l'+1}\, \hbar\, \hat{l}\hat{l'} \begin{pmatrix} l & 1 & l' \\ 0 & 0 & 0 \end{pmatrix} \left[\frac{\partial}{\partial r} - \frac{l(l+1) - l'(l'+1)}{2r} \right].$$

(Wirken die Operatoren auf die volle Radialfunktion u/r, so erscheint anstelle von $\partial/\partial r$ der Ausdruck $\partial/\partial r + 1/r$.)

Je nach der Parität der Vektoroperatoren ist $l = l'$ oder $l = l' \pm 1$.

9.6 Reduzierte Matrixelemente spinunabhängiger Wechselwirkungen

Bei einer Wignerkraft hängt das Potential vom Abstand $r = |\vec{r}_1 - \vec{r}_2|$ der aufeinander wirkenden Teilchen ab, aber nicht von deren inneren Koordinaten (Spin, magnetisches Moment). Läßt sich die Wellenfunktion des betrachteten Paares in Relativ- und Schwerpunktsanteii aufspalten, so können wir auf den letzten Abschnitt zurückgreifen. Befinden sich die Teilchen aber in einem äußeren Feld, so ist diese Zerlegung schwierig und wir spalten besser die Wechselwirkung $V(r)$ geeignet auf. Tatsächlich läßt sie sich in Multipole zerlegen, so daß die Winkelintegrale mit der Drehimpulsalgebra berechnet werden können und nur noch Integrale über die Radialkoordinaten übrigbleiben – die sogenannten Slater-Integrale.

Weil bei einer Wignerkraft das Potential $V(|\vec{r}_1 - \vec{r}_2|)$ nur von r_1, r_2 und dem Winkel θ zwischen $\vec{r}_1$ und $\vec{r}_2$ abhängt, läßt es sich nach Legendre-Polynomen entwickeln:

$$V(|\vec{r}_1 - \vec{r}_2|) = \sum_{n=0}^{\infty} v_n(r_1, r_2)\, \hat{n}^2\, P_n(\cos\theta)$$

mit

$$v_n(r_1, r_2) = \frac{1}{2} \int_{-1}^{1} V(|\vec{r}_1 - \vec{r}_2|)\, P_n(\cos\theta)\, d\cos\theta = v_n(r_2, r_1)\,.$$

Wichtige Beispiele nennt die folgende Tabelle (mit $r_< = \min(r_1, r_2)$ und $r_> = \max(r_1, r_2)$):

Potential		$v_n(r_1, r_2)$
Delta:	$\delta(r)$	$\dfrac{1}{4\pi}\dfrac{\delta(r_1 - r_2)}{r_1 r_2}$
Gauß:	$\exp\left(-\dfrac{r^2}{a^2}\right)$	$i^{-n-1}\dfrac{a^2}{2r_1 r_2} F_n\left(i\dfrac{2r_1 r_2}{a^2}\right) \exp\left(-\dfrac{r_1^2 + r_2^2}{a^2}\right)$
Yukawa:	$\exp\left(-\dfrac{r}{a}\right)\big/\left(\dfrac{r}{a}\right)$	$-i\dfrac{a^2}{r_1 r_2} F_n\left(i\dfrac{r_<}{a}\right) O_n\left(i\dfrac{r_>}{a}\right)$
Coulomb:	$\dfrac{1}{r}$	$\dfrac{1}{2n+1}\dfrac{r_<^n}{r_>^{n+1}}$

wobei die in Abschn. 9.3 genannten Funktionen mit imaginärem Argument auftreten, die sogenannten modifizierten Besselfunktionen. Der erste Ausdruck folgt als Grenzfall des zweiten, der leicht aus Abschn. 9.3 hergeleitet werden kann. Dort sind auch die übrigen schon vorbereitet worden: Die genannte Greenfunktion $G(\vec{r}, \vec{r}')$ kann nämlich auch $4\pi \exp(ik|\vec{r} - \vec{r}'|)/|\vec{r} - \vec{r}'|$ geschrieben werden. Wir haben deshalb

$$\frac{\exp(ik|\vec{r}_1 - \vec{r}_2|)}{|\vec{r}_1 - \vec{r}_2|} = \sum_n (2n+1)\frac{F_n(kr_<)O_n(kr_>)}{kr_< r_>} P_n(\cos\theta)\,.$$

Daraus folgt der Ausdruck für das Yukawa-Potential und im Grenzfall $a \to \infty$ für das Coulomb-Potential – der aber leichter aus der erzeugenden Funktion der Legendre-Polynome hergeleitet wird (vgl. den Anhang 2).

Die Funktionen $v_n(r_1, r_2)$ treten in den verbleibenden Radialintegralen auf, während die Winkelintegrale sofort ausgewertet werden können:

$$\langle \alpha_1 \alpha_2 (l_1 l_2)L \parallel V(r) \parallel \alpha_1' \alpha_2'(l_1' l_2')L' \rangle$$
$$= \sum_n F_n(\alpha_1 l_1 \alpha_2 l_2, \alpha_1' l_1' \alpha_2' l_2') \quad \langle (l_1 l_2)L \parallel \hat{n}^2 P_n(\cos\theta) \parallel (l_1' l_2')L' \rangle$$

mit den "Slater-Integralen"

$$F_n(\alpha_1 l_1 \alpha_2 l_2, \alpha_1' l_1' \alpha_2' l_2') = \int_0^\infty \int_0^\infty u_{\alpha_1 l_1}^*(r_1)\, u_{\alpha_2 l_2}^*(r_2)\ v_n(r_1, r_2)\ u_{\alpha_1' l_1'}(r_1)\, u_{\alpha_2' l_2'}(r_2)\ dr_1\, dr_2$$

und

$$\langle (l_1 l_2)L \parallel \hat{n}^2 P_n(\cos\theta) \parallel (l_1' l_2')L' \rangle$$
$$= (-)^{l_1' + l_2 + L}\, \delta_{LL'}\, \hat{n}^2\, \hat{L} \begin{Bmatrix} l_1 & l_2 & L \\ l_2' & l_1' & n \end{Bmatrix} \langle l_1 \parallel C^{(n)} \parallel l_1' \rangle \langle l_2 \parallel C^{(n)} \parallel l_2' \rangle$$
$$= (-)^{L}\, i^{l_1 - l_1' - l_2 + l_2'}\, \delta_{LL'}\, \hat{n}^2\, \hat{l}_1 \hat{l}_2 \hat{l}_1' \hat{l}_2' \hat{L} \begin{pmatrix} l_1 & l_1' & n \\ 0 & 0 & 0 \end{pmatrix} \begin{pmatrix} l_2 & l_2' & n \\ 0 & 0 & 0 \end{pmatrix} \begin{Bmatrix} l_1 & l_1' & n \\ l_2' & l_2 & L \end{Bmatrix}$$

(vgl. Abschn. 7.7 und 5.6). Die Summe über n läuft also nur zwischen $\max(|l_1 - l_1'|, |l_2 - l_2'|)$ und $\min(l_1 + l_1', l_2 + l_2')$. Außerdem muß $l_1 + l_2 - l_1' - l_2'$ gerade sein – die Parität bleibt erhalten.

Mit der Bezeichnung L folge ich der üblichen Schreibweise – bisher wurden hier für alle Quantenzahlen kleine Buchstaben genommen. Entsprechend steht im folgenden auch S und J für die Quantenzahlen der zugehörigen Drehimpulssummen.

Bei Teilchen mit Spin s liefert Abschn. 5.6 in der LS-Darstellung

$$\langle \alpha_1 \alpha_2 ((l_1 l_2)L(s_1 s_2)S)J \parallel V(r) \parallel \alpha_1' \alpha_2'((l_1' l_2')L'(s_1' s_2')S')J' \rangle$$
$$= \frac{\hat{J}}{\hat{L}} \langle \alpha_1 \alpha_2 (l_1 l_2)L \parallel V(r) \parallel \alpha_1' \alpha_2'(l_1' l_2')L \rangle \langle (L(s_1 s_2)S)J | (L'(s_1' s_2')S')J' \rangle\,,$$

also im wesentlichen den vorhin gefundenen Ausdruck. In der jj-Darstellung folgt

$$\langle \alpha_1 \alpha_2 ((l_1 s_1)j_1 (l_2 s_2)j_2)J \parallel V(r) \parallel \alpha_1' \alpha_2'((l_1' s_1')j_1'(l_2' s_2')j_2')J' \rangle$$
$$= (-)^{j_1' + j_2 + J}\, \delta_{JJ'}\, \hat{J} \sum_n F_n(\alpha_1 l_1 j_1 \alpha_2 l_2 j_2, \alpha_1' l_1' j_1' \alpha_2' l_2' j_2')\ \hat{n}^2 \begin{Bmatrix} j_1 & j_2 & J \\ j_2' & j_1' & n \end{Bmatrix}$$
$$\times \langle (l_1 s_1)j_1 \parallel C^{(n)} \parallel (l_1' s_1')j_1' \rangle \langle (l_2 s_2)j_2 \parallel C^{(n)} \parallel (l_2' s_2')j_2' \rangle\,,$$

wobei die Radialfunktionen im Slater-Integral $u_{\alpha(ls)j}(r)$ lauten können. Dabei ist nach Abschn. 5.6 und 7.7

$$\langle (ls)j \parallel C^{(n)} \parallel (l's')j' \rangle = (-)^{j' + s}\, i^{l - l'}\, \hat{l}\hat{l}'\hat{j}\hat{j}' \begin{pmatrix} l & l' & n \\ 0 & 0 & 0 \end{pmatrix} \begin{Bmatrix} l & l' & n \\ j' & j & s \end{Bmatrix} \langle s | s' \rangle\,,$$

insbesondere für $s = \frac{1}{2}$ nach Abschn. 4.14

$$\langle (l\tfrac{1}{2})j \| C^{(n)} \| (l'\tfrac{1}{2})j' \rangle = (-)^{j'-\frac{1}{2}}\, i^{l-l'}\, \hat{j}\hat{j'} \begin{pmatrix} j & j' & n \\ \tfrac{1}{2} & -\tfrac{1}{2} & 0 \end{pmatrix} \frac{1 + (-)^{l+l'+n}}{2}\,.$$

Wir haben also

$$\langle \alpha_1 \alpha_2 ((l_1\tfrac{1}{2})j_1(l_2\tfrac{1}{2})j_2)J \| V(r) \| \alpha_1' \alpha_2' ((l_1'\tfrac{1}{2})j_1'(l_2'\tfrac{1}{2})j_2')J' \rangle$$

$$= (-)^{j_2+j_2'+J}\, i^{l_1+l_2-l_1'-l_2'}\, \frac{1 + (-)^{l_1+l_2-l_1'-l_2'}}{2}\, \delta_{JJ'}\, \hat{j_1}\hat{j_2}\hat{j_1'}\hat{j_2'}\, \hat{J}$$

$$\times \sum_n \frac{1 + (-)^{l_2+l_2'+n}}{2}\, \hat{n}^2 \begin{pmatrix} j_1 & j_1' & n \\ \tfrac{1}{2} & -\tfrac{1}{2} & 0 \end{pmatrix} \begin{pmatrix} j_2 & j_2' & n \\ \tfrac{1}{2} & -\tfrac{1}{2} & 0 \end{pmatrix} \begin{Bmatrix} j_1 & j_1' & n \\ j_2' & j_2 & J \end{Bmatrix}$$

$$\times F_n(\alpha_1 l_1 j_1 \alpha_2 l_2 j_2,\ \alpha_1' l_1' j_1' \alpha_2' l_2' j_2')\,.$$

Bei *Kräften großer Reichweite* nehmen die Slater-Integrale rasch mit n ab, so daß es hauptsächlich auf die niedrigen Multipolmomente ankommt. Beschränken wir uns auf den Summanden mit $n = 0$, so steckt die J-Abhängigkeit der reduzierten Matrixelemente (abgesehen von den Dreiecksungleichungen) im Faktor $\hat{J}$, der sich bei den vollen Matrixelementen nach Abschn. 5.2 herauskürzt: Sie hängen nicht von J ab. Außerdem enthalten sie den Faktor $\langle (l_1 l_2)L | (l_1' l_2')L' \rangle$ bzw. $\langle (l_1\tfrac{1}{2})j_1(l_2\tfrac{1}{2})j_2 | (l_1'\tfrac{1}{2})j_1'(l_2'\tfrac{1}{2})j_2' \rangle$: Nur bei den Radialquantenzahlen ist auf nicht-diagonale Matrixelemente zu achten.

Die Eigenschaften von *Kräften kurzer Reichweite* erkennen wir an der Deltakraft. Ihre Slater-Integrale hängen nicht von n ab. Da nach Abschn. 4.12

$$\sum_n \langle (l_1 l_2)L \| \hat{n}^2 P_n(\cos\theta) \| (l_1' l_2')L' \rangle = i^{l_1+l_2-l_1'-l_2'}\hat{l_1}\hat{l_2}\hat{l_1'}\hat{l_2'}\hat{L} \begin{pmatrix} l_1 & l_2 & L \\ 0 & 0 & 0 \end{pmatrix} \begin{pmatrix} l_1' & l_2' & L \\ 0 & 0 & 0 \end{pmatrix} \delta_{LL'}$$

ist, folgen als Matrixelemente in der LS-Darstellung

$$\langle \alpha_1 \alpha_2 ((l_1 l_2)L(s_1 s_2)S)J \| \delta(r) \| \alpha_1' \alpha_2' ((l_1' l_2')L'(s_1' s_2')S')J' \rangle$$

$$= i^{l_1+l_2-l_1'-l_2'}\, \hat{l_1}\hat{l_2}\hat{l_1'}\hat{l_2'}\, \hat{J} \begin{pmatrix} l_1 & l_2 & L \\ 0 & 0 & 0 \end{pmatrix} \begin{pmatrix} l_1' & l_2' & L \\ 0 & 0 & 0 \end{pmatrix}$$

$$\times \langle (L(s_1 s_2)S)J | (L'(s_1' s_2')S')J' \rangle\, F_0(\alpha_1 l_1 \alpha_2 l_2,\ \alpha_1' l_1' \alpha_2' l_2')\,.$$

Beschränkt man sich auf gleiche Teilchen und nimmt nach Abschn. 3.15 symmetrische (Bosonen-) bzw. antisymmetrische (Fermionen-)Zustände, so tragen nur Matrixelemente mit geradem S bei – für $s_1 = s_2 = \frac{1}{2}$ also nur die Singulettzustände: $S = 0$, d.h. $J = L$. An den $3j$-Symbolen lesen wir damit ab, daß in diesem Fall die Deltakraft nur zwischen Zweiteilchenzuständen natürlicher Parität $\pi = (-)^J$ wirkt. In der jj-Darstellung finden wir für $s_1 = s_2 = \frac{1}{2}$ mit Abschn. 4.12 und 4.14 den Ausdruck

$$\langle \alpha_1 \alpha_2 ((l_1\tfrac{1}{2})j_1(l_2\tfrac{1}{2})j_2)J \| \delta(r) \| \alpha_1' \alpha_2' ((l_1'\tfrac{1}{2})j_1'(l_2'\tfrac{1}{2})j_2')J' \rangle$$

$$= \frac{1 + (-)^{l_1+l_2-l_1'-l_2'}}{2}\, i^{l_1+l_2-l_1'-l_2'}\, \delta_{JJ'}\, \hat{j_1}\hat{j_2}\hat{j_1'}\hat{j_2'}\hat{J}\, F_0(\alpha_1 l_1 j_1 \alpha_2 l_2 j_2,\ \alpha_1' l_1' j_1' \alpha_2' l_2' j_2')$$

$$\times \frac{1}{2}\left[\begin{pmatrix} j_1 & j_2 & J \\ \tfrac{1}{2} & \tfrac{1}{2} & -1 \end{pmatrix} \begin{pmatrix} j_1' & j_2' & J \\ \tfrac{1}{2} & \tfrac{1}{2} & -1 \end{pmatrix} + (-)^{j_2+l_2-j_2'-l_2'} \begin{pmatrix} j_1 & j_2 & J \\ \tfrac{1}{2} & -\tfrac{1}{2} & 0 \end{pmatrix} \begin{pmatrix} j_1' & j_2' & J \\ \tfrac{1}{2} & -\tfrac{1}{2} & 0 \end{pmatrix} \right]$$

und damit für die Matrixelemente zwischen antisymmetrisierten Zuständen

$$_a\langle\alpha_1\alpha_2((l_1\tfrac{1}{2})j_1(l_2\tfrac{1}{2})j_2)J \parallel \delta(r) \parallel \alpha_1'\alpha_2'((l_1'\tfrac{1}{2})j_1'(l_2'\tfrac{1}{2})j_2')J'\rangle_a$$

$$= \frac{1+(-)^{l_1+l_2-J}}{2}\,\frac{1+(-)^{l_1'+l_2'-J}}{2}\,\frac{\delta_{JJ'}\,\hat{j}_1\hat{j}_2\hat{j}_1'\hat{j}_2'\hat{J}}{\sqrt{1+\langle\alpha_1 l_1 j_1|\alpha_2 l_2 j_2\rangle}\,\sqrt{1+\langle\alpha_1' l_1' j_1'|\alpha_2' l_2' j_2'\rangle}}$$

$$\times\, i^{\,l_1-l_2-l_1'+l_2'}\,(-)^{j_2-j_2'}\,F_0(\alpha_1 l_1 j_1\alpha_2 l_2 j_2,\,\alpha_1' l_1' j_1'\alpha_2' l_2' j_2')\begin{pmatrix} j_1 & j_2 & J \\ \tfrac{1}{2} & -\tfrac{1}{2} & 0 \end{pmatrix}\begin{pmatrix} j_1' & j_2' & J \\ \tfrac{1}{2} & -\tfrac{1}{2} & 0 \end{pmatrix}\,.$$

9.7 Reduzierte Matrixelemente spinabhängiger Wechselwirkungen

Im folgenden entwickeln wir allgemeinere Zweiteilchenwechselwirkungen nach Slater-Integralen, beschränken uns allerdings auf Spin-$\tfrac{1}{2}$-Teilchen und auf Kräfte, die symmetrisch in beiden Teilchen und invariant gegen Raum- und Zeitumkehr sind.

Spinabhängige Zentralkräfte enthalten neben $V(r)$ noch den Faktor

$$(\vec{\sigma}_1\cdot\vec{\sigma}_2) = 4(\vec{S}_1\cdot\vec{S}_2) = 2(S^2-\tfrac{3}{2}) = -4\sqrt{3}\left[S^{(1)}(1)\times S^{(1)}(2)\right]_0^{(0)},$$

vgl. Abschn. 3.15 und 5.5. Sie sind diagonal in $\vec{S}=\vec{S}_1+\vec{S}_2$. Deshalb spalten wir hier am besten in Singulett- und Triplettwechselwirkungen auf:

$$V(r) + V_\sigma(r)(\vec{\sigma}_1\cdot\vec{\sigma}_2) = {}^1V(r)P_{s=0} + {}^3V(r)P_{s=1}$$

mit

$$^1V(r) = V(r) - 3V_\sigma(r)\,,\quad {}^3V(r) = V(r) + V_\sigma(r)$$

und erhalten in der LS-Darstellung

$$\langle\alpha_1\alpha_2((l_1 l_2)L(\tfrac{1}{2}\tfrac{1}{2})S)J \parallel {}^{2s+1}V(r)P_s \parallel \alpha_1'\alpha_2'((l_1' l_2')L'(\tfrac{1}{2}\tfrac{1}{2})S')J'\rangle$$

$$= \frac{\hat{J}}{\hat{L}}\,\langle\alpha_1\alpha_2(l_1 l_2)L \parallel {}^{2s+1}V(r) \parallel \alpha_1'\alpha_2'(l_1' l_2')L\rangle\,\delta_{sS}\,\langle(LS)J|(L'S')J'\rangle\,,$$

was nach dem letzten Abschnitt auf Slater-Integrale zurückgeführt werden kann. In der jj-Darstellung ist noch eine Umkopplung nötig. Nutzen wir $P_{s=1} = 1 - P_{s=0}$ aus, so folgt

$$\langle\alpha_1\alpha_2((l_1\tfrac{1}{2})j_1(l_2\tfrac{1}{2})j_2)J \parallel V(r) \parallel \alpha_1'\alpha_2'((l_1'\tfrac{1}{2})j_1'(l_2'\tfrac{1}{2})j_2')J'\rangle$$

$$= \langle\alpha_1\alpha_2((l_1\tfrac{1}{2})j_1(l_2\tfrac{1}{2})j_2)J \parallel {}^3V(r) \parallel \alpha_1'\alpha_2'((l_1'\tfrac{1}{2})j_1'(l_2'\tfrac{1}{2})j_2')J'\rangle$$

$$+ (-)^{j_2-j_2'+l_1-l_1'}\,\tfrac{1}{2}\,\hat{j}_1\hat{j}_2\hat{j}_1'\hat{j}_2'\begin{Bmatrix} l_1 & l_2 & J \\ j_2 & j_1 & \tfrac{1}{2} \end{Bmatrix}\begin{Bmatrix} l_1' & l_2' & J' \\ j_2' & j_1' & \tfrac{1}{2} \end{Bmatrix}$$

$$\times\,\langle\alpha_1\alpha_2((l_1 l_2)L(\tfrac{1}{2}\tfrac{1}{2})0)J \parallel {}^1V - {}^3V \parallel \alpha_1'\alpha_2'((l_1' l_2')L'(\tfrac{1}{2}\tfrac{1}{2})0)J'\rangle\,,$$

womit wir auch hier auf das Problem im letzten Abschnitt stoßen.

Keine Zentralkraft mehr – aber immer noch drehinvariant – ist die *Tensorkraft* $V(r)\,r^2 S_{12}$ mit

$$S_{12} \equiv \frac{3}{r^2}\,(\vec{r}\cdot\vec{\sigma}_1)(\vec{r}\cdot\vec{\sigma}_2) - (\vec{\sigma}_1\cdot\vec{\sigma}_2) = 4\sqrt{30}\,\left[C^{(2)}(\Omega)\times\left[S^{(1)}(1)\times S^{(1)}(2)\right]^{(2)}\right]_0^{(0)},$$

wobei Ω die Richtung von $\vec{r}_1 - \vec{r}_2$ angibt. Für die weitere Rechnung ist das "verallgemeinerte Additionstheorem für Kugelfunktionen"

$$r^n\,C_m^{(n)}(\Omega) = \sum_{n'} (-)^{n'}\sqrt{\binom{2n}{2n'}}\,r_1^{2-n'}\,r_2^{n'}\,\left[C^{(n-n')}(\Omega_1)\times C^{(n')}(\Omega_2)\right]_m^{(n)}$$

nützlich, weil damit wieder die Winkelintegrale berechnet werden können. Für den Beweis des Additionstheorems gehen wir (wie CAOLA) von

$$r\,C_1^{(1)}(\Omega) = -\frac{r}{\sqrt{2}}\,\sin\theta\,\exp(i\varphi) = -\frac{1}{\sqrt{2}}\,(x + i\,y) = r_1\,C_1^{(1)}(\Omega_1) - r_2\,C_1^{(1)}(\Omega_2)$$

aus und erhalten nach Abschn. 7.8 und 3.6

$$\begin{aligned}
r^n\,C_n^{(n)}(\Omega) &= \sqrt{\frac{(2n-1)!!}{n!}}\,\left(r\,C_1^{(1)}(\Omega)\right)^n \\
&= \sqrt{\frac{1}{2^n}\binom{2n}{n}}\,\sum_{n'} (-)^{n'}\binom{n}{n'}\left(r_1\,C_1^{(1)}(\Omega_1)\right)^{n-n'}\left(r_2\,C_1^{(1)}(\Omega_2)\right)^{n'} \\
&= \sum_{n'} (-)^{n'}\sqrt{\binom{2n}{2n'}}\,r_1^{n-n'}\,r_2^{n'}\,\left[C^{(n-n')}(\Omega_1)\times C^{(n')}(\Omega_2)\right]_n^{(n)}.
\end{aligned}$$

Damit ist das Theorem für $m = n$ bewiesen – der Rest folgt aus der Tensoreigenschaft.

Wir haben also bei Tensorkräften

$$\begin{aligned}
V(r)\,r^2 S_{12} = 4\sqrt{30}\sum_{nn'} (-)^{n'}\sqrt{\binom{4}{2n'}}\,\hat{n}^2\,v_n(r_1,r_2)\,r_1^{2-n'}\,r_2^{n'} \\
\times P_n(\cos\theta)\left[\left[C^{(2-n')}(\Omega_1)\times C^{(n')}(\Omega_2)\right]^{(2)}\times\left[S^{(1)}(1)\times S^{(1)}(2)\right]^{(2)}\right]_0^{(0)}.
\end{aligned}$$

Für die letzte Zeile können wir auch schreiben

$$\begin{aligned}
(-)^n\sum_{n_1 n_2}\hat{n}_1^{\,2}\hat{n}_2^{\,2}\begin{pmatrix} n & 2-n' & n_1 \\ 0 & 0 & 0 \end{pmatrix}\begin{pmatrix} n & n' & n_2 \\ 0 & 0 & 0 \end{pmatrix}\begin{Bmatrix} n_1 & n_2 & 2 \\ n' & 2-n' & n \end{Bmatrix} \\
\times\left[\left[C^{(n_1)}(\Omega_1)\times C^{(n_2)}(\Omega_2)\right]^{(2)}\times\left[S^{(1)}(1)\times S^{(1)}(2)\right]^{(2)}\right]_0^{(0)}
\end{aligned}$$

und erhalten deshalb

$$V(r)\, r^2\, S_{12} = 4\sqrt{6} \sum_{n_1 n_2} \hat{n_1}^{\,2}\hat{n_2}^{\,2} \begin{pmatrix} n_1 & n_2 & 2 \\ 0 & 0 & 0 \end{pmatrix} v_{n_1 n_2 2}(r_1, r_2)$$

$$\times \left[\left[C^{(n_1)}(\Omega_1) \times C^{(n_2)}(\Omega_2) \right]^{(2)} \times \left[S^{(1)}(1) \times S^{(1)}(2) \right]^{(2)} \right]^{(0)}_0$$

mit

$$v_{nn2}(r_1, r_2) \equiv (r_1^2 + r_2^2)\, v_n(r_1, r_2) - r_1 r_2 \left(\frac{2n-1}{2n+1}\, v_{n+1}(r_1, r_2) + \frac{2n+3}{2n+1}\, v_{n-1}(r_1, r_2) \right)$$

und

$$v_{n+2,n,2}(r_1, r_2) = v_{n,n+2,2}(r_2, r_1) \equiv r_1^2\, v_n(r_1, r_2) - 2 r_1 r_2\, v_{n+1}(r_1, r_2) + r_2^2\, v_{n+2}(r_1, r_2)\,.$$

Neben den Slater-Integralen

$$F_{n_1 n_2 2}(\alpha_1 l_1 \alpha_2 l_2,\, \alpha_1' l_1' \alpha_2' l_2')$$
$$= \int\limits_0^\infty \int\limits_0^\infty u^*_{\alpha_1 l_1}(r_1)\, u^*_{\alpha_2 l_2}(r_2) \quad v_{n_1 n_2 2}(r_1, r_2) \quad u_{\alpha_1' l_1'}(r_1)\, u_{\alpha_2' l_2'}(r_2) \quad dr_1 dr_2$$

kommt es jetzt also auf folgende Größen an:

$$\langle ((l_1 l_2)LS)J \,\|\, \left[\left[C^{(n_1)}(\Omega_1) \times C^{(n_2)}(\Omega_2) \right]^{(2)} \times \left[S^{(1)}(1) \times S^{(1)}(2) \right]^{(2)} \right]^{(0)} \,\|\, ((l_1' l_2')L'S')J' \rangle$$

$$= (-)^{L'+1+J}\, i^{l_1 + l_2 + l_1' + l_2'}\, \delta_{S1}\, \delta_{S'1}\, \delta_{JJ'}\, \tfrac{1}{2}\sqrt{5}\, \hat{l_1}\hat{l_2}\hat{l_1'}\hat{l_2'}\hat{L}\hat{L'}\hat{J}$$

$$\times \begin{pmatrix} l_1 & l_1' & n_1 \\ 0 & 0 & 0 \end{pmatrix} \begin{pmatrix} l_2 & l_2' & n_2 \\ 0 & 0 & 0 \end{pmatrix} \begin{Bmatrix} 1 & 1 & 2 \\ L & L' & J \end{Bmatrix} \begin{Bmatrix} l_1 & l_2 & L \\ l_1' & l_2' & L' \\ n_1 & n_2 & 2 \end{Bmatrix}$$

bzw.

$$\langle (l_1 j_1 l_2 j_2)J \,\|\, \left[\left[C^{(n_1)}(\Omega_1) \times C^{(n_2)}(\Omega_2) \right]^{(2)} \times \left[S^{(1)}(1) \times S^{(1)}(2) \right]^{(2)} \right]^{(0)} \,\|\, (l_1' j_1' l_2' j_2')J' \rangle$$

$$= (-)^{j_1' + j_2 + J + 1}\, i^{l_1 - l_2 + l_1' - l_2'}\, \delta_{JJ'}\, \frac{3}{2}\sqrt{5}\, \hat{l_1}\hat{l_2}\hat{l_1'}\hat{l_2'}\hat{j_1}\hat{j_2}\hat{j_1'}\hat{j_2'}\hat{J} \begin{pmatrix} l_1 & l_1' & n_1 \\ 0 & 0 & 0 \end{pmatrix} \begin{pmatrix} l_2 & l_2' & n_2 \\ 0 & 0 & 0 \end{pmatrix}$$

$$\times \sum_n \hat{n}^2 \begin{Bmatrix} 1 & 1 & 2 \\ n_1 & n_2 & n \end{Bmatrix} \begin{Bmatrix} j_1 & j_2 & J \\ j_2' & j_1' & n \end{Bmatrix} \begin{Bmatrix} l_1 & \tfrac{1}{2} & j_1 \\ l_1' & \tfrac{1}{2} & j_1' \\ n_1 & 1 & n \end{Bmatrix} \begin{Bmatrix} l_2 & \tfrac{1}{2} & j_2 \\ l_2' & \tfrac{1}{2} & j_2' \\ n_2 & 1 & n \end{Bmatrix}\,.$$

(Entsprechende Ausdrücke leiten HORIE & SASAKI mit einer Fouriertransformation her. HOPE & LONGDON haben noch nicht über n und n' summiert und deshalb auch nicht $v_{n_1 n_2 2}$ eingeführt.) Der letzte Ausdruck kann mit Abschn. 4.16 noch vereinfacht werden.

Neben diesen statischen Zweiteilchenkräften gibt es noch die *Spin-Bahn-Kraft (Vektorkraft)* mit dem Potential $V(r)\,\vec{L}_{12}\cdot\vec{S}$, wobei

$$\vec{L}_{12} \equiv \frac{(\vec{R}_1-\vec{R}_2)\times(\vec{P}_1-\vec{P}_2)}{\hbar}$$

ist. Auch diese Größe ist in Relativkoordinaten als Matrixelement leicht anzugeben. Sonst ist aber eine Multipolzerlegung nötig und wir erhalten nach geeigneter Umkopplung:

$$
V(r)\,\vec{L}_{12}\cdot\vec{S} = \frac{\sqrt{6}}{\hbar}\sum_{nn'n''}(-)^{n'}\,\hat{n}^2\hat{n}'\hat{n}''
\begin{Bmatrix} 1 & 1 & 1 \\ n & n' & n'' \end{Bmatrix} v_n(r_1,r_2)
$$
$$
\times\Bigg(\Big[\big[\big[[C^{(n)}(\Omega_1)\times R^{(1)}(1)]^{(n'')}\times P^{(1)}(1)\big]^{(n')}\times C^{(n)}(\Omega_2)\big]^{(1)}\times S^{(1)}\Big]^{(0)}_0
$$
$$
-(-)^{n+n'}\Big[\big[C^{(n)}(\Omega_1)\times\big[[C^{(n)}(\Omega_2)\times R^{(1)}(2)]^{(n'')}\times P^{(1)}(2)\big]^{(n')}\big]^{(1)}\times S^{(1)}\Big]^{(0)}_0
$$
$$
+\Big[\big[[C^{(n)}(\Omega_1)\times P^{(1)}(1)]^{(n')}\times[C^{(n)}(\Omega_2)\times R^{(1)}(2)]^{(n')}\big]^{(1)}\times S^{(1)}\Big]^{(0)}_0
$$
$$
-(-)^{n'+n''}\Big[\big[[C^{(n)}(\Omega_1)\times R^{(1)}(1)]^{(n'')}\times[C^{(n)}(\Omega_2)\times P^{(1)}(2)]^{(n')}\big]^{(1)}\times S^{(1)}\Big]^{(0)}_0\Bigg)\;.
$$

Dabei gilt nach Abschn. 9.5 und 7.7

$$
\big[C^{(n)}(\Omega)\times R^{(1)}\big]^{(n'')}_\nu \doteq i\begin{pmatrix} n & 1 & n'' \\ 0 & 0 & 0 \end{pmatrix} r\,C^{(n)}_\nu(\Omega)\,,
$$
$$
\big[C^{(n)}(\Omega)\times P^{(1)}\big]^{(n')}_\nu \doteq \frac{\hbar}{i}\left(\begin{pmatrix} n & 1 & n' \\ 0 & 0 & 0 \end{pmatrix}\frac{\partial}{\partial r}\,C^{(n')}_\nu(\Omega)\right.
$$
$$
\left.-\frac{\sqrt{2}}{r}\Big[C^{(n)}(\Omega)\times[C^{(1)}(\Omega)\times L^{(1)}]^{(1)}\Big]^{(n')}_\nu\right)
$$

und für $n'=n\pm 1$ ist

$$
\Big[C^{(n)}(\Omega)\times[C^{(1)}(\Omega)\times L^{(1)}]^{(1)}\Big]^{(n')}_\nu = (-)^n\,\hat{n}'\begin{pmatrix} n' & 1 & n \\ 1 & -1 & 0 \end{pmatrix}\big[C^{(n')}(\Omega)\times L^{(1)}\big]^{(n')}_\nu\,,
$$

$$
2\hat{n}\begin{pmatrix} n & 1 & n' \\ 1 & -1 & 0 \end{pmatrix}\Big[C^{(n)}(\Omega)\times[C^{(1)}(\Omega)\times L^{(1)}]^{(1)}\Big]^{(n)}_\nu = (-)^{n'}\big[C^{(n')}(\Omega)\times L^{(1)}\big]^{(n)}_\nu\,.
$$

(Die erste Gleichung folgt aus Abschn. 4.3, 4.14 und 7.7. Für die zweite ist außerdem noch wichtig, daß das 3j-Symbol die n'-Abhängigkeit der rechten Seite richtig erfaßt, wie an den reduzierten Matrixelementen nachgeprüft werden kann.) Damit erhalten wir – wie HORIE & SASAKI –

$$
V(r)\,\vec{L}_{12}\cdot\vec{S} \doteq \sum_n (-)^n\,\hat{n}
$$

$$
\times\left(\sqrt{n(n+1)}(v_{n+1}-v_{n-1})\left(r_2\frac{\partial}{\partial r_1}-r_1\frac{\partial}{\partial r_2}\right)\left[\left[C^{(n)}(\Omega_1)\times C^{(n)}(\Omega_2)\right]^{(1)}\times S^{(1)}\right]_0^{(0)}\right.
$$

$$
+\left((n+1)\,v_{n-1}\frac{r_2}{r_1}-(2n+1)\,v_n+n\,v_{n+1}\frac{r_2}{r_1}\right)
$$

$$
\times\left[\left[\left[C^{(n)}(\Omega_1)\times L^{(1)}(1)\right]^{(n)}\times C^{(n)}(\Omega_2)\right]^{(1)}\times S^{(1)}\right]_0^{(0)}
$$

$$
-\left((n+1)\,v_{n-1}\frac{r_1}{r_2}-(2n+1)\,v_n+n\,v_{n+1}\frac{r_1}{r_2}\right)
$$

$$
\times\left[\left[C^{(n)}(\Omega_1)\times\left[C^{(n)}(\Omega_2)\times L^{(1)}(2)\right]^{(n)}\right]^{(1)}\times S^{(1)}\right]_0^{(0)}\right)
$$

$$
-\sum_{\substack{n\\ n'=n\pm1}}(-)^n\,\hat{n}^2\hat{n}'\left(\left(v_n-v_{n'}\frac{r_2}{r_1}\right)\left[\left[\left[C^{(n)}(\Omega_1)\times L^{(1)}(1)\right]^{(n')}\times C^{(n)}(\Omega_2)\right]^{(1)}\times S^{(1)}\right]_0^{(0)}\right.
$$

$$
\left.+\left(v_n-v_{n'}\frac{r_1}{r_2}\right)\left[\left[C^{(n)}(\Omega_1)\times\left[C^{(n)}(\Omega_2)\times L^{(1)}(2)\right]^{(n')}\right]^{(1)}\times S^{(1)}\right]_0^{(0)}\right)\ .
$$

In der LS-Darstellung tragen nur Zustände mit $S=1$ bei:

$$
\langle((l_1l_2)L(\tfrac{1}{2}\tfrac{1}{2})S)J\,\|\,\left[\left[A^{(n_1)}\times B^{(n_2)}\right]^{(1)}\times S^{(1)}\right]^{(0)}\,\|\,((l_1'l_2')L'(\tfrac{1}{2}\tfrac{1}{2})S')J'\rangle
$$

$$
=(-)^{L'+J}\,\delta_{S1}\,\delta_{S'1}\,\delta_{JJ'}\,\sqrt{6}\,\hat{L}\hat{L}'\hat{J}\,\langle l_1\,\|\,A^{(n_1)}\,\|\,l_1'\rangle\,\langle l_2\,\|\,B^{(n_2)}\,\|\,l_2'\rangle
$$

$$
\times\begin{Bmatrix}1&1&1\\ L&L'&J\end{Bmatrix}\begin{Bmatrix}l_1&l_2&L\\ l_1'&l_2'&L'\\ n_1&n_2&1\end{Bmatrix}\ .
$$

In der jj-Darstellung haben wir dagegen

$$
\langle((l_1\tfrac{1}{2})j_1(l_2\tfrac{1}{2})j_2)J\,\|\,\left[\left[A^{(n_1)}\times B^{(n_2)}\right]^{(1)}\times S^{(1)}\right]^{(0)}\,\|\,((l_1'\tfrac{1}{2})j_1'(l_2'\tfrac{1}{2})j_2')J'\rangle
$$

$$
=(-)^{l_1-\frac{1}{2}+j_2+J}\,\delta_{JJ'}\,\sqrt{\tfrac{3}{2}}\,\hat{j}_1\hat{j}_2\hat{j}_1'\hat{j}_2'\,\hat{J}\,\langle l_1\,\|\,A^{(n_1)}\,\|\,l_1'\rangle\,\langle l_2\,\|\,B^{(n_2)}\,\|\,l_2'\rangle
$$

$$
\times\left(\begin{Bmatrix}j_1&j_2&J\\ j_2'&j_1'&n_1\end{Bmatrix}\begin{Bmatrix}l_1&l_1'&n_1\\ j_1'&j_1&\tfrac{1}{2}\end{Bmatrix}\begin{Bmatrix}l_2&\tfrac{1}{2}&j_2\\ l_2'&\tfrac{1}{2}&j_2'\\ n_2&1&n_1\end{Bmatrix}\right.
$$

$$
\left.-(-)^{l_1+l_2+j_1'+j_2'+n_1+n_2}\begin{Bmatrix}j_1&j_2&J\\ j_2'&j_1'&n_2\end{Bmatrix}\begin{Bmatrix}l_2&l_2'&n_2\\ j_2'&j_2&\tfrac{1}{2}\end{Bmatrix}\begin{Bmatrix}l_1&\tfrac{1}{2}&j_1\\ l_1'&\tfrac{1}{2}&j_1'\\ n_1&1&n_2\end{Bmatrix}\right)\ .
$$

Dabei ist

$$\langle l \,\|\, C^{(n)}(\Omega) \,\|\, l'\rangle = i^{l+l'}\,\hat{l}\hat{l}'\begin{pmatrix} l & l' & n \\ 0 & 0 & 0 \end{pmatrix}$$

und (auch für $n' = n$)

$$\langle l \,\|\, \left[C^{(n)}(\Omega) \times L^{(1)}\right]^{(n')} \,\|\, l'\rangle = (-)^{n-n'}\,\hat{n}'\begin{Bmatrix} l' & n & l \\ n' & l' & 1 \end{Bmatrix}\hat{l}'\,\sqrt{l'(l'+1)}\,\langle l \,\|\, C^{(n)}(\Omega) \,\|\, l'\rangle\,,$$

womit die Ausdrücke aus Abschn. 4.14 und 4.16 gebraucht werden können. Wenn wir in den Slater-Integralen die Radialfunktionen u statt u/r nehmen, haben wir

$$r_2\,\frac{\partial}{\partial r_1} - r_1\,\frac{\partial}{\partial r_2} \qquad \text{durch} \qquad r_2\,\frac{\partial}{\partial r_1} - r_1\,\frac{\partial}{\partial r_2} - \left(\frac{r_2}{r_1} - \frac{r_1}{r_2}\right)$$

zu ersetzen.

9.8 Fouriertransformationen

In Abschn. 9.1 hatten wir die Eigenfunktionen

$$\psi_{\alpha lm}(\vec{r}) = \langle\vec{r}|\alpha lm\rangle = \frac{u_{\alpha l}(r)}{r}\,i^l\,Y^{(l)}_m(\Omega)$$

betrachtet. Die allgemeine Wellenfunktion $\psi(\vec{r})$ läßt sich daraus zusammensetzen:

$$\begin{aligned}\psi(\vec{r}) \equiv \langle\vec{r}|\psi\rangle &= \sum_{\alpha lm}\langle\vec{r}|\alpha lm\rangle\,\langle\alpha lm|\psi\rangle \\ &= \sum_{\alpha lm}\frac{u_{\alpha l}(r)}{r}\,i^l\,Y^{(l)}_m(\Omega)\,\psi_{\alpha lm}\,,\end{aligned}$$

wobei statt der Summe über α ein Integral steht, wenn α kontinuierlich geändert werden kann.

Wir betrachten nun die Verknüpfung $\langle\vec{r}|\psi\rangle \leftrightarrow \langle\vec{k}|\psi\rangle$ mit

$$\langle\vec{r}|\vec{k}\rangle = \frac{1}{\sqrt{2\pi}^3}\,\exp(i\,\vec{k}\cdot\vec{r})\,,$$

also die Fouriertransformationen

$$\begin{aligned}\langle\vec{r}|\psi\rangle &= \frac{1}{\sqrt{2\pi}^3}\int\exp(+i\,\vec{k}\cdot\vec{r})\,\langle\vec{k}|\psi\rangle\,d^3\vec{k}\,, \\ \langle\vec{k}|\psi\rangle &= \frac{1}{\sqrt{2\pi}^3}\int\exp(-i\,\vec{k}\cdot\vec{r})\,\langle\vec{r}|\psi\rangle\,d^3\vec{r}\,,\end{aligned}$$

und nutzen dabei die in Abschn. 9.3 genannte Zerlegung

$$\exp(i\,\vec{k}\cdot\vec{r}) = 4\pi\sum_{lm}\frac{F_l(kr)}{kr}\,Y^{(l)*}_m(\Omega_k)\,i^l\,Y^{(l)}_m(\Omega_r)$$

aus. Mit den in Abschn. 7.2 genannten Eigenschaften der Kugelfunktionen folgt

$$\psi(\vec{k}) \equiv \langle \vec{k}|\psi\rangle = \sum_{\alpha lm} \frac{u_{\alpha l}(k)}{k} \, Y_m^{(l)}(\Omega_k) \, \psi_{\alpha lm}$$

mit

$$u_{\alpha l}(k) = \sqrt{\frac{2}{\pi}} \int\limits_0^\infty F_l(kr) \, u_{\alpha l}(r) \, dr$$

bzw.

$$u_{\alpha l}(r) = \sqrt{\frac{2}{\pi}} \int\limits_0^\infty F_l(kr) \, u_{\alpha l}(k) \, dk \ .$$

Bei der Fouriertransformation bleibt also die Drehimpulsabhängigkeit (l, m) erhalten, nur die von den Beträgen r bzw. k abhängigen Funktionen wechseln – und der Faktor i^l steht bei der Kugelfunktion des Ortes, wie schon in Abschn. 7.5 besprochen. (Bei anderen Phasenkonventionen steht er bei der Kugelfunktion des Impulses.)

Häufig bezeichnet man $\{|\vec{k}\rangle\}$ kurz als Impulsdarstellung, obwohl genaugenommen $\{|\vec{p}\rangle\}$ so zu nennen ist (vgl. Abschn. 7.5). Wegen $\vec{p} = \hbar\vec{k}$ und $\langle \vec{k}|\vec{k}'\rangle = \delta(\vec{k} - \vec{k}') = \hbar^3 \, \delta(\vec{p} - \vec{p}') = \hbar^3 \, \langle \vec{p}|\vec{p}'\rangle$, d.h.

$$|\vec{k}\rangle = |\vec{p}\rangle \sqrt{\hbar^3}$$

unterscheiden sich beide nur in der Normierung. Statt $\{|\vec{k}\rangle\} \,\hat{=}\, \{|k\Omega\rangle\}$ werden wir in Kap. 12 die "Energiedarstellung" $\{|E\Omega\rangle\}$ nehmen –vgl. Abschn. 12.3. Wegen

$$\langle E\Omega|E'\Omega'\rangle = \delta(E - E')\delta(\Omega - \Omega') = \frac{2m}{\hbar^2} \, \delta(k^2 - k'^2)\delta(\Omega - \Omega')$$

$$= \frac{m}{\hbar^2 k} \, \delta(k - k')\delta(\Omega - \Omega') = \frac{mk}{\hbar^2} \, \delta(\vec{k} - \vec{k}')$$

haben wir

$$|\vec{k}\rangle \,\hat{=}\, |k\Omega\rangle = |E\Omega\rangle \, \frac{\hbar}{\sqrt{mk}} \ ,$$

also wieder nur eine andere Normierung.

9.9 Zusammenfassung: Entwicklung nach Kugelfunktionen

Hatten wir zuvor immer nur den Drehimpuls und die kanonisch konjugierten Richtungen betrachtet, so wurde nun auch der Betrag des Ortsvektors wichtig: Erst damit können wir die Wellenfunktionen, Observablen und Wechselwirkungen allgemein erfassen. In der Drehimpulsdarstellung kann alle Richtungsabhängigkeit ausgewertet werden – zu lösen bleiben nur noch die Probleme in der Radialkoordinate (radiale Wellenfunktion, Slater-Integral). Dies wurde für einige wichtige Beispiele vorgeführt, weitere folgen im nächsten Kapitel.

VEKTORKUGELFUNKTIONEN UND IHRE ANWENDUNGEN

10.1 Vektorkugelfunktionen

In Abschn. 9.4 wurden die Vektorkugelfunktionen durch die Gleichung

$$\vec{Y}^{(l,1)j}_{\;\;\;\;m}(\Omega) \equiv \sum_{m'm''} Y^{(l)}_{m'}(\Omega)\,\vec{e}^{\,(1)}_{m''}\begin{pmatrix} l & 1 & \big| & j \\ m' & m'' & \big| & m \end{pmatrix}$$

eingeführt, wobei die "sphärischen Einheitsvektoren" nach Abschn. 5.4 einen nicht allgemein üblichen Faktor i enthalten. Er führt zu der Eigenschaft

$$\vec{Y}^{(l,1)j\,*}_{\;\;\;\;m}(\Omega) = (-)^{l+j+m}\,\vec{Y}^{(l,1)j}_{\;\;\;-m}(\Omega)\,,$$

weshalb wir – wie bei den gewöhnlichen Kugelfunktionen – in der Ortsdarstellung noch einen Faktor i^l für ein geeignetes Verhalten bei Zeitumkehr brauchen. An weiteren Eigenschaften seien kurz erwähnt:

$$\vec{Y}^{(l,1)j}_{\;\;\;\;m}(-\Omega) = (-)^l\,\vec{Y}^{(l,1)j}_{\;\;\;\;m}(\Omega)$$

und die "Orthonormierung"

$$\int \left(\vec{Y}^{(l,1)j\,*}_{\;\;\;\;m}(\Omega) \cdot \vec{Y}^{(l',1)j'}_{\;\;\;\;m'}(\Omega)\right)\,d\Omega = \delta_{ll'}\,\delta_{jj'}\,\delta_{mm'}\,.$$

Wegen ihres Drehverhaltens sind diese Funktionen zur Beschreibung von Vektorfeldern besonders geeignet: Transformieren sich gewöhnliche Kugelfunktionen bei Drehungen $\vec{\omega}$ nach der Gleichung (vgl. Abschn. 7.6)

$$Y^{(l)}_m(\Omega') = \sum_{m'} Y^{(l)}_{m'}(\Omega)\,\mathfrak{D}^{(l)\,*}_{m'm}(\vec{\omega})\,,$$

so die Vektorkugelfunktionen nach

$$\vec{Y}^{(l,1)j}_{\;\;\;\;m}(\Omega') = \sum_{m'} \vec{Y}^{(l,1)j}_{\;\;\;\;m'}(\Omega)\,\mathfrak{D}^{(j)\,*}_{m'm}(\vec{\omega})\,.$$

Außerdem haben wir nach Abschn. 5.4, 7.3 und 4.9

$$\vec{Y}^{(l_1,1)j_1}_{\;\;\;\;m_1}(\Omega) \cdot \vec{Y}^{(l_2,1)j_2}_{\;\;\;\;m_2}(\Omega)$$

$$= (-)^{l_1+1+j_2}\,\frac{\hat{l}_1\hat{l}_2\hat{j}_1\hat{j}_2}{\sqrt{4\pi}}\sum_{lm}\begin{pmatrix} l_1 & l_2 & l \\ 0 & 0 & 0 \end{pmatrix}\begin{pmatrix} j_1 & j_2 & \big| & l \\ m_1 & m_2 & \big| & m \end{pmatrix}\begin{Bmatrix} j_1 & j_2 & l \\ l_2 & l_1 & 1 \end{Bmatrix} Y^{(l)}_m(\Omega)\,,$$

$$\vec{Y}^{(l_1,1)j_1}_{\;\;\;\;m_1}(\Omega) \times \vec{Y}^{(l_2,1)j_2}_{\;\;\;\;m_2}(\Omega)$$

$$= -\sqrt{\frac{6}{4\pi}}\,\hat{l}_1\hat{l}_2\hat{j}_1\hat{j}_2\sum_{ljm}\begin{pmatrix} l_1 & l_2 & \big| & l \\ 0 & 0 & \big| & 0 \end{pmatrix}\begin{pmatrix} j_1 & j_2 & \big| & j \\ m_1 & m_2 & \big| & m \end{pmatrix}\begin{Bmatrix} l_1 & 1 & j_1 \\ l_2 & 1 & j_2 \\ l & 1 & j \end{Bmatrix} \vec{Y}^{(l,1)j}_{\;\;\;\;m}(\Omega)\,,$$

denn nach Abschn. 3.4 gilt

$$Y^{(l)}_{m'}(\Omega)\,\vec{e}^{\,(1)}_{m''} = \sum_{jm}\begin{pmatrix} l & 1 & \big| & j \\ m' & m'' & \big| & m \end{pmatrix}\vec{Y}^{(l,1)j}_{\;\;\;\;m}(\Omega)\,.$$

Übrigens ist nach Abschn. 3.8, 7.7 und 7.8

$$\vec{Y}^{(1,1)0}_{\ 0}(\Omega) = -\,\frac{i}{\sqrt{4\pi}}\,\vec{e}(\Omega)\,,$$

und deshalb gilt insbesondere

$$\vec{Y}^{(l,1)j}_{\ m}(\Omega)\cdot\vec{e}(\Omega) = (-)^j\,i\,\hat{l}\begin{pmatrix} l & 1 & j \\ 0 & 0 & 0 \end{pmatrix} Y^{(j)}_m(\Omega)$$

und

$$\vec{Y}^{(l,1)j}_{\ m}(\Omega)\times\vec{e}(\Omega) = (-)^j\,i\,\sqrt{6}\sum_{l'}\hat{l}\hat{l}'\begin{pmatrix} l & 1 & l' \\ 0 & 0 & 0 \end{pmatrix}\begin{Bmatrix} l & 1 & l' \\ 1 & j & 1 \end{Bmatrix} \vec{Y}^{(l',1)j}_{\ m}(\Omega)\,.$$

Mit Abschn. 4.12 ergibt sich daraus

$$\left(\vec{Y}^{(l_1,1)j_1}_{\ m_1}(\Omega)\times\vec{Y}^{(l_2,1)j_2}_{\ m_2}(\Omega)\right)\cdot\vec{e}(\Omega) = -i\,\frac{\hat{l}_1\hat{l}_2}{2\pi}\begin{pmatrix} l_1 & 1 & \big| & j_1 \\ 0 & 1 & \big| & 1 \end{pmatrix}\begin{pmatrix} l_2 & 1 & \big| & j_2 \\ 0 & -1 & \big| & -1 \end{pmatrix}$$

$$\times\sum_{jm}\frac{1-(-)^{l_1+l_2+j}}{2}\begin{pmatrix} j_1 & j_2 & \big| & j \\ 1 & -1 & \big| & 0 \end{pmatrix}\begin{pmatrix} j_1 & j_2 & \big| & j \\ m_1 & m_2 & \big| & m \end{pmatrix} C^{(j)}_m(\Omega)$$

und

$$\int\left(\vec{Y}^{(l,1)j\,*}_{\ m}(\Omega)\times\vec{Y}^{(l',1)j'}_{\ m'}(\Omega)\right)\cdot\vec{e}(\Omega)\,d\Omega = (-)^j\,i\,\sqrt{6}\,\hat{l}\hat{l}'\begin{pmatrix} l & l' & 1 \\ 0 & 0 & 0 \end{pmatrix}\begin{Bmatrix} l & l' & 1 \\ 1 & 1 & j \end{Bmatrix}\delta_{jj'}\,\delta_{mm'}$$

$$= i\left(1-(-)^{l+l'}\right)\frac{\hat{l}\hat{l}'}{\hat{j}^2}\begin{pmatrix} l & 1 & \big| & j \\ 0 & 1 & \big| & 1 \end{pmatrix}\begin{pmatrix} l' & 1 & \big| & j \\ 0 & 1 & \big| & 1 \end{pmatrix}\delta_{jj'}\,\delta_{mm'}\,.$$

10.2 Wirkung von Vektoroperatoren auf Kugelfunktionen

Auf die Vektorkugelfunktionen stößt man auch, wenn Vektoroperatoren auf gewöhnliche Kugelfunktionen wirken. Dabei sind die Operatoren in der Ortsdarstellung gemeint – die Kugelfunktionen sind ja auch als Drehimpulszustände in der Ortsdarstellung aufzufassen. Überdies beschränken wir uns auf Operatoren, die diagonal in der Richtung sind:

$$\vec{A}\,Y^{(l)}_m(\Omega) = i^{-l}\,\vec{A}\,(\Omega|lm) \doteq i^{-l}\int (\Omega|\vec{A}|\Omega')\,(\Omega'|lm)\,d\Omega' = i^{-l}\,(\Omega|\vec{A}|lm)\,.$$

Nun ist nach Abschn. 5.4

$$A^{(1)}_\nu \equiv \frac{1}{\sqrt{c_A}}\,\vec{A}\cdot\vec{e}^{(1)}_\nu\,, \qquad \vec{A} = \sqrt{c_A}\sum_\nu \vec{e}^{(1)\,*}_\nu\,A^{(1)}_\nu\,,$$

und deshalb liefert die Unitarität der Clebsch-Gordan-Koeffizienten

$$\int\left(\vec{Y}^{(l',1)j'\,*}_{\ m'}(\Omega)\cdot\vec{A}\right) Y^{(l)}_m(\Omega)\,d\Omega = -i^{l-l'}\sqrt{c_A}\,\frac{(l'\,\|\,A^{(1)}\,\|\,l)}{\hat{l}}\,(j'm'|lm)\,.$$

Damit gilt

$$\vec{A}\, Y_m^{(l)}(\Omega) = -\frac{\sqrt{c_A}}{\hat{l}} \sum_{l'} i^{l-l'} \langle l' \parallel A^{(1)} \parallel l \rangle \; \vec{Y}^{(l',1)l}{}_m(\Omega)\,.$$

Je nachdem der Operator $\vec{A}$ die Parität erhält oder ändert, enthält die Summe die Glieder $l' = l$ oder $l' = l \pm 1$. Wir haben z.B.

$$\vec{L}\, Y_m^{(l)}(\Omega) = -i\, \sqrt{l(l+1)}\; \vec{Y}^{(l,1)l}{}_m(\Omega)\,,$$

$$\frac{\vec{R}}{R}\, Y_m^{(l)}(\Omega) = \; i\,\sqrt{\frac{l+1}{2l+1}}\; \vec{Y}^{(l+1,1)l}{}_m(\Omega) - i\,\sqrt{\frac{l}{2l+1}}\; \vec{Y}^{(l-1,1)l}{}_m(\Omega)$$

und die "Gradientenformel"

$$\vec{\nabla}\, \frac{u(r)}{r}\, Y_m^{(l)}(\Omega) = \frac{i}{r}\, \sqrt{\frac{l+1}{2l+1}} \left(\frac{\partial}{\partial r} - \frac{l+1}{r} \right) u(r)\, \vec{Y}^{(l+1,1)l}{}_m(\Omega)$$

$$- \frac{i}{r}\, \sqrt{\frac{l}{2l+1}} \left(\frac{\partial}{\partial r} + \frac{l}{r} \right) u(r)\, \vec{Y}^{(l-1,1)l}{}_m(\Omega)\,.$$

Dabei haben wir die reduzierten Matrixelemente aus Abschn. 9.5 benutzt. Bei vielen Verfassern tritt kein Faktor i auf, weil sie die sphärischen Einheitsvektoren anders festlegen (vgl. Abschn. 5.4).

10.3 Wirkung von Vektoroperatoren auf Vektorkugelfunktionen

Für Skalar- und Vektorprodukt eines Vektoroperators $\vec{A}$ mit den Vektorkugelfunktionen finden wir wegen

$$\int Y_{m'}^{(l')*}(\Omega) \left(\vec{A} \cdot \vec{Y}^{(l,1)j}{}_m(\Omega) \right) d\Omega = i^{l'-l}\, \sqrt{c_A}\, \frac{\langle l' \parallel A^{(1)} \parallel l \rangle}{\hat{l}'} \langle l'm' | jm \rangle$$

und

$$\int \vec{Y}^{(l',1)j'*}{}_{m'}(\Omega) \cdot \left(\vec{A} \times \vec{Y}^{(l,1)j}{}_m(\Omega) \right) d\Omega = i^{l-l'}\, \sqrt{2\,c_A}\, \frac{\langle l' \parallel A^{(1)} \parallel l \rangle}{\hat{l}} \langle (l'(1,1)1)j'm' | ((l'1)l1)jm \rangle$$

die Gleichungen

$$\vec{A} \cdot \vec{Y}^{(l,1)j}{}_m(\Omega) = i^{j-l}\, \sqrt{c_A}\, \frac{\langle j \parallel A^{(1)} \parallel l \rangle}{\hat{j}}\, Y_m^{(j)}(\Omega)\,,$$

$$\vec{A} \times \vec{Y}^{(l,1)j}{}_m(\Omega) = (-)^j\, \sqrt{6\,c_A} \sum_{l'} i^{l+l'} \begin{Bmatrix} l' & 1 & l \\ 1 & j & 1 \end{Bmatrix} \langle l' \parallel A^{(1)} \parallel l \rangle\, \vec{Y}^{(l',1)j}{}_m(\Omega)\,,$$

also z.B. für die Divergenz

$$\vec{\nabla} \cdot \frac{u(r)}{r}\, \vec{Y}^{(j-1,1)j}{}_m(\Omega) = \frac{i}{r}\, \sqrt{\frac{j}{2j+1}} \left(\frac{\partial}{\partial r} - \frac{j}{r} \right) u(r)\, Y_m^{(j)}(\Omega)\,,$$

$$\vec{\nabla} \cdot \frac{u(r)}{r}\, \vec{Y}^{(j,1)j}{}_m(\Omega) \; = 0\,,$$

$$\vec{\nabla} \cdot \frac{u(r)}{r}\, \vec{Y}^{(j+1,1)j}{}_m(\Omega) = -\frac{i}{r}\, \sqrt{\frac{j+1}{2j+1}} \left(\frac{\partial}{\partial r} + \frac{j+1}{r} \right) u(r)\, Y_m^{(j)}(\Omega)\,,$$

und für die Rotation

$$\vec{\nabla} \times \frac{u(r)}{r} \vec{Y}^{(j-1,1)j}_{m}(\Omega) = \frac{i}{r} \sqrt{\frac{j+1}{2j+1}} \left(\frac{\partial}{\partial r} - \frac{j}{r} \right) u(r) \vec{Y}^{(j,1)j}_{m}(\Omega),$$

$$\vec{\nabla} \times \frac{u(r)}{r} \vec{Y}^{(j,1)j}_{m}(\Omega) = \frac{i}{r} \sqrt{\frac{j+1}{2j+1}} \left(\frac{\partial}{\partial r} + \frac{j}{r} \right) u(r) \vec{Y}^{(j-1,1)j}_{m}(\Omega),$$

$$+ \frac{i}{r} \sqrt{\frac{j}{2j+1}} \left(\frac{\partial}{\partial r} - \frac{j+1}{r} \right) u(r) \vec{Y}^{(j+1,1)j}_{m}(\Omega),$$

$$\vec{\nabla} \times \frac{u(r)}{r} \vec{Y}^{(j+1,1)j}_{m}(\Omega) = \frac{i}{r} \sqrt{\frac{j}{2j+1}} \left(\frac{\partial}{\partial r} + \frac{j+1}{r} \right) u(r) \vec{Y}^{(j,1)j}_{m}(\Omega).$$

Zusammen mit den Ergebnissen des letzten Abschnitts folgt deshalb

$$\Delta \frac{u(r)}{r} Y^{(l)}_m(\Omega) = \frac{1}{r} \left(\frac{\partial^2}{\partial r^2} - \frac{l(l+1)}{r^2} \right) u(r) Y^{(l)}_m(\Omega).$$

10.4 Transversale und longitudinale Vektorfelder

Bei der Ausbreitung von Vektorfeldern unterscheidet man gern zwischen longitudinalen Vektorfeldern $\vec{U}^{\mathrm{L}}$ mit der Eigenschaft $\vec{P} \times \vec{U}^{\mathrm{L}} = 0$ und den beiden zueinander senkrechten, transversalen Vektorfeldern $\vec{U}^{\mathrm{A}}$ und $\vec{U}^{\mathrm{V}}$ mit der Eigenschaft $\vec{P} \cdot \vec{U}^{\mathrm{A,V}} = 0$ und verschiedener Parität. (Andere Linearkombinationen der transversalen Felder unterscheiden sich durch ihren Schraubensinn (Helizität) – das wird in Abschn. 10.8 behandelt.)

Das longitudinale Vektorfeld ist über $\vec{P}\,\psi$ erhältlich (mit einer skalaren Wellenfunktion ψ), denn $\vec{P} \times \vec{P}$ verschwindet stets. Ein transversales Vektorfeld wird durch $\vec{L}\,\psi$ aufgebaut – denn es ist ja $\vec{P} \cdot (\vec{R} \times \vec{P}) = 0$ –, ein dazu senkrechtes durch $\vec{P} \times \vec{L}\,\psi$, wie sofort aus $\vec{P} \cdot (\vec{P} \times \vec{L}) = 0$ und $(\vec{P} \times \vec{L}) \cdot \vec{L} = \vec{P} \cdot (\vec{L} \times \vec{L}) = i\,\vec{P} \cdot \vec{L} \sim \vec{P} \cdot (\vec{R} \times \vec{P}) = 0$ folgt. Da $\vec{L}$ ein axialer Vektor, $\vec{P} \times \vec{L}$ aber ein polarer Vektor ist, kennzeichnen wir die transversalen Felder durch die Buchstaben A und V, das longitudinale durch L. Diese Bezeichnung ist allerdings nicht ganz glücklich, wie wir im nächsten Abschnitt sehen werden.

Wir wollen uns (in der Ortsdarstellung) auf Schwingungen einer Kreisfrequenz $\omega = ck$ beschränken und folgende Vektorfunktionen einführen:

$$\vec{U}^{\mathrm{A}(j)}_{\phantom{\mathrm{A}(j)}m}(k,\vec{r}) \equiv \frac{u_j(k,r)}{r} i^j \vec{Y}^{(j,1)j}_{m}(\Omega) = \frac{u_j(k,r)}{r} \frac{i^{j+1}}{\sqrt{j(j+1)}} \vec{L}\, Y^{(j)}_m(\Omega),$$

$$\vec{U}^{\mathrm{V}(j)}_{\phantom{\mathrm{V}(j)}m}(k,\vec{r}) \equiv \frac{1}{k} \vec{\nabla} \times \vec{U}^{\mathrm{A}(j)}_{\phantom{\mathrm{A}(j)}m}(k,\vec{r}),$$

$$\vec{U}^{\mathrm{L}(j)}_{\phantom{\mathrm{L}(j)}m}(k,\vec{r}) \equiv \frac{1}{k} \vec{\nabla} \frac{u_j(k,r)}{r} i^j Y^{(j)}_m(\Omega).$$

Als Radialfunktionen u werden wir insbesondere die sphärischen Besselfunktionen F, G, O und I aus Abschn. 9.3 nehmen und dann $\vec{F}$, $\vec{G}$, $\vec{O}$ und $\vec{I}$ statt $\vec{U}$ schreiben. Wir haben

$$\vec{\nabla} \cdot \vec{U}{}^{A(j)}_{\ m}(k,\vec{r}) = 0, \qquad\qquad \vec{\nabla} \times \vec{U}{}^{A(j)}_{\ m}(k,\vec{r}) = + k\,\vec{U}{}^{V(j)}_{\ m}(k,\vec{r}),$$

$$\vec{\nabla} \cdot \vec{U}{}^{V(j)}_{\ m}(k,\vec{r}) = 0, \qquad (*) \qquad \vec{\nabla} \times \vec{U}{}^{V(j)}_{\ m}(k,\vec{r}) = + k\,\vec{U}{}^{A(j)}_{\ m}(k,\vec{r}),$$

$$\vec{\nabla} \times \vec{U}{}^{L(j)}_{\ m}(k,\vec{r}) = 0, \qquad (*) \qquad \vec{\nabla} \cdot \vec{U}{}^{L(j)}_{\ m}(k,\vec{r}) = - k\,\frac{u_j(k,r)}{r}\,i^j\,Y^{(j)}_m(\Omega),$$

und deshalb für alle drei

$$(*) \qquad (\Delta + k^2)\,\vec{U}{}^{A,V,L(j)}_{\qquad m}(k,\vec{r}) = 0\,,$$

wobei die drei Gleichungen (*) nur mit den sphärischen Besselfunktionen gelten, nicht mit beliebigen Radialfunktionen. Ebenso gilt nur mit den sphärischen Besselfunktionen (nämlich mit Hilfe von Abschn. 9.3)

$$(*) \qquad \vec{U}{}^{V(j)}_{\ m}(k,\vec{r}) = -\sqrt{\frac{j+1}{2j+1}}\,\frac{u_{j-1}(k,r)}{r}\,i^{j-1}\,\vec{Y}^{(j-1,1)j}_{\qquad\quad m}(\Omega)$$

$$-\sqrt{\frac{j}{2j+1}}\,\frac{u_{j+1}(k,r)}{r}\,i^{j+1}\,\vec{Y}^{(j+1,1)j}_{\qquad\quad m}(\Omega)\,,$$

$$(*) \qquad \vec{U}{}^{L(j)}_{\ m}(k,\vec{r}) = \sqrt{\frac{j}{2j+1}}\,\frac{u_{j-1}(k,r)}{r}\,i^{j-1}\,\vec{Y}^{(j-1,1)j}_{\qquad\quad m}(\Omega)$$

$$-\sqrt{\frac{j+1}{2j+1}}\,\frac{u_{j+1}(k,r)}{r}\,i^{j+1}\,\vec{Y}^{(j+1,1)j}_{\qquad\quad m}(\Omega)\,.$$

Zu $j = 0$ gibt es offenbar nur ein longitudinales Vektorfeld, kein transversales. Die beiden transversalen Vektorfunktionen unterscheiden sich in ihrem Spiegelungsverhalten voneinander:

$$\vec{U}{}^{A(j)}_{\ m}(k,-\vec{r}) = +(-)^j\,\vec{U}{}^{A(j)}_{\ m}(k,\vec{r})\,,$$

$$\vec{U}{}^{V(j)}_{\ m}(k,-\vec{r}) = -(-)^j\,\vec{U}{}^{V(j)}_{\ m}(k,\vec{r})\,,$$

$$\vec{U}{}^{L(j)}_{\ m}(k,-\vec{r}) = -(-)^j\,\vec{U}{}^{L(j)}_{\ m}(k,\vec{r})\,,$$

und auch dadurch, daß $\vec{U}^A$ keine Radialkomponente hat – denn $\vec{R} \cdot (\vec{R} \times \vec{P})$ verschwindet–, wohl aber $\vec{U}^V$ wegen $\vec{R} \cdot (\vec{P} \times \vec{L}) \sim L^2$. (Vgl. dazu auch den nächsten Abschnitt.)

Das Zeitumkehrverhalten der genannten Vektorfunktionen entspricht unseren Wünschen. Dabei müssen wir jetzt allerdings auch auf die Radialfunktionen achten. Mit den sphärischen Besselfunktionen F, G, O und I gilt z.B.:

$$\vec{F}^{A,V,L(j)*}_{\qquad\ m}(k,\vec{r}) = (-)^{j+m}\,\vec{F}^{A,V,L(j)}_{\qquad\ -m}(k,\vec{r})\,,$$

$$\vec{G}^{A,V,L(j)*}_{\qquad\ m}(k,\vec{r}) = (-)^{j+m}\,\vec{G}^{A,V,L(j)}_{\qquad\ -m}(k,\vec{r})\,,$$

$$\vec{O}^{A,V,L(j)*}_{\qquad\ m}(k,\vec{r}) = (-)^{j+m}\,\vec{I}^{A,V,L(j)}_{\qquad\ -m}(k,\vec{r})\,.$$

10.5 Elektrische und magnetische Multipolstrahlung

Im folgenden schreiben wir – wie allgemein üblich – l statt j, damit der Drehimpuls nicht mit der Stromdichte $\vec{j}(\vec{r})$ verwechselt werden kann. Beachte aber, daß l dann den Gesamtdrehimpuls bedeutet.

Mit den eben eingeführten Vektorfeldern kann das elektromagnetische Feld beschrieben werden: Die elektrische Feldstärke $\vec{E}$ läßt sich bei elektrischer Multipolstrahlung durch $\vec{O}^{\mathrm{V}}$ und bei magnetischer Multipolstrahlung durch $\vec{O}^{\mathrm{A}}$ darstellen – und umgekehrt die magnetische Feldstärke bei elektrischer Multipolstrahlung durch $\vec{O}^{\mathrm{A}}$ und bei magnetischer durch $\vec{O}^{\mathrm{V}}$. Wir sprechen nämlich von elektrischer bzw. magnetischer Multipolstrahlung, wenn sie das entsprechende Drehverhalten hat und entweder $\vec{E}$ oder $\vec{B}$ eine Radialkomponente hat. Mit den Radialkomponenten wollen wir uns nun befassen.

Wir betrachten harmonisch mit der Kreisfrequenz ω schwingende elektromagnetische Felder und lassen weiterhin den Faktor $\exp(-i\omega t)$ fort. Damit die physikalischen Größen reell sind, müssen allerdings besondere Bedingungen gelten, z.B. ist $\vec{j}(\vec{r}, \omega) = \vec{j}^{\,*}(\vec{r}, -\omega)$. Das Vektorpotential lautet (bei Lorentz-Eichung) im internationalen System – im Gaußschen System ist μ_0 durch $4\pi/c$ zu ersetzen –

$$\vec{A}(\vec{r}, \omega) = \frac{\mu_0}{4\pi} \int \vec{j}(\vec{r}', \omega) \frac{\exp(ik|\vec{r} - \vec{r}'|)}{|\vec{r} - \vec{r}'|} \, d^3\vec{r}' \qquad \text{mit} \quad \omega = ck \ .$$

Mit Hilfe von Abschn. 9.6 und 7.6 läßt sich diese Gleichung für $r > r'$, d.h. außerhalb der Quelle, umformen zu

$$\vec{A}(\vec{r}, \omega) = \sum_{lm} \frac{O_l(kr)}{r} \, i^l \, Y_m^{(l)}(\Omega) \, \mu_0 \int \vec{j}(\vec{r}', \omega) \frac{F_l(kr')}{kr'} \, i^{-l} \, Y_m^{(l)*}(\Omega') \, d^3\vec{r}' \ .$$

Wir haben also

$$\vec{A}(\vec{r}, \omega) = \sum_{lm} a_m^{\mathrm{A}(l)*}(\omega) \, \vec{O}_m^{\mathrm{A}(l)}(k, \vec{r}) + a_m^{\mathrm{V}(l)*}(\omega) \, \vec{O}_m^{\mathrm{V}(l)}(k, \vec{r}) + a_m^{\mathrm{L}(l)*}(\omega) \, \vec{O}_m^{\mathrm{L}(l)}(k, \vec{r})$$

mit

$$a_m^{\mathrm{A,V,L}(l)}(\omega) = \frac{\mu_0}{k} \int \vec{j}(\vec{r}, \omega) \cdot \vec{F}_m^{\mathrm{A,V,L}(l)}(k, \vec{r}) \, d^3\vec{r} \ .$$

Dabei hängt die longitudinale Komponente von der Eichung ab, denn dabei wird über $\vec{\nabla} \cdot \vec{A}$ verfügt. Bei Lorentz-Eichung lautet das skalare Potential

$$\Phi(\vec{r}, \omega) = \frac{c}{ik} \, \vec{\nabla} \cdot \vec{A}(\vec{r}, \omega) = ic \sum_{lm} a_m^{\mathrm{L}(l)*}(\omega) \, \frac{O_l(kr)}{r} \, i^l \, Y_m^{(l)}(\Omega)$$

und wir haben wegen der Kontinuitätsgleichung

$$a_m^{\mathrm{L}(l)}(\omega) = -i \, \mu_0 c \int \rho(\vec{r}, \omega) \frac{F_l(kr)}{kr} \, i^l \, Y_m^{(l)}(\Omega) \, d^3\vec{r} \ .$$

Für die elektrische und magnetische Feldstärke folgen – unabhängig von der Eichung – die Gleichungen

$$\vec{E}(\vec{r},\omega) = -\vec{\nabla}\Phi(\vec{r},\omega) + i\,\omega\,\vec{A}(\vec{r},\omega) = i\,\omega\sum_{lm} a_m^{A(l)*}(\omega)\,\vec{O}_m^{A(l)}(k,\vec{r}) + a_m^{V(l)*}(\omega)\,\vec{O}_m^{V(l)}(k,\vec{r})\,,$$

$$\vec{B}(\vec{r},\omega) = \quad \vec{\nabla}\times\vec{A}(\vec{r},\omega) \qquad = k\sum_{lm} a_m^{A(l)*}(\omega)\,\vec{O}_m^{V(l)}(k,\vec{r}) + a_m^{V(l)*}(\omega)\,\vec{O}_m^{A(l)}(k,\vec{r})\,.$$

Bei elektrischer Multipolstrahlung ist $a^{V(l)}\neq 0$ und bei magnetischer $a^{A(l)}\neq 0$. Im nächsten Abschnitt wird gezeigt, wie diese Koeffizienten mit den bekannten elektromagnetischen Multipolmomenten zusammenhängen.

Zuvor wollen wir aber noch die Strahlungsintensität betrachten – der Ausdruck für den Poyntingvektor $\vec{S}=\vec{E}\times\vec{H}$ läßt sich nämlich nun herleiten. Für $kr\gg 1$ gilt nach Abschn. 9.3

$$\vec{O}_m^{A(l)}(k,\vec{r}) \simeq +\frac{\exp(i\,kr)}{r}\,\vec{Y}^{(l,1)l}{}_m(\Omega)\,,$$

$$\vec{O}_m^{V(l)}(k,\vec{r}) \simeq -\frac{\exp(i\,kr)}{r}\left\{\sqrt{\frac{l+1}{2l+1}}\,\vec{Y}^{(l-1,1)l}{}_m(\Omega) + \sqrt{\frac{l}{2l+1}}\,\vec{Y}^{(l+1,1)l}{}_m(\Omega)\right\}\,,$$

und deshalb ist nach Abschn. 10.1

$$\int\left(\vec{O}_m^{A(l)*}(k,\vec{r})\times\vec{O}_{m'}^{A(l')}(k,\vec{r})\right)\cdot\vec{e}(\Omega)\,d\Omega = 0\,,$$

$$\int\left(\vec{O}_m^{V(l)*}(k,\vec{r})\times\vec{O}_{m'}^{V(l')}(k,\vec{r})\right)\cdot\vec{e}(\Omega)\,d\Omega = 0\,,$$

$$\int\left(\vec{O}_m^{A(l)*}(k,\vec{r})\times\vec{O}_{m'}^{V(l')}(k,\vec{r})\right)\cdot\vec{e}(\Omega)\,d\Omega \simeq \frac{i}{r^2}\,\delta_{ll'}\,\delta_{mm'}\,.$$

Daraus folgt für die über eine Periode $2\pi/\omega$ gemittelte Intensität (Strahlungsleistung)

$$\frac{r^2}{2\mu_0}\int(\vec{E}\times\vec{B}^*)\cdot\vec{e}(\Omega)\,d\Omega = \frac{\epsilon_0 c\,\omega^2}{2}\sum_{lm}\left(\left|a_m^{A(l)}(\omega)\right|^2 + \left|a_m^{V(l)}(\omega)\right|^2\right)$$

und für die während dieser Periode abgestrahlte Energie das $2\pi/\omega$-fache davon.

Für die gemittelte Drehimpulsdichte brauchen wir wegen

$$\epsilon_0\,\vec{r}\times(\vec{E}\times\vec{B}^*) = \epsilon_0\left(\vec{E}\,(\vec{r}\cdot\vec{B}^*) - \vec{B}^*(\vec{r}\cdot\vec{E})\right)$$

die Skalarprodukte (Radialkomponenten)

$$\vec{r}\cdot\vec{O}_m^{A(l)}(k,\vec{r}) = 0\,,$$

$$\vec{r}\cdot\vec{O}_m^{V(l)}(k,\vec{r}) = -\sqrt{l(l+1)}\,\frac{O_l(kr)}{kr}\,i^l\,Y_m^{(l)}(\Omega)\,,$$

wobei Abschn. 9.3 ausgenutzt wurde. Damit ist die gemittelte Drehimpulsdichte

$$\epsilon_0\,\vec{r}\times(\vec{E}\times\vec{B}^*) = \frac{\epsilon_0\omega}{r}\sum_{ll'mm'} i^{-l'-1}\sqrt{l'(l'+1)}\,O_{l'}^*\,Y_{m'}^{(l')}\,a_{m'}^{A(l')}\left(a_m^{A(l)*}\,\vec{O}_m^{A(l)} + a_m^{V(l)*}\,\vec{O}_m^{V(l)}\right)$$

$$+\,i^{l'+1}\sqrt{l'(l'+1)}\,O_{l'}\,Y_{m'}^{(l')}\,a_{m'}^{V(l')*}\left(a_m^{A(l)}\,\vec{O}_m^{V(l)*} + a_m^{V(l)}\,\vec{O}_m^{A(l)*}\right)\,.$$

Für ihr Integral über die Richtungen nutzen wir (mit $kr \gg 1$) die Beziehungen

$$O^*_{l'}(kr) \int Y^{(l')*}_{m'}(\Omega)\, \vec{O}^{A(l)}_{m}(k,\vec{r})\, d\Omega \simeq + \frac{i\,l'}{r} \sum_{\nu} \begin{pmatrix} l' & 1 & l \\ m' & \nu & m \end{pmatrix} \vec{e}^{(1)}_{\nu}\, \delta_{ll'} \,,$$

$$O^*_{l'}(kr) \int Y^{(l')*}_{m'}(\Omega)\, \vec{O}^{V(l)}_{m}(k,\vec{r})\, d\Omega \simeq - \frac{i\,l'}{r} \sum_{\nu} \begin{pmatrix} l' & 1 & l \\ m' & \nu & m \end{pmatrix} \vec{e}^{(1)}_{\nu}$$

$$\times \left(\sqrt{\frac{l}{2l+1}}\, \delta_{l',l+1} + \sqrt{\frac{l+1}{2l+1}}\, \delta_{l',l-1} \right)$$

aus: Während einer Periode $2\pi/\omega$ tritt durch die Kugeloberfläche $4\pi r^2$ der Drehimpuls

$$\frac{2\pi}{\omega}\, c\, \frac{\epsilon_0}{2} \int \vec{r} \times (\vec{E} \times \vec{B}^*)\, r^2\, d\Omega = -i\,\pi\,\epsilon_0\, c \sum_{lmm'\nu} \sqrt{l(l+1)} \begin{pmatrix} l & 1 & l \\ m' & \nu & m \end{pmatrix} \vec{e}^{(1)}_{\nu}$$

$$\times \left(a^{A(l)*}_{m}\, a^{A(l)}_{m'} + a^{V(l)*}_{m}\, a^{V(l)}_{m'} \right) .$$

(Die übrigen Glieder heben sich gegenseitig weg, wenn man die Symmetrie der Clebsch-Gordan-Koeffizienten nach Abschn. 3.7 ausnutzt.) Seine z-Komponente folgt damit (nach Abschn. 5.4) zu

$$\pi\,\epsilon_0\, c \sum_{lm} m \left(\left| a^{A(l)}_{m}(\omega) \right|^2 + \left| a^{V(l)}_{m}(\omega) \right|^2 \right) ,$$

bei einem einzigen Multipol (l, m) also das m/ω-fache der Energie, wie wir auch nach der Quantentheorie erwarten, weil sich $\hbar$ herauskürzt. Beim Quadrat des Drehimpulses kommen beide Theorien allerdings zu verschiedenen Ergebnissen (vgl. MORETTE-deWITT & JENSEN bzw. BIEDENHARN & LOUCK I, S. 453): Erst das quantisierte elektromagnetische Feld mit N Feldquanten geht im Grenzfall $N \gg 1$ in den klassisch erwarteten Wert über und liefert im Grenzfall $N = 1$ den aus der Einteilchen-Quantenmechanik bekannten Wert; es ergibt sich nämlich $\{N^2 m^2 + N\,[l(l+1) - m^2]\}\omega^{-2}$, d.h. die unscharfen Komponenten tragen statistisch gemittelt $(\sim \sqrt{N})$ bei.

10.6 Elektrische und magnetische Multipolmomente

Im Grenzfall großer Wellenlänge gegen die Ausdehnung der Quelle folgt (für $l \geq 1$) nach Abschn. 9.3

$$a^{A(l)}_{m}(\omega) \simeq + \frac{\mu_0(ik)^l}{(2l+1)!!} \int \vec{j}(\vec{r},\omega) \cdot r^l\, \vec{Y}^{(l,1)l}_{m}(\Omega)\, d^3\vec{r} \,,$$

$$a^{V(l)}_{m}(\omega) \simeq - \frac{\mu_0(ik)^{l-1}}{(2l-1)!!} \sqrt{\frac{l+1}{2l+1}} \int \vec{j}(\vec{r},\omega) \cdot r^{l-1}\, \vec{Y}^{(l-1,1)l}_{m}(\Omega)\, d^3\vec{r} \,,$$

$$a^{L(l)}_{m}(\omega) \simeq + \frac{\mu_0(ik)^{l-1}}{(2l-1)!!} \sqrt{\frac{l}{2l+1}} \int \vec{j}(\vec{r},\omega) \cdot r^{l-1}\, \vec{Y}^{(l-1,1)l}_{m}(\Omega)\, d^3\vec{r} \,,$$

$$\simeq \omega\, \frac{\mu_0(ik)^{l-1}}{(2l+1)!!} \int \rho(\vec{r},\omega)\, r^l\, Y^{(l)}_{m}(\Omega)\, d^3\vec{r} \,.$$

Beide Ausdrücke für a^L sind lehrreich: Der erste liefert

$$\sqrt{l+1}\, a^{L(l)}_{m}(\omega) \simeq - \sqrt{l}\, a^{V(l)}_{m}(\omega) \,,$$

und der zweite zeigt die Abhängigkeit von der Ladungsdichte ρ.

Als elektrische und magnetische Multipolmomente führen wir ein:

$$\mathsf{M}^{\mathrm{E}(l)}_{m}(\omega) \equiv -\,i\,\sqrt{\frac{4\pi}{2l+1}}\,\frac{(2l+1)!!}{c\,k^{l+1}}\,\sqrt{\frac{l}{l+1}}\,\int\,\vec{j}(\vec{r},\omega)\cdot\vec{F}^{\mathrm{V}(l)}_{m}(k,\vec{r})\,d^3\vec{r}$$

$$= -\,i\,\sqrt{\frac{4\pi}{2l+1}}\,\frac{(2l+1)!!}{\mu_0\,c\,k^{l}}\,\sqrt{\frac{l}{l+1}}\,a^{\mathrm{V}(l)}_{m}(\omega)\,,$$

$$\mathsf{M}^{\mathrm{M}(l)}_{m}(\omega) \equiv +\,i\,\sqrt{\frac{4\pi}{2l+1}}\,\frac{(2l+1)!!}{k^{l+1}}\,\sqrt{\frac{l}{l+1}}\,\int\,\vec{j}(\vec{r},\omega)\cdot\vec{F}^{\mathrm{A}(l)}_{m}(k,\vec{r})\,d^3\vec{r}$$

$$= +\,i\,\sqrt{\frac{4\pi}{2l+1}}\,\frac{(2l+1)!!}{\mu_0\,k^{l}}\,\sqrt{\frac{l}{l+1}}\,a^{\mathrm{A}(l)}_{m}(\omega)\,.$$

Dann gilt nämlich im Grenzfall großer Wellenlänge, d.h. für $k \simeq 0$:

$$\mathsf{M}^{\mathrm{E}(l)}_{m}(\omega) \simeq i^{l}\,\int\,\rho(\vec{r})\,r^{l}\,C^{(l)}_{m}(\Omega)\,d^3\vec{r}\,,$$

$$\mathsf{M}^{\mathrm{M}(l)}_{m}(\omega) \simeq \frac{i^{l+1}}{l+1}\,\int\,\vec{j}(\vec{r})\cdot(\vec{r}\times\vec{\nabla})\,r^{l}\,C^{(l)}_{m}(\Omega)\,d^3\vec{r}$$

$$\simeq i^{l+1}\,\sqrt{\frac{l}{l+1}}\,\int\,\vec{j}(\vec{r})\cdot r^{l}\,\vec{C}^{(l,1)l}_{m}(\Omega)\,d^3\vec{r}\,,$$

insbesondere

$$\mathsf{M}^{\mathrm{E}(0)}_{0} \simeq q \qquad \text{mit}\quad q = \int\,\rho(\vec{r})\,d^3\vec{r}\,,$$

$$\mathsf{M}^{\mathrm{E}(1)}_{m} \simeq \vec{p}\cdot\vec{e}^{\,(1)}_{m} \qquad \text{mit}\quad \vec{p} = \int\,\vec{r}\,\rho(\vec{r})\,d^3\vec{r}\,,$$

$$\mathsf{M}^{\mathrm{M}(0)}_{0} = 0\,,$$

$$\mathsf{M}^{\mathrm{M}(1)}_{m} \simeq -\,i\,\vec{m}\cdot\vec{e}^{\,(1)}_{m} \qquad \text{mit}\quad \vec{m} = \tfrac{1}{2}\int\,\vec{r}\times\vec{j}(\vec{r})\,d^3\vec{r}\,,$$

was im Einklang mit Abschn. 5.4 und den bekannten Ausdrücken ist. Im Gaußschen System ist bei den magnetischen Multipolmomenten noch durch die Lichtgeschwindigkeit c zu teilen. Außerdem ist bei magnetisierter Materie die Stromdichte $\vec{j}$ durch $\vec{j} + \vec{\nabla}\times\vec{M}$ zu ersetzen. Davon abgesehen wird im allgemeinen nicht auf das Zeitumkehrverhalten geachtet und anders normiert. So fehlt z.B. bei BOHR & MOTTELSON der Faktor $i^{l}\sqrt{4\pi}/\hat{l}$ bei den elektrischen Multipolmomenten und der Faktor $i^{l-1}\sqrt{4\pi}/\hat{l}$ bei den magnetischen Multipolmomenten.

Bei $\rho(-\vec{r}) = \pm\rho(\vec{r})$ bzw. $\vec{j}(-\vec{r}) = \pm\vec{j}(\vec{r})$ gibt es nur Multipolmomente gerader/ungerader Stufe.

Das Drehverhalten der genannten Tensoren wird durch

$$\left(\mathsf{M}^{\mathrm{E,M}(l)}_{m}\right)_1 = \sum_{m'}\left(\mathsf{M}^{\mathrm{E,M}(l)}_{m'}\right)_0\,D^{(l)\,*}_{m'm}(\vec{\omega})$$

beschrieben. Sind Ladungs- und Stromverteilung axialsymmetrisch um die Richtung Ω, so gilt

$$\mathsf{M}^{\mathrm{E,M}(l)}_{m} = \mathsf{M}^{\mathrm{E,M}(l)}\,C^{(l)}_{m}(\Omega)\,, \qquad \text{wenn } \Omega \text{ Symmetrierichtung ist;}$$

denn quantisierte man längs der Symmetrierichtung, so verschwänden alle Komponenten $m' \neq 0$. (Bei den verbliebenen lassen wir den Index fort; außerdem nutzen wir die Unitarität der Kreiselfunktionen (Abschn. 6.5) und ihren Zusammenhang mit den Kugelfunktionen (Abschn. 6.9) aus.)

In der Quantenphysik betrachtet man die Matrixelemente der obigen Tensoroperatoren. Hierfür gilt nach dem Wigner-Eckart-Theorem

$$\langle jm|\, \mathsf{M}^{\mathrm{E,M}(n)}_{\nu}\,|j'm'\rangle = \begin{pmatrix} j' & n & j \\ m' & \nu & m \end{pmatrix} \frac{\langle j\,\|\,\mathsf{M}^{\mathrm{E,M}(n)}\,\|\,j'\rangle}{\hat{j}}\,,$$

insbesondere

$$\langle jj|\mathsf{M}^{\mathrm{E,M}(n)}_{0}|jj\rangle = \frac{(2j)!}{\sqrt{(2j-n)!(2j+n+1)!}}\;\;\langle j\,\|\,\mathsf{M}^{\mathrm{E,M}(n)}\,\|\,j\rangle$$

(vgl. Abschn. 3.6). Ich hebe diese besonderen Erwartungswerte hervor, weil auch sie als elektromagnetische Multipolmomente bezeichnet werden:

"elektrisches Quadrupolmoment"

$$eQ \equiv \langle jj|\int \rho(\vec{r})\,r^2\,(3\cos^2\theta - 1)\,d^3\vec{r}\,|jj\rangle = -2\,\langle jj|\,\mathsf{M}^{\mathrm{E}(2)}_{0}\,|jj\rangle\,,$$

"magnetisches Dipolmoment"

$$\mu \equiv \langle jj|\,\mathsf{M}^{\mathrm{M}(1)}_{0}\,|jj\rangle\,,$$

Hier stehen links die von BOHR & MOTTELSON benutzten Begriffe – allerdings im internationalen System –, rechts die hier verwendeten Tensoren, die sich durch $\sqrt{4\pi/\hat{l}}$ und einen Phasenfaktor von deren Tensoren unterscheiden.

Bei elektromagnetischen Übergängen ist $\rho(\vec{r})$ durch $\psi_f^{*}(\vec{r})\,\psi_i(\vec{r})$ zu ersetzen. Der Zustandsänderung $\psi_i \to \psi_f$ entspricht die Strahlung – nach Energie, Drehimpuls und Parität. So ist die Parität elektrischer Multipolstrahlung mit dem Drehimpuls l gleich $(-)^l$ und die Parität magnetischer Multipolstrahlung gleich $(-)^{l+1}$.

10.7 Wechselwirkung elektromagnetischer Multipolmomente

Als Anwendungsbeispiel wollen wir noch die Wechselwirkung zwischen zwei ruhenden elektromagnetischen Multipolen betrachten. (ALDER & WINTHER 69 haben auch langsam bewegte Quellen behandelt.) Dazu berechnen wir

$$\int \frac{\rho(\vec{r}_1)\,\rho(\vec{r}_2)}{|\vec{r}+\vec{r}_1-\vec{r}_2|}\,d^3\vec{r}_1\,d^3\vec{r}_2 \qquad \text{und} \qquad \int \frac{\vec{j}(\vec{r}_1)\cdot\vec{j}(\vec{r}_2)}{|\vec{r}+\vec{r}_1-\vec{r}_2|}\,d^3\vec{r}_1\,d^3\vec{r}_2$$

für den Fall, daß die beiden Verteilungen einander nicht überlappen: $r > |\vec{r}_1 - \vec{r}_2|$. Dann gilt nämlich nach Abschn. 9.6, 9.7 und 8.2

$$\frac{1}{|\vec{r}+\vec{r}_1-\vec{r}_2|} = \sum_{n_1 n_2} (-)^{n_2} \sqrt{\frac{(2n_1+2n_2+1)!}{(2n_1)!(2n_2)!}}\,\frac{r_1{}^{n_1}\,r_2{}^{n_2}}{r^{n_1+n_2+1}}\,P_{n_1+n_2\,n_1 n_2}(\Omega\Omega_1\Omega_2)\,.$$

Damit erhalten wir

$$\int \frac{\rho(\vec{r}_1)\,\rho(\vec{r}_2)}{|\vec{r}+\vec{r}_1-\vec{r}_2|}\,d^3\vec{r}_1\,d^3\vec{r}_2 = \sum_{n_1 n_2} \sqrt{\frac{(2n_1+2n_2+1)!}{(2n_1)!(2n_2)!}}\,\frac{i^{n_1-n_2}}{r^{n_1+n_2+1}}$$
$$\times\left[C^{(n_1+n_2)}(\Omega) \times \left[\mathsf{M}^{\mathrm{E}(n_1)} \times \mathsf{M}^{\mathrm{E}(n_2)}\right]^{(n_1+n_2)}\right]^{(0)}_{0}$$

und

$$\int \frac{\vec{j}(\vec{r}_1) \cdot \vec{j}(\vec{r}_2)}{|\vec{r} + \vec{r}_1 - \vec{r}_2|}\, d^3\vec{r}_1 d^3\vec{r}_2 = \sum_{n_1 n_2} \sqrt{\frac{(2n_1 + 2n_2 + 1)!}{(2n_1)!(2n_2)!}}\, \frac{i^{n_1 - n_2}}{r^{n_1 + n_2 + 1}}$$

$$\times \left[C^{(n_1 + n_2)}(\Omega) \times \left[\mathsf{M}^{M(n_1)} \times \mathsf{M}^{M(n_2)} \right]^{(n_1 + n_2)} \right]_0^{(0)}.$$

Die erste Gleichung ist leicht zu beweisen. Die zweite gilt nur für stationäre (und auf endliche Gebiete beschränkte) Ströme – dann läßt sich nämlich die Stromdichte nach $\vec{Y}^{(l,1)l}_m$ entwickeln, und deshalb ist

$$\int \vec{j}(\vec{r})\, r^n\, C_m^{(n)}(\Omega)\, d^3\vec{r} = i^{-n+1} \sqrt{\frac{n+1}{n}} \left[\mathsf{M}^{M(n)} \times \vec{e}^{(1)} \right]_m^{(n)},$$

was für den Beweis hilfreich ist.

Bei der Dipol-Dipol-Wechselwirkung tritt ein Ausdruck auf, der dem bekannten Operator S_{12} für Tensorkräfte entspricht (vgl. Abschn. 9.7):

$$\sqrt{\frac{5!}{2!\,2!}} \left[C^{(2)}(\Omega) \times \left[\mathsf{M}^{E(1)} \times \mathsf{M}^{E(1)} \right]^{(2)} \right]_0^{(0)} = -\left\{ \frac{3}{r^2}\, (\vec{r} \cdot \vec{p}_1)(\vec{r} \cdot \vec{p}_2) - \vec{p}_1 \cdot \vec{p}_2 \right\},$$

$$\sqrt{\frac{5!}{2!\,2!}} \left[C^{(2)}(\Omega) \times \left[\mathsf{M}^{M(1)} \times \mathsf{M}^{M(1)} \right]^{(2)} \right]_0^{(0)} = +\left\{ \frac{3}{r^2}\, (\vec{r} \cdot \vec{m}_1)(\vec{r} \cdot \vec{m}_2) - \vec{m}_1 \cdot \vec{m}_2 \right\}.$$

Elektrische und magnetische Dipolpaare wirken also gleich – der Unterschied zwischen polaren und axialen Vektoren ist so nicht zu merken.

10.8 Zirkularpolarisation bzw. Helizität des Lichtes

Statt elektrische und magnetische Multipolstrahlung und damit nach Paritäten zu trennen, wollen wir nun die verschiedenen Helizitäten des Lichtes betrachten, d.h. nach der Zirkularpolarisation unterscheiden – mit anders polarisiertem Licht beschäftigen wir uns dann in Abschn. 11.7.

Da es sich um transversale Wellenfelder handelt, müssen sich die Feldvektoren im $\vec{k}$-Raum mit den in Abschn. 7.8 eingeführten Einheitsvektoren $\vec{e}_{\pm 1}(\Omega_k)$ beschreiben lassen. (Der dritte Vektor $\vec{e}_0(\Omega_k)$ gehört zu longitudinalen Feldvektoren.) Tatsächlich eignen sich für zirkularpolarisiertes Licht die Vektorfunktionen $\vec{e}_{\pm 1}(\Omega_k) \exp\{i(\vec{k} \cdot \vec{r} - \omega t)\}$, denn $\vec{e}_{+1}(\Omega_k) \exp(i\vec{k} \cdot \vec{r})$ beschreibt eine Linksschraube und $\vec{e}_{-1}(\Omega_k) \exp(i\vec{k} \cdot \vec{r})$ eine Rechtsschraube um die Fortpflanzungsrichtung $\vec{k}$. Hier achten wir auf die Vektoren als Funktion von $\vec{r}$ zu einer Zeit. In der Optik (vgl. z.B. RAMACHANDRAN & RAMASESHAN) ist es üblich, auf die Lichtquelle zu schauen, d.h. gegen die Fortpflanzungsrichtung, und die Zeitabhängigkeit – bei festem Ort – zu beobachten: Der Vektor $\vec{e}_{+1}(\Omega_k) \exp(-i\omega t)$ dreht sich dann gegen den Uhrzeigersinn, "links herum", und deshalb wird das zugehörige Licht als links-zirkular-polarisiert bezeichnet. Entsprechend wird das Licht zu $\vec{e}_{-1}(\Omega_k) \exp\{i(\vec{k} \cdot \vec{r})\}$ "rechts-zirkular-polarisiert" genannt. Es gehört zu einer Rechtsschraube, und die Feldvektoren drehen sich bei der optischen Beobachtung rechts herum. In der Teilchenphysik ist es aber üblich, in $\vec{k}$-Richtung schauend zu urteilen; das vertauscht rechts und links, wenn man die Zeitabhängigkeit beschreibt.

Solche Mißverständnisse werden mit dem Helizitätsbegriff vermieden, der die Drehimpulskomponente längs der Fortpflanzungsrichtung bestimmt (vgl. Abschn. 1.6 oder z.B. GRODZINS). Im folgenden soll gezeigt werden, daß die Komponente zu $\vec{e}_{+1}(\Omega_k)$ zu positiver und die zu $\vec{e}_{-1}(\Omega_k)$ zu negativer Helizität gehört. Dabei kann man allerdings schlecht mit einer ebenen Welle rechnen, weil die Oberfläche beiträgt – vgl. dazu JAUCH & ROHRLICHs Fußnote auf S. 34 mit vielen Quellenverweisen. Diese Schwierigkeit umgehen wir mit einem Vektorpotential $\vec{A}$ – dann können wir sogar den Grenzfall einer ebenen Welle untersuchen.

Besonders einfach rechnet es sich mit Strahlungseichung, d.h. mit einem quellenfreien Vektorpotential. Es hat die Eigenschaften

$$\vec{B}(\vec{r},t) = \vec{\nabla} \times \vec{A}(\vec{r},t)\,, \quad \vec{E}(\vec{r},t) = -\frac{\partial}{\partial t}\vec{A}(\vec{r},t)\,, \quad \vec{\nabla} \cdot \vec{A}(\vec{r},t) = 0\,,$$

und führt auf alle Maxwellgleichungen für das Vakuum, falls noch die Wellengleichung

$$\left(\frac{1}{c^2}\frac{\partial^2}{\partial t^2} - \Delta\right)\vec{A}(\vec{r},t) = 0$$

erfüllt ist. Sie verlangt für die Fouriertransformierte $\vec{A}(\vec{k},t)$ nach Abschn. 9.8, weil $\vec{A}(\vec{r},t)$ reell ist,

$$\vec{A}(\vec{k},t) = \vec{A}(\vec{k})\exp(-i\,\omega t) + \vec{A}^*(-\vec{k})\exp(+i\,\omega t) \quad\text{mit}\quad \omega = ck\,.$$

Für den Drehimpuls haben wir damit

$$\mathfrak{J} = +\epsilon_0 \int \vec{r} \times (\vec{E} \times \vec{B})\, d^3\vec{r} = -\epsilon_0 \int \vec{r} \times \left(\frac{\partial \vec{A}}{\partial t} \times (\vec{\nabla} \times \vec{A})\right) d^3\vec{r}$$

$$= -\epsilon_0 \int \vec{\nabla}_{k'}\,\delta(\vec{k}+\vec{k}') \times \left\{\frac{\partial \vec{A}(\vec{k},t)}{\partial t} \times \left(\vec{k}' \times \vec{A}(\vec{k}',t)\right)\right\} d^3\vec{k}\, d^3\vec{k}'$$

$$= +\epsilon_0 \int \delta(\vec{k}+\vec{k}')\,\vec{\nabla}_{k'} \times \left\{\vec{k}'\left(\frac{\partial \vec{A}(\vec{k},t)}{\partial t} \cdot \vec{A}(\vec{k}',t)\right) - \vec{A}(\vec{k}',t)\left(\vec{k}' \cdot \frac{\partial \vec{A}(\vec{k},t)}{\partial t}\right)\right\} d^3\vec{k}\, d^3\vec{k}'\,.$$

Wegen der Strahlungseichung ist das Feld $\vec{A}$ transversal, $\vec{k}\cdot\vec{A} = 0$, und deshalb führt die Integration auf

$$\mathfrak{J} = -\epsilon_0 \int \left\{\vec{k} \times \vec{\nabla}_k\left(\frac{\partial \vec{A}(\vec{k}_c,t)}{\partial t} \cdot \vec{A}(\vec{k},t)\right) + \frac{\vec{A}(-\vec{k},t)}{\partial t} \times \vec{A}(\vec{k},t)\right\} d^3\vec{k}\,,$$

wobei der Index c anzeigt, daß die Größe bei der Differentiation als Konstante behandelt werden muß. Der erste Summand trägt aber zur Helizität sowieso nichts bei, weil sie nur auf die Komponente von $\vec{J}(\vec{k})$ längs $\vec{k}$ anspricht. Berücksichtigt man noch, daß nur gerade Ausdrücke in $\vec{k}$ zum Integral beitragen, so folgt für die Helizität

$$\vec{J}(\vec{k}) \cdot \frac{\vec{k}}{k} = -2\,i\,\epsilon_0 c\,\left(\vec{A}^*(\vec{k}) \times \vec{A}(\vec{k})\right)\cdot\vec{k}\,.$$

Weil $\vec{A}$ transversal ist, können wir nun

$$\vec{A}(\vec{k}) = \sum_{h=\pm 1}\vec{e}_h^{(1)}(\Omega_k)\,A_h(\vec{k}) \quad\text{mit}\quad A_h(\vec{k}) = \vec{e}_h^{(1)*}(\Omega_k)\cdot\vec{A}(\vec{k})$$

setzen und erhalten für die Helizität

$$\vec{J}(\vec{k}) \cdot \frac{\vec{k}}{k} = 2\,\epsilon_0\omega\left(|A_1(\vec{k})|^2 - |A_{-1}(\vec{k})|^2\right)\,.$$

Deshalb hat tatsächlich links-zirkular-polarisiertes Licht positive Helizität und rechts-zirkular-polarisiertes Licht negative Helizität.

Um schließlich noch den Zusammenhang mit der elektrischen und magnetischen Multipolstrahlung aufzudecken, betrachten wir die Stromdichte oder besser ihre Komponenten

$$\vec{e}_h^{(1)*}(\Omega_k) \cdot \vec{j}(\vec{k}, \omega) = \sum_m \mathcal{D}_{mh}^{(1)}(\varphi_k, \theta_k, 0)\, \vec{e}_m^{(1)*} \cdot \vec{j}(\vec{k}, \omega)\,,$$

wobei Abschn. 7.8 ausgenutzt wurde. Setzen wir nun nach Abschn. 9.1 (und wegen $\omega = ck$)

$$\vec{j}(\vec{k}, \omega) = \sum_{lm} Y_m^{(l)}(\Omega_k)\, \vec{j}_m^{(l)*}(\omega)\,,$$

so liefert Abschn. 7.3 und 6.5

$$\vec{e}_h^{(1)*}(\Omega_k) \cdot \vec{j}(\vec{k}, \omega) = \sum_{lm} \mathcal{D}_{mh}^{(l)}(\varphi_k, \theta_k, 0)\, c_{mh}^{(l)}(\omega)$$

mit

$$c_{mh}^{(l)}(\omega) = \sum_{l'm'm''} \frac{\hat{l}'}{\sqrt{4\pi}} \begin{pmatrix} l' & 1 & l \\ m' & m'' & m \end{pmatrix} \begin{pmatrix} l' & 1 & l \\ 0 & h & h \end{pmatrix} \vec{j}_{m'}^{(l')*}(\omega) \cdot \vec{e}_{m''}^{(1)*}\,,$$

insbesondere

$$c_{m,\perp 1}^{(l)}(\omega) = \frac{(-)^m}{2\pi\mu_0}\, \hat{l}\, \left(a_{-m}^{\mathrm{V}(l)}(\omega) \mp a_{-m}^{\mathrm{A}(l)}(\omega) \right)\,.$$

Erst die Überlagerung von elektrischer und magnetischer Multipolstrahlung liefert also eine eindeutige Helizität.

10.9 Zusammenfassung: Vektorkugelfunktionen und ihre Anwendung

So wie bei skalaren Feldern die Kugelfunktionen $Y_m^{(l)}(\Omega)$ wegen ihrer Dreheigenschaften nützlich sind, so bei Vektorfeldern die Vektorkugelfunktionen $\vec{Y}_m^{(l,1)j}(\Omega)$. Auch die aus der Vektoranalysis bekannten Gebilde Divergenz, Gradient und Rotation können mit den Vektorkugelfunktionen ausgedrückt werden – es sind nur noch Ableitungen nach r nötig. Durch geeignete Linearkombinationen (bei festem j und m) kann man in quellenfreie (transversale) und wirbelfreie (longitudinale) Anteile aufspalten oder nach der Helizität unterscheiden. Diese Vektorkugelfunktionen sind deshalb nützliche Hilfsmittel für die Elektrodynamik. Die hier verwendeten Vektorkugelfunktionen und elektromagnetischen Multipolmomente unterscheiden sich durch Phasenfaktoren von den meist üblichen: Hier haben wir aber immer das erwünschte Verhalten bei Zeitumkehr.

SYSTEME MIT BESONDEREN DREHEIGENSCHAFTEN

11.1 Dichteoperator

Im folgenden wollen wir die Dreheigenschaften gegebener Systeme ausnutzen. Dabei wollen wir neben reinen Zuständen auch Gemische zulassen, also verschiedene reine Zustände $|\psi_i\rangle$ mit Wahrscheinlichkeiten N_i inkohärent überlagern – kein Darstellungswechsel kann eine inkohärente Überlagerung in einen reinen Zustand verwandeln. Zum Beispiel bilden unpolarisierte Teilchen (mit Spin $s > 0$) ein Gemisch. Es wäre ungeschickt, hier erst mit reinen Zuständen zu rechnen und am Ende passend zu mitteln: Besser nimmt man von Anfang an den Dichteoperator ρ. Er ist grundlegend für die gesamte Quantenphysik (vgl. z.B. FANO). In der statistischen Physik entspricht ihm die Dichte im Phasenraum.

Der Dichteoperator beschreibt das betrachtete System. Er wird deshalb durch dessen Eigenschaften festgelegt. Diese Eigenschaften müssen meßbar, also Erwartungswerte der zugehörigen Operatoren sein. Demzufolge ist der Dichteoperator implizit durch einen Satz von linearen Gleichungen gegeben:

$$\{\langle A\rangle\} = \{\mathrm{Sp}\,(\rho A)\}\;.$$

(A beschreibt die Meßgröße, ρ den Gegenstand.) Bei einem reinen Zustand ψ ist $\rho = |\psi\rangle\langle\psi|$, d.h. ρ projiziert auf diesen Zustand; bei einem Gemisch gilt dagegen $\rho = \Sigma|\psi_i\rangle N_i\langle\psi_i|$. Bei geeigneten Meßwerten kann ρ aus dem genannten linearen Gleichungssystem bestimmt werden.

Der Dichteoperator ist hermitisch – sonst hätten nicht alle hermitischen Operatoren reelle Erwartungswerte. Außerdem ist er positiv definit (d.h. seine Diagonalelemente sind in keiner Darstellung negativ) – sonst könnten Operatoren mit nicht-negativen Eigenwerten negative Erwartungswerte haben. Drittens ist seine Spur gleich 1 – denn der Einsoperator hat den Erwartungswert 1. Wir haben also noch folgende Eigenschaften des Dichteoperators:

$$\rho = \rho^\dagger\,,\qquad 0 \le \langle\psi|\rho|\psi\rangle \le 1\,,\qquad \mathrm{Sp}\,\rho = 1\,.$$

Anders als bei den Vektoren $|\psi\rangle$ ist beim Dichteoperator kein Phasenfaktor willkürlich. Die Spur von ρ^2 ist bei einem reinen Zustand gleich 1, bei einem Gemisch aber kleiner als 1. (Die Spur hängt nicht von der Darstellung ab – und an $\mathrm{Sp}\rho^2$ ist leicht zu erkennen, ob ein Gemisch vorliegt oder ein reiner Zustand.)

Im folgenden lassen wir wieder solange wie möglich die übrigen Quantenzahlen neben j und m fort, um nicht unnötig schwerfällig zu sein.

11.2 Dichtetensoren

Für die Anwendungen ist es nützlich, für besonders einfaches Drehverhalten zu sorgen und deshalb statt der Dichtematrix die in Abschn. 6.6 angekündigten Linearkombinationen zu nehmen, nämlich die Dichtetensoren

$$\rho_\nu^{(n)}(j,j') \equiv \sum_{mm'} (-)^{j-m} \begin{pmatrix} j' & j & n \\ m' & -m & \nu \end{pmatrix} \langle jm|\rho|j'm'\rangle$$

bzw.

$$\langle jm|\rho|j'm'\rangle = \sum_{n\nu} (-)^{j-m} \begin{pmatrix} j' & j & n \\ m' & -m & \nu \end{pmatrix} \rho_\nu^{(n)}(j,j')\,.$$

(Diese Wahl ist im Einklang mit BIEDENHARN & ROSE, FANO und BRINK & SATCHLER, aber anders als bei DEVONS & GOLDFARB, FERGUSON und FANO & RACAH.) Weil ρ hermitisch ist und die Spur 1 hat, folgen die Eigenschaften

$$\rho_\nu^{(n)*}(j,j') = (-)^{j-j'+\nu}\,\rho_{-\nu}^{(n)}(j',j)\,, \qquad \sum_j \hat{j}\,\rho_0^{(0)}(j,j) = 1\,.$$

Ob ein reiner Zustand oder ein Gemisch vorliegt, läßt sich nach dem letzten Abschnitt an

$$\mathrm{Sp}\,\rho^2 = \sum_{jj'n\nu}\,\left|\rho_\nu^{(n)}(j,j')\right|^2$$

erkennen – je nachdem ob dieser Ausdruck gleich oder kleiner als 1 ist. Bei Drehungen verhalten sich die Dichtetensoren nach Abschn. 6.6 ebenso einfach wie die Zustände $|n\nu\rangle$:

$$\left(\rho_\nu^{(n)}(j,j')\right)_1 = \sum_{\nu'}\,\left(\rho_{\nu'}^{(n)}(j,j')\right)_0\,\mathfrak{D}_{\nu'\nu}^{(n)*}(\vec{\omega})\,.$$

Für den Erwartungswert eines irreduziblen Tensoroperators liefert das Wigner-Eckart-Theorem

$$\langle A_\nu^{(n)}\rangle = \frac{1}{\hat{n}}\sum_{jj'}\langle j'\,\|\,A^{(n)}\,\|\,j\rangle\,\rho_\nu^{(n)}(j,j')\,,$$

es kommt also nur auf den Dichtetensor mit dem gleichen Drehverhalten an. Ist die Observable kein irreduzibler Tensor, so entwickeln wir sie wie den Dichteoperator:

$$A_\nu^{(n)}(j,j') \equiv \sum_{mm'}(-)^{j-m}\begin{pmatrix} j' & j \\ m' & -m \end{pmatrix}\!\begin{pmatrix} n \\ \nu \end{pmatrix}\langle jm|\,A\,|j'm'\rangle$$

bzw.

$$\langle jm|\,A\,|j'm'\rangle = \sum_{n\nu}(-)^{j-m}\begin{pmatrix} j' & j \\ m' & -m \end{pmatrix}\!\begin{pmatrix} n \\ \nu \end{pmatrix}A_\nu^{(n)}(j,j')\,.$$

Für den Erwartungswert von A erhalten wir damit

$$\langle A\rangle = \sum_{jj'n\nu}\rho_\nu^{(n)}(j,j')\,A_\nu^{(n)*}(j,j')\,,$$

eine im folgenden viel gebrauchte Gleichung.

Haben wir zwei Teilsysteme mit den Dichteoperatoren ρ_1 und ρ_2, so gehört zum Gesamtsystem der Dichteoperator $\rho = \rho_1 \otimes \rho_2$. Wegen

$$\langle (j_1 j_2)jm|\,\rho_1 \otimes \rho_2\,|(j_1' j_2')j'm'\rangle$$

$$= \sum_{\substack{m_1 m_2 \\ m_1' m_2'}}\begin{pmatrix} j_1 & j_2 \\ m_1 & m_2 \end{pmatrix}\!\begin{pmatrix} j \\ m \end{pmatrix}\begin{pmatrix} j_1' & j_2' \\ m_1' & m_2' \end{pmatrix}\!\begin{pmatrix} j' \\ m' \end{pmatrix}\langle j_1 m_1|\,\rho\,|j_1' m_1'\rangle\,\langle j_2 m_2|\,\rho\,|j_2' m_2'\rangle$$

folgt für die gemeinsamen Dichtetensoren

$$\rho_\nu^{(n)}((j_1 j_2)j,(j_1' j_2')j')$$

$$= \sum_{\substack{n_1 n_2 \\ \nu_1 \nu_2}} \hat{n_1}\hat{n_2}\hat{j}\hat{j}' \begin{pmatrix} n_1 & n_2 & \bigm| & n \\ \nu_1 & \nu_2 & \bigm| & \nu \end{pmatrix} \begin{Bmatrix} j_1' & j_2' & j' \\ j_1 & j_2 & j \\ n_1 & n_2 & n \end{Bmatrix} \rho_{\nu_1}^{(n_1)}(j_1,j_1')\,\rho_{\nu_2}^{(n_2)}(j_2,j_2')$$

$$= \sum_{n_1 n_2} \hat{n_1}\hat{n_2}\hat{j}\hat{j}' \begin{Bmatrix} j_1' & j_2' & j' \\ j_1 & j_2 & j \\ n_1 & n_2 & n \end{Bmatrix} \left[\rho^{(n_1)}(j_1,j_1') \times \rho^{(n_2)}(j_2,j_2')\right]_\nu^{(n)}$$

mit der Umkehrung

$$\rho_{\nu_1}^{(n_1)}(j_1,j_1')\,\rho_{\nu_2}^{(n_2)}(j_2,j_2')$$

$$= \sum_{jj'n\nu} \hat{n_1}\hat{n_2}\hat{j}\hat{j}' \begin{pmatrix} n_1 & n_2 & \bigm| & n \\ \nu_1 & \nu_2 & \bigm| & \nu \end{pmatrix} \begin{Bmatrix} j_1' & j_2' & j' \\ j_1 & j_2 & j \\ n_1 & n_2 & n \end{Bmatrix} \rho_\nu^{(n)}((j_1 j_2)j,(j_1' j_2')j')\;.$$

Für die Tensoren $A^{(n)}$ gelten entsprechende Kopplungsregeln.

11.3 Dichtetensoren mit Symmetrierichtung

Im Rest dieses Kapitels wollen wir Beispiele betrachten. Sie sind für die Streutheorie wichtig (helfen allerdings nicht für die Anwendung auf Vielteilchensysteme in Kap. 13). So brauchen wir z.B. die Dichtetensoren zum Projektionsoperator auf die Impulsrichtung Ω_p:

$$\rho_\nu^{(n)}(l,l') = \sum_{mm'} (-)^{l-m} \begin{pmatrix} l' & l & \bigm| & n \\ m' & -m & \bigm| & \nu \end{pmatrix} \langle lm|\Omega_p\rangle\,\langle \Omega_p|l'm'\rangle\;.$$

Wegen Abschn. 7.5 und 7.7 und der Unitarität der Kopplungskoeffizienten folgt

$$\rho_\nu^{(n)}(l,l') = (-)^{l'} \frac{\hat{l}\hat{l}'\hat{n}}{4\pi} \begin{pmatrix} l & l' & n \\ 0 & 0 & 0 \end{pmatrix} C_\nu^{(n)}(\Omega_p)\;.$$

(Nehmen wir die Richtung des Orts- statt Impulsoperators, so kommt noch ein Faktor $i^{l'-l}$ hinzu.)

Allgemein hängen die Dichtetensoren von Systemen mit einer Symmetrierichtung Ω über die genannte Kugelfunktion von dieser Richtung ab. Das folgt wie in Abschn. 10.6: Bei solchen Systemen ändert sich nämlich nichts an ihren Dichtetensoren, wenn um die Symmetrieachse gedreht wird – bei Wellenfunktionen könnte sich der Phasenfaktor ändern, beim Dichtetensor nicht. Deshalb folgt aus dem Drehverhalten (siehe Abschn. 11.2)

$$\rho_\nu^{(n)}(j,j') = \rho^{(n)}(j,j')\,C_\nu^{(n)}(\Omega)\;, \quad \text{wenn } \Omega \text{ die Symmetrierichtung ist.}$$

Dabei haben wir wieder unnötige Indizes fortgelassen.

Sind alle Richtungen gleichwertig (Isotropie), so genügt der eine Dichtetensor mit $n=0$; alle übrigen verschwinden.

11.4 Polarisationstensoren

Im Spinraum geben die Dichtetensoren die Polarisation der betrachteten Teilchen an. Nach Abschn. 11.2 ist nämlich der Erwartungswert der Spintensoren $S^{(n)}$ aus Abschn. 5.5 bei Teilchen mit dem Spin s

$$\langle S^{(n)}_\nu \rangle = \frac{\langle s \parallel S^{(n)} \parallel s \rangle}{\hat{n}} \, \rho^{(n)}_\nu(s,s) \, .$$

Das reduzierte Matrixelement wurde in Abschn. 5.6 hergeleitet. Statt $S^{(n)}$ nimmt man – nach der Madison-Konvention (BARSCHALL & HAEBERLI) – als Polarisationsmaß LAKINs Polarisationstensoren

$$t^{(n)}_\nu \equiv \hat{s} \, \rho^{(n)}_\nu(s,s) = \frac{\hat{n}\,\hat{s}}{\langle s \parallel S^{(n)} \parallel s \rangle} \, \langle S^{(n)}_\nu \rangle \, .$$

Sie hängen also noch einfacher mit den Dichtetensoren zusammen als die Spintensoren – und haben auch die angenehme Eigenschaft

$$t^{(0)}_0 = 1 \, ,$$

was unmittelbar aus der Normierung folgt. Weil ρ hermitisch ist, ergibt sich außerdem

$$t^{(n)*}_\nu = (-)^\nu \, t^{(n)}_{-\nu} \, ,$$

die Komponenten $\nu = 0$ sind also reell.

Zeichnet das betrachtete System eine Polarisationsrichtung Ω aus – weil es z.B. in einem Magnetfeld polarisiert wurde –, so gilt nach dem letzten Abschnitt

$$t^{(n)}_\nu = t^{(n)} \, C^{(n)}_\nu(\Omega) \, .$$

Die Polarisationsstärke $t^{(n)}$ betrachten wir im nächsten Abschnitt ausführlich.

Bei unpolarisierten Systemen ist keine Richtung ausgezeichnet: Hier verschwinden alle Dichtetensoren bis auf den nullter Stufe, der durch die Normierung festgelegt ist:

$$t^{(n)}_\nu = \delta_{n0} \, \delta_{\nu0} \qquad \text{bei unpolarisierten Teilchen.}$$

Unpolarisierte Teilchen lassen sich also besonders einfach mit Dichtetensoren beschreiben. Bei polarisierten Systemen tragen noch andere Tensoren ($n > 0$) bei – insgesamt kann n die Werte 0, 1, ..., $2s$ annehmen.

11.5 Polarisationsstärke

Gibt es eine Polarisationsrichtung Ω, so ist die Darstellung

$$t^{(n)}_\nu = t^{(n)} \, C^{(n)}_\nu(\Omega)$$

besonders bequem, weil es nur noch auf die Polarisationsstärken $t^{(n)}$ ankommt – d.h. für jede Tensorstufe nur eine reelle Zahl. Bezeichnet N_m die Besetzungswahrscheinlichkeit des Unterzustandes $|sm\rangle$, wenn längs der Polarisationsrichtung quantisiert wird, so gilt

$$\langle sm|\,\rho\,|sm'\rangle = N_m\,\delta_{mm'}$$

und

$$t^{(n)} = \hat{s}\hat{n} \sum_m (-)^{s-m} \begin{pmatrix} s & s & n \\ m & -m & 0 \end{pmatrix} N_m$$

bzw.

$$N_m = \frac{\hat{n}}{\hat{s}} \sum_n (-)^{s-m} \begin{pmatrix} s & s & n \\ m & -m & 0 \end{pmatrix} t^{(n)},$$

insbesondere

$$t^{(0)} = 1, \qquad\qquad t^{(1)} = \sqrt{\frac{3}{s(s+1)}} \sum_m m\, N_m,$$

$$t^{(2)} = \sqrt{\frac{5}{(2s-1)s(s+1)(2s+3)}} \sum_m \left(3m^2 - s(s+1)\right) N_m.$$

Neben der Normierungsbedingung $t^{(0)} = 1$ gibt es $2s$ Polarisationsstärken $t^{(n)}$. (Es gibt ja $2s+1$ Besetzungswahrscheinlichkeiten N_m, und die Normierung fordert $\Sigma\, N_m = 1$.)

Die Polarisationsstärken ungerader Stufe verschwinden bei $N_m = N_{-m}$, wenn also die Zustandspaare $|sm\rangle$ und $|s,-m\rangle$ gleich stark besetzt sind. Sind alle Zustände gleich besetzt $(N_m = \hat{s}^{-2}$ für alle m), so ist das System nach Abschn. 4.9 unpolarisiert. Die Polarisationsstärken sind nicht unabhängig voneinander: $\mathrm{Sp}\rho^2 \leq 1$ führt auf die Bedingung

$$\sum_{n=1}^{2s} \left(t^{(n)}\right)^2 \leq 2s.$$

Besonders wichtig sind die Fälle $s = \tfrac{1}{2}$ und 1:

$$s = \tfrac{1}{2}: \qquad t^{(1)} = N_{+\frac{1}{2}} - N_{-\frac{1}{2}} \qquad \Rightarrow \qquad -1 \leq t^{(1)} \leq +1,$$

$$s = 1: \quad \begin{cases} t^{(1)} = \tfrac{1}{2}\sqrt{6}\,(N_{+1} - N_{-1}) & \Rightarrow & -\tfrac{1}{2}\sqrt{6} \leq t^{(1)} \leq +\tfrac{1}{2}\sqrt{6}, \\[2mm] t^{(2)} = \tfrac{1}{2}\sqrt{2}\,(1 - 3N_0) & \Rightarrow & -\sqrt{2} \leq t^{(2)} \leq +\tfrac{1}{2}\sqrt{2}, \\[2mm] \left(t^{(1)}\right)^2 + \left(t^{(2)}\right)^2 \leq 2. \end{cases}$$

Die Beschreibung mit den Besetzungswahrscheinlichkeiten N_m ist recht anschaulich – und die Polarisationsstärken $t^{(n)}$ sind Linearkombinationen davon mit einfachem Drehverhalten: Beide Begriffe haben deshalb Vorzüge. Ihr Nachteil ist nur, daß es eine Polarisationsrichtung geben muß – sonst läßt sich die Dichtematrix gar nicht auf die gewünschte Form bringen. Bei Vektorpolarisation $(n = 1)$ kann man die Vorzugsrichtung stets angeben, bei Tensorstufen $n > 1$ aber nur, wenn die $2n+1$ sphärischen Komponenten durch die drei Parameter $t^{(n)}$ und $\Omega = (\theta, \varphi)$ erfaßt werden können. Ist das nicht möglich, so können wir aber doch noch die komplexen sphärischen Komponenten vermeiden, wie der nächste Abschnitt zeigt.

11.6 Richtungskomponenten der Polarisationstensoren

Wie in Abschn. 7.9 erläutert, können wir anstelle der $2n+1$ sphärischen Komponenten von $t^{(n)}$ ebensoviele reelle Richtungskomponenten verwenden. Da der Spinoperator $\vec{S}$ das Zeitumkehrverhalten $c_S = -1$ hat, gehört zu $S^{(n)}$ das Zeitumkehrverhalten $(-)^n$. Wir haben deshalb als Polarisationskomponente in Richtung Ω die reelle Größe

$$t^{(n)}(\Omega) \equiv \sum_\nu t^{(n)}_\nu C^{(n)*}_\nu(\Omega) = \frac{\hat{n}\,\hat{s}}{\langle s \parallel S^{(n)} \parallel s \rangle}\, \langle S^{(n)}(\Omega) \rangle .$$

Umgekehrt können wir (vgl. Abschn. 7.9) aus geeigneten Richtungskomponenten die sphärischen Komponenten herleiten, z.B. bei $n=1$ aus den drei kartesischen:

$$\Omega_x = \left(\tfrac{1}{2}\pi, 0\right) , \qquad \Omega_y = \left(\tfrac{1}{2}\pi, \tfrac{1}{2}\pi\right) , \qquad \Omega_z = (0,0) ,$$

nämlich

$$t^{(1)}_0 = t^{(1)}(\Omega_z) , \quad t^{(1)}_{\pm 1} = \mp \tfrac{1}{2}\sqrt{2}\left\{ t^{(1)}(\Omega_x) \pm i\, t^{(1)}(\Omega_y) \right\} ,$$

und bei $n=2$ aus den fünf Richtungskomponenten zu

$$\Omega_0 = (0,0) , \quad \Omega_{\pm 1} = \left(\tfrac{1}{4}\pi, \pm\tfrac{1}{4}\pi\right) , \quad \Omega_{\pm 2} = \left(\tfrac{1}{2}\pi, \pm\tfrac{1}{8}\pi\right) ,$$

nämlich

$$t^{(2)}_0 = t^{(2)}(\Omega_0) ,$$

$$\pm\sqrt{3}\, t^{(2)}_{\pm 1} = \tfrac{1}{2} t^{(2)}(\Omega_0) - (1 \pm i) t^{(2)}(\Omega_1) - (1 \mp i) t^{(2)}(\Omega_{-1}) \pm \tfrac{i}{\sqrt{2}}\{ t^{(2)}(\Omega_2) - t^{(2)}(\Omega_{-2}) \} ,$$

$$\sqrt{3}\, t^{(2)}_{\pm 2} = t^{(2)}(\Omega_0) + (1 \pm i) t^{(2)}(\Omega_2) + (1 \mp i) t^{(2)}(\Omega_{-2}) .$$

Neben diesen Richtungskomponenten sind auch die "kartesischen Polarisationstensoren" üblich – auch wenn wir sie nicht verwenden werden, weil sie nicht so angenehme Dreheigenschaften haben. In Anlehnung an Abschn. 5.5 wird gesetzt:

$$P_i \equiv \frac{1}{s} \langle S_i \rangle \equiv \frac{1}{s} \langle S^{(1)}(\Omega_i) \rangle = \sqrt{\frac{s+1}{3s}}\, t^{(1)}(\Omega_i) ,$$

$$P_{ij} \equiv \frac{3}{2} \langle S_i S_j + S_j S_i \rangle - \langle S^2 \rangle \delta_{ij} \qquad \text{mit } i \text{ und } j \text{ gleich } x,\, y \text{ oder } z .$$

Die "Tensorpolarisation" hat nur fünf linear unabhängige Komponenten, denn die P_{ij} sind symmetrisch ($P_{ij} = P_{ji}$) und außerdem verschwindet die Spur, so daß neben P_{zz} nur die Differenz

$$P_{xx-yy} \equiv P_{xx} - P_{yy} = 3 \langle S_x^2 - S_y^2 \rangle = \tfrac{3}{2} \langle S_+^2 + S_-^2 \rangle$$

nötig ist und nicht P_{xx} und P_{yy} einzeln. Aus Abschn. 5.5 folgt für $s=1$ (sonst tritt rechts immer noch ein Faktor $\sqrt{(2s-1)s(s+1)(2s+3)/10}$ hinzu)

$$P_{zz} = \sqrt{2}\, t^{(2)}_0 , \quad P_{xz} \pm i P_{yz} = \mp\sqrt{3}\, t^{(2)}_{\pm 1} , \quad \tfrac{1}{2} P_{xx-yy} \pm i P_{xy} = \sqrt{3}\, t^{(2)}_{\pm 2} ,$$

oder

$$\begin{aligned}
P_{zz} &= \sqrt{2}\, t^{(2)}(\Omega_0), \\
P_{xz} &= -\tfrac{1}{2} t^{(2)}(\Omega_0) + t^{(2)}(\Omega_1) + t^{(2)}(\Omega_{-1}), \\
P_{yz} &= \phantom{-\tfrac{1}{2}} t^{(2)}(\Omega_1) - t^{(2)}(\Omega_{-1}) - \tfrac{1}{\sqrt{2}}\left(t^{(2)}(\Omega_2) + t^{(2)}(\Omega_{-2}) \right), \\
P_{xx-yy} &= 2 t^{(2)}(\Omega_0) \phantom{+ t^{(2)}(\Omega_1) - t^{(2)}} + 2 \left(t^{(2)}(\Omega_2) + t^{(2)}(\Omega_{-2}) \right), \\
P_{xy} &= \phantom{2 t^{(2)}(\Omega_0) + t^{(2)}(\Omega_1)} \left(t^{(2)}(\Omega_2) - t^{(2)}(\Omega_{-2}) \right) .
\end{aligned}$$

Wir werden im folgenden die kartesischen Polarisationstensoren nicht benutzen, sondern entweder die recht einfach damit zusammenhängenden Richtungskomponenten $t^{(n)}(\Omega)$ oder aber Polarisationsrichtung Ω und zugehörige Stärke $t^{(n)}$. Sind z.B. Spin-1-Teilchen längs der $\vec{y}$-Richtung polarisiert, so verschwinden alle kartesischen Komponenten bis auf

$$P_y = \sqrt{\frac{s+1}{3s}}\, t^{(1)}\,, \qquad P_{zz} = \tfrac{1}{3}P_{xx-yy} = -\sqrt{\frac{(2s-1)s(s+1)(2s+3)}{20}}\, t^{(2)}\,.$$

(Damit ist $P_{zz} = P_{xx} = -\tfrac{1}{2}P_{yy}$, so daß auch P_y und P_{yy} genügen – oder eben $t^{(1)}$ und $t^{(2)}$.)

11.7 Polarisationstensoren für Photonen

Obwohl hier eigentlich nur nicht-relativistische Erscheinungen behandelt werden sollten, sei an dieser Stelle doch auf die Beschreibung polarisierten Lichtes eingegangen – wir haben uns im letzten Kapitel schon gut darauf vorbereitet.

Wie alle Teilchen mit Lichtgeschwindigkeit können auch Photonen ihren Spin nur parallel oder antiparallel zur Strahlrichtung stellen (vgl. z.B. JAUCH & ROHRLICH, S. 40). Deshalb werden ihre Polarisationszustände bisweilen so beschrieben, als ob es sich um Spin-$\tfrac{1}{2}$-Teilchen handelte – obwohl sie sich bei Drehungen anders verhalten. Wir müssen nämlich vom Spin 1 ausgehen, dürfen aber nur positive und negative Helizität zulassen, wie in Abschn. 10.8 erläutert wurde. Fallen Strahl- und Quantisierungsrichtung ($\vec{z}$-Richtung) zusammen, so folgt für Licht die Dichtematrix im Spinraum (FERGUSON)

$$\begin{pmatrix} \langle 1,1|\rho|1,1\rangle & \langle 1,1|\rho|1,0\rangle & \langle 1,1|\rho|1,-1\rangle \\ \langle 1,0|\rho|1,1\rangle & \langle 1,0|\rho|1,0\rangle & \langle 1,0|\rho|1,-1\rangle \\ \langle 1,-1|\rho|1,1\rangle & \langle 1,-1|\rho|1,0\rangle & \langle 1,-1|\rho|1,-1\rangle \end{pmatrix} = \frac{1}{2}\begin{pmatrix} 1+P_3 & 0 & -P_1+iP_2 \\ 0 & 0 & 0 \\ -P_1-iP_2 & 0 & 1-P_3 \end{pmatrix}\,,$$

wobei die P_i Stokes-Parameter genannt werden. Die beiden ersten beschreiben die Linearpolarisation: Setzen wir

$$P_1 + iP_2 = L\exp 2i\lambda\,,$$

so bezeichnet L den Anteil linear-polarisierten Lichtes an der Gesamtintensität und λ den Winkel zwischen der Polarisationsebene und der $\vec{z}$-Richtung. Der dritte Stokes-Parameter gibt die Zirkularpolarisation an: $|P_3|$ nennt den Anteil zirkular-polarisierten Lichtes an der Gesamtintensität, und das Vorzeichen von P_3 liefert die Helizität: Bei positiver Helizität ist auch $P_3 > 0$, bei negativer auch $P_3 < 0$. (Der Zusammenhang mit der Zirkularpolarisation wurde in Abschn. 10.8 erläutert.)

Der genannten Dichtematrix entsprechen die Polarisationstensoren

$$t_0^{(0)} = 1\,, \qquad t_0^{(1)} = \tfrac{1}{2}\sqrt{6}\,P_3\,, \qquad t_0^{(2)} = \tfrac{1}{2}\sqrt{2} \quad \text{und} \quad t_{\pm 2}^{(2)} = -\tfrac{1}{2}\sqrt{3}\,L\exp \pm 2i\lambda\,,$$

während alle übrigen verschwinden. Bemerkenswert ist, daß auch bei unpolarisiertem Licht (mit L und P_3 gleich null) die Tensorpolarisation nicht verschwindet – was damit zusammenhängt, daß nur zwei der drei Spinzustände besetzt sind. Außerdem hat linear polarisiertes Licht noch Tensorpolarisation (zweiter Stufe) und zirkular-polarisiertes Licht Vektorpolarisation.

Für Licht mit der Strahlrichtung $\Omega = (\theta, \varphi)$ und dem Winkel λ zwischen der Polarisationsebene und der von $\vec{e}(\Omega)$ und $\vec{e}_z$ aufgespannten Ebene gilt also

$$
t_0^{(0)} = 1 \,, \qquad\qquad t_\nu^{(1)} = \tfrac{1}{2}\sqrt{6}\, P_3\, C_\nu^{(1)}(\Omega) \,,
$$
$$
t_\nu^{(2)} = \tfrac{1}{2}\sqrt{2}\, C_\nu^{(2)}(\Omega) - \tfrac{1}{2}\sqrt{3}\, L \left(\mathsf{D}_{\nu,2}^{(2)}(\varphi,\theta,\lambda) + \mathsf{D}_{\nu,-2}^{(2)}(\varphi,\theta,\lambda) \right) \,.
$$

11.8 Strahlparameter für Photonen

Mit den eben genannten Polarisationstensoren im Spinraum bekommt man nach Abschn. 11.2 durch Kopplung mit den Tensoren für die Bewegung (vgl. Abschn. 11.3) die Strahlparameter

$$
\rho_\nu^{(n)}\left((l1)j,(l'1)j'\right) = (-)^{j+1}\, \frac{\hat{l}\hat{l}'}{4\pi} \begin{pmatrix} l & 1 & j \\ 0 & 1 & 1 \end{pmatrix} \begin{pmatrix} l' & 1 & j' \\ 0 & 1 & 1 \end{pmatrix}
$$
$$
\times \left\{ \begin{pmatrix} j & j' & n \\ 1 & -1 & 0 \end{pmatrix} \left[\frac{1+(-)^{l+l'+n}}{2} + \frac{1-(-)^{l+l'+n}}{2}\, P_3 \right] C_\nu^{(n)}(\Omega) \right.
$$
$$
\left. + (-)^{l+j'+n} \begin{pmatrix} j & j' & n \\ 1 & 1 & 2 \end{pmatrix} \frac{L}{2} \left[\mathsf{D}_{\nu,2}^{(2)}(\varphi,\theta,\lambda) + (-)^{l+l'+n}\mathsf{D}_{\nu,-2}^{(2)}(\varphi,\theta,\lambda) \right] \right\} \,.
$$

Das gekoppelte Produkt aus Kugel- und Kreiselfunktionen kann nämlich nach Abschn. 6.5 und 6.9 auf eine Kreiselfunktion und einen Clebsch-Gordan-Koeffizienten zurückgeführt werden – und die entstehende Summe über Produkte zweier Kopplungskoeffizienten und eines $9j$-Symbols nach Abschn. 4.12 auf eine Summe über vier Kopplungskoeffizienten, deren Symmetrie noch ausgenutzt werden kann.

Diese Strahlparameter gehören allerdings nicht unbedingt zu transversaler Strahlung. Sie enthält nämlich nach Abschn. 10.4 und 10.5 nur besondere Linearkombinationen mit verschiedenem l, wobei zwischen elektrischer und magnetischer Multipolstrahlung unterschieden wird:

$$
|\mathrm{M}jm\rangle = - \,|(j1)jm\rangle \,,
$$
$$
|\mathrm{E}jm\rangle = \sqrt{\frac{j+1}{2j+1}}\, |(j-1,1)jm\rangle + \sqrt{\frac{j}{2j+1}}\, |(j+1,1)jm\rangle \,.
$$

Das Minuszeichen ist willkürlich, aber mit dieser (häufigen) Phasenwahl erhält man für eine ebene Welle, die sich mit der Helizität $h\,(= \pm 1)$ längs der Quantisierungsrichtung fortpflanzt (durch $\Omega_p = 0$ angedeutet):

$$
\langle 0, h|\mathrm{M}jm\rangle = h\,\delta_{hm}\, \frac{\hat{j}}{\sqrt{8\pi}} \,, \qquad \langle 0, h|\mathrm{E}jm\rangle = \delta_{hm}\, \frac{\hat{j}}{\sqrt{8\pi}} \,.
$$

Das Vorzeichen führt zu Minuszeichen bei den Strahlparametern gemischter elektrischer und magnetischer Strahlung:

$$\rho_\nu^{(n)}(Mj, Mj') = \rho_\nu^{(n)}((j\quad,1)j,(j'\quad,1)j'),$$

$$\rho_\nu^{(n)}(Ej, Ej') = \frac{\sqrt{(j+1)(j'+1)}}{\hat{j}\hat{j}'}\,\rho_\nu^{(n)}((j-1,1)j,(j'-1,1)j')$$
$$+\frac{\sqrt{jj'}}{\hat{j}\hat{j}'}\,\rho_\nu^{(n)}((j+1,1)j,(j'+1,1)j')$$
$$+\frac{\sqrt{(j+1)j'}}{\hat{j}\hat{j}'}\,\rho_\nu^{(n)}((j-1,1)j,(j'+1,1)j')$$
$$+\frac{\sqrt{j(j'+1)}}{\hat{j}\hat{j}'}\,\rho_\nu^{(n)}((j+1,1)j,(j'-1,1)j'),$$

$$\rho_\nu^{(n)}(Mj, Ej') = -\frac{\sqrt{j'+1}}{\hat{j}'}\,\rho_\nu^{(n)}((j\quad,1)j,(j'-1,1)j')$$
$$-\frac{\sqrt{j'}}{\hat{j}'}\,\rho_\nu^{(n)}((j\quad,1)j,(j'+1,1)j'),$$

$$\rho_\nu^{(n)}(Ej, Mj') = -\frac{\sqrt{j+1}}{\hat{j}}\,\rho_\nu^{(n)}((j-1,1)j,(j'\quad,1)j')$$
$$-\frac{\sqrt{j}}{\hat{j}}\,\rho_\nu^{(n)}((j+1,1)j,(j'\quad,1)j').$$

Die Ergebnisse lassen sich zusammenfassen, wenn man die Parität

$$p = \begin{cases} -(-)^j & \text{für magnetische Multipolstrahlung} \\ +(-)^j & \text{für elektrische Multipolstrahlung} \end{cases}$$

einführt (vgl. Abschn. 10.6):

$$\rho_\nu^{(n)}(pj, p'j') = \frac{\hat{j}\hat{j}'\hat{n}}{8\pi}\left[(-)^{j'+1}\begin{pmatrix} j & j' & n \\ 1 & -1 & 0 \end{pmatrix}\left\{\frac{1+(-)^n pp'}{2}+\frac{1-(-)^n pp'}{2}P_3\right\}C_\nu^{(n)}(\Omega)\right.$$
$$\left.+(-)^n p\begin{pmatrix} j & j' & n \\ 1 & 1 & -2 \end{pmatrix}\frac{L}{2}\left(D_{\nu,2}^{(n)}(\varphi,\theta,\lambda)+(-)^n pp'\,D_{\nu,-2}^{(n)}(\varphi,\theta,\lambda)\right)\right].$$

(Hätten wir $|Mjm\rangle = +|(j,1)jm\rangle$ genommen, so wäre der Faktor $(-)^{j+j'}pp'$ hinzugekommen.)

11.9 Zusammenfassung: Systeme mit besonderen Dreheigenschaften

Die Dreheigenschaften vorgelegter Systeme werden besonders einfach mit den Dichtetensoren $\rho_\nu^{(n)}$ erfaßt. Mit ihnen können wir nicht nur reine Zustände, sondern auch Gemische beschreiben. In den einzelnen Abschnitten wurde hier ausführlich auf die Spinpolarisation eingegangen. Sie wird im nächsten Kapitel wichtig, wo die Streuung polarisierter (und unpolarisierter) Teilchen betrachtet wird. Aber auch bei der Behandlung von Vielteilchenproblemen im Schalenmodell werden wir die Dichtetensoren verwenden.

ANWENDUNGEN IN DER STREUTHEORIE

12.1 Dichteoperatoren bei Streuproblemen

In der Streutheorie geht man von einem Anfangszustand (Initialzustand) $|\psi_i\rangle$ aus und betrachtet Eigenschaften des Endzustandes (Finalzustandes) $|\psi_f\rangle$ oder des Streuzustandes $|\psi_{st}\rangle = |\psi_f\rangle - |\psi_i\rangle$. Zwischen diesen Zuständen vermitteln der Streuoperator S und der hier mehr benutzte Übergangsoperator T:

$$S = 1 - 2\pi i\, T\,,$$

$$|\psi_f\rangle = S\,|\psi_i\rangle\,, \qquad\qquad |\psi_{st}\rangle = -2\pi i\, T\,|\psi_i\rangle\,.$$

Wir folgen hier NEWTON – es gibt auch andere Vereinbarungen – und erhalten die Lippmann-Schwinger-Gleichung in der Form $T = V + V\,G_0\,T$.

Um auch Gemische erfassen zu können, beschreiben wir die Zustände durch Dichteoperatoren nach Abschn. 11.1. Wir haben dann offenbar

$$\rho_f = S\,\rho_i\,S^\dagger\,, \qquad \rho_{st} = 4\pi^2\,T\,\rho_i\,T^\dagger\,.$$

Dabei ist der Streuoperator S unitär, der Übergangsoperator T aber nicht – und deshalb ist i.a. $\mathrm{Sp}(\rho_{st}) \neq 1$.

Wir wollen nun Drehimpulserhaltung und Drehinvarianz ausnutzen (und beschreiben deshalb alles im Schwerpunktsystem): Die Streumatrix soll diagonal im Gesamtdrehimpuls J sein und nicht von dessen Richtungsquantenzahl M abhängen. (Bei einem solchen skalaren Streuoperator können wir auch leicht zu reduzierten Matrixelementen übergehen.) Damit ist dann, wenn α die übrigen Quantenzahlen zusammenfaßt,

$$\rho_{st}{}^{(n)}_\nu(\alpha_f J, \alpha_f' J') = 4\pi^2 \sum_{\alpha_i \alpha_i'} \langle \alpha_f J| T |\alpha_i J\rangle\, \langle \alpha_f' J'| T |\alpha_i' J'\rangle^*\, \rho_i{}^{(n)}_\nu(\alpha_i J, \alpha_i' J')\,.$$

Was für den letzten Tensor zu nehmen ist, wird im nächsten Abschnitt gezeigt.

Danach werden wir die Operatoren A aufsuchen, deren Erwartungswerte als Wirkungsquerschnitt oder Polarisation bezeichnet werden: Diese Meßgrößen folgen bei geeignetem A aus $\langle A\rangle = \mathrm{Sp}(\rho_{st}\,A)$. In der Tensorschreibweise haben wir deshalb nach Abschn. 11.2:

$$\langle A\rangle = 4\pi^2 \sum \langle \alpha_f J|T|\alpha_i J\rangle\, \langle \alpha_f' J'|T|\alpha_i' J'\rangle^*\, \rho_i{}^{(n)}_\nu(\alpha_i J, \alpha_i' J')\, A^{(n)*}_\nu(\alpha_f J, \alpha_f' J')\,,$$

wobei über $n\nu JJ'$ und $\alpha_i\alpha_i'\alpha_f\alpha_f'$ zu summieren ist.

Wie angekündigt, geben wir im folgenden die noch fehlenden Tensoren $\rho_i{}^{(n)}$ und $A^{(n)}$ an – und setzen voraus, daß die Streumatrix (in der Drehimpulsdarstellung) bekannt sei. Damit können also die Beobachtungsgrößen berechnet werden, sobald die Streumatrix gegeben ist – oder die Lippmann-Schwinger-Gleichung gelöst werden kann.

Den Einfluß des Coulombpotentials werden wir in Abschn. 12.11 gesondert betrachten – sonst können wir uns auf Potentiale endlicher Reichweite beschränken. Je kürzer ihre Reichweite oder niedriger die Energie ist, desto weniger Partialwellen tragen zur Streuung bei, desto einfacher ist also die Entwicklung nach dem Drehimpuls. Gerade seine Eigenschaften wollen wir ausnutzen und auf die Richtungsabhängigkeit schließen.

12.2 Dichtetensoren für den Eingangszustand einer Reaktion

Die Dichtetensoren für den Eingangszustand einer Reaktion a + b → c + d setzen sich (im Schwerpunktsystem) aus drei Dichtetensoren zusammen: dem Dichtetensor $\rho^{(n)}(l, l')$ der Relativbewegung und den beiden Spintensoren der Reaktionspartner a und b. Sie lauten nach Abschn. 11.3 und 11.4

$$\rho_\nu^{(n)}(l, l') = \frac{(-)^l}{4\pi}\, \hat{l}\hat{l}' \begin{pmatrix} l & l' & | & n \\ 0 & 0 & | & 0 \end{pmatrix} C_\nu^{(n)}(\Omega_i) \qquad \text{und} \qquad \rho_\nu^{(n)}(s, s) = \frac{1}{\hat{s}}\, t_\nu^{(n)} .$$

Mit den Kopplungsregeln von Abschn. 11.2 folgen daraus die Dichtetensoren für den Eingangszustand.

Wir können die drei Drehimpulse l_i, s_a und s_b auf zweierlei Weise zum Gesamtdrehimpuls J koppeln, nämlich die Kanalspindarstellung $|(l_i(s_a s_b)s_i)JM\rangle$ oder die j-Darstellung $|((l_i s_a)j_i s_b)JM\rangle$ nehmen.

Die Kopplung der Tensoren für die Relativbewegung mit den Spintensoren der Teilchen a führt zu den sogenannten Strahlparametern (vgl. Abschn. 11.8), die in der j-Darstellung nützlich sind:

$$\rho_\nu^{(n)}((ls)j, (l's)j') = \frac{(-)^{l'}}{4\pi\,\hat{s}}\, \hat{l}\hat{l}'\hat{j}\hat{j}' \sum_{n_l n_s} \hat{n}_l{}^2 \hat{n}_s \begin{pmatrix} l & l' & n_l \\ 0 & 0 & 0 \end{pmatrix} \begin{Bmatrix} l' & s & j' \\ l & s & j \\ n_l & n_s & n \end{Bmatrix} \left[C^{(n_l)}(\Omega) \times t^{(n_s)} \right]_\nu^{(n)}$$

bzw. bei unpolarisiertem Strahl

$$\rho_\nu^{(n)}((ls)j, (l's)j') = \frac{(-)^{j+s+n}}{4\pi\,\hat{s}^2}\, \hat{n}\hat{l}\hat{l}'\hat{j}\hat{j}' \begin{pmatrix} l & l' & n \\ 0 & 0 & 0 \end{pmatrix} \begin{Bmatrix} l & l' & n \\ j' & j & s \end{Bmatrix} C_\nu^{(n)}(\Omega) .$$

Die vollen Dichtetensoren in der j-Darstellung sind ebenso leicht herzuleiten. In der Kanalspindarstellung lauten sie

$$\rho_\nu^{(n)}((l_i(s_a s_b)s_i)J, (l_i'(s_a s_b)s_i')J') = \frac{(-)^{l_i'}}{4\pi}\, \hat{l}_i\hat{l}_i'\hat{J}\hat{J}' \sum_{n_i n_s} \hat{n}_i{}^2 \hat{n}_s \begin{pmatrix} l_i & l_i' & n_i \\ 0 & 0 & 0 \end{pmatrix} \begin{Bmatrix} l_i' & s_i & J' \\ l_i & s_i & J \\ n_i & n_s & n \end{Bmatrix}$$
$$\times \left[C^{(n_i)}(\Omega_i) \times \rho^{(n_s)}((s_a s_b)s_i, (s_a s_b)s_i') \right]_\nu^{(n)}$$

mit

$$\rho_\nu^{(n)}((s_a s_b)s_i, (s_a s_b)s_i') = \frac{\hat{s}_i\hat{s}_i'}{\hat{s}_a\hat{s}_b} \sum_{n_a n_b} \hat{n}_a\hat{n}_b \begin{Bmatrix} s_a & s_b & s_i' \\ s_a & s_b & s_i \\ n_a & n_b & n \end{Bmatrix} \left[t^{(n_a)} \times t^{(n_b)} \right]_\nu^{(n)} ,$$

insbesondere bei unpolarisierten Teilchen

$$\rho_\nu^{(n)}((s_a s_b)s_i, (s_a s_b)s_i') = \frac{\hat{s}_i}{\hat{s}_a{}^2 \hat{s}_b{}^2}\, \langle s_i | s_i' \rangle\, \delta_{n0}\, \delta_{\nu 0}$$

und

$$\rho_\nu^{(n)}((l_i(s_a s_b)s_i)J, (l_i'(s_a s_b)s_i')J')$$
$$= \frac{(-)^{J+s_i+n}}{4\pi}\, \frac{\hat{n}\hat{l}_i\hat{l}_i'\hat{J}\hat{J}'}{\hat{s}_a{}^2 \hat{s}_b{}^2} \begin{pmatrix} l_i & l_i' & n \\ 0 & 0 & 0 \end{pmatrix} \begin{Bmatrix} l_i & l_i' & n \\ J' & J & s_i \end{Bmatrix} C_\nu^{(n)}(\Omega_i)\, \langle s_i | s_i' \rangle .$$

12.3 Wirkungsquerschnitte bei Zweiteilchenreaktionen

Für den Wirkungsquerschnitt der Reaktion a + b $\rightarrow$ c + d in der Richtung Ω_f kommt es auf den Fluß der Reaktionsprodukte c in die Impulsrichtung Ω_f an. Der gesuchte Operator A zur Berechnung dieses Wirkungsquerschnittes enthält also den Projektionsoperator $|\Omega_f\rangle\langle\Omega_f|$, dessen Tensoren wir aus Abschn. 11.3 kennen. Nun gilt bekanntlich (vgl. z.B. NEWTON, S.218) bei spinlosen Teilchen

$$\frac{d\sigma}{d\Omega_f} = \frac{(2\pi)^4}{k_i^2} \, |\langle E_f\Omega_f| \, T \, |E_i\Omega_i\rangle|^2 = \frac{(2\pi)^4}{k_i^2} \, \langle E_f\Omega_f| \, T\rho_i T^\dagger \, |E_f\Omega_f\rangle$$
$$= \mathrm{Sp}\left(\rho_{st} \, |E_f\Omega_f\rangle \, (2\pi/k_i)^2 \, \langle E_f\Omega_f|\right) \, .$$

(Bisweilen wird die Darstellung $\{|E\Omega\rangle\}$ durch $\{|k\Omega\rangle \,\hat{=}\, |\vec{k}\rangle\}$ ersetzt: Dies führt wegen $|E\Omega\rangle = |\vec{k}\rangle\sqrt{m_0k}/\hbar$ zu unbequemen Faktoren.) Zum Projektionsoperator kommt also noch der Faktor $(2\pi/k_i)^2$ hinzu: Wir können den differentiellen Wirkungsquerschnitt (im Schwerpunktsystem) mit Hilfe der Tensoren

$$A_\nu^{(n)}(E_f l_f, E_f l_f') = (-)^{l_f'} \, \frac{\pi}{k_i^2} \, \hat{l}_f\hat{l}_f'\hat{n} \begin{pmatrix} l_f & l_f' & n \\ 0 & 0 & 0 \end{pmatrix} C_\nu^{(n)}(\Omega_f)$$

berechnen.

Dieser Ausdruck gilt allerdings nur für spinlose Teilchen. Sonst ist der Dichteoperator ρ_i wie besprochen zu erweitern, und es fehlen noch die Tensoren $A^{(n)}$ im Spinraum, die jetzt hergeleitet werden sollen.

Bei der Messung des Wirkungsquerschnittes wird nicht nach der Polarisation der Reaktionspartner gefragt: A muß im Spinraum der Teilchen c auf deren Spin s_c projizieren und im übrigen der Einsoperator sein:

$$A = \sum_m |s_c, m\rangle\langle s_c, m| \quad \Leftrightarrow \quad A_\nu^{(n)}(s, s') = \hat{s} \, \langle s|s_c\rangle\langle s_c|s'\rangle \, \delta_{n0} \, \delta_{\nu0} \, .$$

Damit gilt nach Abschn. 11.2

$$A_\nu^{(n)}\left((s_c s_d)s_f, (s_c s_d)s_f'\right) = \hat{s}_f \, (s_f|s_f') \, \delta_{n0} \, \delta_{\nu0} \, ,$$

$$A_\nu^{(n)}\left(E_f(l_f(s_c s_d)s_f)J, E_f(l_f'(s_c s_d)s_f')J'\right)$$
$$= (-)^{J + s_f + n} \, \frac{\pi}{k_i^2} \, \hat{n}\hat{l}_f\hat{l}_f'\hat{J}\hat{J}' \begin{pmatrix} l_f & l_f' & n \\ 0 & 0 & 0 \end{pmatrix} \begin{Bmatrix} l_f & l_f' & n \\ J' & J & s_f \end{Bmatrix} C_\nu^{(n)}(\Omega_f) \, \langle s_f|s_f'\rangle \, .$$

Wir erhalten also bei unpolarisierten Reaktionspartnern, wenn wir noch den Streuwinkel θ_{fi} zwischen Ω_f und Ω_i einführen (BLATT & BIEDENHARN),

$$\frac{d\sigma}{d\Omega_f} = \sum_n B_n \, P_n(\cos\theta_{fi})$$

mit den Koeffizienten (Summe über $l_i s_i J l_f s_f$ und $l_i' J' l_f'$):

$$B_n = \frac{\pi^2}{k_i^2} \, \frac{\hat{n}^2}{\hat{s}_a^2 \hat{s}_b^2} \sum (-)^{s_i - s_f} \, \hat{l}_i\hat{l}_i'\hat{J}\hat{J}' \begin{pmatrix} l_i & l_i' & n \\ 0 & 0 & 0 \end{pmatrix} \begin{Bmatrix} l_i & l_i' & n \\ J' & J & s_i \end{Bmatrix}$$
$$\times \hat{l}_f\hat{l}_f'\hat{J}\hat{J}' \begin{pmatrix} l_f & l_f' & n \\ 0 & 0 & 0 \end{pmatrix} \begin{Bmatrix} l_f & l_f' & n \\ J' & J & s_f \end{Bmatrix}$$
$$\times \langle E_f(l_f(s_c s_d)s_f)J| \, T \, |E_i(l_i(s_a s_b)s_i)J\rangle \, \langle E_f(l_f'(s_c s_d)s_f')J'| \, T \, |E_i(l_i'(s_a s_b)s_i)J'\rangle^* \, .$$

Insbesondere ist für $n = 0$

$$B_0 = \frac{\pi^2}{k_i^2\, \hat{s}_a^{\,2}\, \hat{s}_b^{\,2}} \sum \hat{J}^2\, |\langle E_f(l_f(s_c s_d)s_f)J\,|\,T\,|\,E_i(l_i(s_a s_b)s_i)J\rangle|^2$$

(über $l_i s_i J l_f s_f$ zu summieren). Für den integrierten Wirkungsquerschnitt kommt es nur auf diesen einen Koeffizienten an:

$$\sigma \equiv \int \frac{d\sigma}{d\Omega_f}\, d\Omega_f = 4\pi\, B_0\ .$$

In der j-Darstellung sind die Entwicklungskoeffizienten Summen über $l_i j_i J l_f j_f$ und $l_i' j_i' J' l_f' j_f'$:

$$\begin{aligned}
B_n = \frac{\pi^2}{k_i^2}\, \frac{\hat{n}^2}{\hat{s}_a^{\,2}\hat{s}_b^{\,2}} \sum (-)^{s_c + s_d + j_f + j_f' - s_a - s_b - j_i - j_i'} \\[1mm]
\times\, \hat{l}_i\hat{l}_i'\hat{j}_i\hat{j}_i'\hat{J}\hat{J}'
\begin{pmatrix} l_i & l_i' & n \\ 0 & 0 & 0 \end{pmatrix}
\begin{Bmatrix} l_i & l_i' & n \\ j_i' & j_i & s_a \end{Bmatrix}
\begin{Bmatrix} j_i & j_i' & n \\ J' & J & s_b \end{Bmatrix} \\[1mm]
\times\, \hat{l}_f\hat{l}_f'\hat{j}_f\hat{j}_f'\hat{J}\hat{J}'
\begin{pmatrix} l_f & l_f' & n \\ 0 & 0 & 0 \end{pmatrix}
\begin{Bmatrix} l_f & l_f' & n \\ j_f' & j_f & s_c \end{Bmatrix}
\begin{Bmatrix} j_f & j_f' & n \\ J' & J & s_d \end{Bmatrix} \\[1mm]
\times\, \langle E_f((l_f s_c)j_f s_d)J\,|\,T\,|\,E_i((l_i s_a)j_i s_b)J\rangle \langle E_f((l_f' s_c)j_f' s_d)J'\,|\,T\,|\,E_i((l_i' s_a)j_i' s_b)J'\rangle^*\ ,
\end{aligned}$$

und der Koeffizient B_0 ist eine Summe über $l_i j_i J l_f j_f$:

$$B_0 = \frac{\pi^2}{k_i^2\, \hat{s}_a^{\,2}\, \hat{s}_b^{\,2}} \sum \hat{J}^2\, |\langle E_f((l_f s_c)j_f s_d)J\,|\,T\,|\,E_i((l_i s_a)j_i s_b)J\rangle|^2\ .$$

Die Legendre-Polynome können wir nach Abschn. 8.1 als die für die Streuung entscheidenden Winkelkorrelationsfunktionen ansehen – sie erfassen die Relativimpulse vor und nach der Streuung in drehinvarianter Form. Neben diesen Geometriefaktoren kommt es auf die Blatt-Biedenharn-Koeffizienten an, die aus der Dynamik folgen.

12.4 Wirkungsquerschnitte bei polarisierten Reaktionspartnern

Sind die Reaktionspartner im Eingangskanal polarisiert, so treten neue Verhältnisse auf. Wir betrachten hier gleich den allgemeinen Fall der sogenannten Spinkorrelation, $\vec{a}+\vec{b} \to c+d$, weil er den Sonderfall nur eines polarisierten Reaktionspartners enthält. (Polarisierte Teilchen werden mit einem Pfeil gekennzeichnet.)

Wir beschränken uns hier allerdings auf Teilchen, deren Spins eine Vorzugsrichtung Ω_a bzw. Ω_b haben, so daß nach Abschn. 11.4

$$t_\nu^{(n)} = t^{(n)}\, C_\nu^{(n)}(\Omega)$$

gilt. Dies trifft für den experimentell wichtigen Fall zu, daß die Teilchen in einem Magnetfeld polarisiert worden sind. Auf die aus einer Reaktion stammende Polarisation kommen wir in Abschn. 12.8 zurück: Auch dann lassen sich die folgenden Ausdrücke verwenden.

Mit den aus Abschn. 12.2 bekannten Dichtetensoren für den Anfangszustand und den im letzten Abschnitt hergeleiteten Tensoren zur Berechnung des Wirkungsquerschnittes erhalten wir aus Abschn. 12.1 und 8.4

$$\frac{d\sigma}{d\Omega_f} = \sum_{n_i n_f n n_a n_b} A_{n_i n_f(n)n_a n_b}\, t^{(n_a)} t^{(n_b)}\, P_{n_i n_f(n)n_a n_b}(\Omega_i \Omega_f \Omega_a \Omega_b)\,,$$

wobei die Entwicklungskoeffizienten in der Kanalspindarstellung Summen über $l_i s_i J l_f s_f$ und $l_i' s_i' J' l_f'$ sind,

$$A_{n_i n_f(n)n_a n_b} = i^{n_f - n_i - n_a - n_b} \frac{\pi^2}{k_i^2}\, \frac{\hat{n}_i \hat{n}_f \hat{n}}{\hat{s}_a \hat{s}_b}$$

$$\times \sum (-)^{l_i + J + s_f + n}\, \hat{l}_f \hat{l}_f' \hat{J} \hat{J}'
\begin{pmatrix} l_f & l_f' & n_f \\ 0 & 0 & 0 \end{pmatrix}
\begin{Bmatrix} l_f & l_f' & n_f \\ J' & J & s_f \end{Bmatrix}$$

$$\times \hat{l}_i \hat{l}_i' \hat{s}_i \hat{s}_i' \hat{J} \hat{J}'
\begin{pmatrix} l_i & l_i' & n_i \\ 0 & 0 & 0 \end{pmatrix}
\begin{Bmatrix} s_a & s_b & s_i' \\ s_a & s_b & s_i \\ n_a & n_b & n \end{Bmatrix}
\begin{Bmatrix} l_i' & s_i' & J' \\ l_i & s_i & J \\ n_i & n & n_f \end{Bmatrix}$$

$$\times \langle E_f(l_f(s_c s_d)s_f)J|\, T\, |E_i(l_i(s_a s_b)s_i)J\rangle\, \langle E_f(l_f'(s_c s_d)s_i')J'|\, T\, |E_i(l_i'(s_a s_b)s_i')J'\rangle^*\,,$$

und in der j-Darstellung Summen über $l_i j_i J l_f j_f$ und $l_i' j_i' J' l_f' j_f'$:

$$A_{n_i n_f(n)n_a n_b} = i^{n_i + n_f + n_a + n_b} \frac{\pi^2}{k_i^2}\, \frac{\hat{n}_i \hat{n}_f \hat{n}}{\hat{s}_a \hat{s}_b} \sum_{n'} \hat{n}'^2
\begin{Bmatrix} n_i & n_f & n \\ n_b & n_a & n' \end{Bmatrix}$$

$$\times \sum (-)^{l_i + s_c + s_d + J + j_f + j_f' + n}$$

$$\times \hat{l}_f \hat{l}_f' \hat{j}_f \hat{j}_f' \hat{J} \hat{J}'
\begin{pmatrix} l_f & l_f' & n_f \\ 0 & 0 & 0 \end{pmatrix}
\begin{Bmatrix} l_f & l_f' & n_f \\ j_f' & j_f & s_c \end{Bmatrix}
\begin{Bmatrix} j_f & j_f' & n_f \\ J' & J & s_d \end{Bmatrix}$$

$$\times \hat{l}_i \hat{l}_i' \hat{j}_i \hat{j}_i' \hat{J} \hat{J}'
\begin{pmatrix} l_i & l_i' & n_i \\ 0 & 0 & 0 \end{pmatrix}
\begin{Bmatrix} l_i' & s_a & j_i' \\ l_i & s_a & j_i \\ n_i & n_a & n' \end{Bmatrix}
\begin{Bmatrix} j_i' & s_b & J' \\ j_i & s_b & J \\ n' & n_b & n_f \end{Bmatrix}$$

$$\times \langle E_f((l_f s_c)j_f s_d)J|\, T\, |E_i((l_i s_a)j_i s_b)J\rangle\, \langle E_f((l_f' s_c)j_f' s_d)J'|\, T\, |E_i((l_i' s_a)j_i' s_b)J'\rangle^*\,,$$

(Offenbar ließe sich mit der Indexreihenfolge $n_i n_a(n)n_b n_f$ die Summe über n' vermeiden.)

Im Sonderfall $\vec{a} + b \to c + d$ ist $t^{(n_b)} = \delta_{n_b 0}$. Die Gleichungen vereinfachen sich dann zu

$$\frac{d\sigma}{d\Omega_f} = \sum_{n_i n_f n_a} A_{n_i n_f n_a}\, t^{(n_a)}\, \hat{n}_i \hat{n}_f \hat{n}_a\, P_{n_i n_f n_a}(\Omega_i \Omega_f \Omega_a)$$

mit folgender Summe über $l_i s_i J_f s_f$ und $l'_i s'_i J' l'_f$ in der Kanalspindarstellung:

$$A_{n_i n_f n_a} = i^{n_f - n_i - n_a} \frac{\pi^2}{k_i^2} \frac{\hat{n}_i \hat{n}_f}{\hat{s}_a \hat{s}_b{}^2}$$

$$\times \sum (-)^{l_i + J + s_a + s_b + s_i + s_f} \hat{l}_f \hat{l}'_f \hat{J} \hat{J}' \begin{pmatrix} l_f & l'_f & n_f \\ 0 & 0 & 0 \end{pmatrix} \begin{Bmatrix} l_f & l'_f & n_f \\ J' & J & s_f \end{Bmatrix}$$

$$\times \hat{l}_i \hat{l}'_i \hat{s}_i \hat{s}'_i \hat{J} \hat{J}' \begin{pmatrix} l_i & l'_i & n_i \\ 0 & 0 & 0 \end{pmatrix} \begin{Bmatrix} s_i & s'_i & n_a \\ s_a & s_a & s_b \end{Bmatrix} \begin{Bmatrix} l'_i & s'_i & J' \\ l_i & s_i & J \\ n_i & n_a & n_f \end{Bmatrix}$$

$$\times \langle E_f(l_f(s_c s_d) s_f) J | T | E_i(l_i(s_a s_b) s_i) J \rangle \, \langle E_f(l'_f(s_c s_d) s_f) J' | T | E_i(l'_i(s_a s_b) s'_i) J' \rangle^*$$

und über $l_i j_i J_f j_f$ und $l'_i j'_i J' l'_f j'_f$ in der j-Darstellung:

$$A_{n_i n_f n_a} = i^{n_f + n_a - n_i} \frac{\pi^2}{k_i^2} \frac{\hat{n}_i \hat{n}_f}{\hat{s}_a \hat{s}_b{}^2} \sum (-)^{l_i - s_b - j'_i + s_c + s_d + j_f + j'_f}$$

$$\times \hat{l}_f \hat{l}'_f \hat{j}_f \hat{j}'_f \hat{J} \hat{J}' \begin{pmatrix} l_f & l'_f & n_f \\ 0 & 0 & 0 \end{pmatrix} \begin{Bmatrix} l_f & l'_f & n_f \\ j'_f & j_f & s_c \end{Bmatrix} \begin{Bmatrix} j_f & j'_f & n_f \\ J' & J & s_d \end{Bmatrix}$$

$$\times \hat{l}_i \hat{l}'_i \hat{j}_i \hat{j}'_i \hat{J} \hat{J}' \begin{pmatrix} l_i & l'_i & n_i \\ 0 & 0 & 0 \end{pmatrix} \begin{Bmatrix} l'_i & s_a & j'_i \\ l_i & s_a & j_i \\ n_i & n_a & n_f \end{Bmatrix} \begin{Bmatrix} j_i & j'_i & n_f \\ J' & J & s_b \end{Bmatrix}$$

$$\times \langle E_f((l_f s_c) j_f s_d) J | T | E_i((l_i s_a) j_i s_b) J \rangle \, \langle E_f((l'_f s_c) j'_f s_d) J' | T | E_i((l'_i s_a) j'_i s_b) J' \rangle^* \, .$$

Selbstverständlich sind diese Gleichungen auch für den Fall $a + \vec{b} \rightarrow c + d$ zu gebrauchen, den wir nun mit $\vec{a} + b \rightarrow c + d$ vergleichen wollen. Dazu ist die Kanalspindarstellung besonders geeignet, weil sie a und b symmetrisch behandelt. Man kann die obigen Gleichungen mit dem Austausch $a \leftrightarrow b$ für die neue Reaktion herrichten. Nimmt man aber in beiden Fällen dieselben Übergangsmatrixelemente, so ist ein zusätzlicher Faktor $(-)^{s_i - s'_i}$ in der Summe nötig – da ja eigentlich auch in den Matrixelementen die Kopplungsreihenfolge vertauscht werden müßte.

Offenbar ist (vgl. Abschn. 12.3)

$$A_{n_i n_f (n) n_a 0} = \delta_{n n_a} A_{n_i n_f n_a} \qquad \text{und} \qquad A_{n_i n_f 0} = \delta_{n_i n_f} B_{n_i} / \hat{n}_i \, .$$

12.5 Auswirkungen der Paritätserhaltung

Bleibt der Streuoperator bei Raumspiegelung ungeändert, so treten im letzten Abschnitt nur Koeffizienten mit $n_i + n_f$ gerade auf. Das läßt sich auf zwei Weisen zeigen. Einerseits kehren Impulse bei Raumspiegelung ihre Richtungen um (Ω_i und Ω_f), Drehimpulse aber nicht (Ω_a und Ω_b): Die Winkelkorrelationsfunktionen bleiben also nur ungeändert, wenn $n_i + n_f$ gerade ist (vgl. Abschn. 8.2 und 8.4). Andererseits müssen die Differenzen $l_f - l_i$ und $l'_f - l'_i$ bei Paritätserhaltung entweder beide gerade oder beide ungerade sein – das richtet sich nach der Eigenparität der beteiligten Teilchen. Damit ist dann die Summe $l_i + l_f + l'_i + l'_f$ stets gerade. Dies wiederum führt auf $n_i + n_f$ gerade, denn die Ausdrücke im letzten Abschnitt enthalten $3j$-Symbole, die nach Abschn. 3.13 nur bei $l_i + l'_i + n_i$ und $l_f + l'_f + n_f$ gerade beitragen:

$$\textit{Paritätserhaltung verlangt gerades } n_i + n_f \, .$$

Dies vereinfacht die besprochenen Summen beträchtlich und führt zu weiteren Folgerungen.

Betrachten wir nämlich die Polarisations-Analysierreaktion $\vec{a} + b \to c + d$ bei festen Richtungen Ω_i und $\Omega_a \neq \Omega_i$ und untersuchen die Rechts-Links-Symmetrie der Winkelverteilung, also das Verhalten des Wirkungsquerschnittes beim Spiegeln der Richtung Ω_f an der von Ω_i und Ω_a aufgespannten Ebene. Dazu ist es bequem, die Gleichung

$$P_{n_i n_f n_a}(\Omega_i \Omega_f \Omega_a) = (-)^{n_i + n_f + n_a}\, P_{n_i n_a n_f}(\Omega_i \Omega_a \Omega_f)$$

auszunutzen und das kartesische Koordinatensystem durch Ω_i ($\vec{z}$-Richtung) und Ω_a festzulegen – wie in Abschn. 8.3: Die Rechts-Links-Symmetrie folgt dann aus der Symmetrie $\varphi \leftrightarrow -\varphi$ und die symmetrischen und antisymmetrischen Beiträge ergeben sich aus

$$P_{n_i n_a n_f}(\theta_{ai}, \theta_{fi}, \varphi) \pm P_{n_i n_a n_f}(\theta_{ai}, \theta_{fi}, -\varphi) = \left(1 \pm (-)^{n_i + n_f + n_a}\right) P_{n_i n_a n_f}(\theta_{ai}, \theta_{fi}, \varphi)\,.$$

Bei geradem $n_i + n_f$ (Paritätserhaltung) trägt gerades n_a symmetrisch und ungerades n_a antisymmetrisch zur Winkelverteilung bei.

Bei Teilchen mit Spin $s_a = \frac{1}{2}$ oder 1 ist also der Einfluß der Vektorpolarisation ($n_a = 1$) einfach aus der Rechts-Links-Asymmetrie der Winkelverteilung abzulesen. Überdies kommt es bei der Vektorpolarisation nur auf ihre Komponente senkrecht zur Reaktionsebene an – bei drei koplanaren Richtungen Ω_i, Ω_f und Ω_a verschwinden nach Abschn. 8.3 alle Tripel-korrelationsfunktionen mit ungerader Indexsumme.

12.6 Analysierstärke

Nach der Madisonkonvention (BARSCHALL & HAEBERLI) sollen Reaktionen mit polarisierten Teilchen in festgelegten Koordinatensystemen beschrieben werden – das zeigen die Bilder 10 und 11. (Deshalb wurden im vorletzten Abschnitt auch die Korrelationsfunktionen mit der Indexreihenfolge $n_i n_f(n) n_a n_b$ bzw. $n_i n_f n_a$ genommen, was den in Abschn. 8.3 und 8.5 eingeführten Korrelationsfunktionen angepaßt ist – nach dem letzten Abschnitt hätte die Reihenfolge $n_i n_a n_f$ nahegelegen und nach Abschn. 12.4 wäre die Reihenfolge $n_i n_a(n) n_b n_f$ auch besser gewesen.)

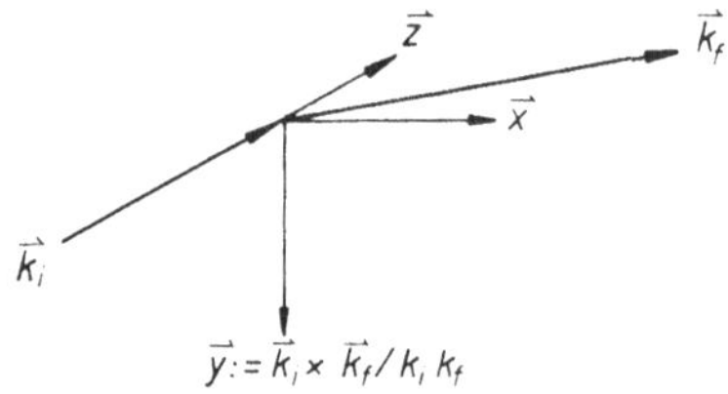

Bild 10: Koordinatensystem bei Polarisation v o r der Reaktion nach der Madisonkonvention.

Außerdem werden nach dieser Konvention nicht die Polarisationsrichtungen Ω_a (und Ω_b) genannt, sondern die Tensorkomponenten in dem festgelegten Koordinatensystem. Wir haben nun nach Abschn. 8.3 (7.7 und 11.4)

$$t^{(n_a)}\, P_{n_i n_f n_a}(\Omega_i \Omega_f \Omega_a)$$

$$= i^{n_i + n_f + n_a} \sum_m \begin{pmatrix} n_i & n_f & n_a \\ 0 & m & -m \end{pmatrix} \sqrt{\frac{(n_f - m)!}{(n_f + m)!}}\, P_{n_f}^m(\cos\theta_{fi})\, t_m^{(n_a)}\,.$$

Dabei kann die Summe noch vereinfacht werden:

$$\sum_m \dots t{}^{(n_{\mathrm a})}_m = \sum_{m \geq 0} \frac{2}{1+\delta_{m0}} \dots \left\{ \begin{array}{c} \mathrm{Re} \\ i\,\mathrm{Im} \end{array} \right\} t{}^{(n_{\mathrm a})}_m \quad \text{für } n_{\mathrm a} \left\{ \begin{array}{l} \text{gerade,} \\ \text{ungerade.} \end{array} \right\}$$

Insbesondere gilt für $n_{\mathrm a} = 1$:

$$t^{(1)} P_{nn1}(\Omega_{\mathrm i}\Omega_{\mathrm f}\Omega_{\mathrm a}) = \frac{1}{\hat{n}} \sqrt{\frac{2}{n(n+1)}} \; P_n^1(\cos\theta_{\mathrm{fi}}) \; \mathrm{Im}\, t_1^{(1)} \,.$$

Das Ergebnis wird gern durch

$$\frac{d\sigma}{d\Omega_{\mathrm f}} = \sigma^{(0)}(\theta_{\mathrm{fi}}) \sum_{n_{\mathrm a} m} T{}^{(n_{\mathrm a})*}_m(\theta_{\mathrm{fi}}) \; t{}^{(n_{\mathrm a})}_m$$

$$= \sigma^{(0)}(\theta_{\mathrm{fi}}) \sum_{n_{\mathrm a},\, m \geq 0} \frac{2}{1+\delta_{m0}} \left\{ \begin{array}{c} \mathrm{Re} \\ \mathrm{Im} \end{array} \right\} T{}^{(n_{\mathrm a})}_m \left\{ \begin{array}{c} \mathrm{Re} \\ \mathrm{Im} \end{array} \right\} t{}^{(n_{\mathrm a})}_m \quad \text{für } n_{\mathrm a} \left\{ \begin{array}{l} \text{gerade,} \\ \text{ungerade} \end{array} \right\}$$

wiedergegeben, wobei $\sigma^{(0)}$ der Wirkungsquerschnitt bei unpolarisierten Teilchen ist und für die "Analysierstärke"

$$T{}^{(n_{\mathrm a})}_m(\theta_{\mathrm{fi}})$$

$$= \frac{1}{\sigma^{(0)}(\theta_{\mathrm{fi}})} \sum_{n_{\mathrm i} n_{\mathrm f}} i^{-n_{\mathrm i} - n_{\mathrm f} - n_{\mathrm a}} \, \hat{n}_{\mathrm i}\hat{n}_{\mathrm f}\hat{n}_{\mathrm a} \, A_{n_{\mathrm i} n_{\mathrm f} n_{\mathrm a}} \begin{pmatrix} n_{\mathrm i} & n_{\mathrm f} & n_{\mathrm a} \\ 0 & m & -m \end{pmatrix} \sqrt{\frac{(n_{\mathrm f}-m)!}{(n_{\mathrm f}+m)!}} \, P_{n_{\mathrm f}}^m(\cos\theta_{\mathrm{fi}})$$

gilt, also

$$T{}^{(n_{\mathrm a})}_m(\theta_{\mathrm{fi}}) = (-)^m \, T{}^{(n_{\mathrm a})*}_{-m}(\theta_{\mathrm{fi}}) = (-)^{n_{\mathrm a}} \, T{}^{(n_{\mathrm a})*}_m(\theta_{\mathrm{fi}})$$

ist. (Die letzte Gleichung gilt nur bei Paritätserhaltung.)

Hiernach liegt es nahe, gemessene Analysierstärken nach zugeordneten Legendre-Funktionen zu entwickeln. Allerdings vergißt man dabei leicht die Auswirkungen der Drehinvarianz, die bei $s_{\mathrm a} \geq 1$ zu linearen Abhängigkeiten zwischen den Koeffizienten führen kann. Tragen z.B. im Eingangskanal nur s-Wellen bei, so ist $n_{\mathrm i} = 0$ und deshalb $n_{\mathrm f} = n_{\mathrm a}$, also z.B.

$$T_0^{(2)}(\theta_{\mathrm{fi}}) : T_1^{(2)}(\theta_{\mathrm{fi}}) : T_2^{(2)}(\theta_{\mathrm{fi}}) = \sqrt{6}\, P_2(\cos\theta_{\mathrm{fi}}) : -P_2^1(\cos\theta_{\mathrm{fi}}) : \tfrac{1}{2} P_2^2(\cos\theta_{\mathrm{fi}}) \,.$$

Auch wenn höhere Partialwellen beitragen, braucht man i.a. weniger Korrelationsfunktionen als Legendre-Funktionen (LINDNER 76, DOHRENDORF & LINDNER).

Für die Spinkorrelation gilt entsprechend

$$\frac{d\sigma}{d\Omega_{\mathrm f}} = \sigma^{(0)}(\theta_{\mathrm{fi}}) \sum_{n_{\mathrm a} n_{\mathrm b} nm} T{}^{(n_{\mathrm a},\, n_{\mathrm b})n\,*}_m(\theta_{\mathrm{fi}}) \left[t^{(n_{\mathrm a})} \times t^{(n_{\mathrm b})} \right]^{(n)}_m$$

mit

$$T{}^{(n_{\mathrm a},\, n_{\mathrm b})n}_m(\theta_{\mathrm{fi}}) = (-)^m \, T{}^{(n_{\mathrm a},\, n_{\mathrm b})n\,*}_{-m}(\theta_{\mathrm{fi}}) = (-)^{n_{\mathrm a}+n_{\mathrm b}} \, T{}^{(n_{\mathrm a},\, n_{\mathrm b})n\,*}_m(\theta_{\mathrm{fi}})$$

$$= \frac{1}{\sigma^{(0)}(\theta_{\mathrm{fi}})} \sum_{n_{\mathrm i} n_{\mathrm f}} i^{-n_{\mathrm i} - n_{\mathrm f} - n_{\mathrm a} - n_{\mathrm b}} \, \hat{n}_{\mathrm i}\hat{n}_{\mathrm f}\hat{n}_{\mathrm a}\hat{n}_{\mathrm b} \, A_{n_{\mathrm i} n_{\mathrm f}(n)n_{\mathrm a} n_{\mathrm b}}$$

$$\times \begin{pmatrix} n_{\mathrm i} & n_{\mathrm f} & n \\ 0 & m & -m \end{pmatrix} \sqrt{\frac{(n_{\mathrm f}-m)!}{(n_{\mathrm f}+m)!}} \, P_{n_{\mathrm f}}^m(\cos\theta_{\mathrm{fi}}) \,.$$

12.7 Polarisierreaktionen und Polarisationstransfer

Neben dem Wirkungsquerschnitt kann auch die Polarisation der Reaktionsprodukte gemessen werden. Wir erweitern deshalb die bisherigen Betrachtungen, die auf die skalaren Spintensoren für die Reaktionsprodukte beschränkt waren, und behandeln den sogenannten Polarisationstransfer $\vec{a} + b \rightarrow \vec{c} + d$,weil er den Sonderfall $a + b \rightarrow \vec{c} + d$ einschließt und wir uns andererseits auf höchstens zwei polarisierte Reaktionsteilnehmer beschränken – Polarisationstransfer und Spinkorrelation genügen nämlich nach SIMONIUS I zur vollen Bestimmung der Streumatrix.

Für die Relativbewegung (im Schwerpunktsystem) und für die Spintensoren der Teilchen d nehmen wir dieselben Ausdrücke wie beim Wirkungsquerschnitt, nur im Spinraum der Teilchen c muß der Ausdruck von Abschn. 12.3 geändert werden – wir projizieren nämlich nicht mehr auf n und ν gleich 0, sondern auf das untersuchte $n_{\rm c}$ und $\nu_{\rm c}$:

$$A^{(n)}_{\nu}(s, s') = \hat{s}\, \langle s | s_{\rm c} \rangle\, \langle s_{\rm c} | s' \rangle\, \delta n n_{\rm c} \delta \nu \nu_{\rm c} \quad \Rightarrow \quad {\rm Sp}\left(\rho\, A^{(n)}_{\nu} \right) = t^{(n_{\rm c})}_{\nu_{\rm c}} .$$

Insgesamt ergibt sich dann als Erwartungswert das Produkt aus dem Wirkungsquerschnitt und der Polarisation der Teilchen c, das wir mit $\sigma^{(n_{\rm c})}$ bezeichnen – deshalb haben wir im letzten Abschnitt auch $\sigma^{(0)}$ geschrieben. (Üblich ist σ_0, aber das kann auch mit der Coulomb-Streuphase von Abschn. 9.3 verwechselt werden.) Statt der sphärischen Komponente

$$\sigma^{(n)}_{\nu} \equiv \sigma^{(0)}\, t^{(n)}_{\nu}$$

betrachten wir allerdings – nach Abschn. 7.9 und 11.6 – zunächst die Komponente von $\sigma^{(n)}$ in Richtung $\Omega_{\rm c}$: Haben die Teilchen a die Polarisationsrichtung $\Omega_{\rm a}$, so bekommen wir wieder eine Entwicklung nach Viererkorrelationsfunktionen mit drehinvarianten Koeffizienten:

$$\sigma^{(n_{\rm c})}(\Omega_{\rm c}) = \sum_{n_{\rm i} n_{\rm f} n n_{\rm a}} B_{n_{\rm i} n_{\rm a}(n) n_{\rm f} n_{\rm c}}\, t^{(n_{\rm a})}\, P_{n_{\rm i} n_{\rm a}(n) n_{\rm f} n_{\rm c}}(\Omega_{\rm i} \Omega_{\rm a} \Omega_{\rm f} \Omega_{\rm c}) ,$$

wobei die Koeffizienten in der Kanalspindarstellung Summen über $l_{\rm i} s_{\rm i} J l_{\rm f} s_{\rm f}$ und $l'_{\rm i} s'_{\rm i} J' l'_{\rm f} s'_{\rm f}$ sind,

$$B_{n_{\rm i} n_{\rm a}(n) n_{\rm f} n_{\rm c}}$$

$$= i^{n_{\rm i} + n_{\rm a} - n_{\rm f} - n_{\rm c}}\, \frac{\pi^2}{k_{\rm i}^2}\, \frac{\hat{s_{\rm c}}}{\hat{s_{\rm a}} \hat{s_{\rm b}}^2}\, \hat{n_{\rm i}} \hat{n} \hat{n_{\rm f}} \sum (-)^{l_{\rm i} + s_{\rm a} + s_{\rm b} + s_{\rm i} - l_{\rm f} - s_{\rm c} - s_{\rm d} - s_{\rm f}}$$

$$\times\, \hat{l_{\rm i}} \hat{l'_{\rm i}} \hat{s_{\rm i}} \hat{s'_{\rm i}} \hat{J} \hat{J'} \begin{pmatrix} l_{\rm i} & l'_{\rm i} & n_{\rm i} \\ 0 & 0 & 0 \end{pmatrix} \begin{Bmatrix} s_{\rm i} & s'_{\rm i} & n_{\rm a} \\ s_{\rm a} & s_{\rm a} & s_{\rm b} \end{Bmatrix} \begin{Bmatrix} l'_{\rm i} & s'_{\rm i} & J' \\ l_{\rm i} & s_{\rm i} & J \\ n_{\rm i} & n_{\rm a} & n \end{Bmatrix}$$

$$\times\, \hat{l_{\rm f}} \hat{l'_{\rm f}} \hat{s_{\rm f}} \hat{s'_{\rm f}} \hat{J} \hat{J'} \begin{pmatrix} l_{\rm f} & l'_{\rm f} & n_{\rm f} \\ 0 & 0 & 0 \end{pmatrix} \begin{Bmatrix} s_{\rm f} & s'_{\rm f} & n_{\rm f} \\ s_{\rm c} & s_{\rm c} & s_{\rm d} \end{Bmatrix} \begin{Bmatrix} l'_{\rm f} & s'_{\rm f} & J' \\ l_{\rm f} & s_{\rm f} & J \\ n_{\rm f} & n_{\rm c} & n \end{Bmatrix}$$

$$\times\, \langle E_{\rm f}(l_{\rm f}(s_{\rm c} s_{\rm d}) s_{\rm f}) J | T | E_{\rm i}(l_{\rm i}(s_{\rm a} s_{\rm b}) s_{\rm i}) J \rangle\, \langle E_{\rm f}(l'_{\rm f}(s_{\rm c} s_{\rm d}) s'_{\rm f}) J' | T | E_{\rm i}(l'_{\rm i}(s_{\rm a} s_{\rm b}) s'_{\rm i}) J' \rangle^* ,$$

und in der j-Darstellung Summen über $l_i j_i J l_f j_f$ und $l_i' j_i' J' l_f' j_f'$:

$$B_{n_i n_a (n) n_f n_c} = i^{n_i - n_a - n_f + n_c}\, \frac{\pi^2}{k_i^2}\, \frac{\hat{s}_c}{\hat{s}_a \hat{s}_b{}^2}\, \hat{n}_i \hat{n} \hat{n}_f \sum (-)^{l_i + j_i' + s_b - l_f - j_f' - s_d}$$

$$\times\, \hat{l}_i \hat{l}_i' \hat{j}_i \hat{j}_i' \hat{J} \hat{J}' \begin{pmatrix} l_i & l_i' & n_i \\ 0 & 0 & 0 \end{pmatrix} \begin{Bmatrix} l_i' & s_a & j_i' \\ l_i & s_a & j_i \\ n_i & n_a & n \end{Bmatrix} \begin{Bmatrix} j_i & j_i' & n \\ J' & J & s_b \end{Bmatrix}$$

$$\times\, \hat{l}_f \hat{l}_f' \hat{j}_f \hat{j}_f' \hat{J} \hat{J}' \begin{pmatrix} l_f & l_f' & n_f \\ 0 & 0 & 0 \end{pmatrix} \begin{Bmatrix} l_f' & s_c & j_f' \\ l_f & s_c & j_f \\ n_f & n_c & n \end{Bmatrix} \begin{Bmatrix} j_f & j_f' & n \\ J' & J & s_d \end{Bmatrix}$$

$$\times\, \langle E_f((l_f s_c) j_f s_d) J|\, T\, |E_i((l_i s_a) j_i s_b) J\rangle\, \langle E_f((l_f' s_c) j_f' s_d) J'|\, T\, |E_i((l_i' s_a) j_i' s_b) J'\rangle^* \,.$$

Wie hieraus die sphärischen und kartesischen Komponenten folgen, wurde in Abschn. 11.8 gezeigt.

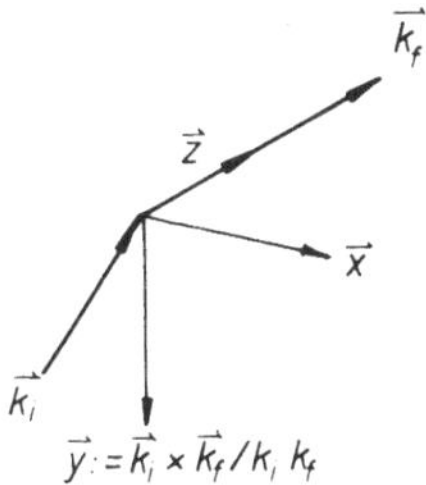

Bild 11: Koordinatensystem bei Polarisation n a c h der Reaktion (Madisonkonvention).

Im Sonderfall $a + b \to \vec{c} + d$ vereinfachen sich diese Gleichungen wegen $t^{(n_a)} = \delta_{n_a 0}$. Da man nach der Madisonkonvention (BARSCHALL & HAEBERLI) die Bewegungsrichtung der betrachteten polarisierten Teilchen als $\vec{z}$-Richtung nehmen soll (Ω_f) und Ω_i in der xz-Ebene, wählen wir die Indexreihenfolge $n_f n_i n_c$ bei den Tripelkorrelationsfunktionen (vgl. Abschn. 8.3). Allerdings wird die $\vec{y}$-Richtung nach der Madisonkonvention durch $\vec{y} = \vec{k}_i \times \vec{k}_f / k_i k_f$ festgelegt, was der Festlegung bei der Tripelkorrelationsfunktion widerspricht: Nach Abschn. 8.3 sollte nämlich $\vec{k}_i$ eine positive x-Komponente haben. Wir nehmen deshalb mit den Winkeln θ, θ_c und φ_c als Madisonkoordinaten

$$P_{n_f n_i n_c}(\Omega_f \Omega_i \Omega_c) \doteq P_{n_f n_i n_c}(\theta, \theta_c, \varphi_c + \pi) = (-)^{n_c}\, P_{n_f n_i n_c}(\theta, \pi - \theta_c, \varphi_c)\,.$$

Wir haben dann

$$\sigma^{(n_c)}(\Omega_c) = \sum_{n_f n_i} B_{n_f n_i n_c}\, \hat{n}_f \hat{n}_i \hat{n}_c\, P_{n_f n_i n_c}(\Omega_f \Omega_i \Omega_c)\,.$$

Dabei sind die Entwicklungskoeffizienten in der Kanalspindarstellung Summen über $l_i s_i J l_f s_f$ und $l'_i J' l'_f s'_f$:

$$
B_{n_f n_i n_c} = i^{n_f - n_i + n_c} \frac{\pi^2}{k_i^2} \frac{\hat{s}_c}{\hat{s}_a^2 \hat{s}_b^2} \hat{n}_f \hat{n}_i \sum (-)^{l_f + s_i + J + s_c + s_d + s_f}
$$

$$
\times \hat{l}_i \hat{l}'_i \hat{J} \hat{J}' \begin{pmatrix} l_i & l'_i & n_i \\ 0 & 0 & 0 \end{pmatrix} \begin{Bmatrix} l_i & l'_i & n_i \\ J' & J & s_i \end{Bmatrix}
$$

$$
\times \hat{l}_f \hat{l}'_f \hat{s}_f \hat{s}'_f \hat{J} \hat{J}' \begin{pmatrix} l_f & l'_f & n_f \\ 0 & 0 & 0 \end{pmatrix} \begin{Bmatrix} s_f & s'_f & n_c \\ s_c & s_c & s_d \end{Bmatrix} \begin{Bmatrix} l'_f & s'_f & J' \\ l_f & s_f & J \\ n_f & n_c & n_i \end{Bmatrix}
$$

$$
\times \langle E_f(l_f(s_c s_d)s_f)J| \, T \, |E_i(l_i(s_a s_b)s_i)J\rangle \, \langle E_f(l'_f(s_c s_d)s'_f)J'| \, T \, |E_i(l'_i(s_a s_b)s_i)J'\rangle^* \, .
$$

Den entsprechenden Ausdruck in der j-Darstellung lasse ich fort, da die Invarianz gegenüber Zeitumkehr sowieso diese Werte mit den Koeffizienten A aus Abschn. 12.4 verknüpft, wie wir im übernächsten Abschnitt sehen werden.

Beim Vergleich mit Abschn. 12.4 zeigt sich

$$
B_{n_i 0(n) n_f n_c} = (-)^{n_i + n_f + n_c} \, B_{n_f n_i n_c} \, \delta n n_i \, ,
$$

$$
B_{n_i n_a(n) n_f 0} = (-)^{n_i + n_f + n_a} \, A_{n_i n_f n_a} \, \delta n n_f \, .
$$

Paritätserhaltung verlangt nach den Erläuterungen in Abschn. 12.5, daß $n_i + n_f$ gerade ist. Deshalb hat bei $a + b \rightarrow \vec{c} + d$ die Vektorpolarisation $(n_c = 1)$ keine Komponente in der Reaktionsebene, sondern nur senkrecht dazu.

Für die sphärischen Komponenten folgt

$$
\sigma_m^{(n_c)}(\theta_{fi}) = \sum_{n_i n_f} i^{-n_f - n_i - n_c} \hat{n}_f \hat{n}_i \hat{n}_c \, B_{n_f n_i n_c} \begin{pmatrix} n_f & n_i & n_c \\ 0 & m & -m \end{pmatrix} \sqrt{\frac{(n_i - m)!}{(n_i + m)!}} \, P_{n_i}^m(\cos \theta_{fi})
$$

$$
= (-)^m \, \sigma_{-m}^{(n_c)*}(\theta_{fi}) = (-)^{n_c} \, \sigma_m^{(n_c)*}(\theta_{fi}) \, .
$$

Für die letzte Umformung ist Paritätserhaltung ausgenutzt worden $(n_i + n_f$ gerade): Offenbar verschwinden bei geradem n_c die Imaginärteile und bei ungeradem n_c die Realteile dieser sphärischen Tensoren – wie bei der Analysierstärke in Abschn. 12.6 auch. Insbesondere ist

$$
\mathrm{Im} \, \sigma_1^{(1)}(\theta_{fi}) = \sum_n \sqrt{\frac{3}{2} \frac{2n + 1}{n(n + 1)}} \, B_{nn1} \, P_n^1(\cos \theta_{fi}) \, .
$$

Bei $n_c > 1$ sollte man, wie schon bei der Analysierstärke erwähnt, gemessene Tensorkomponenten nicht einfach nach zugeordneten Legendre-Funktionen entwickeln: Wenn man die Drehinvarianz nicht ausnutzt, paßt man i.a. unnötig viele Parameter an. Insofern ist die Entwicklung nach Korrelationsfunktionen überlegen.

Wir können allerdings bei $n_c = 2$ noch ausnutzen, daß die sphärischen Komponenten keinen Imaginärteil haben, und deshalb bessere Richtungen für die Komponenten nehmen als in Abschn. 7.9 vorgeschlagen. Mit

$$\Omega_1 = (\tfrac{1}{2}\pi, 0)\,, \quad \Omega_2 = (\tfrac{1}{2}\pi, \tfrac{1}{2}\pi)\,, \quad \Omega_3 = (\tfrac{1}{4}\pi, 0)$$

ist nämlich

$$\sigma_0^{(2)} = - \left(\sigma^{(2)}(\Omega_1) + \sigma^{(2)}(\Omega_2) \right)\,,$$
$$\operatorname{Re}\sigma_1^{(2)} = - \left(\sigma^{(2)}(\Omega_2) + 2\sigma^{(2)}(\Omega_3) \right)/\sqrt{6}\,,$$
$$\operatorname{Re}\sigma_2^{(2)} = + \left(\sigma^{(2)}(\Omega_1) - \sigma^{(2)}(\Omega_2) \right)/\sqrt{6}\,.$$

Für diese sphärischen Komponenten brauchen wir also nur besondere Linearkombinationen der Korrelationsfunktionen.

12.8 Mehrfachstreuung

Zum Nachweis der Polarisation von Reaktionsprodukten ist eine zweite Streuung nötig, deren Winkelverteilung nach Abschn. 12.4 auf die Polarisation schließen läßt. Allerdings hatten wir dort vorausgesetzt, daß es eine Polarisationsrichtung gäbe. Das ist bei Tensorstufen $n \geq 2$ (Teilchen mit Spin $s \geq 1$) gar nicht sichergestellt. Wir müssen dann entweder auf die koordinatenabhängige Beschreibung in Abschn. 12.6 zurückgreifen – denn die Tensoren $t_\nu^{(n)} = \sigma_\nu^{(n)}/\sigma^{(0)}$ sind ja im letzten Abschnitt auch genannt worden – oder die drehinvariante Beschreibung der Lage anpassen. Diese zweite Möglichkeit soll nun vorgeführt werden.

Da wir in der drehinvarianten Beschreibung beliebige Richtungskomponenten berechnen können, brauchen wir nämlich nur geeignete Richtungen Ω_N anzugeben, um die Polarisation festzulegen. Setzen wir

$$t_\nu^{(n)} = \sum_N t(n, N)\, C_\nu^{(n)}(\Omega_N) \qquad \text{für alle } \nu$$

an, so führt dies nach Abschn. 11.6 und 7.7 auf

$$t^{(n)}(\Omega_M) = \sum_N t(n, N)\, P_n(\cos\theta_{NM})\,,$$

wobei die Winkel θ_{NM} zwischen den Richtungen Ω_N und Ω_M auftreten. Nehmen wir für Ω_M nacheinander die verschiedenen Richtungen Ω_N, so entsteht ein lineares Gleichungssystem, das wir nach den Unbekannten auflösen können,

$$t(n, N) = \sum_M a_{NM}(n)\, t^{(n)}(\Omega_M)\,,$$

falls die zugehörige Determinante nicht verschwindet – sonst waren die Richtungen Ω_N ungeeignet.

Nehmen wir das wichtige Beispiel $n = 2$. (Bei Paritätserhaltung steht ja die Vektorpolarisation senkrecht zur Reaktionsebene, so daß bei $n = 1$ die Polarisationsrichtung schon bekannt ist.) Auch hier nutzen wir die Paritätserhaltung aus – daß die Imaginärteile von $t_\nu^{(2)}$ verschwinden – und wählen deshalb dieselben Richtungen wie am Ende des letzten Abschnittes,

$$\Omega_1 = (\tfrac{1}{2}\pi, 0)\,, \quad \Omega_2 = (\tfrac{1}{2}\pi, \tfrac{1}{2}\pi)\,, \quad \Omega_3 = (\tfrac{1}{4}\pi, 0)\,.$$

Dann ergibt sich für die gesuchte Koeffizientenmatrix

$$a_{NM}(2) = \frac{1}{3} \begin{pmatrix} 4 & 2 & 0 \\ 2 & 5 & 2 \\ 0 & 2 & 4 \end{pmatrix}.$$

Dieselben Richtungen eignen sich für n=3.

Allgemein erhalten wir aus Abschn. 12.4

$$\frac{d\sigma}{d\Omega_f} = \sum_{n_i n_f n N M} A_{n_i n_f n}\, a_{NM}(n)\, t^{(n)}(\Omega_M)\, \hat{n}_i \hat{n}_f \hat{n}\, P_{n_i n_f n}(\Omega_i \Omega_f \Omega_N)\,,$$

wobei nach dem letzten Abschnitt

$$t^{(n)}(\Omega_M') = \sum_{n_f n_i} B_{n_f n_i n}\, \hat{n}_f \hat{n}_i \hat{n}\, P_{n_f n_i n}(\Omega_f' \Omega_i' \Omega_M') \Big/ \sum_{n_i} B_{n_i}\, P_{n_i}(\cos\theta_{fi}')$$

ist – wenn wir die Richtungen der ersten Reaktion mit einem Strich bezeichnen. Da die jeweiligen Schwerpunktsysteme gemeint sind, gilt nur für verhältnismäßig schwere Streuzentren $\Omega_M' \approx \Omega_M$ und $\Omega_f' \approx \Omega_i$.

12.9 Auswirkungen der Zeitumkehrinvarianz

Bei der Zeitumkehr werden alle Bewegungsrichtungen umgekehrt – die von Impulsen und Drehimpulsen – und Ein- und Ausgangskanal miteinander vertauscht. Für die Übergangsmatrix bedeutet dies

$$\langle \psi_f | T | \psi_i \rangle = \langle \overline{\psi_i} | T | \overline{\psi_f} \rangle \qquad \text{bzw.} \qquad \langle E_f \ldots J | T | E_i \ldots J \rangle = \langle E_i \ldots J | T | E_f \ldots J \rangle$$

bei Zeitumkehrinvarianz (vgl. z.B. BOHR & MOTTELSON, S.100). Daraus folgt

$$\frac{B_{n_1 n_2 (n) n_3 n_4}(\vec{a} + b \to \vec{c} + d)}{B_{n_3 n_4 (n) n_1 n_2}(\vec{c} + d \to \vec{a} + b)} = (-)^{n_1 + n_2 + n_3 + n_4}\, \frac{k_{34}^2}{k_{12}^2}\, \frac{\hat{s}_c^2 \hat{s}_d^2}{\hat{s}_a^2 \hat{s}_b^2}$$

und insbesondere

$$\frac{B_{n_1 n_2 n_3}(a + b \to \vec{c} + d)}{A_{n_1 n_2 n_3}(\vec{c} + d \to a + b)} = (-)^{n_1 + n_2 + n_3}\, \frac{k_{34}^2}{k_{12}^2}\, \frac{\hat{s}_c^2 \hat{s}_d^2}{\hat{s}_a^2 \hat{s}_b^2}\,.$$

(Um nicht zu verwirren, sind hier die Indizes i und f vermieden.) Der Vorzeichenfaktor ist leicht zu deuten, wenn man die Eigenschaften der Korrelationsfunktionen beim Umkehren der Richtungen bedenkt. Der weitere Faktor ist das Verhältnis der differentiellen Wirkungsquerschnitte für die beiden Reaktionen, $\sigma^{(0)}(a+b \to c+d)/\sigma^{(0)}(c+d \to a+b)$, d.h. $\sigma^{(0)}/\overline{\sigma}^{(0)}$. Deshalb liefert der Vergleich von Abschn. 12.6 und 12.7

$$t^{(n)}_m(a + b \to \vec{c} + d) = (-)^m\, T^{(n)}_m(\vec{c} + d \to a + b)$$

(bei Paritätserhaltung). Polarisier- und Analysiervermögen sind also bei Zeitumkehrinvarianz miteinander verknüpft.

12.10 Polarisationen längs einer Achse und Bohrsches Theorem

Ob das Produkt der Eigenparitäten bei einer Reaktion wechselt, läßt sich nach BOHR an der Summe der Spinkomponenten längs der Reaktionsnormalen $\vec{k}_i \times \vec{k}_f$ ablesen, denn diese Summe ändert sich dann um eine ungerade Zahl – falls die Gesamtparität erhalten bleibt. Ändert sich die Summe um eine gerade Zahl, so ist das Produkt der Eigenparitäten vor und nach der Reaktion gleich. BOHRs allgemeiner Beweis ist ziemlich einfach, soll hier aber nicht wiederholt werden. Es ist jedoch oft nützlich, neben Ω_i und Ω_f nur noch eine Richtung auszuzeichnen – also bei $\vec{a} + \vec{b} \to c + d$ den Sonderfall $\Omega_b = \Omega_a$ und bei $\vec{a} + b \to \vec{c} + d$ den Sonderfall $\Omega_c = \Omega_a$ zu untersuchen – und sie als $\vec{z}$-Richtung zu nehmen. Diese Richtung braucht nicht unbedingt die Reaktionsnormale zu sein – das ist nur für den letzten Schritt zum Bohrschen Theorem nötig.

Mit $\Omega_a = \Omega_b$ als Quantisierungsrichtung geht die in Abschn. 12.4 benutzte Viererkorrelationsfunktion über in

$$P_{n_i n_f (n) n_a n_b}(\Omega_i \Omega_f \Omega_z \Omega_z)$$
$$= i^{n_i + n_f + n_a + n_b}\, \hat{n}_i \hat{n}_f \hat{n}_a \hat{n}_b \begin{pmatrix} n & n_a & n_b \\ 0 & 0 & 0 \end{pmatrix} \left[C^{(n_i)}(\Omega_i) \times C^{(n_f)}(\Omega_f) \right]_0^{(n)} .$$

Deshalb ist mit Abschn. 7.7 und 4.12

$$\sum_{n_i n_f} i^{n_f - n_i - n_a - n_b}\, \hat{n}_i \hat{n}_f \begin{pmatrix} l_f & l'_f & n_f \\ 0 & 0 & 0 \end{pmatrix} \begin{pmatrix} l_i & l'_i & n_i \\ 0 & 0 & 0 \end{pmatrix} \begin{Bmatrix} l_f & l'_f & n_f \\ J' & J & s_f \end{Bmatrix} \begin{Bmatrix} l'_i & s'_i & J' \\ l_i & s_i & J \\ n_i & n & n_f \end{Bmatrix}$$

$$\times P_{n_i n_f (n) n_a n_b}(\Omega_i \Omega_f \Omega_z \Omega_z) = \hat{n}_a \hat{n}_b \begin{pmatrix} n & n_a & n_b \\ 0 & 0 & 0 \end{pmatrix} \sum_{s s'} (-)^{s - s_i + J' + l_f + n}\, \hat{s} \hat{s}'$$

$$\times \begin{Bmatrix} l_i & s_i & J \\ s_f & l_f & s \end{Bmatrix} \begin{Bmatrix} l'_i & s'_i & J' \\ s_f & l'_f & s' \end{Bmatrix} \begin{Bmatrix} s_i & s'_i & n \\ s' & s & s_f \end{Bmatrix}$$

$$\times \left[\left[C^{(l_i)}(\Omega_i) \times C^{(l_f)}(\Omega_f) \right]^{(s)} \times \left[C^{(l'_i)}(\Omega_i) \times C^{(l'_f)}(\Omega_f) \right]^{(s')} \right]_0^{(n)} .$$

Andererseits gilt nach Abschn. 11.6 und 4.12

$$\sum_{n_a n_b} \frac{\hat{n} \hat{n}_a \hat{n}_b}{\hat{s}_a \hat{s}_b} \begin{pmatrix} n & n_a & n_b \\ 0 & 0 & 0 \end{pmatrix} \begin{Bmatrix} s_a & s_b & s'_i \\ s_a & s_b & s_i \\ n_a & n_b & n \end{Bmatrix} t^{(n_a)} t^{(n_b)} =$$

$$\sum_{m_a m_b m_i} \frac{(-)^{s_i - m_i + n}}{\hat{s}_i \hat{s}'_i} \begin{pmatrix} s_a & s_b & s_i \\ m_a & m_b & m_i \end{pmatrix} \begin{pmatrix} s_a & s_b & s'_i \\ m_a & m_b & m_i \end{pmatrix} \begin{pmatrix} s_i & s'_i & n \\ m_i & -m_i & 0 \end{pmatrix} N_{m_a} N_{m_b} ,$$

und deshalb haben wir nach Abschn. 12.4 (und 4.12) für $\vec{a} + \vec{b} \to c + d$ mit $\Omega_a = \Omega_b = \Omega_z$:

$$\frac{d\sigma}{d\Omega_f} = \sum_{\substack{m_a m_b m_i m_f m \\ s_f s s'}} R_{((m_a m_b) m_i m_f) m}(s_f, s)\, R^{*}_{((m_a m_b) m_i m_f) m}(s_f, s')\, N_{m_a} N_{m_b}$$

mit

$$R_{((m_a m_b)m_i m_f)m}(s_f, s)$$

$$\equiv \frac{\pi}{k_i} \sum_{l_i s_i J l_f} (-)^{l_i + s_i + J + l_f + s}\, \hat{l}_i \hat{l}_f \hat{J}^2$$

$$\times \begin{pmatrix} s_a & s_b & | & s_i \\ m_a & m_b & | & m_i \end{pmatrix} \begin{pmatrix} s_i & s_f & | & s \\ m_i & m_f & | & m \end{pmatrix} \begin{Bmatrix} l_i & s_i & J \\ s_f & l_f & s \end{Bmatrix}$$

$$\times \langle E_f(l_f(s_c s_d)s_f)J |\, T\, | E_i(l_i(s_a s_b)s_i)J \rangle \left[C^{(l_i)}(\Omega_i) \times C^{(l_f)}(\Omega_f) \right]_m^{(s)} .$$

Bei $\vec{a} + b \to \vec{c} + d$ haben wir allgemein nach Abschn. 12.7, 8.4 und 4.12

$$\sigma^{(n_c)}(\Omega_c) = \sum_{n_i n_f n n_a} t^{(n_a)}\, P_{n_i n_f (n) n_a n_c}(\Omega_i \Omega_f \Omega_a \Omega_c)\, i^{n_i + n_f - n_a + n_c}\, \frac{\pi^2}{k_i^2}\, \frac{\hat{s}_c}{\hat{s}_a \hat{s}_b{}^2}\, \hat{n}_i \hat{n}_f \hat{n}$$

$$\times \sum (-)^{l_i + s_a + s_b + s_i + l_f + s_c + s_d - s_f' + J + J' + s + s'}\, \hat{l}_i \hat{l}_i' \hat{s}_i \hat{s}_i' \hat{l}_f \hat{l}_f' \hat{s}_f \hat{s}_f' (\hat{s} \hat{s}' \hat{J} \hat{J}')^2$$

$$\times \begin{pmatrix} l_i & l_i' & n_i \\ 0 & 0 & 0 \end{pmatrix} \begin{pmatrix} l_f & l_f' & n_f \\ 0 & 0 & 0 \end{pmatrix} \begin{Bmatrix} s_i & s_i' & n_a \\ s_a & s_a & s_b \end{Bmatrix} \begin{Bmatrix} s_f & s_f' & n_c \\ s_c & s_c & s_d \end{Bmatrix}$$

$$\times \begin{Bmatrix} l_i & s_i & J \\ s_f & l_f & s \end{Bmatrix} \begin{Bmatrix} l_i' & s_i' & J' \\ s_f' & l_f' & s' \end{Bmatrix} \begin{Bmatrix} l_i & l_i' & n_i \\ l_f & l_f' & n_f \\ s & s' & n \end{Bmatrix} \begin{Bmatrix} s_i & s_i' & n_a \\ s_f & s_f' & n_c \\ s & s' & n \end{Bmatrix}$$

$$\times \langle E_f(l_f(s_c s_d)s_f)J |\, T\, | E_i(l_i(s_a s_b)s_i)J \rangle\, \langle E_f(l_f'(s_c s_d)s_f')J' |\, T\, | E_i(l_i'(s_a s_b)s_i')J' \rangle^*$$

(über $l_i s_i J l_f s_f s$ und $l_i' s_i' J' l_f' s_f' s'$ zu summieren). Deshalb gilt bei $\Omega_a = \Omega_c = \Omega_z$:

$$\sigma^{(n_c)}(\Omega_z) = \sum_{\substack{m_a m_b m_i m_f m \\ s_f s_f' s s'}} (-)^{s_c + s_d + m_f}\, \frac{\hat{s}_c \hat{s}_f \hat{s}_f'}{\hat{s}_b{}^2} \begin{pmatrix} s_f & s_f' & | & n_c \\ m_f & -m_f & | & 0 \end{pmatrix} \begin{Bmatrix} s_f & s_f' & n_c \\ s_c & s_c & s_d \end{Bmatrix}$$

$$\times R_{((m_a m_b)m_i m_f)m}(s_f, s)\, R^*_{((m_a m_b)m_i m_f)m}(s_f', s')\, N_{m_a} ,$$

insbesondere für $n_c = 0$, d.h. $\vec{a} + b \to c + d$:

$$\frac{d\sigma}{d\Omega_f} = \sum_{\substack{m_a m_b m_i m_f m \\ s_f s s'}} \frac{1}{\hat{s}_b{}^2}\, R_{((m_a m_b)m_i m_f)m}(s_f, s)\, R^*_{((m_a m_b)m_i m_f)m}(s_f, s')\, N_{m_a} .$$

Diese Gleichung ergibt sich auch aus der für $\vec{a} + \vec{b} \to c + d$ bei $N_{m_b} = \hat{s}_b^{-2}$. Ebenso können wir leicht auf $a + b \to \vec{c} + d$ schließen, indem wir in der Gleichung zuvor $N_{m_a} = \hat{s}_a^{-2}$ setzen – dann kann über n_a und n_b summiert werden und die entsprechenden Clebsch-Gordan-Koeffizienten führen dabei auf $s_i = s_i'$.

Bei Paritätserhaltung ist $l_i + l_f$ entweder gerade oder ungerade – je nach der inneren Parität der Reaktionpartner –, so daß sich die Summen R vereinfachen lassen.

In allen diesen Beispielen stoßen wir auf die gleichen Winkelfunktionen. Stehen nun Ω_i und Ω_f senkrecht zu Ω_z, so gilt mit dem Streuwinkel θ_{fi} zwischen Ω_f und Ω_i nach Abschn. 7.7

$$\left[C^{(l_i)}(\Omega_i) \times C^{(l_f)}(\Omega_f) \right]_m^{(s)} = \sum_\mu \begin{pmatrix} l_i & l_f & s \\ m-\mu & \mu & m \end{pmatrix} d_{m-\mu,0}^{(l_i)}\left(\frac{\pi}{2}\right) d_{\mu,0}^{(l_f)}\left(\frac{\pi}{2}\right) \exp(i\mu\theta_{fi}) \, .$$

Dabei muß (vgl. Abschn. 8.7) $l_i + m - \mu$ und $l_f + \mu$, also auch $l_i + l_f + m$ gerade sein, sonst verschwindet dieser Faktor: Bei Paritätserhaltung ist der Wechsel des Produkts der Eigenparitäten mit ungeradem m verknüpft – wie es auch nach dem Bohrschen Theorem zu erwarten war.

12.11 Interferenz mit Coulombstreuung

Die bisherigen Entwicklungen nach Drehimpulsen eignen sich nicht bei der elastischen Streuung geladener Teilchen, weil die Coulombstreuung zu langsam konvergiert. Wir können uns aber mit der Zweipotentialformel (GELL-MANN & GOLDBERGER) helfen. Sie erlaubt nämlich, bei einer Summe zweier Potentiale $V_C + V_N$ den zugehörigen Übergangsoperator aufzuspalten in einen (T_C), der von V_C allein herrührt, und einen zweiten (T_N), der von V_N herrührt, aber mit den durch V_C verzerrten Zuständen berechnet werden muß (vgl. z.B. NEWTON, S.193):

$$\langle \psi_f | T | \psi_i \rangle = \langle \psi_f | T_C | \psi_i \rangle + {}^{(-)}\langle \psi_f | T_N | \psi_i \rangle^{(+)} \, .$$

Dabei gehört zu einem Coulombpotential V_C

$$\langle E\Omega_f | T_C | E\Omega_i \rangle = -\frac{k}{4\pi^2}\, f_C(\theta_{fi}) = \frac{\eta}{2} \left(\frac{\exp\left\{ i(\sigma_0 - \eta \ln \sin \frac{1}{2}\theta_{fi}) \right\}}{2\pi \sin \frac{1}{2}\theta_{fi}} \right)^2$$

mit den in Abschn. 9.3 eingeführten Parametern η und σ_0. Wir brauchen also die Coulombstreuung nicht nach Partialwellen zu entwickeln, sondern nur noch die restliche Streuamplitude.

Entscheidend für die folgende Behandlung von Reaktionen mit geladenen Teilchen ist, daß die Coulombstreuamplitude im Spinraum der Einsoperator ist und sie deshalb den Bahndrehimpuls erhält. Um die Interferenz der beiden Sreuamplituden zu untersuchen, setzen wir deshalb in den bisherigen Gleichungen

$$s' \equiv s_i' = s_f' \, , \quad l' \equiv l_i' = l_f' \, ,$$

und – nach Abschn. 7.6 und 7.2 –

$$\sum_{l'} \hat{l'}^2 \, \langle El' | T_C | El' \rangle \, P_{l'}(\cos\theta_{fi}) = 4\pi \, \langle E\Omega_f | T_C | E\Omega_i \rangle \, .$$

Wir müssen freilich erst noch zeigen, daß diese Summe aus dem Interferenzglied abgespalten werden kann. Dazu betrachten wir zunächst den Polarisationstransfer (bei elatischer Streuung) $\vec{a} + b \rightarrow \vec{a} + b$, weil dann die übrigen Reaktionsarten leicht folgen – abgesehen von der Spinkorrelation, die anschließend untersucht wird.

Dazu formen wir um:

$$\begin{pmatrix} l_i & l' & n_i \\ 0 & 0 & 0 \end{pmatrix} \begin{pmatrix} l_f & l' & n_f \\ 0 & 0 & 0 \end{pmatrix} P_{n_i n_a (n) n_f n_c}(\Omega_i \Omega_a \Omega_f \Omega_c) = i^{n_i - n_a + n_f - n_c} \hat{n}_i \hat{n}_a \hat{n} \hat{n}_f \hat{n}_c$$

$$\times \sum_{N_i N_f N} (-)^{l' + n + N_i + N} \hat{N}_i \hat{N}_f \hat{N} \begin{Bmatrix} n_i & n_a & n \\ N_i & l' & l_i \end{Bmatrix} \begin{Bmatrix} n_f & n_c & n \\ N_f & l' & l_f \end{Bmatrix} \begin{Bmatrix} N_i & N_f & N \\ l' & l' & n \end{Bmatrix}$$

$$\times \left[\left[\left[C^{(l_i)}(\Omega_i) \times C^{(n_a)}(\Omega_a) \right]^{(N_i)} \times \left[C^{(l_f)}(\Omega_f) \times C^{(n_c)}(\Omega_c) \right]^{(N_f)} \right]^{(N)} \right.$$

$$\left. \times \left[C^{(l')}(\Omega_i) \times C^{(l')}(\Omega_f) \right]^{(N)} \right]^{(0)}_0 .$$

Verwendet man dies für das aus Abschn. 12.7 folgende Interferenzglied, so lassen sich viele Summanden mit Hilfe von Abschn. 4.10 und 4.12 berechnen. Wir erhalten schließlich

$$\sigma^{(n_c)\,\mathrm{I}}(\Omega_c) = 2\,\mathrm{Re}\left(\langle E\Omega_f| T_C |E\Omega_i\rangle^* \sum_{l_i n_a n l_f} B^{\mathrm{I}}_{l_i n_a (n) l_f n_c} t^{(n_a)} P_{l_i n_a (n) l_f n_c}(\Omega_i \Omega_a \Omega_f \Omega_c) \right)$$

mit

$$B^{\mathrm{I}}_{l_i n_a (n) l_f n_c} = i^{l_f + n_c - l_i - n_a} \frac{4\pi^3}{k^2} \frac{\hat{n}}{\hat{s}_b{}^2} \sum_{s_i J s_f s'} (-)^{s_i - s_f} \hat{s}_i \hat{s}_f \hat{s}'^2 \hat{J}^2$$

$$\times \begin{Bmatrix} s_i & s' & n_a \\ s_a & s_a & s_b \end{Bmatrix} \begin{Bmatrix} s_i & s' & n_a \\ n & l_i & J \end{Bmatrix} \begin{Bmatrix} s_f & s' & n_c \\ s_a & s_a & s_b \end{Bmatrix} \begin{Bmatrix} s_f & s' & n_c \\ n & l_f & J \end{Bmatrix}$$

$$\times {}^{(-)}\langle E(l_f(s_a s_b)s_f)J| T_N |E(l_i(s_a s_b)s_i)J\rangle^{(+)}$$

in der Kanalspindarstellung und

$$B^{\mathrm{I}}_{l_i n_a (n) l_f n_c} = i^{l_f - n_c - l_i + n_a} \frac{4\pi^3}{k^2} \frac{\hat{n}}{\hat{s}_b{}^2} \sum_{jJ} \hat{J}^2 \begin{Bmatrix} l_i & n & n_a \\ s_a & s_a & j \end{Bmatrix} \begin{Bmatrix} l_f & n & n_c \\ s_a & s_a & j \end{Bmatrix}$$

$$\times {}^{(-)}\langle E((l_f s_a)j s_b)J| T_N |E((l_i s_a)j s_b)J\rangle^{(+)}$$

in der j-Darstellung. Bei Zeitumkehrinvarianz ist

$$B^{\mathrm{I}}_{l_i n_a (n) l_f n_c} = (-)^{l_i + n_a + l_f + n_c} B^{\mathrm{I}}_{l_f n_c (n) l_i n_a} .$$

Bei $a + b \to \vec{a} + b$ folgt daraus für das Interferenzglied:

$$\sigma^{(n_c)\,\mathrm{I}}(\Omega_c) = 2\,\mathrm{Re}\left(\langle E\Omega_f| T_C |E\Omega_i\rangle^* \sum_{l_f l_i} B^{\mathrm{I}}_{l_f l_i n_c} \hat{l}_f \hat{l}_i \hat{n}_c P_{l_f l_i n_c}(\Omega_f \Omega_i \Omega_c) \right) .$$

Dabei lauten die Entwicklungskoeffizienten in der Kanalspindarstellung

$$B^{\mathrm{I}}_{l_f l_i n_c} = i^{-l_f - l_i - n_c} \frac{4\pi^3}{k^2} \frac{1}{\hat{s}_a \hat{s}_b{}^2} \sum_{s_i J s_f} (-)^{s_a + s_b + s_i + J + s_f} \hat{s}_i \hat{s}_f \hat{J}^2$$

$$\times \begin{Bmatrix} s_i & s_f & n_c \\ s_a & s_a & s_b \end{Bmatrix} \begin{Bmatrix} s_i & s_f & n_c \\ l_f & l_i & J \end{Bmatrix}$$

$$\times {}^{(-)}\langle E(l_f(s_a s_b)s_f)J| T_N |E(l_i(s_a s_b)s_i)J\rangle^{(+)}$$

und in der j-Darstellung

$$B_{l_f l_i n_c}^{\;I} = i^{n_c - l_f - l_i}\,\frac{4\pi^3}{k^2}\,\frac{1}{\hat{s}_a \hat{s}_b{}^2}\sum_{jJ}(-)^{s_a + j}\,\hat{j}^2\begin{Bmatrix} l_i & l_f & n_c \\ s_a & s_a & j \end{Bmatrix}$$
$$\times\; {}^{(-)}\langle E((l_f s_a)j s_b)J|\,T_N\,|E((l_i s_a)j s_b)J\rangle^{(+)}\,.$$

Bei Zeitumkehrinvarianz gilt

$$B_{l_f l_i n_c}^{\;I} = B_{l_i l_f n_c}^{\;I}\,.$$

Entsprechend folgt bei der zeitumgekehrten Reaktion $\vec{a} + b \to a + b$:

$$\left(\frac{d\sigma}{d\Omega_f}\right)^{I} = 2\,\mathrm{Re}\left(\langle E\Omega_f|\,T_C\,|E\Omega_i\rangle^* \sum_{l_i l_f n_a} A_{l_i l_f n_a}^{\;I}\,t^{(n_a)}\,\hat{l}_i\hat{l}_f\hat{n}_a\,P_{l_i l_f n_a}(\Omega_i\Omega_f\Omega_a)\right)$$

mit

$$A_{l_i l_f n_a}^{\;I} = (-)^{l_i + l_f + n_a}\,B_{l_f l_i n_a}^{\;I}\,.$$

Sind keine Teilchen polarisiert $(a + b \to a + b)$, so ergibt sich

$$\left(\frac{d\sigma}{d\Omega_f}\right)^{I} = 2\,\mathrm{Re}\left(\langle E\Omega_f|\,T_C\,|E\Omega_i\rangle^* \sum_{l} B_l^I\,P_l(\cos\theta_{fi})\right)$$

mit

$$B_l^I = \frac{4\pi^3}{k^2}\,\frac{1}{\hat{s}_a{}^2\hat{s}_b{}^2}\sum_{sJ}\hat{J}^2\,{}^{(-)}\langle E(l(s_a s_b)s)J|\,T_N\,|E(l(s_a s_b)s)J\rangle^{(+)}$$
$$= \frac{4\pi^3}{k^2}\,\frac{1}{\hat{s}_a{}^2\hat{s}_b{}^2}\sum_{jJ}\hat{J}^2\,{}^{(-)}\langle E((l s_a)j s_b)J|\,T_N\,|E((l s_a)j s_b)J\rangle^{(+)}\,.$$

Bei der Spinkorrelation $\vec{a} + \vec{b} \to a + b$ enthält das Interferenzglied eine Summe über $l_i l_f n n_a n_b$:

$$\left(\frac{d\sigma}{d\Omega_f}\right)^{I} = 2\,\mathrm{Re}\left(\langle E\Omega_f|\,T_C\,|E\Omega_i\rangle^* \sum A_{l_i l_f (n) n_a n_b}^{\;I}\,t^{(n_a)}\,t^{(n_b)}\,P_{l_i l_f (n) n_a n_b}(\Omega_i\Omega_f\Omega_a\Omega_b)\right)$$

mit

$$A_{l_i l_f (n) n_a n_b}^{\;I}$$

$$= i^{l_i + l_f - n_a - n_b}\,\frac{4\pi^3}{k^2}\,\frac{\hat{n}}{\hat{s}_a \hat{s}_b}\sum_{s_i J s_f}(-)^{J + s_f}\,\hat{s}_i\hat{s}_f\hat{J}^2\begin{Bmatrix} s_a & s_b & s_f \\ s_a & s_b & s_i \\ n_a & n_b & n \end{Bmatrix}\begin{Bmatrix} s_i & s_f & n \\ l_f & l_i & J \end{Bmatrix}$$
$$\times\; {}^{(-)}\langle E(l_f(s_a s_b)s_f)J|\,T_N\,|E(l_i(s_a s_b)s_i)J\rangle^{(+)}$$

$$= i^{l_f - l_i - n_a + n_b}\,\frac{4\pi^3}{k^2}\,\frac{\hat{n}}{\hat{s}_a \hat{s}_b}\sum_{j_i J j_f}(-)^{j_i + s_b + J + n}\,\hat{j}_i\hat{j}_f\hat{J}^2\begin{Bmatrix} l_f & s_a & j_f \\ l_i & s_a & j_i \\ n & n_a & n_b \end{Bmatrix}\begin{Bmatrix} j_i & j_f & n_b \\ s_b & s_b & J \end{Bmatrix}$$
$$\times\; {}^{(-)}\langle E((l_f s_a)j_f s_b)J|\,T_N\,|E((l_i s_a)j_i s_b)J\rangle^{(+)}$$

in der Kanalspin- bzw. j-Darstellung. Bei Zeitumkehrinvarianz ist

$$A_{l_i l_f (n) n_a n_b}^{\;I} = (-)^{l_i + l_f + n + n_a + n_b}\,A_{l_f l_i (n) n_a n_b}^{\;I}\,.$$

Paritätserhaltung führt in allen diesen Fällen zu geradem $l_i + l_f$.

12.12 Bestimmung der Übergangsmatrix für elastische Streuung

Die letzten Gleichungen können nach den T-Matrixelementen aufgelöst werden:

$$^{(-)}\langle E(l_f(s_a s_b)s_f)J|\, T_N\, |E(l_i(s_a s_b)s_i)J\rangle^{(+)} = (-)^{J+s_f}\,\frac{k^2}{4\pi^3}\,\hat{s_a}\hat{s_b}\hat{s_i}\hat{s_f}$$

$$\times \sum_{nn_a n_b} i^{\,n_a + n_b - l_i - l_f}\,\hat{n}\hat{n_a}^2\hat{n_b}^2 \begin{Bmatrix} s_a & s_b & s_f \\ s_a & s_b & s_i \\ n_a & n_b & n \end{Bmatrix} \begin{Bmatrix} s_i & s_f & n \\ l_f & l_i & J \end{Bmatrix} A^{\ \ I}_{l_i l_f(n)n_a n_b}$$

in der Kanalspindarstellung und

$$^{(-)}\langle E((l_f s_a)j_f s_b)J|\, T_N\, |E((l_i s_a)j_i s_b)J\rangle^{(+)} = (-)^{J+j_f+s_b}\,\frac{k^2}{4\pi^3}\,\hat{s_a}\hat{s_b}\hat{j_i}\hat{j_f}$$

$$\times \sum_{nn_a n_b} i^{\,l_f - l_i - n_a + n_b}\,\hat{n}\hat{n_a}^2\hat{n_b}^2 \begin{Bmatrix} l_i & s_a & j_i \\ l_f & s_a & j_f \\ n & n_a & n_b \end{Bmatrix} \begin{Bmatrix} j_i & j_f & n_b \\ s_b & s_b & J \end{Bmatrix} A^{\ \ I}_{l_i l_f(n)n_a n_b}$$

in der j-Darstellung. Das können wir in dem dritten Glied von

$$\frac{d\sigma}{d\Omega_f} = \left(\frac{d\sigma}{d\Omega_f}\right)^C + \left(\frac{d\sigma}{d\Omega_f}\right)^I + \left(\frac{d\sigma}{d\Omega_f}\right)^N$$

ausnutzen – das ja in Abschn. 12.4 angegeben wurde, wenn dort T durch T_N ersetzt wird. Wir erhalten eine Summe über $l_i l_f n n_a n_b$ und $l_i' l_f' n' n_a' n_b'$:

$$A_{n_i n_f(n'')n_a'' n_b''} = (-)^{2s_a + 2s_b}\, i^{\,n_i + n_f - n_a'' - n_b''}\,\frac{k^2}{16\pi^4}\,\hat{s_a}\hat{s_b}\hat{n_i}\hat{n_f}\hat{n}''$$

$$\times \sum i^{\,l_i + l_f - n_a - n_b + l_i' + l_f' - n_a' - n_b'}\,\hat{l_i}\hat{l_f}\hat{n}\hat{n_a}^2\hat{n_b}^2\,\hat{l_i'}\hat{l_f'}\hat{n}'\hat{n_a'}^2\hat{n_b'}^2$$

$$\times \begin{pmatrix} l_i & l_i' & n_i \\ 0 & 0 & 0 \end{pmatrix} \begin{pmatrix} l_f & l_f' & n_f \\ 0 & 0 & 0 \end{pmatrix} \begin{Bmatrix} n_a & n_a' & n_a'' \\ s_a & s_a & s_a \end{Bmatrix} \begin{Bmatrix} n_b & n_b' & n_b'' \\ s_b & s_b & s_b \end{Bmatrix}$$

$$\times \begin{Bmatrix} l_i & l_i' & n_i \\ l_f & l_f' & n_f \\ n & n' & n'' \end{Bmatrix} \begin{Bmatrix} n_a & n_a' & n_a'' \\ n_b & n_b' & n_b'' \\ n & n' & n'' \end{Bmatrix} A^{\ \ I}_{l_i l_f(n)n_a n_b}\, A^{\ \ I\ *}_{l_i' l_f'(n')n_a' n_b'}\,.$$

(Paritätserhaltung und Zeitumkehrinvarianz sorgen für nützliche Zusatzbedingungen.)

Weil man über Streuversuche die Übergangsmatrix (und daraus die Wechselwirkung) bestimmen möchte, sind also bei der elastischen Streuung geladener Teilchen Spinkorrelationsexperimente $\vec{a} + \vec{b} \to a + b$ besonders aufschlußreich. (Bei spinlosen Teilchen entfällt selbstverständlich deren Polarisation.) Ein Polarisationstransfer $\vec{a} + b \to \vec{a} + b$ legt die Übergangsmatrix nicht so weit fest, denn dabei kommt es nur auf die Koffizienten $A^{\ \ I}_{l_i l_f(n)n0}$ an:

$$\sigma^{(n_c)\,I}(\Omega_c) = 2\,\mathrm{Re}\left(\langle E\Omega_f|\, T_C\, |E\Omega_i\rangle^* \sum_{l_i n_a n l_f} B^{\ \ I}_{l_i n_a(n)l_f n_c}\, t^{(n_a)}\, P_{l_i n_a(n)l_f n_c}(\Omega_i \Omega_a \Omega_f \Omega_c) \right)$$

mit

$$B_{l_i n_a (n) l_f n_c}^{\quad I}$$
$$= (-)^{l_f + n + 2 s_a}\, \hat{n}\hat{s}_a \sum_{n'} i^{n_c - n_a - n'}\, \hat{n}'^2 \begin{Bmatrix} n_a & n_c & n' \\ l_f & l_i & n \end{Bmatrix} \begin{Bmatrix} n_a & n_c & n' \\ s_a & s_a & s_a \end{Bmatrix} A_{l_i l_f (n') n' 0}^{\quad I} \cdot$$

Dagegen ist $\vec{a} + b \to a + \vec{b}$ gleichwertig mit der Spinkorrelation: Für die zugehörigen Koeffizienten gilt

$$B_{l_i n_a (n) l_f n_c}^{\quad I} = \sum_{n'} (-)^{l_f + n_a + n + n'}\, \hat{n}\hat{n}' \begin{Bmatrix} n_a & n_c & n' \\ l_f & l_i & n \end{Bmatrix} A_{l_i l_f (n') n_a n_c}^{\quad I}$$

mit der Umkehrung

$$A_{l_i l_f (n) n_a n_c}^{\quad I} = \sum_{n'} (-)^{l_f + n_a + n + n'}\, \hat{n}\hat{n}' \begin{Bmatrix} n_a & n_c & n \\ l_f & l_i & n' \end{Bmatrix} B_{l_i n_a (n') l_f n_c}^{\quad I} \cdot$$

Eigentlich ist hier (der Madison-Konvention wegen) nur ungeschickt gekoppelt worden, denn wir haben nach Abschn. 8.4

$$\sigma^{(n_c)\, \mathrm{I}}(\Omega_c) = 2\,\mathrm{Re}\left(\langle E\Omega_f | T_C | E\Omega_i \rangle^* \sum_{l_i l_f n n_a} A_{l_i l_f (n) n_a n_c}^{\quad I}\, t^{(n_a)}\, P_{l_i l_f (n) n_a n_c}(\Omega_i \Omega_f \Omega_a \Omega_c) \right) \cdot$$

Insgesamt kann also die Übergangsmatrix für die elastische Streuung geladener Teilchen mit Spin aus den genannten aufwendigen Polarisationsexperimenten bestimmt werden. Allerdings hängen die Meßgrößen nichtlinear mit den Anpaßparametern A^{I} zusammen, so daß es mehrere Lösungen geben kann. (Außerdem folgt auch die zugrundeliegende Wechselwirkung nicht eindeutig aus der Streumatrix.)

12.13 Streuung identischer Teilchen

Werden gleiche Teilchen aneinander gestreut, so liefert die Austauschsymmetrie Zusatzbedingungen. Nach Abschn. 3.15 haben wir nämlich im Spinraum

$$|(s_a s_a)s m\rangle_{\substack{s\\a}} = \frac{1 + (-)^s}{2}\, |(s_a s_a)s m\rangle ,$$

und bei der Relativbewegung führt der Austausch zum Übergang $\Omega \to -\Omega$, also in der Drehimpulsdarstellung nach Abschn. 7.5 auf den Faktor $(-)^l$:

$$|(l(s_a s_a)s)JM\rangle_{\substack{s\\a}} = \frac{1 + (-)^{l+s}}{2}\, |(l(s_a s_a)s)JM\rangle .$$

In den zuvor genannten Gleichungen muß also im entsprechenden Zustand $l + s$ gerade sein. Außerdem muß berücksichtigt werden, daß die Nachweisgeräte auch die Rückstoßteilchen als gestreute Teilchen zählen und deshalb beide Amplituden beitragen (vgl. MESSIAH II oder MOTT & MASSEY). Dies führt bei der elastischen Streuung zu einem Faktor 4 beim Wirkungsquerschnitt – bzw. bei den Koeffizienten A^{I} für die Interferenz mit der Coulombstreuung zu einem Faktor 2 und dem Ausdruck

$$\langle E\Omega_f | T_C | E\Omega_i \rangle + (-)^{s_f} \langle E - \Omega_f | T_C | E\Omega_i \rangle$$

anstelle des ersten Summanden allein. Sind die Streupartner nur im Anfangs- oder nur im Endzustand gleich, so tritt nur dort die entsprechende Zusatzbedingung und der Faktor 2 auf.

Betrachten wir als Beispiel die Auswirkung auf das Glied $(d\sigma/d\Omega)^{\mathrm{C}}$, das auf der (spin-unabhängigen) Wechselwirkung elektrischer Punktladungen beruht – bisher war hierfür der Rutherfordquerschnitt zu nehmen. Wir betrachten hier gleich Spinkorrelationen $\vec{a}+\vec{a} \rightarrow a+a$, weil damit der Anteil symmetrischer und antisymmetrischer Spinzustände festliegt und das Ergebnis lehrreich ist.

Mit den Übergangsoperatoren T_{C} von Abschn. 12.14 erhalten wir wegen

$$\langle E(l_{\mathrm{f}}(s_{\mathrm{a}}s_{\mathrm{b}})s_{\mathrm{f}})J| \, T_{\mathrm{C}} \, |E(l_{\mathrm{i}}(s_{\mathrm{a}}s_{\mathrm{b}})s_{\mathrm{i}})J\rangle = \langle El_{\mathrm{f}}| \, T_{\mathrm{C}} \, |El_{\mathrm{i}}\rangle \, \langle l_{\mathrm{f}}s_{\mathrm{f}}|l_{\mathrm{i}}s_{\mathrm{i}}\rangle$$

nach der letzten Gleichung von Abschn. 12.11 allgemein für die Coulombstreuung bei $\vec{a}+\vec{b} \rightarrow a+b$:

$$\left(\frac{d\sigma}{d\Omega_{\mathrm{f}}}\right)^{\mathrm{C}} = \langle E\Omega_{\mathrm{f}}| \, T_{\mathrm{C}} \, |E\Omega_{\mathrm{i}}\rangle^* \sum_{lnn_{\mathrm{a}}n_{\mathrm{b}}} t^{(n_{\mathrm{a}})} t^{(n_{\mathrm{b}})} P_{ll(n)n_{\mathrm{a}}n_{\mathrm{b}}}(\Omega_{\mathrm{i}}\Omega_{\mathrm{f}}\Omega_{\mathrm{a}}\Omega_{\mathrm{b}})\langle El| \, T_{\mathrm{C}} \, |El\rangle$$

$$\times \, i^{-n_{\mathrm{a}}-n_{\mathrm{b}}} \, \frac{4\pi^3}{k^2} \, \frac{\hat{n}}{\hat{s}_{\mathrm{a}}\hat{s}_{\mathrm{b}}} \sum_{sJ} (-)^{l+s+J} \, \hat{s}^2 \hat{J}^2 \begin{Bmatrix} s_{\mathrm{a}} & s_{\mathrm{b}} & s \\ s_{\mathrm{a}} & s_{\mathrm{b}} & s \\ n_{\mathrm{a}} & n_{\mathrm{b}} & n \end{Bmatrix} \begin{Bmatrix} s & s & n \\ l & l & J \end{Bmatrix} .$$

Die Summe über J führt nach Abschn. 4.10 zur Forderung $n-0$ und liefert

$$\left(\frac{d\sigma}{d\Omega_{\mathrm{f}}}\right)^{\mathrm{C}} = \frac{4\pi^3}{k^2\hat{s}_{\mathrm{a}}\hat{s}_{\mathrm{b}}} \, \langle E\Omega_{\mathrm{f}}| \, T_{\mathrm{C}} \, |E\Omega_{\mathrm{i}}\rangle^* \sum_{lsn_{\mathrm{a}}n_{\mathrm{b}}} \delta_{n_{\mathrm{a}}n_{\mathrm{b}}} \, t^{(n_{\mathrm{a}})} t^{(n_{\mathrm{b}})} \, P_l(\cos\theta_{\mathrm{fi}}) P_{n_{\mathrm{a}}}(\cos\theta_{\mathrm{ba}})$$

$$\times \, (-)^{s_{\mathrm{a}}+s_{\mathrm{b}}+s} \, \hat{l}^2\hat{s}^2 \begin{Bmatrix} s_{\mathrm{a}} & s_{\mathrm{a}} & n_{\mathrm{a}} \\ s_{\mathrm{b}} & s_{\mathrm{b}} & s \end{Bmatrix} \langle El| \, T_{\mathrm{C}} \, |El\rangle .$$

Für identische Teilchen folgt damit wegen der Austauschsymmetrie

$$\left(\frac{d\sigma}{d\Omega_{\mathrm{f}}}\right)^{\mathrm{C}} = 2 \, \frac{4\pi^3}{k^2\hat{s}_{\mathrm{a}}^2} \sum_{lsn_{\mathrm{a}}n_{\mathrm{b}}} \{T_{\mathrm{C}}(\theta_{\mathrm{fi}}) + (-)^s T_{\mathrm{C}}(\pi-\theta_{\mathrm{fi}})\}^* \, \frac{1+(-)^{l+s}}{2} \, \delta_{n_{\mathrm{a}}n_{\mathrm{b}}} \, t^{(n_{\mathrm{a}})} t^{(n_{\mathrm{b}})}$$

$$\times \, (-)^{2s_{\mathrm{a}}+s} \, \hat{l}^2\hat{s}^2 \begin{Bmatrix} s_{\mathrm{a}} & s_{\mathrm{a}} & n_{\mathrm{a}} \\ s_{\mathrm{a}} & s_{\mathrm{a}} & s \end{Bmatrix} \langle El| \, T_{\mathrm{C}} \, |El\rangle \, P_l(\cos\theta_{\mathrm{fi}}) P_{n_{\mathrm{a}}}(\cos\theta_{\mathrm{ba}}) .$$

Nun ist nach Abschn. 12.11

$$\sum_l \frac{1\pm(-)^l}{2} \, \hat{l}^2 \, \langle El| \, T_{\mathrm{C}} \, |El\rangle \, P_l(\cos\theta_{\mathrm{fi}}) = 2\pi \{T_{\mathrm{C}}(\theta_{\mathrm{fi}}) \pm T_{\mathrm{C}}(\pi-\theta_{\mathrm{fi}})\}$$

bzw. nach Abschn. 4.10

$$\sum_s \frac{1\pm(-)^s}{2} \, \hat{s}^2 \begin{Bmatrix} s_{\mathrm{a}} & s_{\mathrm{a}} & n_{\mathrm{a}} \\ s_{\mathrm{a}} & s_{\mathrm{a}} & s \end{Bmatrix} = \frac{1}{2} \left(1 \pm (-)^{2s_{\mathrm{a}}} \, \hat{s}_{\mathrm{a}}^2 \, \delta_{n_{\mathrm{a}}0}\right)$$

und daher

$$\left(\frac{d\sigma}{d\Omega_f}\right)^{C} = \frac{(2\pi)^4}{k^2} \sum_{n_a n_b} \delta_{n_a n_b}\, t^{(n_a)} t^{(n_b)}\, P_{n_a}(\cos\theta_{ba})$$

$$\times \left\{ \frac{1}{2}\left(\delta_{n_a 0} + \frac{(-)^{2s_a}}{\hat{s}_a^{\,2}}\right) |T_C(\theta_{fi}) + T_C(\pi - \theta_{fi})|^2 \right.$$

$$\left. + \frac{1}{2}\left(\delta_{n_a 0} - \frac{(-)^{2s_a}}{\hat{s}_a^{\,2}}\right) |T_C(\theta_{fi}) - T_C(\pi - \theta_{fi})|^2 \right\},$$

insbesondere bei $s_a = 0$

$$\left(\frac{d\sigma}{d\Omega_f}\right)^{C} = \frac{(2\pi)^4}{k^2} |T_C(\theta) + T_C(\pi - \theta)|^2$$

und bei $s_a = \frac{1}{2}$

$$\left(\frac{d\sigma}{d\Omega_f}\right)^{C} = \frac{(2\pi)^4}{k^2} \left\{ \tfrac{1}{4}(1 - t^{(1)} t^{(1)}\, \cos\theta_{ba})\, |T_C(\theta_{fi}) + T_C(\pi - \theta_{fi})|^2 \right.$$

$$\left. + \tfrac{1}{4}(3 + t^{(1)} t^{(1)}\, \cos\theta_{ba})\, |T_C(\theta_{fi}) - T_C(\pi - \theta_{fi})|^2 \right\}.$$

MOTT & MASSEY geben die beiden letzten Ausdrücke im Laborsystem an, wobei sie sich auf vollständig polarisierte Teilchen ($t^{(1)} = 1$) mit parallelen und antiparallelen Polarisationsrichtungen beschränken. (Der Ausdruck bei unpolarisierten Teilchen, d.h. mit $t^{(n)} = \delta_{n0}$, wird bisweilen als Mottquerschnitt bezeichnet.)

Bei Prozessen mit zwei gleichen Reaktionsprodukten muß $l_f + s_f$ gerade sein. Nun gibt es beim Wirkungsquerschnitt keine Interferenzen $s'_f \neq s_f$, so daß bei solchen Reaktionen auch $l_f + l'_f$ gerade sein muß – und damit n_f: Unter Ω_f und $-\Omega_f$ finden wir also denselben Wirkungsquerschnitt – sogar bei Spinkorrelationsuntersuchungen mit anfangs verschiedenen Reaktionspartnern. (Statt gleicher Teilchen genügen auch Isospinpartner – vgl. BARSHAY & TEMMER und SIMONIUS II.)

12.14 Dreiteilchenstreuung

Im folgenden betrachten wir den differentiellen Wirkungsquerschnitt bei einer Dreiteilchenreaktion $a + b \rightarrow c_1 + c_2 + d$, wobei der Strahl (a) noch polarisiert sein kann.

Wir beginnen mit der Gleichung für spinlose Teilchen

$$\frac{d^3\sigma}{d\Omega_1 d\Omega_2 dE_2} = \frac{(2\pi)^4}{k_i^{\,2}} |\langle E_1\Omega_1 E_2\Omega_2 | T | E_i\Omega_i\rangle|^2$$

und gehen wie in Abschn. 12.3 und 12.4 vor – nur haben wir jetzt zwei Projektionsoperatoren $|\Omega_1\rangle\langle\Omega_1|$ und $|\Omega_2\rangle\langle\Omega_2|$ anstelle von $|\Omega_f\rangle\langle\Omega_f|$ zu nehmen. Mit den Kopplungsregeln finden wir dann

$$\frac{d^3\sigma}{d\Omega_1 d\Omega_2 dE_2} = \sum_{n_i n_a n n_1 n_2} C_{n_i n_a (n) n_1 n_2}\, t^{(n_a)}\, P_{n_i n_a (n) n_1 n_2}(\Omega_i \Omega_a \Omega_1 \Omega_2)$$

mit folgender Summe über $l_i s_i J l_1 l_2 L s_c s_f$ und $l_i' s_i' J' l_1' l_2' L'$:

$$C_{n_i n_a (n) n_1 n_2}$$

$$= i^{n_i + n_a - n_1 - n_2} \, \frac{\pi}{4 k_i^2} \, \frac{\hat{n}_i \hat{n} \hat{n}_1 \hat{n}_2}{\hat{s}_a \hat{s}_b^{\,2}} \sum (-)^{l_i + l_1 + l_2 + L' + s_a + s_b + s_i + s_f + J + n}$$

$$\times \, \hat{l}_i \hat{l}_i' \hat{s}_i \hat{s}_i' \hat{J} \hat{J}' \begin{pmatrix} l_i & l_i' & n_i \\ 0 & 0 & 0 \end{pmatrix} \begin{Bmatrix} s_i & s_i' & n_a \\ s_a & s_a & s_b \end{Bmatrix} \begin{Bmatrix} l_i' & s_i' & J' \\ l_i & s_i & J \\ n_i & n_a & n \end{Bmatrix}$$

$$\times \, \hat{l}_1 \hat{l}_1' \hat{l}_2 \hat{l}_2' \hat{L} \hat{L}' \hat{J} \hat{J}' \begin{pmatrix} l_1 & l_1' & n_1 \\ 0 & 0 & 0 \end{pmatrix} \begin{pmatrix} l_2 & l_2' & n_2 \\ 0 & 0 & 0 \end{pmatrix} \begin{Bmatrix} l_1' & l_2' & L' \\ l_1 & l_2 & L \\ n_1 & n_2 & n \end{Bmatrix} \begin{Bmatrix} L & L' & n \\ J' & J & s_f \end{Bmatrix}$$

$$\times \, \langle ((E_1 l_1 E_2 l_2) L \, ((s_1 s_2) s_c s_d) s_f) J \, | \, T \, |(E_i l_i (s_a s_b) s_i) J \rangle$$

$$\times \, \langle ((E_1 l_1' E_2 l_2') L' ((s_1 s_2) s_c s_d) s_f) J' | \, T \, |(E_i l_i' (s_a s_b) s_i') J' \rangle^* \, .$$

Im Hinblick auf den Stufenzerfall $\vec{a} + b \to \vec{c} + d \to c_1 + c_2 + d$ führen wir den Relativbahndrehimpuls $\vec{l}$ zwischen c_1 und c_2 ein und finden mit $\vec{s} = \vec{s}_1 + \vec{s}_2$ und $\vec{s}_c = \vec{l} + \vec{s}$ den Ausdruck

$$\frac{d^3 \sigma}{d\Omega_f \, d\Omega \, dE} = \sum_{n_i n_a n n_f n_c} C_{n_i n_a (n) n_f n_c} \, t^{(n_a)} \, P_{n_i n_a (n) n_f n_c}(\Omega_i \Omega_a \Omega_f \Omega)$$

mit der Summe über $l_i s_i J l_f l s s_c s_f$ und $l_i' s_i' J' l_f' l' s_c' s_f'$:

$$C_{n_i n_a (n) n_f n_c}$$

$$= i^{n_i + n_a - n_f + n_c} \, \frac{\pi}{4 k_i^2} \, \frac{\hat{n}_i \hat{n} \hat{n}_f \hat{n}_c}{\hat{s}_a \hat{s}_b^{\,2}} \sum (-)^{l_i + l_f + s_a + s_b + s_i + s + s_c + s_c' + s_d + s_f}$$

$$\times \, \hat{l}_i \hat{l}_i' \hat{s}_i \hat{s}_i' \hat{J} \hat{J}' \begin{pmatrix} l_i & l_i' & n_i \\ 0 & 0 & 0 \end{pmatrix} \begin{Bmatrix} s_i & s_i' & n_a \\ s_a & s_a & s_b \end{Bmatrix} \begin{Bmatrix} l_i' & s_i' & J' \\ l_i & s_i & J \\ n_i & n_a & n \end{Bmatrix}$$

$$\times \, \hat{l}_f \hat{l}_f' \hat{s}_f \hat{s}_f' \hat{J} \hat{J}' \begin{pmatrix} l_f & l_f' & n_f \\ 0 & 0 & 0 \end{pmatrix} \begin{Bmatrix} s_f & s_f' & n_c \\ s_c' & s_c & s_d \end{Bmatrix} \begin{Bmatrix} l_f' & s_f' & J' \\ l_f & s_f & J \\ n_f & n_c & n \end{Bmatrix}$$

$$\times \, \hat{l} \hat{l}' \hat{s}_c \hat{s}_c' \begin{pmatrix} l & l' & n_c \\ 0 & 0 & 0 \end{pmatrix} \begin{Bmatrix} l & l' & n_c \\ s_c' & s_c & s \end{Bmatrix}$$

$$\times \, \langle (E_f l_f ((E l \, (s_1 s_2) s) s_c s_d) s_f) J \, | \, T \, |(E_i l_i (s_a s_b) s_i) J \, \rangle$$

$$\times \, \langle (E_f l_f' ((E l' (s_1 s_2) s) s_c' s_d) s_f') J' | \, T \, |(E_i l_i' (s_a s_b) s_i') J' \rangle^* \, .$$

Beim Stufenzerfall ist s_c eindeutig ($s_c = s_c'$) und die Übergangsmatrix faktorisiert in die Übergangsmatrix für $a + b \to \vec{c} + d$ und eine Zerfallsamplitude Z für $c \to c_1 + c_2$:

$$\langle (E_f l_f ((E l (s_1 s_2) s) s_c s_d) s_f) J \, | \, T \, |(E_i l_i (s_a s_b) s_i) J \rangle$$

$$= \langle (E l (s_1 s_2) s) s_c | \, Z \, |s_c \rangle \, \langle (E_f l_f (s_c s_d) s_f) J | \, T \, |(E_i l_i (s_a s_b) s_i) J \rangle \, .$$

Der Vergleich mit Abschn. 12.7 liefert dann

$$C_{n_i n_a (n) n_f n_c} = B_{n_i n_a (n) n_f n_c} \, \frac{\hat{s}_c \hat{n}_c}{4\pi} \sum_{s l l'} (-)^{s + s_c + n_c} \, \hat{l} \hat{l}' \begin{pmatrix} l & l' & n_c \\ 0 & 0 & 0 \end{pmatrix} \begin{Bmatrix} l & l' & n_c \\ s_c & s_c & s \end{Bmatrix}$$

$$\times \, \langle (E l (s_1 s_2) s) s_c | \, Z \, |s_c \rangle \, \langle (E l' (s_1 s_2) s) s_c | \, Z \, |s_c \rangle^* \, .$$

Ohne Polarisation im Anfangszustand vereinfachen sich diese Gleichungen zu

$$\frac{d^3\sigma}{d\Omega_1 \, d\Omega_2 \, dE_2} = \sum_{n_i n_1 n_2} C_{n_i n_1 n_2} \, \hat{n}_i \hat{n}_1 \hat{n}_2 \, P_{n_i n_1 n_2}(\Omega_i \Omega_1 \Omega_2)$$

mit der Summe über $l_i s_i J l_1 l_2 L s_c s_f$ und $l_i' J' l_1' l_2' L'$:

$$C_{n_i n_1 n_2}$$
$$= i^{n_1 + n_2 - n_i} \frac{\pi}{4k_i^2} \frac{\hat{n}_i \hat{n}_1 \hat{n}_2}{\hat{s}_a{}^2 \hat{s}_b{}^2} \sum (-)^{l_1' + l_2' + L' + s_f - s_i} \hat{l}_i \hat{l}_i' \hat{J} \hat{J}' \begin{pmatrix} l_i & l_i' & n_i \\ 0 & 0 & 0 \end{pmatrix} \begin{Bmatrix} l_i & l_i' & n_i \\ J' & J & s_i \end{Bmatrix}$$

$$\times \hat{l}_1 \hat{l}_1' \hat{l}_2 \hat{l}_2' \hat{L} \hat{L}' \hat{J} \hat{J}' \begin{pmatrix} l_1 & l_1' & n_1 \\ 0 & 0 & 0 \end{pmatrix} \begin{pmatrix} l_2 & l_2' & n_2 \\ 0 & 0 & 0 \end{pmatrix} \begin{Bmatrix} l_1' & l_2' & L' \\ l_1 & l_2 & L \\ n_1 & n_2 & n_i \end{Bmatrix} \begin{Bmatrix} L & L' & n_i \\ J' & J & s_f \end{Bmatrix}$$

$$\times \langle ((E_1 l_1 E_2 l_2)L \, ((s_1 s_2)s_c s_d)s_f)J \mid T \mid (E_i l_i (s_a s_b)s_i)J \rangle$$
$$\times \langle ((E_1 l_1' E_2 l_2')L'((s_1 s_2)s_c s_d)s_f)J' \mid T \mid (E_i l_i'(s_a s_b)s_i)J' \rangle^*$$

bzw.

$$\frac{d^3\sigma}{d\Omega_f \, d\Omega \, dE} = \sum_{n_i n_f n_c} C_{n_i n_f n_c} \, \hat{n}_i \hat{n}_f \hat{n}_c \, P_{n_i n_f n_c}(\Omega_i \Omega_f \Omega)$$

mit der Summe über $l_i s_i J l_f l s s_c s_f$ und $l_i' J' l_f' l' s_c' s_f'$:

$$C_{n_i n_f n_c} = i^{n_i - n_f + n_c} \frac{\pi}{4k_i^2} \frac{\hat{n}_i \hat{n}_f \hat{n}_c}{\hat{s}_a{}^2 \hat{s}_b{}^2} \sum (-)^{J + s_i + l_f + s + s_c + s_c' + s_d + s_f}$$

$$\times \hat{l}_i \hat{l}_i' \hat{J} \hat{J}' \begin{pmatrix} l_i & l_i' & n_i \\ 0 & 0 & 0 \end{pmatrix} \begin{Bmatrix} l_i & l_i' & n_i \\ J' & J & s_i \end{Bmatrix}$$

$$\times \hat{l}_f \hat{l}_f' \hat{s}_f \hat{s}_f' \hat{J} \hat{J}' \begin{pmatrix} l_f & l_f' & n_f \\ 0 & 0 & 0 \end{pmatrix} \begin{Bmatrix} s_f & s_f' & n_c \\ s_c' & s_c & s_d \end{Bmatrix} \begin{Bmatrix} l_f' & s_f' & J' \\ l_f & s_f & J \\ n_f & n_c & n_i \end{Bmatrix}$$

$$\times \hat{l} \hat{l}' \hat{s}_c \hat{s}_c' \begin{pmatrix} l & l' & n_c \\ 0 & 0 & 0 \end{pmatrix} \begin{Bmatrix} l & l' & n_c \\ s_c' & s_c & s \end{Bmatrix}$$

$$\times \langle ((E_f l_f((E l \, (s_1 s_2)s)s_c s_d)s_f)J \mid T \mid (E_i l_i (s_a s_b)s_i)J \rangle$$
$$\times \langle ((E_f l_f'((E l'(s_1 s_2)s)s_c' s_d)s_f')J' \mid T \mid (E_i l_i'(s_a s_b)s_i)J' \rangle^* \, .$$

Beim Stufenzerfall haben wir entsprechend

$$C_{n_i n_f n_c} = (-)^{n_i + n_f + n_c} B_{n_f n_i n_c} \frac{\hat{s}_c \hat{n}_c}{4\pi} \sum_{s l l'} (-)^{s + s_c + n_c} \hat{l} \hat{l}' \begin{pmatrix} l & l' & n_c \\ 0 & 0 & 0 \end{pmatrix} \begin{Bmatrix} l & l' & n_c \\ s_c & s_c & s \end{Bmatrix}$$

$$\times \langle (E l(s_1 s_2)s)s_c \mid Z \mid s_c \rangle \, \langle (E l'(s_1 s_2)s)s_c \mid Z \mid s_c \rangle^*$$

mit den Koeffizienten B aus Abschn. 12.7. Wegen der verschiedenen Indexreihenfolge tritt der besondere Vorzeichenfaktor auf. Die Summe ist dieselbe wie oben – weil sie gar nicht von n_a abhängt.

Bei Paritätserhaltung muß $n_i + n_1 + n_2$ bzw. $n_i + n_f + n_c$ gerade sein, beim Stufenzerfall sogar $n_i + n_f$ und n_c einzeln, wenn der Zwischenzustand nur eine Parität hat. Für die Winkelkorrelation kommt es dann also nur auf die Zwischenzustandspolarisation gerader Stufe an.

Im Hinblick auf das Bohrsche Theorem (vgl. Abschn. 12.10) wählen wir Ω_a als Quantisierungsrichtung und betrachten den Sonderfall $s_b = s_1 = s_2 = s_d = 0$. Damit erhalten wir – s_a muß offenbar ganzzahlig sein – folgende Summe über $l_i \mathcal{J} l_f l$ und $l_i' J' l_f' l'$ sowie m:

$$\frac{d^3\sigma}{d\Omega_f \, d\Omega \, dE} = \sum R^{((l_f l)\mathcal{J} l_i)s_a}_{\qquad\qquad m} \, R^{((l_f' l')J' l_i')s_a \, *}_{\qquad\qquad m} \, N_m$$

mit

$$R^{((l_f l)\mathcal{J} l_i)s_a}_{\qquad\qquad m}$$

$$= (-)^{l_i} \frac{\pi}{2k_i \hat{s}_a} \, \hat{l}_i \hat{J} \hat{l}_f \hat{l} \, \langle (E_f l_f E l) J | \, T \, | E_i (l_i s_a) J \rangle \left[\left[C^{(l_f)}(\Omega_f) \times C^{(l)}(\Omega) \right]^{(J)} \times C^{(l_i)}(\Omega_i) \right]^{(s_a)}_{m} \, .$$

Sind die drei Richtungen Ω_i, Ω_f und Ω senkrecht zu Ω_a (und damit koplanar), so muß nach Abschn. 8.7 offenbar $l_i + l_f + l + m$ gerade sein: Wenn das Produkt der inneren Paritäten der beteiligten Teilchen gerade ist, muß (bei Paritätserhaltung) auch m gerade sein. Dies ist im Einklang mit dem Bohrschen Theorem. Dabei ist zu beachten, daß wir jetzt Ω senkrecht zu Ω_a haben, während bei $\vec{a} + b \to \vec{c} + d$ die beiden Richtungen Ω_a und Ω_c übereinstimmen sollten: Tatsächlich sind Ω und Ω_c, was die Parität betrifft, nicht gleichwertig, denn bei Ω handelt es sich um eine Impulsrichtung, bei Ω_c um eine Polarisationsrichtung.

BOHR hat als Beispiel die Reaktion $K^- + {}^4\text{He} \to \overline{K}_0 + \pi^- + {}^4\text{He}$ betrachtet ($s_a = 0$): Weil hier das Produkt der inneren Paritäten negativ ist, können die drei Bewegungsrichtungen nicht in einer Ebene sein.

12.15 Reaktionen mit Photonen

Bestrahlen wir eine Probe mit Licht statt Teilchen oder weisen hinterher Photonen nach, so versagen die bisherigen Gleichungen. Wir haben nämlich die Strahlparameter

$$\rho^{(n)}_\nu(pj, p'j') = \frac{\hat{j}\hat{j}'\hat{n}}{8\pi} \left[(-)^{j'+1} \begin{pmatrix} j & j' & n \\ 1 & -1 & 0 \end{pmatrix} \left\{ \frac{1 + (-)^n pp'}{2} + \frac{1 - (-)^n pp'}{2} P_3 \right\} C^{(n)}_\nu(\Omega) \right.$$

$$\left. + (-)^n p \begin{pmatrix} j & j' & n \\ 1 & 1 & -2 \end{pmatrix} \frac{L}{2} \left(D^{(n)}_{\nu,2}(\varphi, \theta, \lambda) + (-)^n pp' \, D^{(n)}_{\nu,-2}(\varphi, \theta, \lambda) \right) \right]$$

nach Abschn. 11.8 anstelle von

$$\rho^{(n)}_\nu((l s_a)j, (l' s_a)j') = \frac{\hat{j}\hat{j}'\hat{n}}{\hat{s}_a^{\,2} 4\pi} (-)^{j + s_a + n} \, \hat{l}\hat{l}' \begin{pmatrix} l & l' & n \\ 0 & 0 & 0 \end{pmatrix} \begin{Bmatrix} l & l' & n \\ j' & j & s_a \end{Bmatrix} C^{(n)}_\nu(\Omega)$$

zu nehmen: Photonen haben den Spin 1, aber statt $\hat{s}_a^{\,2}$ steht 2, weil nur zwei der drei Zustände besetzt werden können, wie in Abschn. 11.7 erläutert wurde. Dies führt auch zu den anderen Kopplungskoeffizienten. Überdies haben wir nur die Strahlparameter für unpolarisierte Teilchen angegeben. Wir wollen nämlich im folgenden auch nur unpolarisiertes Licht betrachten ($P_3 = L = 0$). Bei linear-polarisiertem Licht müßten wir offenbar die renormierten Kugelfunktionen durch

$$D^{pp'(n)}_\nu(\varphi, \theta, \lambda) \equiv \tfrac{1}{2} \left(D^{(n)}_{\nu,2}(\varphi, \theta, \lambda) + (-)^n pp' \, D^{(n)}_{\nu,-2}(\varphi, \theta, \lambda) \right)$$

ersetzen, was auf andere Korrelationsfunktionen führt als bisher besprochen. Dagegen lassen sich die folgenden Gleichungen leicht für zirkular-polarisiertes Licht herrichten: Die Forderung nach geradem $(-)^n pp'$ wäre zu ergänzen um ein Glied, das für ungerades $(-)^n pp'$ mit P_3 zu multiplizieren ist.

Wir beschränken uns nun aber auf unpolarisiertes Licht und erhalten für $\gamma + \vec{b} \to \vec{c} + d$ (Polarisationstransfer bei Photoemission)

$$\sigma^{(n_c)}(\Omega_c) = \sum_{n_i n_b n n_f} B_{n_i n_b (n) n_f n_c}\, t^{(n_b)}\, P_{n_i n_b (n) n_f n_c}(\Omega_i \Omega_b \Omega_f \Omega_c)$$

mit der Summe über $p_i j_i J l_f j_f$ und $p_i' j_i' J' l_f' j_f'$ (in der j-Darstellung):

$$B_{n_i n_b (n) n_f n_c} = i^{n_c - n_f - n_i - n_b}\, \frac{\pi^2}{k^2}\, \frac{\hat{s}_c}{2\hat{s}_b}\, \hat{n}_i \hat{n} \hat{n}_f \sum (-)^{j_i' + 1 + l_f + n + j_f' + s_d + J}$$

$$\times\, \frac{1 + (-)^{n_i} p_i p_i'}{2}\, \hat{j}_i \hat{j}_i' \hat{J} \hat{J}' \begin{pmatrix} j_i & j_i' & n_i \\ 1 & -1 & 0 \end{pmatrix} \begin{Bmatrix} j_i' & s_b & J' \\ j_i & s_b & J \\ n_i & n_b & n \end{Bmatrix}$$

$$\times\, \hat{l}_f \hat{l}_f' \hat{j}_f \hat{j}_f' \hat{J} \hat{J}' \begin{pmatrix} l_f & l_f' & n_f \\ 0 & 0 & 0 \end{pmatrix} \begin{Bmatrix} l_f' & s_c & j_f' \\ l_f & s_c & j_f \\ n_f & n_c & n \end{Bmatrix} \begin{Bmatrix} j_f & j_f' & n \\ J' & J & s_d \end{Bmatrix}$$

$$\times\, \langle E_f((l_f s_c) j_f s_d) J |\, T\, | E_i(p_i j_i s_b) J \rangle\, \langle E_f((l_f' s_c) j_f' s_d) J' |\, T\, | E_i(p_i' j_i' s_b) J' \rangle^*$$

bzw. der Summe über $p_i j_i J l_f s_f$ und $p_i' j_i' J' l_f' s_f'$ (in der Kanalspindarstellung):

$$B_{n_i n_b (n) n_f n_c} = i^{-n_i - n_b - n_f - n_c}\, \frac{\pi^2}{k^2}\, \frac{\hat{s}_c}{2\hat{s}_b}\, \hat{n}_i \hat{n} \hat{n}_f \sum (-)^{j_i' + 1 + l_f + s_c + s_d + s_f}$$

$$\times\, \frac{1 + (-)^{n_i} p_i p_i'}{2}\, \hat{j}_i \hat{j}_i' \hat{J} \hat{J}' \begin{pmatrix} j_i & j_i' & n_i \\ 1 & -1 & 0 \end{pmatrix} \begin{Bmatrix} j_i' & s_b & J' \\ j_i & s_b & J \\ n_i & n_b & n \end{Bmatrix}$$

$$\times\, \hat{l}_f \hat{l}_f' \hat{s}_f \hat{s}_f' \hat{J} \hat{J}' \begin{pmatrix} l_f & l_f' & n_f \\ 0 & 0 & 0 \end{pmatrix} \begin{Bmatrix} l_f' & s_f' & J' \\ l_f & s_f & J \\ n_f & n_c & n \end{Bmatrix} \begin{Bmatrix} s_f & s_f' & n_c \\ s_c & s_c & s_d \end{Bmatrix}$$

$$\times\, \langle E_f(l_f(s_c s_d) s_f) J |\, T\, | E_i(p_i j_i s_b) J \rangle\, \langle E_f(l_f'(s_c s_d) s_f') J' |\, T\, | E_i(p_i' j_i' s_b) J' \rangle^* \,.$$

Ist die Probe unpolarisiert ($n_b = 0$), so folgt damit

$$\sigma^{(n_c)}(\Omega_c) = \sum_{n_f n_i} B_{n_f n_i n_c}\, \hat{n}_f \hat{n}_i \hat{n}_c\, P_{n_f n_i n_c}(\Omega_f \Omega_i \Omega_c)$$

mit

$$B_{n_f n_i n_c} = (-)^{n_f + n_i + n_c}\, B_{n_i 0 (n_i) n_f n_c}\,.$$

Wird andererseits nur der differentielle Wirkungsquerschnitt (bei polarisierter Probe) untersucht, so genügt ($n_c = 0$)

$$\frac{d\sigma}{d\Omega_f} = \sum_{n_i n_f n_b} A_{n_i n_f n_b}\, t^{(n_b)}\, \hat{n}_i \hat{n}_f \hat{n}_b\, P_{n_i n_f n_b}(\Omega_i \Omega_f \Omega_b)$$

mit

$$A_{n_i n_f n_b} = (-)^{n_i + n_f + n_b}\, B_{n_i n_b (n_f) n_f 0}\,.$$

Dies vereinfacht sich bei unpolarisierter Probe zu

$$\frac{d\sigma}{d\Omega_{\mathrm{f}}} = \sum_n B_n\, P_n(\cos\theta_{\mathrm{fi}})$$

mit der Summe über $p_{\mathrm{i}}j_{\mathrm{i}}Jl_{\mathrm{f}}j_{\mathrm{f}}$ und $p_{\mathrm{i}}'j_{\mathrm{i}}'J'l_{\mathrm{f}}'j_{\mathrm{f}}'$ (in der j-Darstellung):

$$B_n = \hat{n}\,A_{nn0} = \hat{n}\,B_{n0(n)n0}$$

$$= \frac{\pi^2}{k^2}\frac{\hat{n}^2}{2\hat{s}_{\mathrm{b}}^2}\sum (-)^{1+s_{\mathrm{b}}+j_{\mathrm{f}}+j_{\mathrm{f}}'-s_{\mathrm{c}}-s_{\mathrm{d}}+n}$$

$$\times \frac{1+(-)^n p_{\mathrm{i}}p_{\mathrm{i}}'}{2}\,\hat{j}_{\mathrm{i}}\hat{j}_{\mathrm{i}}'\hat{J}\hat{J}'\begin{pmatrix} j_{\mathrm{i}} & j_{\mathrm{i}}' & n \\ 1 & -1 & 0 \end{pmatrix}\begin{Bmatrix} j_{\mathrm{i}} & j_{\mathrm{i}}' & n \\ J' & J & s_{\mathrm{b}} \end{Bmatrix}$$

$$\times \hat{l}_{\mathrm{f}}\hat{l}_{\mathrm{f}}'\hat{j}_{\mathrm{f}}\hat{j}_{\mathrm{f}}'\hat{J}\hat{J}'\begin{pmatrix} l_{\mathrm{f}} & l_{\mathrm{f}}' & n \\ 0 & 0 & 0 \end{pmatrix}\begin{Bmatrix} l_{\mathrm{f}} & l_{\mathrm{f}}' & n \\ j_{\mathrm{f}}' & j_{\mathrm{f}} & s_{\mathrm{c}} \end{Bmatrix}\begin{Bmatrix} j_{\mathrm{f}} & j_{\mathrm{f}}' & n \\ J' & J & s_{\mathrm{d}} \end{Bmatrix}$$

$$\times \langle E_{\mathrm{f}}((l_{\mathrm{f}}s_{\mathrm{c}})j_{\mathrm{f}}s_{\mathrm{d}})J\,|\,T\,|\,E_{\mathrm{i}}(p_{\mathrm{i}}j_{\mathrm{i}}s_{\mathrm{b}})J\rangle\langle E_{\mathrm{f}}((l_{\mathrm{f}}'s_{\mathrm{c}})j_{\mathrm{f}}'s_{\mathrm{d}})J'\,|\,T\,|\,E_{\mathrm{i}}(p_{\mathrm{i}}'j_{\mathrm{i}}'s_{\mathrm{b}})J'\rangle^*$$

bzw. der Summe über $p_{\mathrm{i}}j_{\mathrm{i}}Jl_{\mathrm{f}}s_{\mathrm{f}}$ und $p_{\mathrm{i}}'j_{\mathrm{i}}'J'l_{\mathrm{f}}'$ (in der Kanalspindarstellung):

$$B_n = \frac{\pi^2}{k^2}\frac{\hat{n}^2}{2\hat{s}_{\mathrm{b}}^2}\sum (-)^{1+s_{\mathrm{b}}-s_{\mathrm{f}}}\frac{1+(-)^n p_{\mathrm{i}}p_{\mathrm{i}}'}{2}\,\hat{j}_{\mathrm{i}}\hat{j}_{\mathrm{i}}'\hat{J}\hat{J}'\begin{pmatrix} j_{\mathrm{i}} & j_{\mathrm{i}}' & n \\ 1 & -1 & 0 \end{pmatrix}\begin{Bmatrix} j_{\mathrm{i}} & j_{\mathrm{i}}' & n \\ J' & J & s_{\mathrm{b}} \end{Bmatrix}$$

$$\times \hat{l}_{\mathrm{f}}\hat{l}_{\mathrm{f}}'\hat{J}\hat{J}'\begin{pmatrix} l_{\mathrm{f}} & l_{\mathrm{f}}' & n_{\mathrm{f}} \\ 0 & 0 & 0 \end{pmatrix}\begin{Bmatrix} l_{\mathrm{f}} & l_{\mathrm{f}}' & n \\ J' & J & s_{\mathrm{f}} \end{Bmatrix}$$

$$\times \langle E_{\mathrm{f}}(l_{\mathrm{f}}(s_{\mathrm{c}}s_{\mathrm{d}})s_{\mathrm{f}})J\,|\,T\,|\,E_{\mathrm{i}}(p_{\mathrm{i}}j_{\mathrm{i}}s_{\mathrm{b}})J\rangle\,\langle E_{\mathrm{f}}(l_{\mathrm{f}}'(s_{\mathrm{c}}s_{\mathrm{d}})s_{\mathrm{f}})J'\,|\,T\,|\,E_{\mathrm{i}}(p_{\mathrm{i}}'j_{\mathrm{i}}'s_{\mathrm{b}})J'\rangle^*\,.$$

Ein entsprechender Ausdruck findet sich bei CARR & BAGLIN und für die Vektorpolarisation bei MONAHAN u.a. und SEYLER. Sie verweisen auf andere Arbeiten, die z.T. falsche Vorzeichen enthalten.

Beim Strahlungseinfang $\vec{\mathrm{a}}+\mathrm{b}\to\gamma+\mathrm{d}$ können wir die Zeitumkehrinvarianz (siehe Abschn. 12.9) ausnutzen. Dabei ist $\hat{s}_\gamma^2 = 2$ zu setzen.

Betrachten wir stattdessen die Lichtstreuung an einer polarisierten Probe, $\gamma+\vec{\mathrm{b}}\to\gamma+\mathrm{b}$. Hier haben wir eine Summe über $p_{\mathrm{i}}j_{\mathrm{i}}Jp_{\mathrm{f}}j_{\mathrm{f}}$ und $p_{\mathrm{i}}'j_{\mathrm{i}}'J'p_{\mathrm{f}}'j_{\mathrm{f}}'$:

$$A_{n_{\mathrm{i}}n_{\mathrm{f}}n_{\mathrm{b}}} = i^{n_{\mathrm{i}}+n_{\mathrm{f}}+n_{\mathrm{b}}}\frac{\pi^2}{k^2}\frac{\hat{n}_{\mathrm{i}}\hat{n}_{\mathrm{f}}}{2\hat{s}_{\mathrm{b}}}\sum (-)^{j_{\mathrm{i}}'+s_{\mathrm{b}}+J}\frac{1+(-)^{n_{\mathrm{i}}}p_{\mathrm{i}}p_{\mathrm{i}}'}{2}\frac{1+(-)^{n_{\mathrm{f}}}p_{\mathrm{f}}p_{\mathrm{f}}'}{2}$$

$$\times \hat{j}_{\mathrm{i}}\hat{j}_{\mathrm{i}}'\hat{J}\hat{J}'\begin{pmatrix} j_{\mathrm{i}} & j_{\mathrm{i}}' & n_{\mathrm{i}} \\ 1 & -1 & 0 \end{pmatrix}\begin{Bmatrix} j_{\mathrm{i}}' & s_{\mathrm{b}} & J' \\ j_{\mathrm{i}} & s_{\mathrm{b}} & J \\ n_{\mathrm{i}} & n_{\mathrm{b}} & n_{\mathrm{f}} \end{Bmatrix}$$

$$\times \hat{j}_{\mathrm{f}}\hat{j}_{\mathrm{f}}'\hat{J}\hat{J}'\begin{pmatrix} j_{\mathrm{f}} & j_{\mathrm{f}}' & n_{\mathrm{f}} \\ 1 & -1 & 0 \end{pmatrix}\begin{Bmatrix} j_{\mathrm{f}} & j_{\mathrm{f}}' & n_{\mathrm{f}} \\ J' & J & s_{\mathrm{b}} \end{Bmatrix}$$

$$\times \langle E_{\mathrm{f}}(p_{\mathrm{f}}j_{\mathrm{f}}s_{\mathrm{b}})J\,|\,T\,|\,E_{\mathrm{i}}(p_{\mathrm{i}}j_{\mathrm{i}}s_{\mathrm{b}})J\rangle\,\langle E_{\mathrm{f}}(p_{\mathrm{f}}'j_{\mathrm{f}}'s_{\mathrm{b}})J'\,|\,T\,|\,E_{\mathrm{i}}(p_{\mathrm{i}}'j_{\mathrm{i}}'s_{\mathrm{b}})J'\rangle^*\,.$$

Bei unpolarisierter Probe ist $n_{\mathrm{b}} = 0$ zu setzen (womit aus dem $9j$-Symbol ein $6j$-Symbol wird).

Beschäftigen wir uns schließlich noch mit dem "Dreiteilchenfall" mit zwei Teilchen und einem Photon im Endzustand, insbesondere mit dem Stufenzerfall $\vec{a}+b \to \vec{c}+d \to \gamma+c_2+d$. Mit

$$\langle E_f(l_f((pjs_2)s_c s_d)s_f)J|\, T\, |E_i(l_i(s_a s_b)s_i)J\rangle$$
$$= \langle (pjs_2)s_c|\, Z\, |s_c\rangle \, \langle E_f(l_f(s_c s_d)s_f)J|\, T\, |E_i(l_i(s_a s_b)s_i)J\rangle$$

haben wir nach dem letzten Abschnitt

$$C_{n_i n_a(n)n_f n_c} = B_{n_i n_a(n)n_f n_c}\, \frac{\hat{s}_c \hat{n}_c}{4\pi} \sum_{pp'jj'} (-)^{1+s_2+s_c+n_c}\, \frac{1+(-)^{n_c}pp'}{2}$$
$$\times\, \hat{j}\hat{j}' \begin{pmatrix} j & j' & n_c \\ 1 & -1 & 0 \end{pmatrix} \begin{Bmatrix} j & j' & n_c \\ s_c & s_c & s_2 \end{Bmatrix}$$
$$\times\, \langle (pjs_2)s_c|\, Z\, |s_c\rangle \, \langle (p'j's_2)s_c|\, Z\, |s_c\rangle^* \,.$$

12.16 Zusammenfassung: Anwendungen in der Streutheorie

Wirkungsquerschnitte und Polarisation der Reaktionsprodukte lassen sich berechnen, wenn der Anfangszustand und der Streuoperator bekannt sind. Dabei können die Reaktionspartner auch polarisiert gewesen sein. Um die Drehimpulserhaltung voll ausnutzen zu können, haben wir alle Ausdrücke in drehinvariante Faktoren und Winkelkorrelationsfunktionen aufgespalten und so die Bewegungs- und Polarisationsrichtungen in einfachen Geometriefaktoren zusammengefaßt. Wir haben auch die sphärischen Komponenten der Polarisation eingeführt – sie verhalten sich bei Drehungen noch recht einfach und werden gewöhnlich für die Mitteilung von Meßergebnissen verwandt, bei denen die Drehinvarianz noch nicht ausgenutzt werden konnte. In diesem Fall wird auch gern die M-Matrix genommen, d.h. $(4\pi^2/k_i)T$ in der besonderen Darstellung $|E\Omega_p s_1 m_1 s_2 m_2\rangle$. (Ähnlich sind wir in Abschn. 12.10 mit der Größe R vorgegangen.) Zusammenfassende Darstellungen darüber bieten DEVONS & GOLDFARB, FICK und NEMETS & YASNOGORODSKII.

ANWENDUNGEN BEI VIELTEILCHENSYSTEMEN

13.1 Fermionenzustände

Bei Problemen mit mehreren gleichen Teilchen sollte man gleich die Austauschsymmetrie berücksichtigen. Sie hat zwar eine andere physikalische Ursache als die Drehsymmetrie und kann deshalb völlig unabhängig davon betrachtet werden, aber das wäre ungeschickt, weil die Austauschsymmetrie die möglichen Drehimpulse einschränken kann, wie wir in Abschn. 3.15 gesehen haben.

Wir beschränken uns im folgenden auf Fermionen und nehmen ein vollständiges Orthonormalsystem von Einteilchenzuständen $\{|\kappa_i\rangle\}$ als Entwicklungsbasis für die antisymmetrischen Vielteilchenzustände:

$$|\kappa_1 \ldots \kappa_N\rangle_a = \sum_{i_1 \ldots i_N} |\kappa_{i_1}\rangle \cdots |\kappa_{i_N}\rangle \langle \kappa_{i_1} \ldots \kappa_{i_N}|\kappa_1 \ldots \kappa_N\rangle_a \,.$$

Dabei ändert der Austausch zweier Teilchen das Vorzeichen:

$$|\kappa_1 \ldots \kappa_P \ldots \kappa_Q \ldots \kappa_N\rangle_a = - |\kappa_1 \ldots \kappa_Q \ldots \kappa_P \ldots \kappa_N\rangle_a \,.$$

Wegen des Minuszeichens kann derselbe Einteilchenzustand nicht doppelt besetzt werden. Wir geben nun die Vielteilchenzustände (in der ungekoppelten Darstellung) immer mit folgender Ordnung der Einteilchenzustände ($\kappa_1 < \ldots < \kappa_N$) an: Wir ordnen nach der Energie ($E_1 \leq \ldots \leq E_N$) und innerhalb einer Schale $\alpha(ls)j$ nach aufsteigender Richtungsquantenzahl ($m_1 < m_2 < \ldots$). Die Ordnung nach der Energie ist später für die Lochzustände nützlich und die nach der Richtungsquantenzahl für die Phasenkonvention. Für unser vollständiges Orthonormalsystem antisymmetrischer N-Teilchen-Zustände gilt dann

$$_a\langle \kappa_1 \ldots \kappa_N|\kappa_1' \ldots \kappa_N'\rangle_a = \langle \kappa_1|\kappa_1'\rangle \cdots \langle \kappa_N|\kappa_N'\rangle$$

und

$$\sum_{\kappa_1 < \ldots < \kappa_N} |\kappa_1 \ldots \kappa_N\rangle_a \,_a\langle \kappa_1 \ldots \kappa_N| = 1 \,.$$

Die Antisymmetrie erfassen wir bequem mit Erzeugungs- und Vernichtungsoperatoren $\Psi_\kappa^\dagger$ bzw. Ψ_κ, die auf den Vakuumzustand $|0\rangle$ wirken:

$$\Psi_{\kappa_N}^\dagger \cdots \Psi_{\kappa_1}^\dagger |0\rangle = |\kappa_1 \ldots \kappa_N\rangle_a \,, \qquad _a\langle 0|\Psi_{\kappa_1} \cdots \Psi_{\kappa_N} = \,_a\langle \kappa_1 \ldots \kappa_N| \,,$$

also

$$\Psi_\kappa \Psi_{\kappa'}^\dagger + \Psi_{\kappa'}^\dagger \Psi_\kappa = \langle \kappa|\kappa'\rangle \,, \qquad \Psi_\kappa \Psi_{\kappa'} + \Psi_{\kappa'} \Psi_\kappa = 0$$

und

$$\Psi_\nu|\kappa\rangle = |0\rangle \langle \nu|\kappa\rangle \,, \qquad \Psi_\nu|\kappa_1 \kappa_2\rangle_a = |\kappa_1\rangle \langle \nu|\kappa_2\rangle - |\kappa_2\rangle \langle \nu|\kappa_1\rangle \,,$$

$$\Psi_\nu|\kappa_1 \kappa_2 \kappa_3\rangle_a = |\kappa_1 \kappa_2\rangle_a \langle \nu|\kappa_3\rangle - |\kappa_1 \kappa_3\rangle_a \langle \nu|\kappa_2\rangle + |\kappa_2 \kappa_3\rangle_a \langle \nu|\kappa_1\rangle \,, \quad \ldots$$

Mit diesen Operatoren kann leicht abgefragt werden, welche Einteilchenzustände besetzt sind – und gerade das wollen wir. (Beachte die besondere Reihenfolge der Erzeugungsoperatoren: Da von einem Operatorprodukt zuerst der rechte Faktor auf den Ketzustand wirkt, schreiben wir "von rechts nach links" – wie BOHR & MOTTELSON, aber im Gegensatz zu manchen anderen.)

13.2 Matrixelemente für Ein- und Zweiteilchenoperatoren

Mit den Feldoperatoren Ψ lassen sich die Einteilchenoperatoren F und Zweiteilchenoperatoren V bekanntlich wie folgt ausdrücken:

$$F = \sum_{\kappa\kappa'} \langle \kappa| F |\kappa'\rangle \, \Psi_\kappa^\dagger \Psi_{\kappa'}$$

und

$$V = \frac{1}{2} \sum_{\substack{\kappa_1\kappa_2 \\ \kappa_1'\kappa_2'}} \langle \kappa_1\kappa_2| V |\kappa_1'\kappa_2'\rangle \;\; \Psi_{\kappa_2}^\dagger \Psi_{\kappa_1}^\dagger \Psi_{\kappa_1'} \Psi_{\kappa_2'}$$

$$= \sum_{\substack{\kappa_1 < \kappa_2 \\ \kappa_1' < \kappa_2'}} {}_\mathrm{a}\langle \kappa_1\kappa_2| V |\kappa_1'\kappa_2'\rangle_\mathrm{a} \;\; \Psi_{\kappa_2}^\dagger \Psi_{\kappa_1}^\dagger \Psi_{\kappa_1'} \Psi_{\kappa_2'}$$

mit

$$_\mathrm{a}\langle \kappa_1\kappa_2| V |\kappa_1'\kappa_2'\rangle_\mathrm{a} = \langle \kappa_1\kappa_2| V |\kappa_1'\kappa_2'\rangle - \langle \kappa_2\kappa_1| V |\kappa_1'\kappa_2'\rangle \,,$$

denn wir setzen die Symmetrie

$$\langle \kappa_2\kappa_1| V |\kappa_2'\kappa_1'\rangle = \langle \kappa_1\kappa_2| V |\kappa_1'\kappa_2'\rangle$$

voraus. Führt man jetzt "Ein- und Zweiteilchendichteoperatoren" ein,

$$\langle \kappa'| \rho |\kappa\rangle \equiv \Psi_\kappa^\dagger \Psi_{\kappa'} \,,$$

$$_\mathrm{a}\langle \kappa_1'\kappa_2'| \rho |\kappa_1\kappa_2\rangle_\mathrm{a} \equiv \Psi_{\kappa_2}^\dagger \Psi_{\kappa_1}^\dagger \Psi_{\kappa_1'} \Psi_{\kappa_2'} \,,$$

so erscheinen die Gleichungen darüber in der Gestalt

$$F = \mathrm{Sp}(F\rho) \quad \text{und} \quad V = \mathrm{Sp}(V\rho) \,,$$

was an den Dichteoperator im vorletzten Kapitel erinnert. Allerdings ist jetzt die Spur in einem verallgemeinerten Sinne gemeint, denn die Gleichungen gelten nicht für die Erwartungswerte, sondern zerlegen Operatoren nach einer Basis von Operatoren: War bisher $\langle \kappa'|\rho|\kappa\rangle$ ein Matrixelement, so ist es hier ein Operator, dessen Matrixelemente zwischen den Vielteilchenzuständen gesucht werden.

In der Drehimpulsdarstellung haben wir damit wegen des Wigner-Eckart-Theorems

$$F_\nu^{(n)} = \sum_{jj'mm'} \langle jm| F_\nu^{(n)} |j'm'\rangle \;\; \Psi_{jm}^\dagger \Psi_{j'm'}$$

$$= \sum_{jj'} \frac{\langle j \| F^{(n)} \| j'\rangle}{\hat{j}} \sum_{mm'} \begin{pmatrix} j' & n & j \\ m' & \nu & m \end{pmatrix} \Psi_{jm}^\dagger \Psi_{j'm'}$$

$$= \frac{1}{\hat{n}} \sum_{jj'} \langle j \| F^{(n)} \| j'\rangle \sum_{mm'} (-)^{j'-m'} \begin{pmatrix} j & j' & n \\ m & -m' & \nu \end{pmatrix} \Psi_{jm}^\dagger \Psi_{j'm'} \,.$$

Bei der letzten Umformung ist Abschn. 3.7 ausgenutzt worden, damit das Ergebnis an Abschn. 11.2 erinnert. Wir können jetzt nämlich – mit $|(j_1j_2)jm\rangle_\mathrm{a}$ aus Abschn. 3.15 – schreiben:

$$F_\nu^{(n)} = \frac{1}{\hat{n}} \sum_{jj'} \langle j \| F^{(n)} \| j'\rangle \, \rho_\nu^{(n)}(j',j)$$

und

$$V_\nu^{(n)} = \frac{1}{2\hat{n}} \sum_{\substack{j_1 j_2 j \\ j_1' j_2' j'}} \langle (j_1 j_2)j \parallel V^{(n)} \parallel (j_1' j_2')j' \rangle \; \rho_\nu^{(n)}((j_1' j_2')j', (j_1 j_2)j)$$

$$= \frac{1}{\hat{n}} \sum_{\substack{j_1 \le j_2 \\ j_1' \le j_2' \\ jj'}} \frac{_\mathrm{a}\langle (j_1 j_2)j \parallel V^{(n)} \parallel (j_1' j_2')j' \rangle_\mathrm{a}}{\sqrt{1 + \langle j_1 | j_2 \rangle}\,\sqrt{1 + \langle j_1' | j_2' \rangle}} \; \rho_\nu^{(n)}((j_1' j_2')j', (j_1 j_2)j)$$

mit dem antisymmetrisierten reduzierten Matrixelement

$$_\mathrm{a}\langle (j_1 j_2)j \parallel V^{(n)} \parallel (j_1' j_2')j' \rangle_\mathrm{a}$$

$$= \frac{\langle (j_1 j_2)j \parallel V^{(n)} \parallel (j_1' j_2')j' \rangle - (-)^{j_1 + j_2 - j} \langle (j_2 j_1)j \parallel V^{(n)} \parallel (j_1' j_2')j' \rangle}{\sqrt{1 + \langle j_1 | j_2 \rangle}\,\sqrt{1 + \langle j_1' | j_2' \rangle}}$$

$$= -(-)^{j_1 + j_2 - j} \; _\mathrm{a}\langle (j_2 j_1)j \parallel V^{(n)} \parallel (j_1' j_2')j' \rangle_\mathrm{a}$$

und den Dichtetensoren

$$\rho_\nu^{(n)}(j', j) \equiv \sum_{mm'} (-)^{j'-m'} \begin{pmatrix} j & j' & \big| & n \\ m & -m' & \big| & \nu \end{pmatrix} \Psi_{jm}^\dagger \Psi_{j'm'} \, ,$$

$$\rho_\nu^{(n)}((j_1' j_2')j', (j_1 j_2)j) \equiv \sum_{mm'} (-)^{j'-m'} \begin{pmatrix} j & j' & \big| & n \\ m & -m' & \big| & \nu \end{pmatrix} \Psi_{[j_2}^\dagger \Psi_{j_1]jm}^\dagger \Psi_{[j_1'} \Psi_{j_2']j'm'} \, ,$$

wobei (beachte die Kopplungsreihenfolge)

$$\Psi_{[j_2}^\dagger \Psi_{j_1]jm}^\dagger \equiv \sum_{m_1 m_2} \begin{pmatrix} j_1 & j_2 & \big| & j \\ m_1 & m_2 & \big| & m \end{pmatrix} \Psi_{j_2 m_2}^\dagger \Psi_{j_1 m_1}^\dagger \, ,$$

$$\Psi_{[j_1} \Psi_{j_2]jm} \equiv \sum_{m_1 m_2} \begin{pmatrix} j_1 & j_2 & \big| & j \\ m_1 & m_2 & \big| & m \end{pmatrix} \Psi_{j_1 m_1} \Psi_{j_2 m_2}$$

ist, also

$$\left(\Psi_{[j_1} \Psi_{j_2]jm} \right)^\dagger = \Psi_{[j_2}^\dagger \Psi_{j_1]jm}^\dagger \, .$$

Für die reduzierten Matrixelemente der Operatoren F und V erhalten wir daher

$$_\mathrm{a}\langle (\ldots)J \parallel F^{(n)} \parallel (\ldots)J' \rangle_\mathrm{a} = \frac{1}{\hat{n}} \sum_{jj'} \langle j \parallel F^{(n)} \parallel j' \rangle \; _\mathrm{a}\langle (\ldots)J \parallel \rho^{(n)}(j', j) \parallel (\ldots)J' \rangle_\mathrm{a}$$

und

$$_\mathrm{a}\langle (\ldots)J \parallel V^{(n)} \parallel (\ldots)J' \rangle_\mathrm{a}$$

$$= \frac{1}{\hat{n}} \sum_{\substack{j_1 \le j_2 \\ j_1' \le j_2' \\ jj'}} \frac{_\mathrm{a}\langle (j_1 j_2)j \parallel V^{(n)} \parallel (j_1' j_2')j' \rangle_\mathrm{a}}{\sqrt{1 + \langle j_1 | j_2 \rangle}\,\sqrt{1 + \langle j_1' | j_2' \rangle}} \; _\mathrm{a}\langle (\ldots)J \parallel \rho^{(n)}((j_1' j_2')j', (j_1 j_2)j) \parallel (\ldots)J' \rangle_\mathrm{a} \, .$$

Wie schon in Abschn. 11.2 kommt es also bei einem Tensoroperator n-ter Stufe nur auf den Dichtetensor dieser Stufe an.

13.3 Dichtetensoren und Feldoperatoren

Offenbar brauchen wir nur noch die Vielteilchenmatrixelemente der Dichteoperatoren, denn die Matrixelemente der Operatoren F und V zwischen Ein- und Zweiteilchenzuständen kennen wir ja schon aus Kap. 9. Für die Einteilchendichtetensoren haben wir

$$_a\langle(\ldots)J \parallel \rho^{(n)}(j',j) \parallel (\ldots)J'\rangle_a$$

$$= \hat{n} \sum_{J''} (-)^{J+j'+J''+n} \begin{Bmatrix} j' & j & n \\ J & J' & J'' \end{Bmatrix} {}_a\langle(\ldots)J \parallel \Psi_j^\dagger \parallel (\ldots)J''\rangle_a \; {}_a\langle(\ldots)J' \parallel \Psi_{j'}^\dagger \parallel (\ldots)J''\rangle_a$$

und für die Zweiteilchendichtetensoren

$$_a\langle(\ldots)J \parallel \rho^{(n)}((j_1'j_2')j',(j_1 j_2)j) \parallel (\ldots)J'\rangle_a$$

$$= \hat{n} \sum_{J''} (-)^{J+j'+J''+n} \begin{Bmatrix} j' & j & n \\ J & J' & J'' \end{Bmatrix} {}_a\langle(\ldots)J \parallel \Psi_{[j_2}^\dagger \Psi_{j_1]j}^\dagger \parallel (\ldots)J''\rangle_a$$

$$\times \; {}_a\langle(\ldots)J' \parallel \Psi_{[j_2'}^\dagger \Psi_{j_1']j'}^\dagger \parallel (\ldots)J''\rangle_a$$

mit

$$_a\langle(\ldots)J \parallel \Psi_{[j_2}^\dagger \Psi_{j_1]j}^\dagger \parallel (\ldots)J'\rangle_a$$

$$= (-)^{j_1+j_2+J+J'} \hat{j} \sum_{J''} \begin{Bmatrix} j_1 & j_2 & j \\ J & J' & J'' \end{Bmatrix} {}_a\langle(\ldots)J \parallel \Psi_{j_2}^\dagger \parallel (\ldots)J''\rangle_a \; {}_a\langle(\ldots)J'' \parallel \Psi_{j_1}^\dagger \parallel (\ldots)J'\rangle_a \; .$$

Dabei sind die Summen über J'' als Kürzel für das Einschieben einer vollständigen Basis zu verstehen – meist laufen noch weitere Quantenzahlen, freilich nicht die Richtungsquantenzahl M''.

Im folgenden werden wir zunächst die Matrixelemente von $\Psi^\dagger$ und $\Psi^\dagger\Psi^\dagger$ zwischen Vielteilchenzuständen angeben und dann die Ausdrücke für die Ein- und Zweiteilchendichten. Damit haben wir dann schon über die Zwischenzustände (J'') summiert und uns die restliche Rechnung wesentlich erleichtert. Dies gilt auch bei skalaren Operatoren:

$$_a\langle(\ldots)J \parallel \rho^{(0)}(j',j) \parallel (\ldots)J'\rangle_a$$

$$= \frac{\delta_{jj'}\,\delta_{JJ'}}{\hat{j}\,\hat{J}} \sum_{J''} {}_a\langle(\ldots)J \parallel \Psi_j^\dagger \parallel (\ldots)J''\rangle_a \; {}_a\langle(\ldots)J' \parallel \Psi_{j'}^\dagger \parallel (\ldots)J''\rangle_a \; .$$

Weil j ein Kürzel für $\alpha(ls)j$ ist, darf nicht allgemein eine Summe über Quadrate geschrieben werden: Auch bei einem skalaren Operator kann es Übergänge zwischen verschiedenen Schalen geben – solange nur $j = j'$ und $J = J'$ ist.

Vielteilchenprobleme werden häufig mit Abstammungskoeffizienten (coefficients of fractional parentage) behandelt – vgl. z.B. deSHALIT & TALMI oder LAWSON. Dort ist

$$|(\ldots)J'M'\rangle_a = \sum_{JMjm} |(\ldots)JM\rangle_a \, |jm\rangle \begin{pmatrix} J & j & \big| & J' \\ M & m & \big| & M' \end{pmatrix} \langle(\ldots)J' \{|(\ldots)J,j\rangle \; ,$$

(wobei wieder keine weiteren Quantenzahlen genannt sind). Steht links der Zustand mit N_j Teilchen in der Schale $|j\rangle$, so gilt

$$\langle(\ldots)J' \{|(\ldots)J,j\rangle = \frac{1}{\sqrt{N_j}\,\hat{J}'} \; {}_a\langle(\ldots)J' \parallel \Psi_j^\dagger \parallel (\ldots)J\rangle_a \; .$$

Die Abstammungskoeffizienten sind also ebenso ein Hilfsmittel zur Berechnung der Dichtetensoren wie die Matrixelemente der Feldoperatoren – aber erst mit den Dichtetensoren haben wir alle Kopplungsaufgaben soweit wie möglich erledigt.

Die Matrixelemente der Dichtetensoren sind reell, denn nach Abschn. 5.4 sind ja die Feldoperatoren in der Drehimpulsdarstellung reell. Andererseits gilt (vgl. auch Abschn. 11.2)

$$\rho_\nu^{(n)\dagger}(j',j) = (-)^{j'-j+\nu}\, \rho_{-\nu}^{(n)}(j,j')\,,$$
$$\rho_\nu^{(n)\dagger}((j_1'j_2')j',(j_1j_2)j) = (-)^{j'-j+\nu}\, \rho_{-\nu}^{(n)}((j_1j_2)j,(j_1'j_2')j')\,.$$

Damit folgen die nützlichen Beziehungen

$$_{\mathrm{a}}\langle(\ldots)J\,\|\,\rho^{(n)}(j',j)\,\|\,(\ldots)J'\rangle_{\mathrm{a}} = (-)^{J-J'+j-j'}\,{}_{\mathrm{a}}\langle(\ldots)J'\,\|\,\rho^{(n)}(j,j')\,\|\,(\ldots)J\rangle_{\mathrm{a}}$$

und

$$_{\mathrm{a}}\langle(\ldots)J\;\|\,\rho^{(n)}((j_1'j_2')j',(j_1j_2)j)\,\|\,(\ldots)J'\rangle_{\mathrm{a}}$$
$$= (-)^{J-J'+j-j'}\,{}_{\mathrm{a}}\langle(\ldots)J'\,\|\,\rho^{(n)}((j_1j_2)j,(j_1'j_2')j')\,\|\,(\ldots)J\rangle_{\mathrm{a}}\,.$$

Mit ihnen werden wir später die Paarvernichtung auf die Paarerzeugung zurückführen können.

13.4 Gekoppelte Darstellung antisymmetrisierter Zustände

Bei zwei Fermionen haben wir nach Abschn. 3.15 und 13.1

$$|(j_1j_2)jm\rangle_{\mathrm{a}} = \frac{1}{\sqrt{1+\langle j_1|j_2\rangle}} \sum_{m_1m_2} \begin{pmatrix} j_1 & j_2 & \big| & j \\ m_1 & m_2 & \big| & m \end{pmatrix} |j_1m_1j_2m_2\rangle_{\mathrm{a}}$$

$$= \frac{|(j_1j_2)jm\rangle - (-)^{j_1+j_2-j}|(j_2j_1)jm\rangle}{\sqrt{2(1+\langle j_1|j_2\rangle)}}$$

$$= -(-)^{j_1+j_2-j}|(j_2j_1)jm\rangle_{\mathrm{a}}$$

und

$$1 = \sum_{\substack{j_1 \le j_2 \\ jm}} |(j_1j_2)jm\rangle_{\mathrm{a}}\,{}_{\mathrm{a}}\langle(j_1j_2)jm| = \sum_{j_1j_2jm} \frac{1+\langle j_1|j_2\rangle}{2} |(j_1j_2)jm\rangle_{\mathrm{a}}\,{}_{\mathrm{a}}\langle(j_1j_2)jm|\,.$$

Dabei trägt $\langle j_1|j_2\rangle$ nur bei, wenn beide Teilchen in derselben Schale sind, denn $|j_i\rangle$ ist hier wieder ein Kürzel für $|\alpha_i(l_is_i)j_i\rangle$. Daraus ergibt sich

$$_{\mathrm{a}}\langle(j_1j_2)j|(j_1'j_2')j'\rangle_{\mathrm{a}} = \delta_{jj'}\,\frac{\langle j_1j_2|j_1'j_2'\rangle - (-)^{j_1+j_2-j}\langle j_2j_1|j_1'j_2'\rangle}{1+\langle j_1|j_2\rangle}\,\delta(j_1j_2j)\,,$$

ein im folgenden viel benutzter Ausdruck.

Bei drei (und mehr) Teilchen tauchen allerdings Schwierigkeiten auf: Schreiben wir nach Abschn. 4.3

$$|((j_1 j_2)j_{12}j_3)jm\rangle_{\mathrm{a}}$$
$$= \frac{\sqrt{6}}{N(j_1 j_2 j_3 j, j_{12})} \sum_{m_1 m_2 m_3 m_{12}} \begin{pmatrix} j_1 & j_2 \\ m_1 & m_2 \end{pmatrix}\!\!\Big|\begin{matrix} j_{12} \\ m_{12} \end{matrix}\Big) \begin{pmatrix} j_{12} & j_3 \\ m_{12} & m_3 \end{pmatrix}\!\!\Big|\begin{matrix} j \\ m \end{matrix}\Big) |j_1 m_1 j_2 m_2 j_3 m_3\rangle_{\mathrm{a}} \, ,$$

d.h.

$$|((j_1 j_2)j_{12}j_3)jm\rangle_{\mathrm{a}} = \frac{1}{N(j_1 j_2 j_3 j, j_{12})} \Big[|((j_1 j_2)j_{12}j_3)jm\rangle - (-)^{j_1+j_2-j_{12}} |((j_2 j_1)j_{12}j_3)jm\rangle$$
$$+ \sum_{j'} \hat{j}_{12}\hat{j}' \begin{Bmatrix} j_1 & j_2 & j_{12} \\ j_3 & j & j' \end{Bmatrix} \Big(|((j_3 j_2)j' j_1)jm\rangle - (-)^{j_3+j_2-j'} |((j_2 j_3)j' j_1)jm\rangle \Big)$$
$$-(-)^{j_1+j_2-j_{12}} \sum_{j'} \hat{j}_{12}\hat{j}' \begin{Bmatrix} j_2 & j_1 & j_{12} \\ j_3 & j & j' \end{Bmatrix} \Big(|((j_3 j_1)j' j_2)jm\rangle - (-)^{j_3+j_1-j'} |((j_1 j_3)j' j_2)jm\rangle \Big) \Big] \, ,$$

so ist das dritte Teilchen von den beiden anderen gesondert – weil deren Drehimpulssumme genannt wird: Völlig gleich können wir die Teilchen nicht behandeln, obwohl wir das doch eigentlich wollen.

Allerdings braucht j_{12} hier keine gute Quantenzahl mehr zu sein, denn zwei Dreifermionenzustände können trotz $j_{12} \neq j'_{12}$ (mit sonst gleichen Quantenzahlen) einander überlappen:

$$_{\mathrm{a}}\langle((j_1 j_2)j_{12}j_3)jm|((j_1 j_2)j'_{12}j_3)jm\rangle_{\mathrm{a}} = \frac{\Sigma(j_1 j_2 j_3 j, j_{12}j'_{12})}{N(j_1 j_2 j_3 j, j_{12})\, N(j_1 j_2 j_3 j, j'_{12})}$$

mit

$$N(j_1 j_2 j_3 j, j_{12}) \equiv \sqrt{\Sigma(j_1 j_2 j_3 j, j_{12}j_{12})}$$

und

$$\Sigma(j_1 j_2 j_3 j, j_{12}j'_{12}) \equiv 6 \Big[\big(1 + (-)^{j_{12}}\langle j_1|j_2\rangle \big)\, \delta_{j_{12}j'_{12}}$$
$$+ \hat{j}_{12}\hat{j}'_{12} \begin{Bmatrix} j_3 & j_{12} & j_2 \\ j_3 & j'_{12} & j \end{Bmatrix} \langle j_1|j_3\rangle + (-)^{j_{12}+j'_{12}} \hat{j}_{12}\hat{j}'_{12} \begin{Bmatrix} j_3 & j_{12} & j_1 \\ j_3 & j'_{12} & j \end{Bmatrix} \langle j_2|j_3\rangle$$
$$+ \Big((-)^{j_{12}} + (-)^{j'_{12}} \Big) \hat{j}_{12}\hat{j}'_{12} \begin{Bmatrix} j_3 & j_{12} & j_3 \\ j_3 & j'_{12} & j \end{Bmatrix} \langle j_1|j_2\rangle \, \langle j_2|j_3\rangle \Big] \, ,$$

(was erst am Ende dieses Abschnitts bewiesen wird). Bei $j_{12} \neq j'_{12}$ verschwindet dieser Ausdruck nur, wenn das dritte Teilchen in einer anderen Schale als die beiden übrigen ist. Sind aber alle drei in derselben Schale, so folgt

$$|((jj)j_{12}j)JM\rangle_{\mathrm{a}}$$
$$= \frac{1 + (-)^{j_{12}}}{\sqrt{\Sigma(jjjJ, j_{12}j_{12})}} \sum_{J'} \frac{1 + (-)^{J'}}{2} \Big(\delta_{j_{12}J'} + 2\hat{j}_{12}\hat{J}' \begin{Bmatrix} j & j & j_{12} \\ j & J & J' \end{Bmatrix} \Big) |((jj)J'j)JM\rangle$$

und

$$\Sigma(jjjJ, j_{12}j'_{12}) = \frac{1 + (-)^{j_{12}}}{2}\, \frac{1 + (-)^{j'_{12}}}{2}\, 12 \left(\delta_{j_{12}j'_{12}} + 2\hat{j}_{12}\hat{j'}_{12} \begin{Bmatrix} j & j & j_{12} \\ j & J & j'_{12} \end{Bmatrix} \right) \, .$$

Hier ist j_{12} keine gute Quantenzahl mehr.

Zum Glück können wir nun aber oft auf diese Quantenzahl verzichten, weil der Zustand schon durch $|j^3 JM\rangle_\mathrm{a}$ festgelegt werden kann - wir können irgendeinen geraden Wert für j_{12} nehmen, den die Dreiecksungleichungen zulassen, weil jede andere Wahl höchstens das Vorzeichen des Zustandes ändert.

Um diese Möglichkeit zu untersuchen, müssen wir feststellen, ob es mehrere Zustände $|j^3 JM\rangle_\mathrm{a}$ geben kann. Das läßt sich in der ungekoppelten Darstellung leicht nachprüfen, weil die Fermionen dann verschiedene Richtungsquantenzahlen haben müssen. Wir brauchen also nur die verschiedenen Möglichkeiten für $M = m_1 + m_2 + m_3$ (mit $m_1 < m_2 < m_3$) abzuzählen, um auf die erlaubten J-Werte zu schließen. So finden wir bei drei Teilchen in der $\frac{6}{2}$-Schale je einmal $M = \frac{9}{2}$ und $\frac{7}{2}$, zweimal $M = \frac{5}{2}$ und je dreimal $M = \frac{3}{2}$ und $\frac{1}{2}$. Folglich können die drei Fermionen zu $J = \frac{9}{2}$, $\frac{5}{2}$ und $\frac{3}{2}$ koppeln - und zwar jeweils nur einmal.

Auf diese Weise findet man (vgl. z.B. MAYER & JENSEN) für $j \leq \frac{7}{2}$ höchstens einen Zustand $|j^3 JM\rangle_\mathrm{a}$, ebenso für $j = \frac{9}{2}$ und $J \neq j$. In allen diesen Fällen können wir also ebenfalls die oben genannte Darstellung nehmen - allerdings mit einem einzigen Wert j_{12}.

Für $j = \frac{9}{2} = J$ (und auch bei $j > \frac{9}{2}$ und gewissen J) gibt es allerdings mehrere Zustände $|j^3 JM\rangle_\mathrm{a}$. Dann braucht man eine weitere Quantenzahl zum Unterscheiden, z.B. die "Seniorität" (die Zahl der nicht zum Drehimpuls null gekoppelten Paare – vgl. z.B. deSHALIT & TALMI oder BIEDENHARN & LOUCK I), doch soll hier nicht darauf eingegangen werden. Insofern gelten die folgenden Ausführungen nicht allgemein, sondern nur für den Fall, daß wir mit j_{12} den Dreiteilchenzustand festlegen können - weil es nur einen Zustand $|j^3 JM\rangle_\mathrm{a}$ gibt oder das dritte Teilchen in einer anderen Schale ist. Den Anwendungsbereich werden wir freilich (ab Abschn. 13.7) noch wesentlich erweitern können.

Aus der ersten Gleichung für antisymmetrisierte Dreiteilchenzustände folgt nun, wenn die anfänglich 6×6 Dirac-Klammern geeignet zusammengefaßt werden, die wichtige Gleichung

$$_\mathrm{a}\langle((j_1 j_2)j_{12}j_3)j|((j'_1 j'_2)j'_{12}j'_3)j'\rangle_\mathrm{a}$$

$$= \frac{(-)^{j_1+j_2-j_{12}+j'_1+j'_2-j'_{12}}\, 6\,(1 + \langle j'_1|j'_2\rangle)\, \delta_{jj'}}{N(j_1 j_2 j_3 j, j_{12})\, N(j'_1 j'_2 j'_3 j', j'_{12})} \, [\langle j_3|j'_3\rangle\, _\mathrm{a}\langle(j_1 j_2)j_{12}|(j'_1 j'_2)j'_{12}\rangle_\mathrm{a}$$

$$+ \hat{j}_{12}\hat{j'}_{12} \begin{Bmatrix} j_2 & j_1 & j_{12} \\ j_3 & j & j'_{12} \end{Bmatrix} \langle j_2|j'_3\rangle\, _\mathrm{a}\langle(j_1 j_3)j'_{12}|(j'_1 j'_2)j'_{12}\rangle_\mathrm{a}$$

$$- (-)^{j_1+j_2-j_{12}} \hat{j}_{12}\hat{j'}_{12} \begin{Bmatrix} j_1 & j_2 & j_{12} \\ j_3 & j & j'_{12} \end{Bmatrix} \langle j_1|j'_3\rangle\, _\mathrm{a}\langle(j_2 j_3)j'_{12}|(j'_1 j'_2)j'_{12}\rangle_\mathrm{a}] \, .$$

(Der noch ausstehende Beweis für den angegebenen Überlapp von $|((j_1 j_2)j_{12}j_3)jm\rangle_\mathrm{a}$ mit $|((j_1 j_2)j'_{12}j_3)jm\rangle_\mathrm{a}$ läßt sich hiermit leicht nachholen – wenn noch berücksichtigt wird, daß j_1, j_2 und j_3 halb- und j_{12} und j'_{12} ganzzahlig sind.)

Außerdem gilt noch

$$|((j_1 j_2)j_{12} j_3)jm\rangle_{\mathrm{a}} = -(-)^{j_1+j_2-j_{12}} |((j_2 j_1)j_{12} j_3)jm\rangle_{\mathrm{a}}$$
$$= (-)^{j_{12}+j_3-j} |(j_3(j_1 j_2)j_{12})jm\rangle_{\mathrm{a}} .$$

Die letztgenannte Kopplung werden wir bei Zuständen mit einem Loch und zwei Teilchen ab Abschn. 13.11 nehmen – wir nennen nämlich immer erst die Loch-, dann die Teilchenzustände, wie in Abschn. 13.1 angekündigt. Mit der angegebenen Kopplungsreihenfolge erreichen wir in diesem Fall, daß j_{12} eine gute Quantenzahl ist.

Mit den obigen Ausdrücken lassen sich die Matrixelemente der Erzeugungsoperatoren berechnen:

$$\langle J \| \Psi_j^\dagger \| 0 \rangle = \hat{J}\langle J|j\rangle ,$$
$$_{\mathrm{a}}\langle (J_1 J_2)J \| \Psi_j^\dagger \| J'\rangle = \hat{J}\sqrt{1 + \langle J_1|J_2\rangle}\ _{\mathrm{a}}\langle (J_1 J_2)J|(J'j)J\rangle_{\mathrm{a}}$$

und

$$_{\mathrm{a}}\langle ((J_1 J_2)J_{12} J_3)J \| \Psi_j^\dagger \| (J_1' J_2')J'\rangle_{\mathrm{a}} = \hat{J}\frac{N(J_1' J_2' jJ, J')}{\sqrt{6(1 + \langle J_1'|J_2'\rangle)}}\ _{\mathrm{a}}\langle ((J_1 J_2)J_{12} J_3)J|((J_1' J_2')J'j)J\rangle_{\mathrm{a}} .$$

Der Faktor $\hat{J}$ hängt mit dem Begriff des reduzierten Matrixelements zusammen (vgl. Abschn. 5.2). Der weitere Faktor vor der Dirac-Klammer ist 1, wenn das erzeugte Teilchen in eine leere Schale kommt – wird eine teilweise besetzte Schale weiter aufgefüllt, so wird das durch diesen Faktor erfaßt.

13.5 Einteilchendichten

Die letzten Gleichungen liefern für Einteilchenzustände

$$\langle J \| \rho^{(n)}(j',j) \| J'\rangle = \hat{n}\,\langle J|j\rangle\,\langle j'|J'\rangle\,\delta(jj'n) ,$$

für Zweiteilchenzustände

$$_{\mathrm{a}}\langle (J_1 J_2)J \| \rho^{(n)}(j',j) \| (J_1' J_2')J'\rangle_{\mathrm{a}} = (-)^{J_1'+J_2'+J+n}\frac{\hat{J}}{\sqrt{1+\langle J_1|J_2\rangle}}\frac{\hat{j}'}{\sqrt{1+\langle J_1'|J_2'\rangle}}$$
$$\times \left[\begin{Bmatrix} j & j' & n \\ J' & J & J_1 \end{Bmatrix} \begin{pmatrix} \langle J_1|J_1'\rangle\,\langle J_2 \| \rho^{(n)}(j',j) \| J_2'\rangle \\ -(-)^{J_1'+J_2'-J'}\langle J_1|J_2'\rangle\,\langle J_2 \| \rho^{(n)}(j',j) \| J_1'\rangle \end{pmatrix} \right.$$
$$\left. -(-)^{J_1+J_2-J}\begin{Bmatrix} j & j' & n \\ J' & J & J_2 \end{Bmatrix} \begin{pmatrix} \langle J_2|J_1'\rangle\,\langle J_1 \| \rho^{(n)}(j',j) \| J_2'\rangle \\ -(-)^{J_1'+J_2'-J'}\langle J_2|J_2'\rangle\,\langle J_1 \| \rho^{(n)}(j',j) \| J_1'\rangle \end{pmatrix} \right]$$

und für Dreiteilchenzustände

$$_a\langle((J_1 J_2)J_{12}J_3)J \parallel \rho^{(n)}(j',j) \parallel ((J_1' J_2')J_{12}'J_3')J'\rangle_a$$

$$= 6\,\frac{\hat{J}}{N(J_1 J_2 J_3 J, J_{12})}\,\frac{\hat{J}'}{N(J_1' J_2' J_3' J', J_{12}')}\,\Bigg[(-)^{J_3'+J_{12}'+J+n}\,(1+\langle J_1|J_2\rangle)\begin{Bmatrix} j & j' & n \\ J' & J & J_{12} \end{Bmatrix}$$

$$\times\Big(\,_a\langle(J_1 J_2)J_{12}|(J_1' J_2')J_{12}'\rangle_a\,\langle J_3 \parallel \rho^{(n)}(j',j) \parallel J_3'\rangle$$

$$+\hat{J}_{12}\hat{J}_{12}'\begin{Bmatrix} J_2' & J_1' & J_{12}' \\ J_3' & J' & J_{12} \end{Bmatrix}\,_a\langle(J_1 J_2)J_{12}|(J_1' J_3')J_{12}\rangle_a\,\langle J_3 \parallel \rho^{(n)}(j',j) \parallel J_2'\rangle$$

$$-(-)^{J_1'+J_2'-J_{12}'}\hat{J}_{12}\hat{J}_{12}'\begin{Bmatrix} J_1' & J_2' & J_{12}' \\ J_3' & J' & J_{12} \end{Bmatrix}\,_a\langle(J_1 J_2)J_{12}|(J_2' J_3')J_{12}\rangle_a\,\langle J_3 \parallel \rho^{(n)}(j',j) \parallel J_1'\rangle\Big)$$

$$-(-)^{J_1'+J_2'+J_3'+J+n}(1+\langle J_1'|J_2'\rangle)\begin{Bmatrix} j & j' & n \\ J' & J & J_{12}' \end{Bmatrix}$$

$$\times\Big(\hat{J}_{12}\hat{J}_{12}'\begin{Bmatrix} J_1 & J_2 & J_{12} \\ J_3 & J & J_{12}' \end{Bmatrix}\,_a\langle(J_2 J_3)J_{12}'|(J_1' J_2')J_{12}'\rangle_a\,\langle J_1 \parallel \rho^{(n)}(j',j) \parallel J_3'\rangle$$

$$-(-)^{J_1+J_2-J_{12}}\hat{J}_{12}\hat{J}_{12}'\begin{Bmatrix} J_2 & J_1 & J_{12} \\ J_3 & J & J_{12}' \end{Bmatrix}\,_a\langle(J_1 J_3)J_{12}'|(J_1' J_2')J_{12}'\rangle_a\,\langle J_2 \parallel \rho^{(n)}(j',j) \parallel J_3'\rangle\Big)$$

$$+(-)^{J_3+J_{12}+J'+n}\sqrt{(1+\langle J_1|J_2\rangle)(1+\langle J_1'|J_2'\rangle)}\begin{Bmatrix} J_{12} & J_{12}' & n \\ J' & J & J_3 \end{Bmatrix}$$

$$\times\langle J_3|J_3'\rangle\,_a\langle(J_1 J_2)J_{12} \parallel \rho^{(n)}(j',j) \parallel (J_1' J_2')J_{12}'\rangle_a$$

$$+(-)^{J_1'+J_2'+J_3'+J'}\hat{J}_{12}\hat{J}_{12}'\begin{Bmatrix} J_{12} & J_3 & J \\ J_3' & J_{12}' & J' \\ j & j' & n \end{Bmatrix}$$

$$\times\{\langle J_1 J_3|J_3' J_1'\rangle\,\langle J_2 \parallel \rho^{(n)}(j',j) \parallel J_2'\rangle$$

$$-(-)^{J_1+J_2-J_{12}}\langle J_2 J_3|J_3' J_1'\rangle\,\langle J_1 \parallel \rho^{(n)}(j',j) \parallel J_2'\rangle$$

$$-(-)^{J_1'+J_2'-J_{12}'}\langle J_1 J_3|J_3' J_2'\rangle\,\langle J_2 \parallel \rho^{(n)}(j',j) \parallel J_1'\rangle$$

$$+(-)^{J_1+J_2-J_{12}+J_1'+J_2'-J_{12}'}\langle J_2 J_3|J_3' J_2'\rangle\,\langle J_1 \parallel \rho^{(n)}(j',j) \parallel J_1'\rangle\}\Bigg].$$

(Beim Summieren über die Zwischenzustände treten Summen über Dreierprodukte von $6j$-Symbolen auf, die nach Abschn. 4.10 in zwei $6j$- oder ein $9j$-Symbol umgewandelt werden können.) Einteilchenoperatoren können den Zustand von höchstens einem Teilchen ändern – deshalb lassen sich die Ausdrücke auch in jedem Sonderfall vereinfachen. Zum Beispiel ergibt sich für den Erwartungswert einer Schale mit zwei Teilchen

$$_a\langle(jj)J \parallel \rho^{(n)}(j,j) \parallel (jj)J\rangle_a = (-)^{n+1}\,2\,\frac{1+(-)^J}{2}\,\hat{n}\hat{J}^2\begin{Bmatrix} j & j & n \\ J & J & j \end{Bmatrix}$$

und mit drei Teilchen

$$_\text{a}\langle((jj)Ij)J \parallel \rho^{(n)}(j,j) \parallel ((jj)Ij)J\rangle_\text{a} = (-)^{j+J+n}\,\frac{1+(-)^I}{2}\,\hat{n}\hat{J}^2\left(1+2\hat{I}^2\begin{Bmatrix} j & j & I \\ j & J & I \end{Bmatrix}\right)^{-1}$$

$$\times\left[\begin{Bmatrix} j & j & n \\ J & J & I \end{Bmatrix}\left(1+4\hat{I}^2\begin{Bmatrix} j & j & I \\ j & J & I \end{Bmatrix}\right)-(-)^n\,2\hat{I}^2\begin{Bmatrix} I & j & J \\ j & I & J \\ j & j & n \end{Bmatrix}\right.$$

$$\left.-(-)^n\,2\hat{I}^2\begin{Bmatrix} j & j & n \\ I & I & j \end{Bmatrix}\begin{Bmatrix} I & I & n \\ J & J & j \end{Bmatrix}\right]\;.$$

Für Skalare ($n=0$) vereinfachen sich die Ausdrücke wegen Abschn. 4.8, d.h. wegen

$$\hat{J}\hat{J}'\begin{Bmatrix} j & j' & 0 \\ J' & J & J_i \end{Bmatrix} = (-)^{j+J+J_i}\,\frac{\hat{J}}{\hat{j}}\,\delta_{jj'}\,\delta_{JJ'}$$

und

$$\hat{J}\hat{J}'\begin{Bmatrix} J_{12} & J_3 & J \\ J_3' & J_{12}' & J' \\ j & j' & 0 \end{Bmatrix} = (-)^{j+J+J_3+J_3'}\,\frac{\hat{J}}{\hat{j}}\begin{Bmatrix} J_3' & j & J_{12} \\ J_3 & J & J_{12}' \end{Bmatrix}\delta_{jj'}\,\delta_{JJ'}\;.$$

Insbesondere folgt für die Erwartungswerte einer Schale

$$_\text{a}\langle(jj)J \parallel \rho^{(0)}(j,j) \parallel (jj)J\rangle_\text{a} = 2\,\frac{1+(-)^J}{2}\,\frac{\hat{J}}{\hat{j}}\,,$$

$$_\text{a}\langle((jj)Ij)J \parallel \rho^{(0)}(j,j) \parallel ((jj)Ij)J\rangle_\text{a} = 3\,\frac{1+(-)^I}{2}\,\frac{\hat{J}}{\hat{j}}\;.$$

Diese letzten Gleichungen werden wir im übernächsten Abschnitt verallgemeinern: Bei N Teilchen in einer Schale enthält der Erwartungswert eines skalaren Operators den Faktor N.

13.6 Zweiteilchendichten

Hier beschränken wir uns (im Hinblick auf die Anwendungen) auf Skalare. Wegen

$$_\text{a}\langle(J_1 J_2)J \parallel \Psi^\dagger_{[j_2}\Psi^\dagger_{j_1]j} \parallel 0\rangle = \hat{J}\sqrt{1+\langle J_1|J_2\rangle}\;_\text{a}\langle(J_1 J_2)J|(j_1 j_2)j\rangle_\text{a}$$

und

$$_\text{a}\langle((J_1 J_2)J_{12}J_3)J \parallel \Psi^\dagger_{[j_2}\Psi^\dagger_{j_1]j} \parallel J'\rangle$$

$$= (-)^{j+J'-J}\,\frac{N(j_1 j_2 J'J,j)}{\sqrt{6}}\;_\text{a}\langle((J_1 J_2)J_{12}J_3)J|((j_1 j_2)jJ')J\rangle_\text{a}$$

erhalten wir nach Abschn. 13.3 die Ausdrücke

$$_\text{a}\langle(J_1 J_2)J \parallel \rho^{(0)}((j_1'j_2')j',(j_1 j_2)j) \parallel (J_1'J_2')J'\rangle_\text{a}$$

$$= \sqrt{(1+\langle J_1|J_2\rangle)(1+\langle J_1'|J_2'\rangle)}\;_\text{a}\langle(J_1 J_2)J|(j_1 j_2)j\rangle_\text{a}\;_\text{a}\langle(j_1'j_2')j'|(J_1'J_2')J'\rangle_\text{a}\,\delta_{jj'}$$

und

$$_{a}\langle((J_1J_2)J_{12}J_3)J \parallel \rho^{(0)}((j_1'j_2')j',(j_1j_2)j) \parallel ((J_1'J_2')J_{12}'J_3')J'\rangle_{a}$$

$$= \frac{1+\langle j_1|j_2\rangle}{N(J_1J_2J_3J,J_{12})}\frac{\hat{J}}{\hat{j}}\,\delta_{jj'}\,\delta_{JJ'}\,\{K(J_3)\,_a\langle(J_1J_2)J_{12}|(j_1j_2)j\rangle_a$$

$$-(-)^{J_2+J_3-j-J_{12}}\,\hat{j}\hat{J_{12}}\begin{Bmatrix}J_1 & J_2 & J_{12}\\ J & J_3 & j\end{Bmatrix}K(J_2)\,_a\langle(J_1J_3)j|(j_1j_2)j\rangle_a$$

$$-(-)^{J_2+J_3-j}\,\hat{j}\hat{J_{12}}\begin{Bmatrix}J_2 & J_1 & J_{12}\\ J & J_3 & j\end{Bmatrix}K(J_1)\,_a\langle(J_2J_3)j|(j_1j_2)j\rangle_a\}$$

mit dem Kürzel

$$K(J_i) \equiv N(j_1'j_2'J_iJ,j')\,_a\langle((j_1'j_2')j'J_i)J|((J_1'J_2')J_{12}'J_3')J\rangle_a\;.$$

Damit folgt insbesondere für den Erwartungswert bei zwei Teilchen in derselben Schale

$$_{a}\langle(jj)J \parallel \rho^{(0)}((jj)I,(jj)I) \parallel (jj)J\rangle_a = 2\,\frac{1+(-)^I}{2}\,\delta_{IJ}$$

und

$$_{a}\langle((jj)J_{12}j)J \parallel \rho^{(0)}((jj)I,(jj)I) \parallel ((jj)J_{12}j)J\rangle_a$$

$$= 2\,\frac{1+(-)^I}{2}\,\frac{1+(-)^{J_{12}}}{2}\,\frac{\hat{J}}{\hat{j}}\,\frac{\left(\delta_{IJ_{12}} + 2\hat{I}\hat{J_{12}}\begin{Bmatrix}j & j & I\\ j & J & J_{12}\end{Bmatrix}\right)^2}{1 + 2\hat{J_{12}}^2\begin{Bmatrix}j & j & J_{12}\\ j & J & J_{12}\end{Bmatrix}}$$

bei drei Teilchen in derselben Schale.

13.7 Abgeschlossene Schalen

Die obigen Ausdrücke scheinen mit wachsender Teilchenzahl immer verwickelter zu werden. Das gilt aber nur, wenn sich die Teilchen in verschiedenen Schalen aufhalten. Sonst werden nämlich die Kopplungsmöglichkeiten durch die Antisymmetrie stark eingeschränkt.

Sind alle $2j+1$ Zustände einer Schale $\alpha(ls)j$ besetzt, so nennt man die Schale abgeschlossen. Sie ist im Zustand $|j-j,\ldots,jj\rangle_a$. Auch in der gekoppelten Darstellung gibt es nur einen Zustand: Der Gesamtdrehimpuls einer abgeschlossenen Schale ist null, wie man an der Wirkung der Einteilchenoperatoren $J_\pm$ erkennt:

$$J_\pm|j-j,\ldots,jj\rangle_a = \sum_m \sqrt{j(j+1)-m(m\pm 1)}\,\Psi^\dagger_{j,m\pm 1}\Psi_{jm}|j-j,\ldots,jj\rangle_a = 0\;.$$

Außerdem hat jede abgeschlossene Schale gerade Parität, denn sie enthält eine gerade Anzahl von Teilchen gleicher Parität.

Den Zustand einer abgeschlossenen Schale mit den Quantenzahlen $\alpha(ls)j$ bezeichnen wir mit

$$|j^{2j+1}\rangle_a \equiv |j-j,\ldots,jj\rangle_a\;.$$

Für die Erwartungswerte der Feldoperatoren erhalten wir

$$_a\langle j^{2j+1}|\, \Psi^\dagger_{j''m''}\Psi_{j'm'}\, |j^{2j+1}\rangle_a = \langle j'm'|j''m''\rangle\, \langle j|j'\rangle \, ,$$

$$_a\langle j^{2j+1}|\, \Psi^\dagger_{j_2 m_2}\Psi^\dagger_{j_1 m_1}\Psi_{j'_1 m'_1}\Psi_{j'_2 m'_2}\, |j^{2j+1}\rangle_a = \,_a\langle j'_1 m'_1 j'_2 m'_2 | j_1 m_1 j_2 m_2\rangle_a$$

und damit nach Abschn. 4.9 für die Dichtetensoren

$$_a\langle j^{2j+1}|\, \rho^{(n)}_\nu(j,j)\, |j^{2j+1}\rangle_a = \hat{j}\, \delta_{n0}\delta_{\nu 0} \, ,$$

$$_a\langle j^{2j+1}|\, \rho^{(n)}_\nu((jj)I,(jj)I')\, |j^{2j+1}\rangle_a = 2\,\hat{I}\,\frac{1+(-)^I}{2}\,\delta_{II'}\delta_{n0}\delta_{\nu 0} \, .$$

Deshalb gilt bei einer abgeschlossenen Schale für Ein- und Zweiteilchenoperatoren

$$_a\langle j^{2j+1}|\, F^{(n)}_\nu\, |j^{2j+1}\rangle_a = \delta_{n0}\delta_{\nu 0}\quad \hat{j}\,\langle j\,\|\,F^{(0)}\,\|\,j\rangle \, ,$$

$$_a\langle j^{2j+1}|\, V^{(n)}_\nu\, |j^{2j+1}\rangle_a = \delta_{n0}\delta_{\nu 0}\sum_I \hat{I}\,_a\langle (jj)I\,\|\,V^{(0)}\,\|\,(jj)I\rangle_a \, .$$

Wegen der Antisymmetrie tragen in der Summe nur gerade I bei:

$$_a\langle (jj)I\,\|\,V^{(0)}\,\|\,(jj)I\rangle_a = \frac{1+(-)^I}{2}\,\langle (jj)I\,\|\,V^{(0)}\,\|\,(jj)I\rangle \, .$$

Übrigens haben wir für die Einteilchenoperatoren nun auch die Gleichung

$$_a\langle j^{2j+1}|\, F^{(n)}_\nu\, |j^{2j+1}\rangle_a = (2j+1)\,\langle jm|\,F^{(0)}_0\,|jm\rangle\,\delta_{n0}\delta_{\nu 0}$$

bewiesen, wobei das rechte Matrixelement nicht von der Richtungsquantenzahl abhängt: Jedes der $2j+1$ Teilchen in der Schale trägt gleich viel zum Erwartungswert bei. Dies ist im Einklang mit dem Ergebnis aus Abschn. 13.5 – offenbar gilt allgemein

$$_a\langle j^N J\,\|\,F^{(0)}\,\|\,j^N J\rangle_a = N\,\frac{\hat{J}}{\hat{j}}\,\langle j\,\|\,F^{(0)}\,\|\,j\rangle$$

für beliebige Teilchenzahl ($0 \leq N \leq 2j+1$) und unabhängig von den übrigen Quantenzahlen, solange es der Erwartungswert eines antisymmetrischen Zustandes ist.

13.8 Lochzustände

Abschließend wollen wir uns nun noch mit der Teilchen-Loch-Symmetrie beschäftigen, mit der wir die bisher nur für wenige Teilchen hergeleiteten Ausdrücke auf nahezu volle Schalen übertragen können.

Fehlt nur ein Teilchen an einer abgeschlossenen Schale und hat dieser Zustand von $2j$ Teilchen die Drehimpulsquantenzahlen j, m, so bezeichnen wir ihn mit $|(jm)^{-1}\rangle$. Um einzusehen, daß

$$|(jm)^{-1}\rangle = \Psi_{\overline{jm}}\,|j^{2j+1}\rangle_a = |j-j,\,\ldots,(j-m)^{-1},\,\ldots,jj\rangle_a$$

ist, betrachten wir zunächst (vgl. Abschn. 13.1)

$$\Psi_{jm}|j^{2j+1}\rangle_a = (-)^{j-m}\Psi_{jm}|j-j,\ldots,(jm)^{-1},\ldots,jj,jm\rangle_a$$
$$= (-)^{j-m}|j-j,\ldots,(jm)^{-1},\ldots,jj\rangle_a \, .$$

Daraus folgt nämlich wegen $|\overline{jm}\rangle = (-)^{j+m}|j,-m\rangle$ sofort der zweite Teil der Behauptung. Für den vollen Beweis brauchen wir nun nur noch die Einteilchenoperatoren J_0 und $J_\pm$ auf den rechten Zustand wirken zu lassen: Die Summe der Richtungsquantenzahlen ist tatsächlich m, und bei den Leiteroperatoren trägt nur $\Psi^\dagger_{j-m}\Psi_{j-m\mp1}$ mit seinem Gewicht $\sqrt{j(j+1)-m(m\pm1)}$ bei. Wie behauptet, hat also $|(jm)^{-1}\rangle$ die Drehimpulsquantenzahlen j, m.

Bei Lochzuständen sparen wir den Buchstaben a an der Dirac-Klammer ein, weil der Begriff des Lochzustandes (und abgeschlossener Schalen) sowieso nur für Fermionen sinnvoll ist.

Selbstverständlich können auch mehrere Löcher vorkommen – solange die Schale mehr als halb voll ist, beschreiben wir sie lieber mit Löchern als mit Teilchen. Wir nehmen dann wieder die gekoppelte Darstellung und haben z.B.

$$|j^{-2}JM\rangle = \frac{1}{\sqrt{2}} \sum_{m_1 m_2} \begin{pmatrix} j & j \\ m_1 & m_2 \end{pmatrix} \begin{matrix} J \\ M \end{matrix} \Psi_{\overline{jm_1}}\Psi_{\overline{jm_2}} |j^{2j+1}\rangle_a = \frac{1}{\sqrt{2}} \Psi_{[\bar{j}\Psi_{\bar{j}}]JM} |j^{2j+1}\rangle_a \, .$$

Die Antisymmetrie verlangt in diesem Fall, daß der Gesamtdrehimpuls J gerade ist.

13.9 Feldoperatoren als irreduzible Tensoren

Die eben beschriebenen Lochzustände legen es nahe, bei fast abgeschlossenen Schalen Locherzeugungs- und -vernichtungsoperatoren einzuführen:

$$\Phi^\dagger_\kappa \equiv \Psi_{\overline{\kappa}} , \qquad \Rightarrow \qquad \Phi_\kappa = \Psi^\dagger_{\overline{\kappa}} ,$$
$$\Rightarrow \qquad \Phi^\dagger_{\overline{\kappa}} = -\Psi_\kappa , \qquad \Rightarrow \qquad \Phi_{\overline{\kappa}} = -\Psi^\dagger_\kappa \, .$$

Dabei folgt die zweite Zeile aus Abschn. 2.6: Für Fermionen gilt nämlich $\mathcal{T}^2|\kappa\rangle = -|\kappa\rangle$. Als Vertauscheigenschaft haben wir offenbar

$$\Phi_\kappa\Phi^\dagger_{\kappa'} + \Phi^\dagger_{\kappa'}\Phi_\kappa = \langle\kappa|\kappa'\rangle , \qquad \Phi_\kappa\Phi_{\kappa'} + \Phi_{\kappa'}\Phi_\kappa = 0 \, .$$

Dabei wirken die Lochoperatoren auf abgeschlossene Schalen, die wir jetzt mit $|\hat{0}\rangle$ bezeichnen, weil dieser Zustand dem Vakuumzustand $|0\rangle$ bei Teilchenoperatoren entspricht:

$$\Phi^\dagger_\kappa|\hat{0}\rangle = |\kappa^{-1}\rangle , \qquad \Phi_\kappa|\hat{0}\rangle = 0 \, .$$

Dieses "Quasivakuum" kann auch mehrere abgeschlossene Schalen umfassen – insofern ist es allgemeiner als der Zustand $|j^{2j+1}\rangle_a$.

Wir hatten schon in Abschn. 5.4 gesehen, daß der Erzeugungsoperator $\Psi_{jm}^{\dagger}$ ein irreduzibler Tensoroperator ist und daß seine Matrixelemente mit denen des Vernichtungoperators Ψ_{jm} verknüpft sind:

$$\langle JM|\Psi_{jm}^{\dagger}|J'M'\rangle \;=\; \begin{pmatrix} J' & j & J \\ M' & m & M \end{pmatrix} \frac{\langle J\,\|\,\Psi_j^{\dagger}\,\|\,J'\rangle}{\hat{J}} \;=\; \langle J'M'|\Psi_{jm}|JM\rangle \,.$$

Wir erhalten deshalb für die Lochoperatoren

$$\langle JM|\Phi_{jm}^{\dagger}|J'M'\rangle = (-)^{j+m}\,\langle JM|\Psi_{j-m}|J'M'\rangle \,.$$
$$= (-)^{j+m}\,\begin{pmatrix} J & j & J' \\ M & -m & M' \end{pmatrix} \frac{\langle J'\,\|\,\Psi_j^{\dagger}\,\|\,J\rangle}{\hat{J}'} \,.$$

Die Symmetrie des Kopplungskoeffizienten liefert damit

$$\langle J\,\|\,\Phi_j^{\dagger}\,\|\,J'\rangle = (-)^{J+j-J'}\langle J'\,\|\,\Psi_j^{\dagger}\,\|\,J\rangle \,.$$

Hieran erkennen wir, daß auch der Locherzeugungsoperator $\Phi_{jm}^{\dagger}$ ein irreduzibler Tensoroperator ist. Er nimmt nicht den Drehimpuls j, m fort, sondern den entgegengesetzten, fügt also den Drehimpuls j, m hinzu. Dagegen sind die Vernichtungsoperatoren Ψ_{jm} und Φ_{jm} keine Tensoroperatoren mit diesen Quantenzahlen – sie gehören zu den zeitumgekehrten Zuständen.

Statt der letzten Gleichung werden wir im folgenden stets

$$\langle(J_1^{-1}, \dots)J\,\|\,\Phi_j^{\dagger}\,\|\,(J_1'^{-1}, \dots)J'\rangle \;=\; {}_{\mathrm{a}}\langle(J_1, \dots)J\,\|\,\Psi_j^{\dagger}\,\|\,(J_1', \dots)J'\rangle_{\mathrm{a}}$$

ausnutzen – links stehen Loch-, rechts Teilchenzustände.

13.10 Teilchen-Loch-Symmetrie

Wir gehen nun von der Gleichung in Abschn. 13.2

$$\rho_{\nu}^{(n)}(j', j) = \sum_{mm'} (-)^{j'-m'}\begin{pmatrix} j & j' & n \\ m & -m' & \nu \end{pmatrix}\Psi_{jm}^{\dagger}\Psi_{j'm'}$$

aus und ersetzen die Teilchen- durch Lochoperatoren. Damit der Erzeugungsoperator wieder links vom Vernichter steht, müssen wir beide miteinander vertauschen und erhalten deshalb zwei Glieder:

$$\rho_{\nu}^{(n)}(j', j) = \delta_{n0}\delta_{\nu 0}\sum_{j_0}\langle j|j_0\rangle\,\hat{j}_0\,\langle j_0|j'\rangle\,1 - (-)^{n+j'-j}\rho_{\nu}^{(n)}(j^{-1}, j'^{-1})$$

mit

$$\rho_{\nu}^{(n)}(j'^{-1}, j^{-1}) \equiv \sum_{mm'} (-)^{j'-m'}\begin{pmatrix} j & j' & n \\ m & -m' & \nu \end{pmatrix}\Phi_{jm}^{\dagger}\Phi_{j'm'} \,.$$

(Beachte den Austausch $j \leftrightarrow j'$, der wichtige Folgen hat.) Das erste Glied beschreibt den Beitrag des Quasivakuums. Es sind nämlich alle Zustände $|j_0\rangle$ der gefüllten Schalen zu nehmen:

$$\langle \hat{0}\,\|\,F^{(n)}\,\|\,\hat{0}\rangle = \delta_{n0}\sum_{j_0}\hat{j}_0\,\langle j_0\,\|\,F^{(0)}\,\|\,j_0\rangle \,,$$

was mit dem Ergebnis von Abschn. 13.7 übereinstimmt.

Das zweite Glied trägt nur bei Löchern bei. Es ähnelt dem obigen Ausdruck in der Teilchendarstellung – weil j und j' gegeneinander ausgetauscht wurden. Deshalb finden wir bei Lochzuständen

$$\langle (J_1^{-1}, \dots)J \parallel F^{(n)} \parallel (J_1'^{-1}, \dots)J' \rangle = {}_{\mathbf{a}}\langle (J_1, \dots)J | (J_1', \dots)J' \rangle_{\mathbf{a}}\, \hat{J}\, \langle \hat{0} \parallel F^{(n)} \parallel \hat{0} \rangle$$
$$- \frac{1}{\hat{n}} \sum_{jj'} (-)^{n+j-j'} \langle j' \parallel F^{(n)} \parallel j \rangle \; {}_{\mathbf{a}}\langle (J_1, \dots)J \parallel \rho^{(n)}(j',j) \parallel (J_1', \dots)J' \rangle_{\mathbf{a}} \, .$$

Damit haben wir die gestellte Aufgabe für Einteilchenoperatoren schon gelöst, denn rechts stehen lauter Ausdrücke in der bekannten Teilchendarstellung. Der entsprechende Ausdruck für Teilchen statt Löchern ist nach Abschn. 13.2 gegeben durch

$$_{\mathbf{a}}\langle (J_1, \dots)J \parallel F^{(n)} \parallel (J_1', \dots)J' \rangle_{\mathbf{a}}$$
$$= \frac{1}{\hat{n}} \sum_{jj'} \langle j \parallel F^{(n)} \parallel j' \rangle \; {}_{\mathbf{a}}\langle (J_1, \dots)J \parallel \rho^{(n)}(j',j) \parallel (J_1', \dots)J' \rangle_{\mathbf{a}} \, .$$

Abgesehen vom Vakuumerwartungswert haben wir also die Symmetrie

$$\langle j'^{-1} \parallel F^{(n)} \parallel j^{-1} \rangle = -(-)^{j'-j-n} \langle j \parallel F^{(n)} \parallel j' \rangle = -c_F \langle j' \parallel F^{(n)} \parallel j \rangle \, .$$

Für die letzte Umformung haben wir auf Abschn. 5.3 zurückgegriffen. Jetzt ist deutlich, weshalb der Vorzeichenfaktor $-c_F$ als Teilchen-Loch-Parität bezeichnet wird: Vom Vakuumerwartungswert abgesehen gibt diese Zahl den möglichen Vorzeichenwechsel der Matrixelemente von F beim Übergang von Teilchen zu Löchern an. Zeitumkehrverhalten und Teilchen-Loch-Parität unterscheiden sich im Vorzeichen.

Entsprechend haben wir bei Zweiteilchenoperatoren als Vakuumerwartungswert (in Übereinstimmung mit Abschn. 13.7)

$$\langle \hat{0} \parallel V^{(n)} \parallel \hat{0} \rangle = \delta_{n0} \sum_{\substack{j_0 \le j_0' \\ I}} \hat{I}\, {}_{\mathbf{a}}\langle (j_0 j_0')I \parallel V^{(0)} \parallel (j_0 j_0')I \rangle_{\mathbf{a}} \, ,$$

wobei j_0 und j_0' die gefüllten Schalen bezeichnen. Allgemein folgt

$$\langle (J_1^{-1}, \dots)J \parallel V^{(n)} \parallel (J_1'^{-1}, \dots)J' \rangle$$
$$= {}_{\mathbf{a}}\langle (J_1, \dots)J | (J_1', \dots)J' \rangle_{\mathbf{a}}\, \hat{J}\, \langle \hat{0} \parallel V^{(n)} \parallel \hat{0} \rangle$$

$$- \frac{1}{\hat{n}} \sum_{j_0 jj'II'} \hat{I}\hat{I}' \begin{Bmatrix} j' & j & n \\ I & I' & j_0 \end{Bmatrix} \sqrt{1 + \langle j'|j_0 \rangle}\sqrt{1 + \langle j_0|j \rangle}\; {}_{\mathbf{a}}\langle (j'j_0)I' \parallel V^{(n)} \parallel (j_0 j)I \rangle_{\mathbf{a}}$$
$$\times\; {}_{\mathbf{a}}\langle (J_1, \dots)J \parallel \rho^{(n)}(j',j) \parallel (J_1', \dots)J' \rangle_{\mathbf{a}}$$

$$+ \frac{1}{\hat{n}} \sum_{\substack{j_1 \le j_2 \\ j_1' \le j_2' \\ jj'}} (-)^{j+j'-n} \frac{{}_{\mathbf{a}}\langle (j_1'j_2')j' \parallel V^{(n)} \parallel (j_1 j_2)j \rangle_{\mathbf{a}}}{\sqrt{1 + \langle j_1'|j_2' \rangle}\sqrt{1 + \langle j_1|j_2 \rangle}}$$
$$\times\; {}_{\mathbf{a}}\langle (J_1, \dots)J \parallel \rho^{(n)}((j_1'j_2')j', (j_1 j_2)j) \parallel (J_1', \dots)J' \rangle_{\mathbf{a}}$$

und insbesondere für Skalare

$$\langle (J_1^{-1}, \dots)J \parallel V^{(0)} \parallel (J_1'^{-1}, \dots)J' \rangle = {}_{\mathbf{a}}\langle (J_1, \dots)J | (J_1', \dots)J' \rangle_{\mathbf{a}}\, \hat{J}\, \langle \hat{0} \parallel V^{(0)} \parallel \hat{0} \rangle$$

$$+ \sum_{j_0 jj'I} \frac{\hat{I}}{\hat{j}} \sqrt{1 + \langle j'|j_0 \rangle}\sqrt{1 + \langle j_0|j \rangle}\; {}_{\mathbf{a}}\langle (j_0 j')I \parallel V^{(0)} \parallel (j_0 j)I \rangle_{\mathbf{a}}$$
$$\times\; {}_{\mathbf{a}}\langle (J_1, \dots)J \parallel \rho^{(0)}(j',j) \parallel (J_1', \dots)J' \rangle_{\mathbf{a}}$$

$$+ \sum_{\substack{j_1 \le j_2 \\ j_1' \le j_2' \\ j}} \frac{{}_{\mathbf{a}}\langle (j_1'j_2')j' \parallel V^{(0)} \parallel (j_1 j_2)j \rangle_{\mathbf{a}}}{\sqrt{1 + \langle j_1'|j_2' \rangle}\sqrt{1 + \langle j_1|j_2 \rangle}}\; {}_{\mathbf{a}}\langle (J_1, \dots)J \parallel \rho^{(0)}((j_1'j_2')j, (j_1 j_2)j) \parallel (J_1', \dots)J' \rangle_{\mathbf{a}} \, ,$$

wobei jetzt noch ein Faktor $\delta_{JJ'}$ abgespalten werden kann. Neben dem Vakuumerwartungswert tritt noch ein Glied mit einer Einteilchendichte auf. Wie schon in Abschn. 13.3 erwähnt, enthält sie den Faktor $\delta_{jj'}$, der aber i.a. nicht gleich $\langle j|j'\rangle$ gesetzt werden kann, weil eigentlich noch die übrigen Quantenzahlen angegeben werden müßten. Dem Einteilchenglied entspricht bei Teilchen statt Löchern

$$_a\langle(j_0^{2j_0+1},j)j \parallel V^{(n)} \parallel (j_0^{2j_0+1},j')j'\rangle_a = \delta_{n0}\,\hat{j}\,\langle j|j'\rangle \sum_I \hat{I}\,_a\langle(j_0 j_0)I \parallel V^{(0)} \parallel (j_0 j_0)I\rangle_a$$

$$- \sum_{II'} (-)^{n+I-I'}\,\hat{I}\hat{I'} \begin{Bmatrix} j' & j & n \\ I & I' & j_0 \end{Bmatrix} {}_a\langle(j_0 j)I \parallel V^{(n)} \parallel (j' j_0)I'\rangle_a$$

bzw. für $n = 0$

$$_a\langle(j_0^{3j_0+1},j)j \parallel V^{(0)} \parallel (j_0^{2j_0+1},j')j'\rangle_a = \hat{j}\,\langle j|j'\rangle\,\langle\hat{0} \parallel V^{(0)} \parallel \hat{0}\rangle$$

$$+ \delta_{jj'} \sum_I \frac{\hat{I}}{\hat{j_0}}\,_a\langle(j_0 j)I \parallel V^{(0)} \parallel (j_0 j')I\rangle_a\,,$$

wobei es selbstverständlich keinen Überlapp $\langle j_0|j\rangle$ geben darf.

Bei diesen Einteilchengliedern kann über den Drehimpuls I summiert werden, wenn es sich um die in Abschn. 9.6 und 9.7 besprochenen Wechselwirkungen handelt. Nach Abschn. 13.2 ist nämlich

$$\sum_I \hat{I}\,\sqrt{1+\langle j'|j_0\rangle}\,\sqrt{1+\langle j_0|j\rangle}\quad _a\langle(j_0 j')I \parallel V^{(0)} \parallel (j_0 j)I\rangle_a$$

$$= \sum_I \hat{I}\,\left(\langle(j_0 j')I \parallel V \parallel (j_0 j)I\rangle - (-)^{j_0+j-I}\langle(j_0 j')I \parallel V \parallel (j j_0)I\rangle\right)\,,$$

und die I-Abhängigkeit dieser reduzierten Matrixelemente kennen wir für verschiedene Wechselwirkungen: Bei einer Wigner-, Tensor- oder Spin-Bahn-Kraft wird sie (beim Multipol n-ter Ordnung) durch

$$(-)^I\,\hat{I} \begin{Bmatrix} j_0 & j_0 & n \\ j & j & I \end{Bmatrix} \quad\text{bzw. durch}\quad (-)^I\,\hat{I} \begin{Bmatrix} j_0 & j & n \\ j_0 & j & I \end{Bmatrix}$$

erfaßt. Nach Abschn. 4.12 gilt aber

$$\sum_I (-)^I\,\hat{I}^2 \begin{Bmatrix} j_0 & j_0 & n \\ j & j & I \end{Bmatrix} = (-)^{j_0+j}\,\hat{j_0}\hat{j}\,\delta_{n0}$$

und

$$\sum_I \hat{I}^2 \begin{Bmatrix} j_0 & j & n \\ j_0 & j & I \end{Bmatrix} = -\,\delta(j_0 jn)\,.$$

Bei spinabhängigen Zentralkräften können wir entsprechend

$$\sum_I (-)^I\,\hat{I}^2 \begin{Bmatrix} j_0 & j_0 & n \\ j & j & I \end{Bmatrix} \begin{Bmatrix} l_0 & l & I \\ j & j_0 & \frac{1}{2} \end{Bmatrix}^2 = -(-)^{l_0+l+n} \begin{Bmatrix} j_0 & j_0 & n \\ \frac{1}{2} & \frac{1}{2} & l_0 \end{Bmatrix} \begin{Bmatrix} j & j & n \\ \frac{1}{2} & \frac{1}{2} & l \end{Bmatrix}$$

und

$$\sum_I \hat{I}^2 \begin{Bmatrix} j_0 & j & n \\ j_0 & j & I \end{Bmatrix} \begin{Bmatrix} l_0 & l & I \\ j & j_0 & \frac{1}{2} \end{Bmatrix}^2 = \begin{Bmatrix} l_0 & \frac{1}{2} & j_0 \\ \frac{1}{2} & l & j \\ j_0 & j & n \end{Bmatrix}$$

ausnutzen.

13.11 Zustände mit Teilchen-Loch-Paaren

Bisher haben wir uns entweder nur mit Teilchen- oder nur mit Lochzuständen beschäftigt. Es können aber auch Teilchen und Löcher (in verschiedenen Schalen) gemeinsam vorkommen. Diesem Fall wollen wir uns nun zuwenden.

Der Operator $\Psi^\dagger$ wirkt nicht auf Lochzustände. Deshalb können wir auf Abschn. 5.6 zurückgreifen, wenn wir nun den Gesamtdrehimpuls der Löcher mit J_L und den der Teilchen mit J_T bezeichnen:

$$_\mathrm{a}\langle((\ldots)J_\mathrm{L}(\ldots)J_\mathrm{T})J \parallel \Psi_j^\dagger \parallel ((\ldots)J_\mathrm{L}'(\ldots)J_\mathrm{T}')J'\rangle_\mathrm{a}$$

$$= (-)^{J_\mathrm{L}' + J_\mathrm{T}' + J + j}\, \hat{J}\hat{J}'\, \begin{Bmatrix} J_\mathrm{T} & J_\mathrm{T}' & j \\ J' & J & J_\mathrm{L} \end{Bmatrix}\, {}_\mathrm{a}\langle(\ldots)J_\mathrm{L}|(\ldots)J_\mathrm{L}'\rangle_\mathrm{a}\; {}_\mathrm{a}\langle(\ldots)J_\mathrm{T} \parallel \Psi_j^\dagger \parallel (\ldots)J_\mathrm{T}'\rangle_\mathrm{a}\,.$$

Dies widerspricht nicht dem Ergebnis am Ende von Abschn. 13.4, daß besondere Faktoren auftreten, wenn teilweise besetzte Schalen weiter aufgefüllt werden: Wir haben nämlich nur den wesentlichen Unterschied zwischen Teilchen- und Lochzuständen ausgenutzt – der besondere Faktor steckt also in dem zuletzt genannten Matrixelement.

Als Sonderfälle bekommen wir damit bei der Erzeugung von Teilchen

$$\langle(J_1^{-1}J_2)J \parallel \Psi_j^\dagger \parallel J'^{-1}\rangle = \hat{J}\,\langle(J_1 J_2)J|(J'j)J\rangle\,,$$

$$\langle((J_1^{-1}J_2^{-1})J_{12}J_3)J \parallel \Psi_j^\dagger \parallel (J_1'^{-1}J_2'^{-1})J'\rangle = \hat{J}\,{}_\mathrm{a}\langle(J_1 J_2)J_{12}|(J_1'J_2')J'\rangle_\mathrm{a}\,\langle J_3|j\rangle\,\delta(J'jJ)$$

und

$$\langle(J_1^{-1}(J_2 J_3)J_{23})J \parallel \Psi_j^\dagger \parallel (J_1'^{-1}J_2')J'\rangle$$

$$= (-)^{J_1 + J_{23} - J}\, \hat{J}\hat{J}'\hat{J}_{23}\, \sqrt{1 + \langle J_2|J_3\rangle}\, \begin{Bmatrix} J_{23} & J_2' & j \\ J' & J & J_1 \end{Bmatrix}\, \langle J_1|J_1'\rangle\, {}_\mathrm{a}\langle(J_2 J_3)J_{23}|(jJ_2')J_{23}\rangle_\mathrm{a}\,,$$

was auch unmittelbar aus Abschn. 13.4 folgt.

Entsprechend gilt nach Abschn. 5.6 beim Lochoperator – er verlangt bei N Teilchen noch N Vertauschungen und liefert deshalb den zusätzlichen Faktor $(-)^N$ – :

$$_\mathrm{a}\langle((\ldots)J_\mathrm{L}(\ldots)J_\mathrm{T})J \parallel \Phi_j^\dagger \parallel ((\ldots)J_\mathrm{L}'(\ldots)J_\mathrm{T}')J'\rangle_\mathrm{a}$$

$$= (-)^{N + J_\mathrm{L} + J_\mathrm{T} + J' + j}\, \hat{J}\hat{J}'\, \begin{Bmatrix} J_\mathrm{L} & J_\mathrm{L}' & j \\ J' & J & J_\mathrm{T} \end{Bmatrix}$$

$$\times\ {}_\mathrm{a}\langle(\ldots)J_\mathrm{T}|(\ldots)J_\mathrm{T}'\rangle_\mathrm{a}\; {}_\mathrm{a}\langle(\ldots)J_\mathrm{L} \parallel \Phi_j^\dagger \parallel (\ldots)J_\mathrm{L}'\rangle_\mathrm{a}$$

mit

$$_\mathrm{a}\langle(J_1^{-1}, \ldots)J_\mathrm{L} \parallel \Phi_j^\dagger \parallel (J_1'^{-1}, \ldots)J_\mathrm{L}'\rangle_\mathrm{a} = {}_\mathrm{a}\langle(J_1, \ldots)J_\mathrm{L} \parallel \Psi_j^\dagger \parallel (J_1', \ldots)J_\mathrm{L}'\rangle_\mathrm{a}\,.$$

(In der letzten Gleichung stehen links lauter Loch-, rechts die zugehörigen Teilchenzustände.) Damit folgt

$$\langle(J_1^{-1}J_2)J \parallel \Phi_j^\dagger \parallel J'\rangle = -(-)^{J_1 + J_2 - J}\, \hat{J}\,\langle(J_1 J_2)J|(jJ')J\rangle\,,$$

$$\langle(J_1^{-1}(J_2 J_3)J_{23})J \parallel \Phi_j^\dagger \parallel (J_1'J_2')J'\rangle_\mathrm{a} = (-)^{J_1 + J_{23} - J}\, \hat{J}\,\langle J_1|j\rangle\, {}_\mathrm{a}\langle(J_2 J_3)J_{23}|(J_1'J_2')J'\rangle_\mathrm{a}$$

und

$$\langle((J_1^{-1}J_2^{-1})J_{12}J_3)J \parallel \Phi_j^\dagger \parallel (J_1'^{-1}J_2')J'\rangle$$

$$= -(-)^{J_1' + J_2' - J'}\, \hat{J}\hat{J}'\hat{J}_{12}\, \sqrt{1 + \langle J_1|J_2\rangle}\, \begin{Bmatrix} J_{12} & J_1' & j \\ J' & J & J_3 \end{Bmatrix}\, {}_\mathrm{a}\langle(J_1 J_2)J_{12}|(jJ_1')J_{12}\rangle_\mathrm{a}\,\langle J_3|J_2'\rangle\,,$$

was auch wieder mit Abschn. 13.4 hergeleitet werden kann.

Damit haben wir auch alle nötigen Größen bereitgestellt, um mit $\Psi^\dagger$ oder $\Phi^\dagger$ einen 3-Loch-3-Teilchen-Zustand entstehen zu lassen. Diese Ausdrücke sollen hier aber nicht mehr alle genannt werden.

13.12 Einteilchendichten bei Teilchen-Loch-Paaren

Für die Einteilchendichtetensoren gilt allgemein

$$\rho_\nu^{(n)}(j',j) = \sum_{mm'} (-)^{j'-m'} \begin{pmatrix} j & j' & n \\ m & -m' & \nu \end{pmatrix} \Psi_{jm}^\dagger \Psi_{j'm'}$$
$$-(-)^{n+j'-j}\, \Psi_{[j}^\dagger \Phi_{j']n\nu}^\dagger - (-)^{n+\nu}\, \Phi_{[j} \Psi_{j']n,-\nu}$$
$$+\delta_{n0}\delta_{\nu0} \sum_{j_0} \langle j|j_0\rangle\, \hat{j}_0\, \langle j_0|j'\rangle\, 1 - (-)^{n+j'-j}\, \rho_\nu^{(n)}(j^{-1}, j'^{-1}) \,.$$

Die erste Zeile kennen wir aus Abschn. 13.2, die letzte aus Abschn. 13.10. Das zweite Glied beschreibt die Teilchen-Loch-Paar-Erzeugung: Setzt sich J_L aus den Drehimpulsen von N_L Löchern zusammen, J_T aus denen von N_T Teilchen und ist $N_L' = N_L - 1$ und $N_T' = N_T - 1$, so gilt nach Abschn. 5.6 und 13.11

$$_a\langle((\ldots)J_L(\ldots)J_T)J \parallel \rho^{(n)}(j',j) \parallel ((\ldots)J_L'(\ldots)J_T')J'\rangle_a$$
$$= (-)^{N_T + n + j' - j}\, \hat{J}\hat{J}'\hat{n} \begin{Bmatrix} J_L & J_T & J \\ J_L' & J_T' & J' \\ j' & j & n \end{Bmatrix}$$
$$\times\; _a\langle((\ldots)J_L \parallel \Phi_{j'}^\dagger \parallel (\ldots)J_L'\rangle_a\; _a\langle((\ldots)J_T \parallel \Psi_j^\dagger \parallel (\ldots)J_T'\rangle_a \,.$$

Das dritte Glied ist nach Abschn. 13.3 das hermitisch-konjugierte des zweiten. Wir können deshalb die dort genannte Symmetrie ausnutzen und brauchen die Beispiele mit Paarvernichtung nicht gesondert aufzuzählen:

$$_a\langle((\ldots)J_L'(\ldots)J_T')J' \parallel \rho^{(n)}(j',j) \parallel ((\ldots)J_L(\ldots)J_T)J \rangle_a$$
$$= (-)^{J-J'+j-j'}\; _a\langle((\ldots)J_L(\ldots)J_T)J \parallel \rho^{(n)}(j,j') \parallel ((\ldots)J_L'(\ldots)J_T')J'\rangle_a \,.$$

(Hier soll wieder $N_{L,T}' = N_{L,T} - 1$ sein.)

Als Beispiele für die Paarerzeugung mit höchstens drei Teilchen oder Löchern haben wir:

$$\langle(J_1^{-1}J_2)J \parallel \rho^{(n)}(j',j) \parallel \hat{0}\rangle = (-)^{J_1+J_2-J}\, \hat{J}\langle(J_1 J_2)J|(j'j)n\rangle \,,$$

$$\langle(J_1^{-1}(J_2 J_3)J_{23})J \parallel \rho^{(n)}(j',j) \parallel J'\rangle$$
$$= -\hat{J}\hat{J}_{23}\hat{n}\,\sqrt{1+\langle J_2|J_3\rangle} \begin{Bmatrix} j & j' & n \\ J & J' & J_{23} \end{Bmatrix} \langle J_1|j'\rangle\; _a\langle(J_2 J_3)J_{23}|(jJ')J_{23}\rangle_a$$

und

$$\langle((J_1^{-1}J_2^{-1})J_{12}J_3)J \parallel \rho^{(n)}(j',j) \parallel J'^{-1}\rangle$$
$$= (-)^{J+J'+n}\, \hat{J}\hat{J}_{12}\hat{n}\,\sqrt{1+\langle J_1|J_2\rangle} \begin{Bmatrix} j' & j & n \\ J & J' & J_{12} \end{Bmatrix} {}_a\langle(J_1 J_2)J_{12}|(J'j')J_{12}\rangle_a \langle J_3|j\rangle \,.$$

Im Grunde könnten wir aber auch noch leicht bis zu drei Teilchen und drei Löchern vorstoßen.

Die erste und letzte Zeile der Ausgangsgleichung sind für die Matrixelemente ohne Änderung der Teilchen-Loch-Zahl zuständig, d.h. für $N'_\mathrm{L} = N_\mathrm{L}$ und $N'_\mathrm{T} = N_\mathrm{T}$. Hier haben wir mit der gleichen Begründung wie in Abschn. 13.11

$$\mathrm{a}\langle((\dots)J_\mathrm{L}(\dots)J_\mathrm{T})J \parallel \rho^{(n)}(j',j) \parallel ((\dots)J'_\mathrm{L}(\dots)J'_\mathrm{T})J'\rangle_\mathrm{a}$$

$$= (-)^{J_\mathrm{L} + J_\mathrm{T} + J' + n}\, \hat{j}\,\hat{j}'\, \begin{Bmatrix} J_\mathrm{L} & J'_\mathrm{L} & n \\ J' & J & J_\mathrm{T} \end{Bmatrix}$$

$$\times\ \mathrm{a}\langle(\dots)J_\mathrm{T}|(\dots)J'_\mathrm{T}\rangle_\mathrm{a}\ \mathrm{a}\langle(\dots)J_\mathrm{L} \parallel \rho^{(n)}(j',j) \parallel (\dots)J'_\mathrm{L}\rangle_\mathrm{a}$$

$$+ (-)^{J'_\mathrm{L} + J'_\mathrm{T} + J + n}\, \hat{j}\,\hat{j}'\, \begin{Bmatrix} J_\mathrm{T} & J'_\mathrm{T} & n \\ J' & J & J_\mathrm{L} \end{Bmatrix}$$

$$\times\ \mathrm{a}\langle(\dots)J_\mathrm{L}|(\dots)J'_\mathrm{L}\rangle_\mathrm{a}\ \mathrm{a}\langle(\dots)J_\mathrm{T} \parallel \rho^{(n)}(j',j) \parallel (\dots)J'_\mathrm{T}\rangle_\mathrm{a}\,.$$

Dabei ist nach Abschn. 13.10

$$\langle(J_1^{-1}, \dots)J_\mathrm{L} \parallel \rho^{(n)}(j',j) \parallel (J_1'^{-1}, \dots)J'_\mathrm{L}\rangle$$

$$= \delta_{n0}\ \mathrm{a}\langle(J_1, \dots)J_\mathrm{L}|(J_1', \dots)J'_\mathrm{L}\rangle_\mathrm{a}\ \hat{J} \sum_{j_0} \langle j|j_0\rangle\, \hat{j}_0\, \langle j_0|j'\rangle$$

$$- (-)^{n+j'-j}\ \mathrm{a}\langle(J_1, \dots)J_\mathrm{L} \parallel \rho^{(n)}(j,j') \parallel (J_1', \dots)J'_\mathrm{L}\rangle_\mathrm{a}\,.$$

Wir können also wieder Teilchen und Löcher trennen und die Teilchen-Loch-Symmetrie ausnutzen.

Für Skalare $(n = 0)$ lauten die obigen Gleichungen noch wesentlich einfacher (vgl. Abschn. 13.5).

13.13 Zweiteilchendichte bei Teilchen-Loch-Paaren

Wie schon in Abschn. 13.10 erläutert, treten beim Dichteoperator nach dem Ersetzen der Teilchen- durch Lochoperatoren und dem dann nötigen Vertauschen der Feldoperatoren Glieder mit weniger Operatoren auf. Diese Summanden sollen hier zuerst genannt werden.

Zum Diagonalelement trägt der Vakuumerwartungswert bei,

$$\mathrm{a}\langle(\dots)J \parallel V^{(n)} \parallel (\dots)J'\rangle_\mathrm{a} = \mathrm{a}\langle(\dots)J|(\dots)J'\rangle_\mathrm{a}\ \hat{J}\ \langle\hat{0} \parallel V^{(n)} \parallel \hat{0}\rangle\,,$$

wobei $\langle\hat{0} \parallel V^{(n)} \parallel \hat{0}\rangle$ schon in Abschn. 13.10 berechnet wurde.

Die Summanden mit zwei Feldoperatoren führen auf die Einteilchendichten aus dem letzten Abschnitt:

$$\mathrm{a}\langle(\dots)J \parallel V^{(n)} \parallel (\dots)J'\rangle_\mathrm{a}$$

$$= \frac{1}{\hat{n}} \sum_{j_0 j j' I I'} (-)^{j_0 + j + I' + n}\, \hat{I}\hat{I}'\, \begin{Bmatrix} j' & j & n \\ I & I' & j_0 \end{Bmatrix} \sqrt{1 + \langle j'|j_0\rangle}\sqrt{1 + \langle j_0|j\rangle}$$

$$\times\ \mathrm{a}\langle(j_0 j)I \parallel V^{(n)} \parallel (j_0 j')I'\rangle_\mathrm{a}\ \mathrm{a}\langle(\dots)J \parallel \rho^{(n)}(j',j) \parallel (\dots)J'\rangle_\mathrm{a}\,,$$

insbesondere bei Skalaren

$$\mathrm{a}\langle(\dots)J \parallel V^{(0)} \parallel (\dots)J'\rangle_\mathrm{a}$$

$$= \sum_{j_0 j j' I} \delta_{jj'}\, \frac{\hat{I}}{\hat{j}} \sqrt{1 + \langle j'|j_0\rangle}\sqrt{1 + \langle j_0|j\rangle}$$

$$\times\ \mathrm{a}\langle(j_0 j)I \parallel V^{(0)} \parallel (j_0 j')I\rangle_\mathrm{a}\ \mathrm{a}\langle(\dots)J \parallel \rho^{(0)}(j',j) \parallel (\dots)J'\rangle_\mathrm{a}\,.$$

Bei den in Abschn. 9.6 und 9.7 besprochenen Wechselwirkungen kann noch über I summiert werden, wie in Abschn. 13.10 gezeigt wurde – die übrigen Summen hängen vom betrachteten Matrixelement ab.

Die Glieder mit vier Feldoperatoren lauten allgemein

$$\rho_\nu^{(n)}((j_1'j_2')j',(j_1j_2)j) = \sum_{mm'} (-)^{j-m} \begin{pmatrix} j & j' \\ m & -m' \end{pmatrix} \begin{matrix} n \\ \nu \end{matrix} \Psi_{[j_2}^\dagger \Psi_{j_1]jm}^\dagger \Psi_{[j_1'} \Psi_{j_2']j'm'}$$

$$+ \sum_I (-)^{I+j_2'+n}\, \hat{j}'\hat{I} \begin{Bmatrix} j_1' & j_2' & j' \\ n & j & I \end{Bmatrix} \sum_{mm'} (-)^{j_2'-m} \begin{pmatrix} I & j_2' \\ m & -m' \end{pmatrix}\begin{matrix} n \\ \nu \end{matrix}\, \Psi_{[[j_2}^\dagger \Psi_{j_1]j}^\dagger \Phi_{j_1']Im}^\dagger \Psi_{j_2'm'}$$

$$- \sum_{II'} (-)^{j_1+j_1'+j+I}\, \hat{j}\hat{j}'\hat{I}\hat{I}' \begin{Bmatrix} j_2 & j_1' & I \\ j_1 & j_2' & I' \\ j & j' & n \end{Bmatrix}$$

$$\times \sum_{mm'} (-)^{I'-m} \begin{pmatrix} I & I' \\ m & -m' \end{pmatrix}\begin{matrix} n \\ \nu \end{matrix}\, \Psi_{[j_2}^\dagger \Phi_{j_1']Im}^\dagger \Phi_{[j_1} \Psi_{j_2']I'm'}$$

$$-\Psi_{[[j_2}^\dagger \Psi_{j_1]j}^\dagger \Phi_{[j_2'}^\dagger \Phi_{j_1']j']n\nu}^\dagger$$

$$+ \sum_I \hat{j}\hat{I} \begin{Bmatrix} j_2 & j_1 & j \\ n & j' & I \end{Bmatrix} \sum_{mm'} (-)^{j_1-m} \begin{pmatrix} I & j_1 \\ m & -m' \end{pmatrix}\begin{matrix} n \\ \nu \end{matrix}\, \Psi_{[j_2}^\dagger \Phi_{[j_2'}^\dagger \Phi_{j_1']j']Im}^\dagger \Phi_{j_1m'}$$

$$+ (-)^{j+j'+n} \sum_{mm'} (-)^{j-m} \begin{pmatrix} j' & j \\ m' & -m \end{pmatrix}\begin{matrix} n \\ \nu \end{matrix}\, \Phi_{[j_2'}^\dagger \Phi_{j_1']j'm'}^\dagger \Phi_{[j_1} \Phi_{j_2]jm}$$

$$+ \dots,$$

wobei die hermitisch konjugierten Teile noch fehlen. Sie ergeben sich aber aus

$$\rho_\nu^{(n)\dagger}((j_1'j_2')j',(j_1j_2)j) = (-)^{j'-j+\nu}\, \rho_{-\nu}^{(n)}((j_1j_2)j,(j_1'j_2')j')$$

und führen auf

$$_a\langle(\dots)J' \,\|\, \rho^{(n)}((j_1'j_2')j',(j_1j_2)j) \,\|\, (\dots)J\rangle_a$$
$$= (-)^{J-J'+j-j'}\, _a\langle(\dots)J \,\|\, \rho^{(n)}((j_1j_2)j,(j_1'j_2')j') \,\|\, (\dots)J'\rangle_a\,,$$

wie schon in Abschn. 13.3 erwähnt wurde. Wir können deshalb wieder die Paarvernichtung mit der Paarerzeugung verknüpfen.

Im folgenden beschränken wir uns wie in Abschn. 13.6 auf skalare Zweiteilchenoperatoren ($n = 0$). Zu den Matrixelementen ohne Paarerzeugung tragen das erste, fünfte und letzte Glied des allgemeinen Ausdruckes bei:

$$\langle((J_1^{-1},\dots)J_L(\dots)J_T)J \,\|\, \rho^{(0)}((j_1'j_2')j',(j_1j_2)j) \,\|\, ((J_1'^{-1},\dots)J_L'(\dots)J_T')J'\rangle$$

$$= \delta_{jj'}\delta_{JJ'} \left[\frac{\hat{J}}{\hat{J}_T} \langle(J_1^{-1},\dots)J_L|(J_1'^{-1},\dots)J_L'\rangle\, _a\langle(\dots)J_T \,\|\, \rho^{(0)}((j_1'j_2')j',(j_1j_2)j) \,\|\, (\dots)J_T'\rangle_a \right.$$

$$- (-)^{j_1+j_2-j_1'-j_2'} \frac{\hat{j}}{\hat{J}} \sum_{IJ_1''\dots J_L''J_T''J''} \begin{Bmatrix} j_1 & j_2 & j \\ j_1' & j_2' & I \end{Bmatrix}$$

$$\times \langle((J_1^{-1},\dots)J_L(\dots)J_T)J \,\|\, \rho^{(I)}(j_1',j_2) \,\|\, ((J_1''^{-1},\dots)J_L''(\dots)J_T'')J''\rangle$$

$$\times \langle((J_1'^{-1},\dots)J_L'(\dots)J_T')J' \,\|\, \rho^{(I)}(j_1,j_2') \,\|\, ((J_1''^{-1},\dots)J_L''(\dots)J_T'')J''\rangle$$

$$\left. + \frac{\hat{J}}{\hat{J}_L}\, _a\langle(\dots)J_T|(\dots)J_T'\rangle_a\, \langle(J_1^{-1},\dots)J_L \,\|\, \rho^{(0)}((j_1'j_2')j',(j_1j_2)j) \,\|\, (J_1'^{-1}\dots)J_L'\rangle \right],$$

wobei die eingeschobene Basis $|((J_1''^{-1}\ldots)J_L''(\ldots)J_T'')J''M'')_a$ ein Teilchen und ein Loch weniger als die übrigen Zustände hat $(N_{L,T}'' + 1 = N_{L,T} = N_{L,T}')$. Die entsprechenden Einteilchendichten sind im letzten Abschnitt hergeleitet worden – und die Zweiteilchendichten auf der rechten Seite in Abschn. 13.6 und 13.10. Zum Beispiel ist

$$\langle((J_1^{-1}J_2)J\ \|\ \rho^{(0)}((j_1'j_2')j',(j_1j_2)j)\ \|\ ((J_1'^{-1}J_2')J')$$

$$= -\ \delta_{jj'}\delta_{JJ'}\ \hat{j}\hat{J}\ \begin{Bmatrix} J_1 & J_2 & J \\ J_1' & J_2' & j \end{Bmatrix}\ \langle J_1'J_2|j_1j_2\rangle\ \langle j_1'j_2'|J_1J_2'\rangle\ .$$

Bei der Paarerzeugung $(N_{L,T} = N_{L,T}' + 1)$ haben wir wegen des zweiten und vorletzten Gliedes im allgemeinen Ausdruck:

$$\langle((J_1^{-1},\ldots)J_L(\ldots)J_T)J\ \|\ \rho^{(0)}((j_1'j_2')j',(j_1j_2)j)\ \|\ ((J_1'^{-1},\ldots)J_L'(\ldots)J_T')J'\rangle$$

$$= \delta_{jj'}\delta_{JJ'}\ \hat{J}\ \begin{Bmatrix} J_T & J_T' & j_1' \\ J_L' & J_L & J \end{Bmatrix}\ \sum_{J_T''} (-)^{j_2' + J_L' + J + J_T''}\ \begin{Bmatrix} J_T & J_T' & j_1' \\ j_2' & j & J_T'' \end{Bmatrix}$$

$$\times\ {}_a\langle(\ldots)J_T\ \|\ \Psi_{[j_2}^\dagger\Psi_{j_1]j}^\dagger\ \|\ (\ldots)J_T''\rangle_a\ {}_a\langle(\ldots)J_L\ \|\ \Phi_{j_1'}^\dagger\ \|\ (\ldots)J_L'\rangle_a\ {}_a\langle(\ldots)J_T'\ \|\ \Psi_{j_2'}^\dagger\ \|\ (\ldots)J_T''\rangle_a$$

$$+\delta_{jj'}\delta_{JJ'}\ \hat{J}\ \begin{Bmatrix} J_L & J_L' & j_2 \\ J_T' & J_T & J \end{Bmatrix}\ \sum_{J_L''} (-)^{J_L - J_T + J + j_1 + J_L' + J_L''}\ \begin{Bmatrix} J_L & J_L' & j_2 \\ j_1 & j & J_L'' \end{Bmatrix}$$

$$\times\ {}_a\langle(\ldots)J_L\ \|\ \Phi_{[j_2'}^\dagger\Phi_{j_1']j}^\dagger\ \|\ (\ldots)J_L''\rangle_a\ {}_a\langle(\ldots)J_T\ \|\ \Psi_{j_2}^\dagger\ \|\ (\ldots)J_T'\rangle_a\ {}_a\langle(\ldots)J_L'\ \|\ \Phi_{j_1}^\dagger\ \|\ (\ldots)J_L''\rangle_a\ ,$$

wobei Basen mit $N_T'' = N_T' - 1$ Teilchen bzw. $N_L'' = N_L' - 1$ Löchern eingeschoben worden sind. Beispielsweise gilt

$$\langle(J_1^{-1}(J_2J_3)J_{23})J\ \|\ \rho^{(0)}((j_1'j_2')j',(j_1j_2)j)\ \|\ J'\rangle$$

$$= -\ \delta_{jj'}\delta_{JJ'}\ \sqrt{1 + \langle J_2|J_3\rangle}\ {}_a\langle(J_2J_3)J_{23}|(j_1j_2)j\rangle_a\ \langle j_1'j_2'|J_1J'\rangle$$

und

$$\langle((J_1^{-1}J_2^{-1})J_{12}J_3)J\ \|\ \rho^{(0)}((j_1'j_2')j',(j_1j_2)j)\ \|\ J'^{-1}\rangle$$

$$= -(-)^{J_{12}+J_3-J}\ \delta_{jj'}\delta_{JJ'}\ \sqrt{1 + \langle J_1|J_2\rangle}\ \langle J'J_3|j_1j_2\rangle\ {}_a\langle(j_1'j_2')j|(J_1J_2)J_{12}\rangle_a\ .$$

Das vierte Glied im allgemeinen Ausdruck gehört zur Erzeugung zweier Teilchen-Loch-Paare. Hierfür finden wir nach Abschn. 5.6

$$\langle((J_1^{-1},\ldots)J_L(\ldots)J_T)J\ \|\ \rho^{(0)}((j_1'j_2')j',(j_1j_2)j)\ \|\ ((J_1'^{-1},\ldots)J_L'(\ldots)J_T')J'\rangle$$

$$= -(-)^{J_L' + J_T' + J + j}\ \delta_{jj'}\delta_{JJ'}\ \frac{J}{\hat{\jmath}}\ \begin{Bmatrix} J_L & J_T & J \\ \cdot\cdot & \cdot\cdot & \cdot \end{Bmatrix}$$

$$\times\ \langle(J_1^{-1},\ldots)J_L\ \|\ \Phi_{[j_2'}^\dagger\Phi_{j_1']j}^\dagger\ \|\ (J_1'^{-1},\ldots)J_L'\rangle\ \langle(\ldots)J_T\ \|\ \Psi_{j_2}^\dagger\Psi_{j_1}\ \|\ (\ldots)J_T'\rangle\ ,$$

insbesondere

$$\langle((J_1^{-1}J_2^{-1}J_{12}(J_3J_4)J_{34})J\ \|\ \rho^{(0)}((j_1'j_2')j',(j_1j_2)j)\ \|\ \hat{0}\rangle$$

$$= -(-)^{\nu}\ \delta_{jj'}\delta_{JJ'}\ \sqrt{1 + \langle J_1|J_2\rangle}\sqrt{1 + \langle J_3|J_4\rangle}\ {}_a\langle(J_3J_4)J_{34}|(j_1j_2)j\rangle_a\ {}_a\langle(j_1j_2)j|(J_1J_2)J_{12}\rangle_a\ .$$

Damit haben wir die Zweiteilchendichten auf zuvor hergeleitete Ausdrücke zurückgeführt – falls wir höchstens drei Teilchen und Löcher zulassen.

13.14 Zusammenfassung: Anwendungen bei Vielteilchensystemen

Die Antisymmetrie von Vielfermionenzuständen schränkt die Kopplungsmöglichkeiten ein. So muß der Gesamtdrehimpuls zweier Fermionen in derselben Schale gerade sein und bei einer abgeschlossenen Schale verschwinden. Dies führt zur Teilchen-Loch-Symmetrie: Fehlen N Teilchen an einer abgeschlossenen Schale, so entsprechen ihre Zustände denen von N Teilchen in dieser Schale. Deshalb beschreiben wir mehr als halb gefüllte Schalen durch Lochzustände.

Bei mehr als zwei Teilchen/Löchern in derselben Schale sind die Zwischendrehimpulse i.a. keine guten Quantenzahlen mehr.

Wir haben Ein- und Zweiteilchenoperatoren mit Dichtetensoren beschrieben. Damit konnten wir schon über mögliche Zwischenzustände summieren und die zugehörigen Kopplungsaufgaben lösen. Außerdem lassen sich die Zweiteilchendichten in einigen Fällen auf die Einteilchendichten zurückführen.

Wir haben uns zwar auf Fermionen und jj-Kopplung beschränkt, könnten aber auch Bosonen nehmen, die LS-Darstellung – und auch noch den Isospin einführen.

Anhang 1: Summen über Fakultäten

Beim Koppeln und Umkoppeln von Drehimpulszuständen stößt man auf Summen über rationale Ausdrücke mit Fakultäten (von ganzen Zahlen). Dabei steht im Nenner jedes Summanden mindestens ein Paar $(a+n)!(b-n)!$. Es legt die Summationsgrenzen fest: Die Fakultät einer negativen Zahl ist unendlich, und daher führt das genannte Paar auf die Grenzen $-a \leq n \leq b$. Die Summationsgrenzen werden im folgenden nicht einzeln angegeben – es wird als selbstverständlich vorausgesetzt, daß keine Fakultäten negativer Zahlen auftreten.

Wenn mehr Glieder $(a_i+n)!$ auftreten als $(b_i-n)!$, kann man durch geeignetes Umbenennen $(n \to -n)$ das Gegenteil erreichen, weshalb wir hier nur den einen Fall aufzählen.

Als erste Summe haben wir

$$\sum_n \frac{(-)^n}{n!(a-n)!} = \delta_{a0} \,,$$

denn sie ist nach dem binomischen Lehrsatz gleich

$$\frac{1}{a!} \sum_n (-)^n \binom{a}{n} = \frac{1}{a!} (1-1)^a = \delta_{a0} \,.$$

Die Binomialkoeffizienten sind nämlich für beliebiges p gegeben durch

$$\binom{p}{n} \equiv \frac{p(p-1) \cdots (p-n+1)}{n!} = (-)^n \binom{n-p-1}{n} \,, \quad \text{insbesondere ist} \quad \binom{a}{n} = \frac{a!}{n!(a-n)!} \,.$$

Aus dem binomischen Lehrsatz folgt das Additionstheorem der Binomialkoeffizienten:

$$\binom{p+q}{k} = \sum_n \binom{p}{n} \binom{q}{k-n} \,.$$

Deshalb gilt auch die Gleichung (zweite Summenformel)

$$\sum_n \frac{1}{(a+n)!(b+n)!(c-n)!(d-n)!} = \frac{(a+b+c+d)!}{(a+c)!(a+d)!(b+c)!(b+d)!} \,.$$

Drittens haben wir noch

$$\sum_n \frac{(a+n)!(b-n)!}{(c+n)!(d-n)!} = \frac{(a-c)!(b-d)!(a+b+1)!}{(c+d)!(a+b-c-d+1)!} \,,$$

denn die linke Seite ist (mit $k = c+n$) gleich

$$(a-c)!(b-d)! \sum_k \binom{a-c+k}{k} \binom{b+c-k}{c+d-k}$$

$$= (-)^{c+d}(a-c)!(b-d)! \sum_k \binom{c-a-1}{k} \binom{d-b-1}{c+d-k} = (a-c)!(b-d)! \binom{a+b+1}{c+d} \,,$$

und das steht auch rechts. Umgekehrt gilt nach diesen beiden Ergebnissen:

$$\frac{(a \pm k)!}{(b \pm k)!(c \pm k)!} = \sum_n \frac{(a-b)!(a-c)!}{n!(-a+b+c \pm k+n)!(a-b-n)!(a-c-n)!} \,,$$

$$\frac{(a \pm k)!}{(b \mp k)!(c+1 \pm k)!} = \sum_n \frac{(c-a+n)!(a+b-n)!}{(c-a)!(b+c+1)!n!(b \mp k-n)!} \,.$$

Hier hängt rechts jeweils nur eine Fakultät vom Laufindex k ab, was wir für weitere Gleichungen ausnutzen werden. So folgt mit $c \leq d$:

$$\sum_n (-)^n \frac{(a-n)!}{(b+n)!(c-n)!(d-n)!} = (-)^b \frac{(a-c)!(a-d)!}{(b+c)!(b+d)!(a-b-c-d)!} \qquad \text{für } a > d\,,$$

$$= (-)^c \frac{(a-c)!(b+c+d-a-1)!}{(b+c)!(b+d)!(d-a-1)!} \qquad \text{für } a < d\,.$$

Deshalb haben wir für Umformungen auch noch die Beziehungen

$$\frac{1}{(a\pm k)!(b\mp k)!(c\mp k)!} = \frac{1}{(a+b)!((a+c)!} \sum_n (-)^{n\pm k} \frac{(a+b+c-n)!}{(n\mp k)!(b-n)!(c-n)!}\,,$$

$$\frac{(a-k)!}{(b+k)!(c-k)!} = \frac{(a-c)!}{(b+c)!} \sum_n (-)^{b+n} \frac{(a-n)!}{(b+n)!(k-n)!(a-b-c-n)!}\,.$$

Während wir also Summen rationaler Ausdrücke mit vier Fakultäten häufig berechnen können, lassen sich solche mit sechs Fakultäten nach dem genannten Verfahren oft umformen. So ist z.B.

$$\sum_n (-)^n \frac{(a+n)!(b-n)!}{(c+n)!(d+n)!(e-n)!(f-n)!}$$

$$= \sum_n (-)^n \frac{(a-c)!(a-d)!(b-e)!(b-f)!}{(b-e-f+n)!(c+n)!(d+n)!(e-n)!(f-n)!(a-c-d-n)!}\,,$$

$$\sum_n (-)^n \frac{(a-n)!(b-n)!}{(c+n)!(d-n)!(e-n)!(f-n)!}$$

$$= \sum_n (-)^c \frac{(a-d)!(a-e)!(b-f)!(b-n)!}{(c+f)!(a-d-e+n)!(c+n)!(d-n)!(e-n)!(b-c-f-n)!}\,.$$

Die erste Gleichung benutzen wir bei der Kopplung von Drehimpulsen in Abschn. 3.6. Bei der Umkopplung brauchen wir

$$\sum_n \frac{(a+n)!(b+n)!(c-n)!}{(d+n)!(e+n)!(f-n)!}$$

$$= \sum_n \frac{(a-d)!(a-e)!(b+c+1)!(c-f)!(b+n)!}{(b+c-f+1+n)!(d+n)!(e+n)!(f-n)!(a-d-e-n)!}\,.$$

Damit läßt sich nämlich die Gleichung

$$\sum_n (-)^n \frac{(a+n)!(b-n)!(c-n)!}{(d+n)!(e+n)!(f-n)!(g-n)!(h+1-n)!}$$

$$= \frac{(a-d)!(a-e)!(b-f)!(b-g)!(c-f)!(c-g)!}{(d+h+1)!(e+h+1)!}$$

$$\times \sum_n (-)^n \frac{(d+e+h+1+n)!}{(b-f-g+n)!(c-f-g+n)!(d+n)!(e+n)!(f-n)!(g-n)!(a-d-e-n)!}$$

beweisen, falls $h = a+b+c-d-e-f-g$ ist: Schreiben wir nämlich $(c-n)!/(e+n)!(h+1-n)!$ als Summe, so können wir die Summe über n umformen und erhalten

$$\frac{(a-d)!(b-f)!(b-g)!}{(h-c)!(e+h+1)!}$$
$$\times \sum_{nm} (-)^n \frac{(h-c+m)!(e+c-m)!(a-e+m)!}{m!(b-f-g+n)!(d+n)!(e-m+n)!(f-n)!(g-n)!(a-d-e+m-n)!} \; .$$

Beim Umwandeln dieser Summe über m kürzen sich zwei Glieder $(d+n)!$ weg:

$$\sum_n (-)^n \frac{(a-d)!(a-e)!(b-f)!(b-g)!(c-n)!}{(h-c)!(b-f-g+n)!(f-n)!(g-n)!}$$
$$\times \sum_m \frac{(h-c+m)!}{(h+1-n+m)!m!(a-d-e+m-n)!(e-m+n)!(d-m+n)!}$$

Ersetzen wir nun m durch $k = m-n$, so vereinfacht sich die entstehende Summe über n beim Umwandeln wegen der geforderten Bedeutung von h. Wir erhalten nämlich

$$\sum_n (-)^n \frac{(a-d)!(a-e)!(b-f)!(b-g)!(c-f)!(c-g)!}{(c-f-g+n)!(b-f-g+n)!(f-n)!(g-n)!(a-d-e-n)!}$$
$$\times \sum_k \frac{1}{(k+n)!(h+1+k)!(e-k)!(d-k)!} \; .$$

Wird nun über k summiert, so folgt die Behauptung. Umgekehrt gilt also auch

$$\sum_n (-)^n \frac{(i+1+n)!}{(a+n)!(b+n)!(c+n)!(d+n)!(e-n)!(f-n)!(g-n)!}$$
$$= \frac{(i-c+1)!(i-d+1)!}{(a+e)!(a+f)!(b+e)!(b+f)!(e+g)!(d+g)!}$$
$$\times \sum_n (-)^n \frac{(c+d+g+n)!(a+e+f-n)!(b+e+f-n)!}{(c+n)!(d+n)!(e-n)!(f-n)!(i-c-d+1-n)!} \; ,$$

falls $i = a+b+c+d+e+f+g$ ist.

Anhang 2: Legendre-Polynome

Erzeugende Funktion:

$$\frac{1}{\sqrt{1 - 2x\cos\theta + x^2}} = \sum_{n=0}^{\infty} P_n(\cos\theta)\, x^n \qquad \text{für } |x| < 1 \; .$$

Daraus folgen die Rekursionsformeln:

$$(n+1)P_{n+1}(\cos\theta) - (2n+1)\cos\theta\, P_n(\cos\theta) + n P_{n-1}(\cos\theta) = 0$$

und – mit $P'_n = dP_n/d\cos\theta$ – :

$$\cos\theta\, P'_n(\cos\theta) - P'_{n-1}(\cos\theta) = n\, P_n(\cos\theta)\,,$$

$$P'_n(\cos\theta) - \cos\theta\, P'_{n-1}(\cos\theta) = n\, P_{n-1}(\cos\theta)\,,$$

$$P'_{n+1}(\cos\theta) - P'_{n-1}(\cos\theta) = (2\,n+1)\, P_n(\cos\theta)\,,$$

$$-\sin^2\theta\, P'_n(\cos\theta) = n\,\{\cos\theta\, P_n(\cos\theta) - P_{n-1}(\cos\theta)\}$$

$$= (n+1)\,\{P_{n+1}(\cos\theta) - \cos\theta\, P_n(\cos\theta)\}$$

$$= \frac{n\,(n+1)}{2\,n+1}\,\{P_{n+1}(\cos\theta) - P_{n-1}(\cos\theta)\}\,,$$

sowie die Differentialgleichung

$$\sin^2\theta\, P''_n(\cos\theta) - 2\,\cos\theta\, P'_n(\cos\theta) + n\,(n+1)\, P_n(\cos\theta) = 0\,.$$

Symmetrie:

$$P_n(-\cos\theta) = (-)^n\, P_n(\cos\theta)\,.$$

Formel von Rodrigues:

$$P_n(\cos\theta) = \frac{(-)^n}{2^n\, n!}\,\frac{d^n \sin^{2n}\theta}{d\cos^n\theta} = \frac{1}{2^n}\,\sum_k\,(-)^k\,\frac{(2\,n-2\,k)!}{k!(n-k)!(n-2\,k)!}\,\cos^{n-2k}\theta\,.$$

Besondere Werte:

$$P_0(\cos\theta) = 1\,,$$
$$P_1(\cos\theta) = \cos\theta\,,$$
$$P_2(\cos\theta) = \tfrac{1}{2}\,(3\cos^2\theta - 1) \qquad\qquad = \tfrac{1}{4}\,(1 + 3\cos 2\theta)\,,$$
$$P_3(\cos\theta) = \tfrac{1}{2}\,(5\cos^3\theta - 3\cos\theta) \qquad\qquad = \tfrac{1}{8}\,(3\cos\theta + 5\cos 3\theta)\,,$$
$$P_4(\cos\theta) = \tfrac{1}{8}\,(35\cos^4\theta - 30\cos^2\theta + 3) = \tfrac{1}{64}\,(9 + 20\cos 2\theta + 35\cos 4\theta)\,,$$

$$\vdots$$

$$P_n(1) = 1\,,$$
$$P_n(0) = \frac{(-)^{n/2}}{2^n}\,\binom{n}{\tfrac{1}{2}\,n} \qquad \text{für gerades } n, \text{ sonst null.}$$

Die Legendre-Polynome bilden ein vollständiges Orthogonalsystem in $\cos\theta$ für den Bereich $0 \le \theta \le \pi$:

$$\int_{-1}^{1} P_n(\cos\theta)\, P_{n'}(\cos\theta)\, d\cos\theta = \int_{0}^{\pi} P_n(\cos\theta)\, P_{n'}(\cos\theta)\, \sin\theta\, d\theta = \frac{2}{2\,n+1}\,\delta_{nn'}\,,$$

$$\sum_{n=0}^{\infty}\,\frac{2\,n+1}{2}\, P_n(\cos\theta)\, P_n(\cos\theta') = \delta(\cos\theta - \cos\theta') = \frac{\delta(\theta - \theta')}{\sin\theta}\,.$$

Quellenverzeichnis

ABRAMOWITZ, M. & STEGUN, I.A.: Handbook of mathematical functions (Dover, New York 1970)

ALDER, K. & WINTHER, A.: Nucl.Phys. A132(1969)1

ALDER, K. & WINTHER, A.: Phys.Lett. B34(1971)357

APPEL, H.: Numerical tables of $3j$-, $6j$-, $9j$-symbols, F- and Γ-coefficients (Landolt-Börnstein I,3; Springer, Berlin 1968)

ARIMA, A., HORIE, H. & TANABE, Y.: Progr.Theor.Phys. 11(1954)143

BALIAN, R. & BRÉZIN, E.: Nuovo Cim. B61(1969)403

BARSCHALL, H.H. & HAEBERLI, W. (Hrsg.): Polarization phenomena in nuclear reactions, Proc.third int.symp.Madison 1970 (Univ.Wisconsin, 1971)

BARSHAY, S. & TEMMER, G.M.: Phys.Rev.Lett. 12(1964)728

BAYMAN, B.F.: Amer.J.Phys. 34(1966)216

BEHKAMI, A.N.: Nucl. Data Tables A10(1971)1

BIEDENHARN, L.C.: in Nuclear spectroscopy B (Hrsg. F.Ajzenberg-Selove;Academic Press, New York 1960)

BIEDENHARN, L.C., BLATT, J.M. & ROSE, M.E.: Revs.Mod.Phys. 24(1952)249

BIEDENHARN, L.C. & v.DAM, H.: Quantum theory of angular momentum (Academic Press, New York 1965)

BIEDENHARN, L.C. & LOUCK, J.D.: Angular momentum in quantum physics (Encyclopedia of mathematics and its applications 8, Addison-Wesley, Reading 1981)

BIEDENHARN, L.C. & LOUCK, J.D.: The Racah-Wigner-algebra in quantum theory (Encyclopedia of mathematics and its applications 9, Addison-Wesley, Reading 1981)

BIEDENHARN, L.C. & ROSE, M.E.: Revs.Mod.Phys. 25(1953)729

BLATT, J.M. & BIEDENHARN, L.C.: Revs.Mod.Phys. 24(1952)258

BOHR, A.: Nucl.Phys. 10(1969)486

BOHR, A. & MOTTELSON, B.R.: Nuclear structure I (Benjamin, New York 1969)

BRINK, D.M. & SATCHLER, G.R.: Angular momentum (Oxford Univ. 1968)

BROWN, G.E.: Unified theory of nuclear models (North-Holland, Amsterdam 1964)

CAOLA, M.J.: J.Phys. A11(1978)L23

CARR, R.W. & BAGLIN, J.E.E.: Nucl. Data Tables 10(1971)143

COESTER, F. & JAUCH, J.M.: Helv.Phys.Acta 26(1953)3

CONDON, E.U. & SHORTLEY, G.H.: The theory of atomic spectra (Cambridge Univ., London 1935)

CRAMER, J.G. & BRAITHWAITE, W.J.: Nucl.Data Tables A10(1972)469

DAVIDSON, J.P.: Revs.Mod.Phys. 37(1965)105

DEVONS, S. & GOLDFARB, L.J.B.: in Handbuch der Physik 42 (Hrsg. S.Flügge; Springer, Berlin 1953)

DOHRENDORF, M. & LINDNER, A.: in Jahresbericht 1976/77 1.Inst.Exp.Phys.Univ.Hamburg (Hrsg. M.Niecke & C.Pegel, Univ.Hamburg)

EARP, C.: J.Math.Phys. 22(1981)2357

ECKART, C.: Revs.Mod.Phys. 2(1930)305

EDMONDS, A.R.: Drehimpulse in der Quantenmechanik (Bibl.Inst., Mannheim 1964)

FANO, U.: Revs.Mod.Phys. 29(1957)74

FANO, U. & RACAH, G.: Irreducible tensorial sets (Academic Press, New York 1959)

FERGUSON, A.J: Angular correlation methods in gamma-ray spectroscopy (North-Holland, Amsterdam 1965)

FEYNMAN, R.P.: Quantum electrodynamics (Benjamin, New York 1962)

FICK, D.: Einführung in die Kernphysik mit polarisierten Teilchen (Bibl.Inst., Mannheim 1971)

M.GELL-MANN & GOLDBERGER, M.L.: Phys.Rev. 91(1953)398

GRODZINS, L.: Progr.Nucl.Phys. 7(1959)165

HELMERS, K.: Nucl.Phys. 23(1961)594

HOPE, J. & LONGDON, L.W.: Phys.Rev. 101(1956)710

HORIE, H. & SASAKI, K.: Progr.Theor.Phys. 25(1961)475

HUBY, R.: Proc.Phys.Soc. A67(1954)1103

HULL, M.H. & BREIT, G.: in Handbuch der Physik 41/1 (Hrsg. S.Flügge; Springer, Berlin 1959)

INNES, F.R. & UFFORD, C.W.: Phys.Rev. 111(1958)194

JAHN, H.A.: Proc.Roy.Soc. A205(1951)192

JAHN, H.A. & HOPE, J.: Phys.Rev. 93(1954)318

JANG, S.: J.Math.Phys. 9(1968)397

JAUCH, J.M. & ROHRLICH, F.: The theory of photons and electrons (Springer, Berlin 1976)

van der JEUGT, J., van den BERGHE, G. & deMEYER, H.: J.Physics A16(1983)1377

JONKER, J.E. & deVRIES, E.: Nucl.Phys. A105(1967)621

KLEIN, O.: Z.Phys. 58(1929)730

KRAMERS, H.A.: Proc.Kon.Ned.Akad.Wetenschap 33(1930)959

LAKIN, W.: Phys.Rev. 98(1955)139

LANE, A.M. & THOMAS, R.G.: Revs.Mod.Phys. 30(1958)257

LAWSON, R.D.: Theory of the nuclear shell model (Clarendon, Oxford 1980)

LINDNER, A.: Z.Phys. 171(1963)401

LINDNER, A.: Nucl.Phys. A261(1976)253

LINDNER, A.: Nucl.Phys. A268(1976)369

LOUCK, J.D.: Phys.Rev. 110(1958)815

MAYER, M.G. & JENSEN, J.H.D.: Elementary theory of nuclear shell structure (Wiley, New York 1955)

MESSIAH, A.: Quantum mechanics I, II (North-Holland, Amsterdam 1961, 1962)

MONAHAN, J.E., HOLT, R.J. & LASZEWSKI, R.M.: Atom. Data and Nucl. Data Tables 23(1979)97

MORETTE-deWITT, C. & JENSEN, J.H.D.: Z.Naturf. 8a(1953)267

MOSES, H.E.: Ann.of Phys. 60(1970)275

MOTT, N.F. & MASSAY, H.S.W.: The theory of atomic collisions (Clarendon, Oxford 1965)

NEMETS, O.F. & YASNOGORODSKII, A.M.: Sov.J.Part.Nucl. 12(1981)170

NEWTON, R.G.: Scattering theory of waves and particles (McGraw-Hill, New York 1966)

NORMAND, J.: A Lie group: rotations in quantum mechanics (North-Holland, Amsterdam 1980)

RACAH, G.: Phys.Rev. 62(1942)438

RAMACHANDRAN, G.N. & RAMASESHAN, S.: in Handbuch der Physik 25/1 (Hrsg. S.Flügge; Springer, Berlin 1961)

RASHID, M.A.: J.of Phys. A13(1980)2631

RAY, B.S.: Z.Phys. 78(1932)74

REGGE, T.: Nuovo Cim. 10(1958)544

REGGE, T.: Nuovo Cim. 11(1959)116

ROSE, M.E.: Multipole fields (Wiley, New York 1955)

ROSE, M.E.: Elementary theory of angular momentum (Wiley, New York 1957)

ROSE, M.E.: Triple Correlations (ORNL-2516(1958))

SCHULTEN, K. & GORDON, R.G.: J.Math.Phys. 16(1975)1961

SCHULTEN, K. & GORDON, R.G.: J.Math.Phys. 16(1975)1971

SCHWINGER, J.: On angular momentum (1952), abgedruckt in BIEDENHARN & vanDAM

SEYLER, R.G. & WELLER, H.R.: Atom. Data and Nucl. Data Tables 23(1979)99

de SHALIT, A. & TALMI, I.: Nuclear shell theory (Academic Press, New York 1963)

SHELEPIN, L.A.: Sov.Phys.JETP 19(1964)702

SIMONIUS, M.: in BARSCHALL & HAEBERLI (S.401) und Phys.Rev.Lett. 19(1967)279

SIMONIUS, M.: Phys.Lett. 37B(1971)446

STIEFEL, E. & FÄSSLER, A.: Gruppentheoretische Methoden und ihre Anwendung (Teubner, Stuttgart 1979)

STREATER, R.F. & WIGHTMAN, A.S.: PCT, spin and statistics, and all that (Benjamin, New York 1964)

THEIS, W.R.: Grundzüge der Quantentheorie (Teubner, Stuttgart 1984)

WAY, K. & HURLEY, F.W.: Directory to tables and reviews of angular-momentum and angular-correlation coefficients, Nucl.Data A1(1966)473

WIGNER, E.: Gruppentheorie und ihre Anwendungen auf die Quantenmechanik der Atomspektren (Vieweg, Braunschweig 1931)

vanWINTER, C.: Physica 20(1954)274

WONG, C.W. & CLEMENT, D.M.: Nucl.Phys. A183(1972)210

Teubner Studienbücher

Mechanik

Becker: **Technische Strömungslehre**
Eine Einführung in die Grundlagen und technischen Anwendungen
der Strömungsmechanik. 5. Aufl. 160 Seiten. DM 21,80

Becker/Bürger: **Kontinuumsmechanik**
Eine Einführung in die Grundlagen und einfache Anwendungen
228 Seiten. DM 34,— (LAMM)

Becker/Piltz: **Übungen zur Technischen Strömungslehre**
3. Aufl. 136 Seiten. DM 18,80

Böhme: **Strömungsmechanik nicht-newtonscher Fluide**
280 Seiten. DM 34,— (LAMM)

Hahn: **Bruchmechanik**
Einführung in die theoretischen Grundlagen. 221 Seiten. DM 34,— (LAMM)

Magnus: **Schwingungen**
Eine Einführung in die theoretische Behandlung von Schwingungs-
problemen. 3. Aufl. 251 Seiten. DM 28,80 (LAMM)

Magnus/Müller: **Grundlagen der Technischen Mechanik**
4. Aufl. 300 Seiten. DM 29,80 (LAMM)

Müller/Magnus: **Übungen zur Technischen Mechanik**
2. Aufl. 292 Seiten. DM 29,80 (LAMM)

Wieghardt: **Theoretische Strömungslehre**
Eine Einführung. 2. Aufl. 237 Seiten. DM 28,80 (LAMM)